22. Kolloquium Schallemission und 3. Anwenderseminar Zustandsuberwachung mit gefuhrten Wellen

Berichtsband BB 169

Karlsruhe, Germany
27 – 29 March 2019

ISBN: 978-1-7138-3706-0

Printed from e-media with permission by:

Curran Associates, Inc.
57 Morehouse Lane
Red Hook, NY 12571

Some format issues inherent in the e-media version may also appear in this print version.

Deutsche Gesellschaft Fuer Zerstoerungsfreie Pruefung (DGZfP)
Max-Planck-Str. 6
12489 Berlin
Germany

Phone: +49 30 67807-0
Fax: +49 30 67807-109

mail@dgzfp.de

Additional copies of this publication are available from:

Curran Associates, Inc.
57 Morehouse Lane
Red Hook, NY 12571 USA
Phone: 845-758-0400
Fax: 845-758-2633
Email: curran@proceedings.com
Web: www.proceedings.com

TABLE OF CONTENTS

VORTRAGSBLOCK 5 - ANWENDUNG IM ROHRLEITUNGSBEREICH

VORTRAGSBLOCK 6 - OPTISCHE SENSORSYSTEME

VORTRAGSBLOCK 7 - POD UND MODELLIERUNG

Überwachung von Stahlbetonbrücken – Ein Modellprojekt

Stephan PIRSKAWETZ [1], Klaus-Peter GRÜNDER [1], Daniel KADOKE [1], Jörg F. UNGER [1]
[1] Bundesanstalt für Materialforschung und -prüfung (BAM), Berlin

Kontakt E-Mail: stephan.pirskawetz@bam.de

Kurzfassung. Die Brücken im Netz der Bundesverkehrswege sind überwiegend in einem ausreichenden bis guten Zustand. Allerdings steigt der Unterhalts- und Sanierungsaufwand aufgrund des inzwischen hohen Alters vieler Brücken sowie des ständig wachsenden Schwerlastverkehrs. Techniken zur Einschätzung der verbleibenden Lebensdauer von Brücken sowie zur dauerhaften Beobachtung des Tragverhaltens bzw. des Erfolges von Sanierungsmaßnahmen werden daher für den sicheren und wirtschaftlichen Betrieb dringend benötigt. Zur Evaluierung dafür geeigneter holistischer Ansätze wurde in der BAM das Projekt BLEIB - Bewertung, Lebensdauerprognose und Instandsetzung von Brückenbauwerken - ins Leben gerufen.

Ein zentrales Ergebnis des Projektes ist eine extern vorgespannte Stahlbetonbrücke als Zweifeldträger mit einer Gesamtlänge von 24 m, die für den Test verschiedenster Sensorsysteme, zur Validierung numerischer Modelle und zur Erprobung von Sanierungs- und Verstärkungsmaßnahmen entwickelt wurde. Für die Simulation unterschiedlicher Schädigungsgrade kann die Vorspannung der Brücke variiert werden. Die Brücke wird mit beweglichen Gewichten belastet und über einen Shaker zum Schwingen angeregt.

Das Brückenmodell wurde bewusst geschädigt, indem die Vorspannung der Struktur erstmalig schrittweise bis auf null reduziert wurde. Unter der Eigenlast verformte sich die Brücke, wodurch eine Rissbildung im Beton einsetzte. Die Zugspannung, die zuvor durch die Vorspannung aufgenommen wurde, übernahm Schritt für Schritt der Beton. Als die Zugspannungen die relativ geringe Zugfestigkeit des Betons überstiegen, begann dieser zu reißen und die schlaffe Bewehrung der Struktur nahm die Spannungen auf. Dieser Versuch wurde unter anderem von Schallemissionsmessungen begleitet. Der Rissbildungsprozess konnte damit, bei gleichzeitiger Aufzeichnung der Vorspannung, früh detektiert und die Risse geortet werden. Die Ergebnisse korrelieren gut mit den Ergebnissen der stereo-photogrammetrischen Verformungsmessungen der Struktur.

Einführung

Im Bundesverkehrswegeplan 2030 [1] liegt der Fokus auf dem Erhalt und Ersatzneubau der Verkehrsinfrastruktur. Hierfür sind 69 % der insgesamt 270 Mrd. € eingeplant, während 31 % auf den Ausbau der Infrastruktur entfallen. Der errechnete durchschnittliche Erhaltungsbedarf der Fahrbahn- und Brückensubstanz bis 2030 liegt bei jährlich rund 4,5 Mrd. €. Auf die Erhaltung und Ertüchtigung der Ingenieurbauwerke entfallen davon rund 37 %. Neben der Tatsache, dass die Infrastruktur einen hohen Ausbaugrad erreicht hat, sind das Alter der Infrastruktur und der hohe Zuwachs an Transportaufkommen für den hohen Erhaltungsbedarf verantwortlich. Grundlage für Entscheidungen über Erhalt, Sanierung oder Ersatz ist die Beurteilung und Bewertung des Zustandes der vorhandenen

Ingenieurbauwerke. Künftig werden dabei die automatische Erfassung und Analyse von Zustandskenngrößen an Bedeutung gewinnen. Vor diesem Hintergrund werden im derzeit in der BAM laufenden Themenfeldprojekt „BLEIB - **B**ewertung, **Le**bensdauerprognose und **I**nstandsetzung von **B**rückenbauwerken" Methoden und Techniken zur Zustandsanalyse und -überwachung von Betonbrücken entwickelt und an einer Referenzstruktur getestet [2].

1. Experimentelle Arbeiten

1.1 Die Versuchsbrücke

Die im Rahmen des Projektes BLEIB entwickelte Modellbrücke wurde im Dezember 2016 auf dem Testgelände Technische Sicherheit (TTS) der BAM errichtet. Die als Zweifeldträger konzipierte Stahlbetonkonstruktion ist insgesamt 24 m lang (Abb. 1).

Abb. 1. Gesamtansicht der Modellbrücke auf dem Testgelände der BAM.

Abb. 2 zeigt den Querschnitt in der Mitte eines Feldes. Die Struktur kann mit zwei Stabstählen mit jeweils bis zu 600 kN vorgespannt werden (Abb. 2). Durch eine Änderung der Vorspannkraft kann eine Rissbildung im Beton initiiert bzw. überdrückt und somit die Steifigkeit und das Eigenschwingverhalten der Modellbrücke variiert werden. Damit werden verschiedene Erhaltungszustände von Brücken simuliert. Weiterhin kann die Struktur mit zwei beweglichen Gewichten von jeweils 2 t belastet werden. Die Bewehrung der Struktur ist so dimensioniert, dass es auch ohne Vorspannung und mit einer Belastung von bis zu 2 t in Feldmitte nicht zu einem Fließen der Bewehrung bzw. einem finalen Versagen kommt. Für eine Zustandsbewertung mit schwingungsbasierten Messverfahren kann die Brücke mittels eines Shakers zum Schwingen angeregt werden.

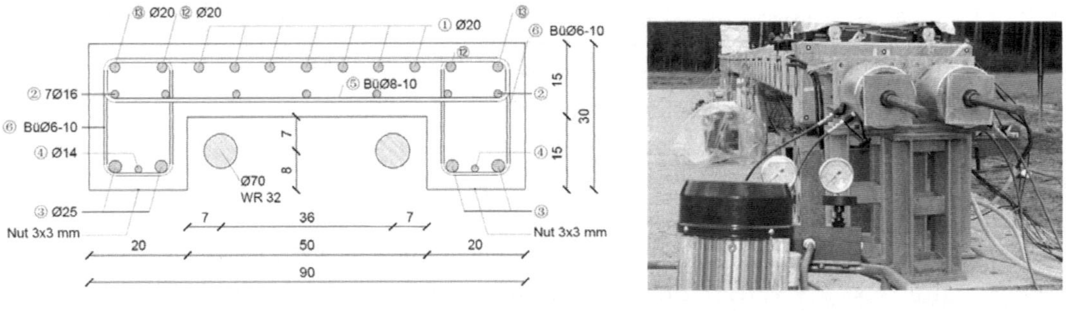

Abb. 2. Links: U-förmiger Querschnitt der Modellbrücke. Rechts: Hydraulisches System zur Änderung der Vorspannung.

Auf dem Weg zur Konzeption einer automatisierten Bauwerksüberwachung wurden verschiedene Messverfahren zur Analyse unterschiedlicher Belastungssituationen kombiniert und an der Modellbrücke getestet. Zu den eingesetzten Verfahren gehören dynamische optische 3D-Messverfahren sowie verschiedene faseroptische Verfahren zur Dehnungsmessung, klassische Verfahren zur Dehnungs- und Neigungsmessung sowie zur

Schwingungsanalyse, Ultraschallmessung mittels eingebetteter Sensoren und auch Schallemissionsmessungen.

2.2 Versuchsprogramm

Die Vorspannung der Stahlbetonstruktur mit den zwei außerhalb angeordneten Spannstäben spielt eine zentrale Rolle im Tragverhalten. Aufgebracht wurde die volle Vorspannkraft von 600 kN pro Spannstab bevor die Struktur ausgeschalt und die Stützkonstruktion entfernt wurde. Der Beton war zu diesem Zeitpunkt 30 Tage alt und hatte mit 61 N/mm² eine ausreichende Druckfestigkeit erreicht. Während des im Folgenden beschriebenen Versuchs wurde die Vorspannung erstmalig wieder auf null reduziert. Unter der Eigenlast verformte sich die Modellbrücke, wodurch Risse im Beton auftraten. Das Ablassen der Vorspannung von insgesamt 1200 kN auf 0 kN erfolgte in fünf Stufen von jeweils 240 kN. Während der Haltephasen wurde die Modellbrücke mit dem Shaker für die dynamischen Schwingungsuntersuchungen angeregt. Die Schallemissionen wurden während des gesamten Versuchs aufgezeichnet.

2. Ergebnisse und Diskussion

Unabhängig von den Schallemissionsmessungen wurden mit in den Beton eingebetteten Ultraschallprüfköpfen [3] Schallgeschwindigkeitsmessungen in Abhängigkeit von der Vorspannung durchgeführt. Die von den Prüfköpfen ausgesandten, sehr kräftigen Pulse konnten von allen Schallemissionssensoren empfangen und so auch geortet werden. Abb. 3 zeigt die anhand dieser Pulse gemessenen Laufzeiten und die daraus resultierenden Schallgeschwindigkeit bei voller Vorspannung der Modellbrücke. Die aus einem automatischen Sensortest ermittelte Schallgeschwindigkeit beträgt 4400 m/s.

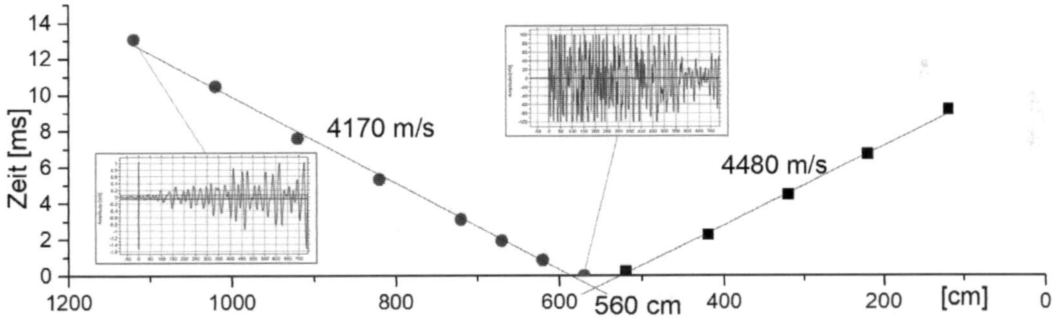

Abb. 3. Laufzeiten eines von einem eingebetteten Ultraschallprüfkopf gesendeten und verschiedenen Schallemissionssensoren empfangenen Pulses.

Abb. 4 zeigt die aus dem vollständigen Ablassen der Vorspannung resultierenden Verformungen der gesamten Struktur.

Abb. 4. Verformung der Modellbrücke unter Eigenlast ohne Vorspannung.

Die während des Versuchs über die Länge des rechten Feldes der Brücke georteten Schallereignisse zeigt Abb. 5. Die Änderungen der Vorspannung der Brück sind durch die gestrichelten Linien markiert. Sehr gut lassen sich die in jeder Vorspannstufe wiederkehrenden Pulse der eingebetteten Prüfköpfe lokalisieren. Solange die Vorspannung 720 kN nicht unterschreitet, ist die Schallemissionsaktivität sehr gering. Die wenigen Ereignisse können auf Arbeiten an der Brücke und der Spannvorrichtung zurückgeführt werden. Die Anregung der Brücke mit dem Shaker ist in diesen Vorspannstufen mit der Schallemissionsanalyse nicht zu detektieren. Erst beim Übergang von 720 kN Vorspannung auf 480 kN steigt die Schallemissionsaktivität deutlich an. Die Ortung zeigt deutlich abgegrenzte Bereiche mit hoher Aktivität, die auf eine Rissbildung auf der Unterseite hindeuten. Der größte Teil der Ereignisse wird zwischen dem rechten Auflager und der Mitte des Feldes geortet. Hier sind auch die Verformungen am größten. Erst nach dem vollständigen Ablassen der Vorspannung werden Ereignisse in der Nähe des mittleren Auflagers geortet. Diese sind auf Risse an der Oberseite der Struktur zurückzuführen. Durch die Anregung mit dem Shaker wurde die Schallemissionsaktivität in den Vorspannstufen 480 kN bis 0 kN verstärkt.

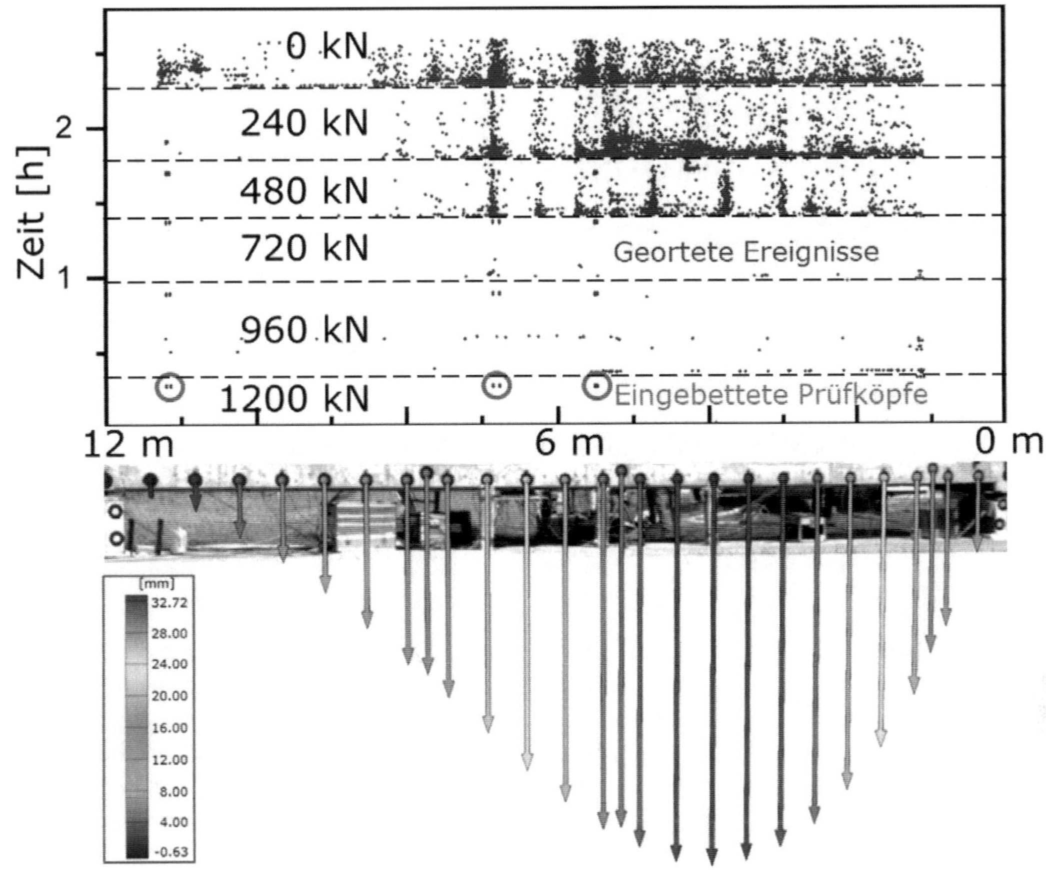

Abb. 5. Ergebnisse der Schallemissionsmessungen

3. Zusammenfassung

Der derzeitige Zustand der Verkehrsinfrastruktur in Verbindung mit Verkehrsprognosen lassen künftig einen hohen Bedarf an Erhaltung- und Ertüchtigungsmaßnahmen an Infrastrukturbauwerken erwarten. Davon sind insbesondere Brücken betroffen. Vor diesem Hintergrund wurde in der BAM das Projekt „BLEIB - **B**ewertung, **Le**bensdauerprognose und **I**nstandsetzung von **B**rückenbauwerken" ins Leben gerufen. An einem im Rahmen dieses Projektes errichteten großformatigen Brückenmodells wurde unter anderem die Schallemissionsanalyse zur Detektion der Rissbildung in Stahlbetonstrukturen getestet. Es konnte gezeigt werden, dass sich Risszonen auch an dieser großen Struktur orten lassen und die Risse durch Schwingungen der Brücke akustisch aktiviert werden.

Referenzen

[1] Bundesministerium für Verkehr und digitale Infrastruktur (BMVI): Bundesverkehrswegeplan 2030, Stand August 2016, www.bvwp2030.de (Januar 2019)

[2] Unger, J.F., Gründer, K.-P., Hille, F., Liehr, S., Maack, S., Niederleithinger, E., Pirskawetz, S., Rogge, A., Said, S., Viefhues, E., Zorn, S.: Innovative Messsysteme zum Brückenmonitoring am Beispiel einer Versuchsbrücke - vom Sensor bis zur Zustandsprognose, Messen im Bauwesen 2017, Berlin, Editor: Baeßler, M., Möller, G., Rogge, A., Schiefelbein, N., S. 7 - 19, (2017)

[3] Niederleithinger E., Wolf, J., Mielentz, F., Wiggenhauser, H. and Pirskawetz, S.: Embedded ultrasonic transducers for active and passive concrete monitoring, Sensors 15 (5), p. 9756 - 9772, doi 10.3390/s150509756, (2015)

Schallemissionsmonitoring an einer Spannbetonbrücke in Deutschland

Max KÄDING [1], Gregor SCHACHT [1], Guido BOLLE [2], Steffen MARX [3]
[1] Marx Krontal Partner, Hannover
[2] Hochschule Wismar | Fachbereich Bauingenieurwesen, Wismar
[3] Leibniz Universität Hannover | Institut für Massivbau, Hannover
Kontakt E-Mail: max.kaeding@marxkrontal.com

Kurzfassung

Viele Brücken, die einen wichtigen Teil unserer modernen Infrastruktur darstellen, wurden in der ersten Hälfte des 20. Jahrhunderts gebaut. In dieser Zeit befand sich die noch junge Bauweise in einer rasanten Entwicklung, so dass die fehlenden Erfahrungen und Regelwerke zu vielfältigen Defiziten führten. Eines dieser Probleme ist die besondere Empfindlichkeit bestimmter Spannstähle gegenüber Spannungsrisskorrosion (SpRK). Die SpRK ist dadurch charakterisiert, dass sie unter bestimmten Voraussetzung zu einem zeitverzögerten Ausfall der Spannbewehrung führen kann. Diese Degradationsprozesse sind jedoch nicht ohne weiteres festzustellen, da die Spannglieder in der Betonkonstruktionen einbetoniert liegen und nur schwer inspiziert werden können. Solange keine Risse im Beton auftreten, scheint das Bauwerk äußerlich intakt. Im ungünstigsten Fall hat dies ein schlagartiges Versagen der Konstruktion zur Folge.

Aus diesem Anlass wurden spezifische Richtlinien zur Bewertung gefährdeter Strukturen im Straßen- und Eisenbahnbrückenbau veröffentlicht, die ein bestimmtes Vorgehen vorgeben und verschiedene Maßnahmen empfehlen. In vielen Fällen sind die konventionellen Verfahren jedoch nicht zielführend oder stellen keine angemessene Alternative (Bsp. Ersatzneubau) dar. Hier besitzen Monitoringverfahren zur dauerhaften messtechnischen Überwachung ein erhebliches Potential.

Die Stennertbrücke zählt zu diesen Bauwerken, die einerseits durch den beschriebenen Schädigungsangriff gefährdet sind und bei denen, mit konventionellen Methoden die Stand- und Verkehrssicherheit nicht gewährleistet werden kann. Da ein Ersatzneubau kurzfristig nicht umsetzbar ist, wurde ein alternativer und im deutschen Spannbetonbrückenbau einzigartiger Ansatz verfolgt: Drahtbrüche sollten mit Schallemissionsmesstechnik erfasst werden. Eine entscheidende Grundlage für die Anwendung dieses Messprinzips ist das, über viele Jahre hinweg in Forschungsprojekten gewonnene Know-How aus Labor- und Feldversuchen. In diesen Voruntersuchungen wurden bspw. wichtige Erfahrungen zur dauerhaften Kopplung von Sensoren, zur Lokalisierung und zur Wellenausbreitung in Spannkonstruktionen gesammelt.

Die Messanlage wurde Mai 2018 installiert und wenig später in Betrieb genommen. Seitdem werden kontinuierlich Daten erfasst und in regelmäßigen Zyklen ausgewertet. Hierbei kommen sowohl parameterbasierte als auch signalbasierte Analysen zum Einsatz. Bisher konnten keine Hinweise auf Spanndrahtbrüche festgestellt werden.

MARX KRONTAL PARTNER

SCHALLEMISSIONSMONITORING AN EINER SPANNBETONBRÜCKE IN DEUTSCHLAND

Mittwoch, 27. März 2019

ENTWICKLUNG DER VORSCHRIFTEN

MARX KRONTAL PARTNER

STRASSENBRÜCKEN (BMVBS)

- 1990 – Empfehlung zur Beurteilung (Querschnittsnachweis)
- 2011 – Handlungsanweisung (stochastischer Nachweis)

EISENBAHNBRÜCKEN (DB NETZE)

- 2013 – Nachrechnungskonzept
- 2017 – Arbeitsanweisung (Monitoringmaßnahmen)

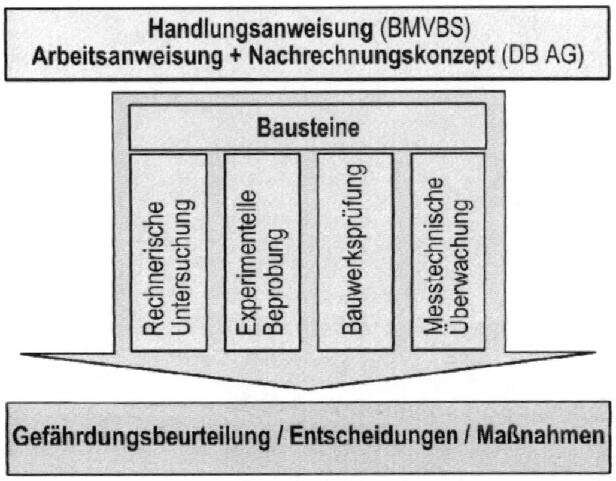

MARX KRONTAL PARTNER

DIE STENNERTBRÜCKE

MARX KRONTAL PARTNER

MESSZIELE

- Detektion und Lokalisation von Drahtbrüchen
- Erfassung der Folgen eines Spannstahlausfalls (Steifigkeitsänderungen)
- Einfluss aus Verkehr
- Klimatische Einwirkungen

MARX KRONTAL PARTNER

MESSZIELE

- Detektion und Lokalisation von Drahtbrüchen
- Erfassung der Folgen eines Spannstahlausfalls (Steifigkeitsänderungen)
- Einfluss aus Verkehr
- Klimatische Einwirkungen

- *Rückschlüsse auf reale Gefährdung*
- *Erhöhung der Sicherheit für die Restnutzungsdauer*

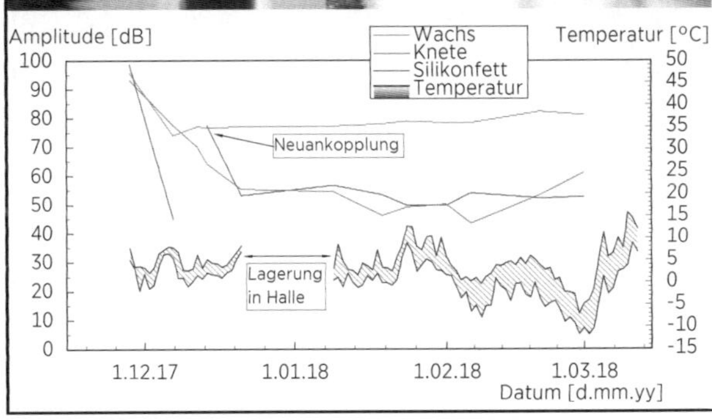

MARX KRONTAL PARTNER

VORUNTERSUCHUNGEN

KOPPLUNG VON SENSOREN

- Langzeitverhalten von Koppelmitteln (Frost-Tau Simulation)
- Verarbeitbarkeit
- Anpressdruck

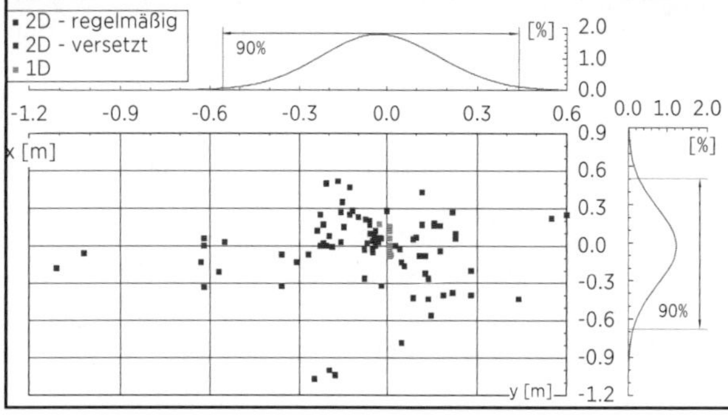

MARX KRONTAL PARTNER

VORUNTERSUCHUNGEN

LOKALISIERUNG

- Untersuchung verschiedener Sensoranordnungen
- Bauwerkslängs- und -querrichtung

90% der lokalisierten Events innerhalb einer 1 m²-großen Fläche

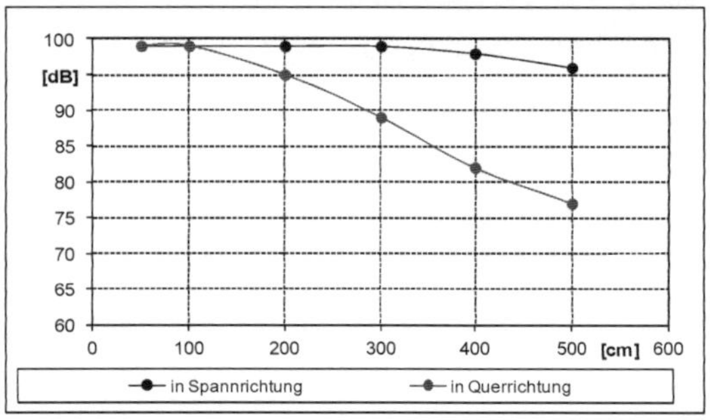

MARX KRONTAL PARTNER

VORUNTERSUCHUNGEN

MATERIALVERHALTEN

- Eignung von Sensoren (Frequenzbereich)
- Ausbreitungseffekte in Bauwerkslängs- und -querrichtung

Autor	Sensor-abstand	Antwortspektrum des Sensors	Dämpfung
Cullington [1]	5 m	1..20 kHz	-
Yuyama [2]	6 m	40..100 kHz	4,3 dB/m
Fricker [3]	8,3 m	20..200 kHz	3,7 dB/m
Eigene Arbeiten	-	40..50 kHz	3..4 dB/m
	-	30..100 kHz	5 dB/m

MARX KRONTAL PARTNER

VORUNTERSUCHUNGEN

MATERIALVERHALTEN

- Eignung von Sensoren (Frequenzbereich)
- Ausbreitungseffekte in Bauwerkslängs- und -querrichtung

- *Sensorabstand bis zu 10 m möglich*
- *Untersuchungsbereich <100 kHz*

MESSKONZEPT

MARX KRONTAL PARTNER

SCHALLEMISSIONSMESSTECHNIK

- 66 Sensoren
- ca. 10 m Sensorabstand
- Anordnung folgt Spanngliedverlauf

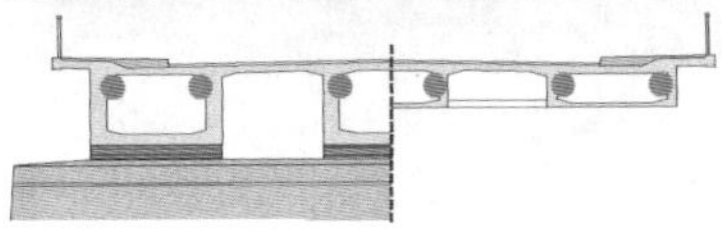

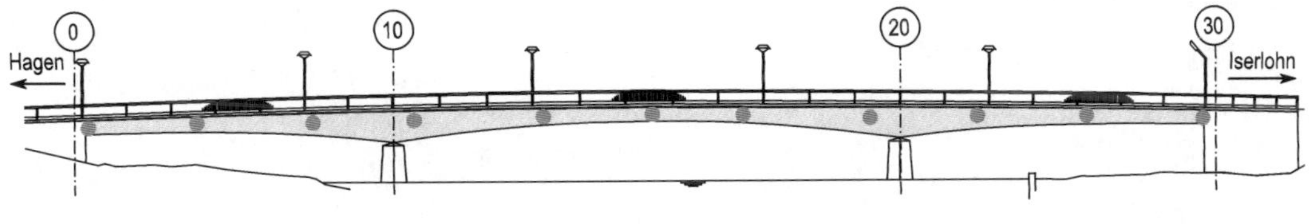

INSTALLATION 04/2018
MARX KRONTAL PARTNER

BEGUTACHTUNG UND REFERENZSIGNALE (DRAHTBRUCH)
MARX KRONTAL PARTNER
SPANNSTAHLZUSTAND
ÖFFNUNG DES HÜLLROHRS

REFERENZSIGNALE (DRAHTBRUCH)

MARX KRONTAL PARTNER

- Detektion nach 20m Laufweg gut möglich
- Effektive Dämpfung im Spannkanal ca. 3dB/m (70% kleiner als im Beton)
- Effektive Ausbreitungsgeschwindigkeit ca. 4,4-4,8m/ms (20% größer als im Beton)
- Lokalisierungsgenauigkeit ±30cm

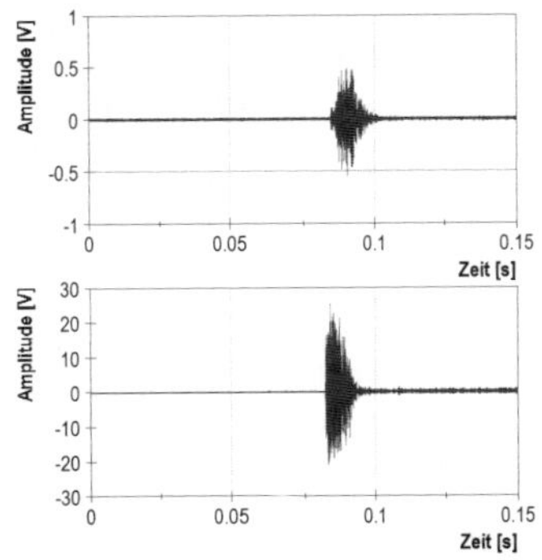

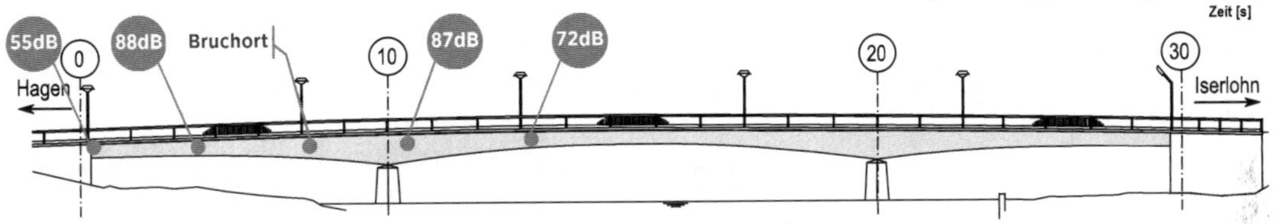

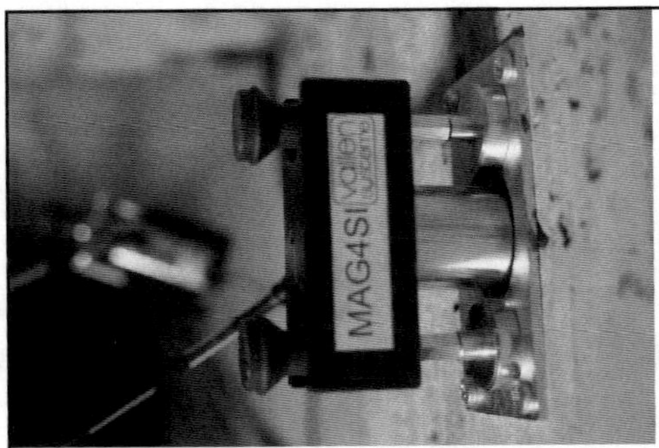

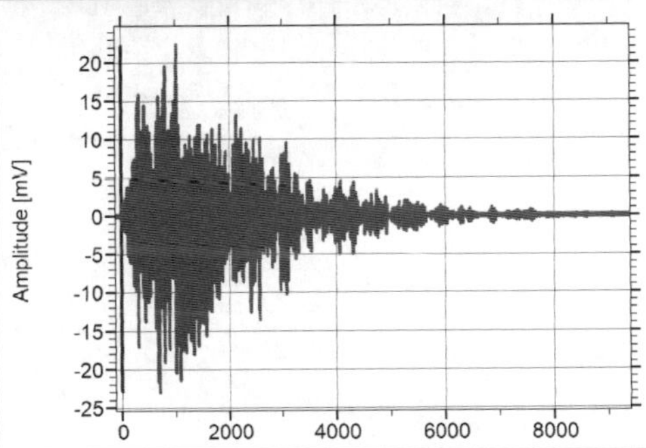

MARX KRONTAL PARTNER

DAUERMONITORING

DATENERFASSUNG UND -AUSWERTUNG

- Signalparameter und Wellenformen
- >1 TB Messdaten nach 6 Monaten
- Mehrstufiges Bewertungsverfahren

- *Dominanter Einfluss der Verkehrsgeräusche*
- *Anpassung der Erfassungseinstellungen*

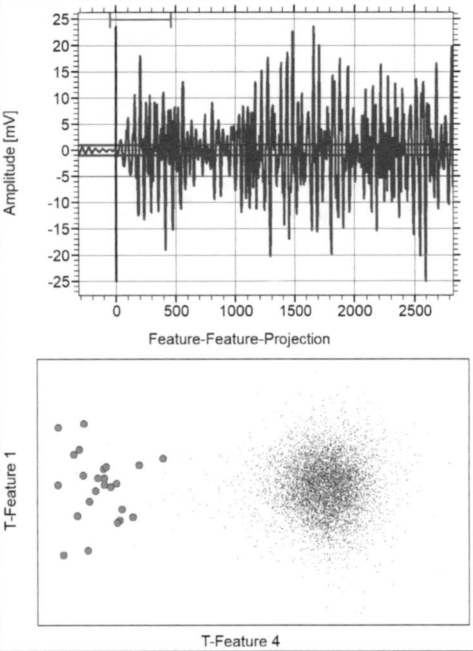

MARX KRONTAL PARTNER

DAUERMONITORING

FREQUENZANALYSE

- 24 Drahtbruchsignale
- >6000 Signale aus Verkehr und Nebengeräuschen
- Entwicklung eines Klassifikators
- Echtzeitauswertung

Keine Hinweise auf Drahtbruchereignisse

MARX KRONTAL PARTNER

DANKE FÜR IHRE AUFMERKSAMKEIT

Marx Krontal Partner

info@marxkrontal.com
www.marxkrontal.com

Weimar | Hannover

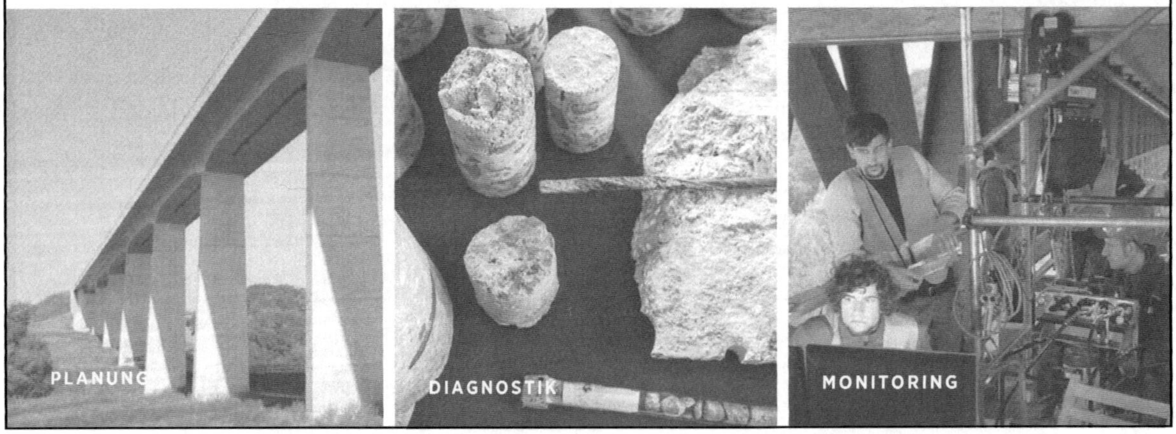

QUELLEN

MARX KRONTAL PARTNER

Literatur

(1) CULLINGTON, D.W.; PAULSON P.; ELLIOTT P. (2001): Continuous Acoustic Monitoring of Grouted Post-Tensioned Concrete Bridges. NDT&E International (Non Destructive Test & Evaluation) 34(2), S. 95–106

(2) YUYAMA, S.; YOKOYAMA, K.; NIITANI, K.; OHTSU, M.; UOMOTO, T. (2007): Detection and evaluation of failures in high-strength tendon of prestressed concrete bridges by acoustic emission. Journal of Construction and Building Materials 21(3), S. 491–500 - DOI 10.1016/j.conbuildmat.2006.04.010

(3) FRICKER, S. (2009): Schallemissionsanalyse zur Erfassung von Spanndrahtbrüchen bei Stahlbetonbrücken. Dissertation ETH Zürich, Zürich, 168 S.

Infrastruktur Monitoring: technische Lösungen und Beispiele

Michael HAEUSERER [1], Thomas THENIKL [1], Thomas DUSCHL [1], Horst TRATTNIG [1]
[1] Vallen Systeme GmbH, Schaeftlarner Weg 26a
Kontakt E-Mail: sales@vallen.de

Kurzfassung. Der tragische Bücken Einsturz in Genua im August 2018 hat der ganzen Welt deutlich vor Augen geführt, dass der bekannte, langjährige Investitionsstau bei langlebigen Infrastrukturen abgebaut werden muss. Bei Bauwerke wie Brücken und Tunnels kommt neben den Investitionen noch der Zeitbedarf für Konzeption und der Planung einer alternativen Verkehrsführung für den Zeitraum der oft mehrjährigen Bauarbeiten erschwerend hinzu. Zur Überbrückung des benötigten Zeitraums greifen Städte und Kommunen vermehrt auf Monitoring Lösungen für ihre maroden Bauwerke zurück um den Zustand der Bauwerke kontinuierlich zu erfassen und gegebenenfalls schnell Maßnahmen einzuleiten ohne die Bauwerke vorsorglich komplett zu sperren.

Neben Messgrößen wie Temperatur, DMS ect. wird vermehrt Schallemission als passives zerstörungsfreies Messverfahren nachgefragt. Die Methode eignet sich für permanente Überwachung und ist durch ihre Flexibilität an eine Vielzahl von Testobjekten anpassbar. Vallen System GmbH ist bei einer Vielzahl von Monitoring Projekten als Messtechnik Partner zusammen mit Dienstleistern, Ingenieur Büros, Städten und Kommunen beteiligt. Zahlreiche Studien und Vorversuche an realistischen Probekörpern, wie z.B Spannbetonträgern, und reale Belastungstests an Brücken haben die Anforderung an des Messsystem weiter geschärft. Die gesamte Messkette angefangen bei den Sensoren, deren Halterung und Kabel über die Datenaufzeichnung bis hin zur Software sind an die neuen Anforderungen adaptiert. Eine Vielzahl von externen Sensoren z.B. für Temperatur oder DMS etc. können zeitsynchron aufgezeichnet und gemeinsam mit den Schallemissionsdaten in der Vallen Software analysiert werden. Die Ergebnisse aus der Analyse werden dann auf einen Cloud-Server geladen und können mittels Web Browser in einem Dashboard visualisiert werden.

Einführung

Im industriellen Umfeld ist Schallemissionsanalyse als zerstörungsfreies Prüfverfahren seit Jahren etabliert, dabei werden unter anderem Druckgeräte, Pipelines und Tanks geprüft [1]. Dabei stehen unter anderem Integritätstests, Leckage- und Korrosionsprüfungen im Fokus. Neben diesen Anwendungen steigt der Bedarf nach kontinuierlicher Überwachung von Strukturen und Prozessen, dabei rücken zivile Bauwerke wie Brücken und Tunnel immer weiter in den Vordergrund. Der langjährige Investitionsstau in die langlebigen Infrastrukturen hat zur Folge, dass bei einer Vielzahl von Bauwerken akuter Handlungsbedarf besteht und Planungs- und Bauzeiträume koordiniert werden müssen. Um die Verfügbarkeit der Infrastrukturen sicherzustellen wählen Betreiber oft unterschiedliche Inspektions- und Wartungsstrategien die auf verschiedenen Grundlagen beruhen.

Schallemission kann hier ein hervorragendes Werkzeug sein. Davies [2], Nakasa [3], Allevato [1] und andere haben ebenfalls gezeigt, dass Schallemission eine geeignete Methode für kontinuierliche Überwachung ist.
Ziel der kontinuierlichen Überwachung ist es den aktuellen Systemzustand der Infrastruktur zu erfassen, weiter zu beobachten und Änderungen frühzeitig zu entdecken. Bei Brücken oder Tunnels mit Spannbetonbauweise treten häufig Schädigungen an den Spannstählen durch Korrosion auf, was zum Reißen der Spannglieder und dadurch zu einer Veränderung der Traglast des Bauwerks führen kann. Vorversuche an Spannbetonteilen, an denen Spannglieder künstlich getrennt wurden haben gezeigt, dass die durch den Riss freigesetzte Schallemission detektiert und der Riss identifiziert werden kann.

Abb. 1. Beispiel eines Vorversuchs zur Detektion von Spannstahlrissen an einem Betonkörper. Es wurden verschiedene Schallemissionssensoren und Vorverstärkungen getestet. Die Spannstähle wurden durchgeschnitten und über elektrochemische Korrosion „durchgerostet“

Anwendungsbeispiele für permanente Überwachung und deren individuelle Lösungen

1.1 Rückblick auf eine Pilotstudie zur permanenten Überwachung eines Containerkrans

Im Frühjahr 2017 wurde in einer einjährigen Pilotstudie zur permanenten Überwachung eines Containerkrans gestartet. Das Ziel der Pilotstudie war es herauszufinden ob Schallemission eine geeignete Methode ist um Containerkräne permanent zu überwachen und ob Schallemission Risse in der Kranstruktur detektieren kann.
Die Pilotstudie lief vom Frühjahr 2017 bis Frühjahr 2018 und konnte die oben genannten Ziele positiv beantworten. An der Studie war der Kranbetreiber, ein erfahrener Dienstleister und Vallen Systeme als Gerätelieferant beteiligt.
Der Containerkran wird in einem der wichtigsten internationalen Häfen der Welt eingesetzt und ist im 24/7 Betrieb, also rund um die Uhr im Einsatz um Containerschiffe zu be- und entladen. Der Kran ist seit einigen Jahrzehnten in Betrieb [6]. Der Betreiber des Containerkrans hat aus langjähriger Erfahrung mit dem Krantyp die sogenannten „tension bars“ als hot spots identifiziert, die im Betrieb die Hauptlast des Kranauslegers und der Container tragen.

Abb. 2. Beispiel von Containerkränen im Betrieb. Die Kranausleger sind teilweise hochgeklappt. "tension bars" sind bei einem Kran durch die weißen Pfeile gekennzeichnet [5]

Diese hot spots wurden mit Schallemissionssensoren ausgestattet und kontinuierlich überwacht. Die wasserdichten und robusten Sensoren wurden auf der Struktur angeklebt, mit Magnethaltern fixiert und über Kabel mit dem Messsystem verbunden. Das Messsystem und der Messrechner waren im Maschinenraum untergebracht und über eine mobile Netzwerkverbindung über Fernzugriff steuerbar. Im Laufe der Pilotstudie wurde die automatische Datenanalyse und das Alarmmanagement schrittweise verfeinert und angepasst. Um die Ziele der Pilotstudie im gesetzten Zeitraum zu erreichen hat der Betreiber einen Stahlträger (tension bar) mit einer Kerbe vorgeschädigt um eine Rissbildung bzw. -wachstum zu initiieren.
Das Vorgehen war erfolgreich und es wurde durch das Schallemissionssystem ein Alarm ausgelöst, der Defekt konnte detektiert an der Stelle der Kerbe geortet werden und durch andere NDT Verfahren bestätigt werden.
Die Pilotstudie hat gezeigt, dass Schallemission eine geeignete Methode für permanente Überwachung von kritischen hot spots ist!

1.2 Permanente Überwachung einer Spannbetonbrücke mit einer integrierten Monitoring Anlage

Im Herbst 2018 wurde im Süd-Westen Deutschland eine Spannbetonbrücke mit einer Monitoring Anlage ausgestattet. Die Brücke steht zur Erneuerung an und soll während der Planungszeit permanent überwacht werden. Die Monitoring Anlage nimmt neben der Schallemission auch weitere Messgrößen wie Temperatur, Weg und Dehnung (DMS) auf. Schallemission und Temperatur werden in einem integrierten System aufgezeichnet, die DMS und Weg-Daten werden nachgelagert Fusioniert und Analysiert.

1.2.1 Hintergründe der Brücke und aktuelle Situation

Die Spannbetonbrücke wurde innerhalb des Jahres 1950 fertiggestellt und überspannt die Donau. Sie ist 96m lang und die größte Spannweite ist 81,3m. Die Brücke hat bei 18m Breite 4 Fahrspuren und 2 Geh-bzw. Radwege.
An den Spannstählen der Brücke wurden Schäden durch Korrosion festgestellt. Die Schäden sind irreparabel wodurch ein Ersatzneubau der Brücke in Planung ist. An dem Projekt sind der Eigentümer/Betreiber der Brücke, ein Ingenieurbüro und Dienstleister und Vallen Systeme als Gerätelieferant beteiligt

1.2.2 Die integrierte Monitoring Anlage

Die Monitoring Anlage muss in der Lage sein, die Infrastruktur permanent zu überwachen. Dazu ist ein geeignetes Sensornetzwerk, Datenaufzeichnung und –analyse notwendig. Das Schallemissionssystem und die Signalanalyse müssen daher die Messdaten automatisiert aufzeichnen und analysieren, Änderungen im Systemzustand erkennen, schadensrelevante Merkmale extrahieren und bei der Überschreitung im Vorfeld definierter Schwellwerte Alarme auslösen. Dafür sind eine zuverlässige Messtechnik und ein geeignetes Sensornetzwerk notwendig. Das Sensornetzwerk ist an die dauerhafte Installation im Freien angepasst, es wurden Sensoren mit IP68 Schutzgrad verwendet. Die Sensoren wurden mit Halteplatten an der Betonoberfläche angebracht und mit einer Schutzhaube gegen Tierverbiss geschützt. Das AMSY-6 Schallemissionsmesssystem mit 36 Kanälen ist in einem Schaltschrank untergebracht, der im Widerlager der Brücke in 5m Höhe zum Schutz gegen Hochwasser aufgehängt ist. Der Schaltschrank beinhaltet neben dem Schallemissionsmesssystem auch den Messrechner, die Kommunikationseinheit für mobiles Netzwerk und zusätzlich Messtechnik mit denen Daten von 71 Temperatursensoren aufgezeichnet werden. Die Schallemissionsdaten und die Temperaturdaten sind zeitsynchronisiert und werden gemeinsam in der Vallen Analyse Software (VisualAE) analysiert. Durch diese gemeinsame Datenbasis ist es dem Ingenieursbüro, das die Anlag betreibt, möglich Informationen von unterschiedlichen Messsystemen einfach und schnell zu verarbeiten und zu korrelieren.

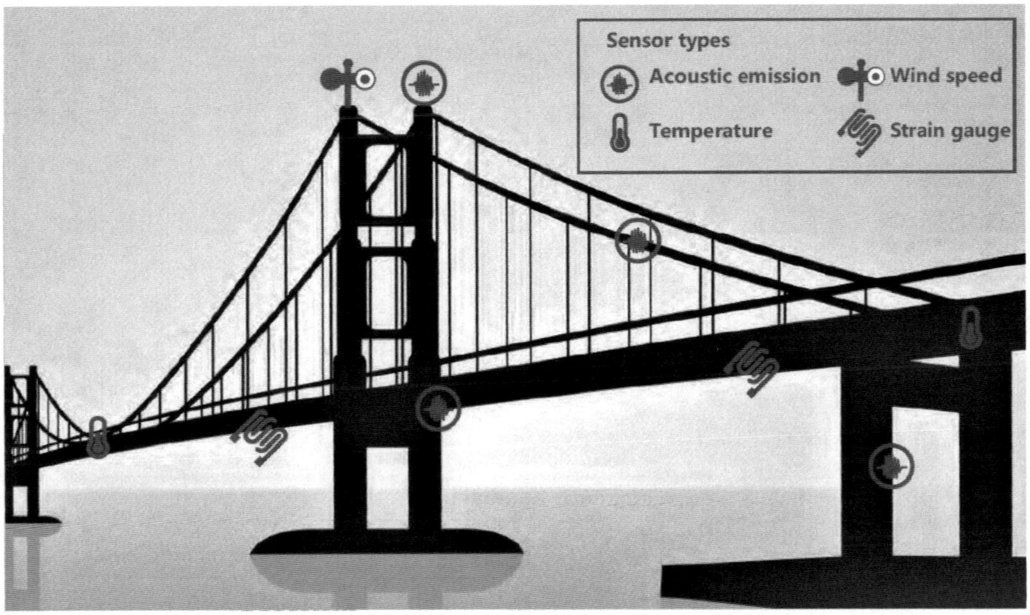

Abb. 3. Schematische Darstellung eines Sensornetzwerks einer integrierten Monitoring Anlage

1.2.3 Daten Zusammenführung

Aktuell werden Schallemissions- und Temperaturdaten gemeinsam ein einem System aufgezeichnet, das System ist bereits für weitere Dateninputs ausgelegt um die immensen Vorteile einer gemeinsamen Zeitbasis aller beteiligten Messdaten zu nutzen. Eine umfangreiche Möglichkeit für digitale Filterung der Messdaten ist von Vorteil um mögliche Störeinflüsse aus den Messdaten zu eliminieren. Im Weiteren ist die Analysesoftware flexibel auf den aktuellen Anwendungsfall zugeschnitten. Wiederkehrende Aufgaben neben der Datenerfassung und Analyse laufen automatisiert und selbstständig über den Vallen Automation Manager [4]. Dazu gehört unter anderem: Steuerung und Überwachung des Schallemissionssystems, Alarmierung bei erfüllten Alarmbedingungen, Automatisierte Testabläufe z.B. Sensor Ankopplungstest sowie Fernzugriff und email Benachrichtigung.
Neben dem Fernzugriff auf die Rohdaten und das Versenden von Nachrichten im Alarmfall extrahiert das Monitoring System regelmäßig aus den aufgezeichneten Schallemissions- und Temperaturdaten im Vorfeld abgestimmte Informationen als Entscheidungskriterien. Diese Informationen werden automatisch in ein cloud-basiertes Dashboard geladen und stehen dort als Übersicht über das System zur Verfügung. Neben den reduzierten Daten für das Cloud-Dashboard werden täglich die Rohdaten automatisiert auf einen Server zur weiteren Analysen geladen.

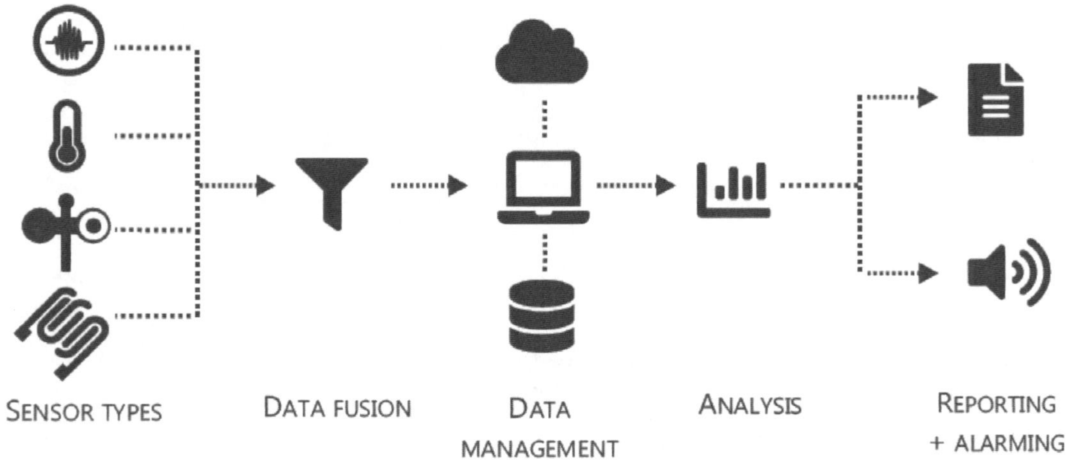

Abb. 4. Schematische Darstellung eines Monitoring Prozesses

Zusammenfassung

Beide Beispiele verdeutlichen die Entwicklung der Monitoring Systeme bezogen auf wachsende Anforderungen und zeigen, dass die Schallemissionsmesstechnik heute bereits die Anforderungen für Permanent-Monitoring-Anwendungen erfüllt und flexibel auf sich ändernde Anforderungen reagieren kann. Die Kombination aus automatisierten Software und Analysetools, zuverlässiger Messtechnikhardware und selbstüberwachenden Sensornetzwerken biete zudem die Flexibilität für verschiedensten Aufgabenstellungen.

Es hat sich weiter bestätigt, dass die Monitoring Anlage zwar autonom laufen kann und muss, aber die Rahmenbedingungen hierfür im Vorfeld geschaffen werden müssen. Beispielsweise sind eine zuverlässige Stromversorgung und eine stabile Kommunikationsinfrastruktur für den Fernzugriff Voraussetzung.

Die online Analyse muss durch erfahrene Dienstleister so aufgebaut werden, dass die Einflüsse der üblichen Betriebsbedingungen der Anlage auf die Schallemissionsergebnisse soweit bekannt sind, dass diese von den Nutzsignalen separiert werden können.
Der Prozess nach einem Alarm muss mit allen beteiligten Gruppen, Gerätehersteller, Dienstleister und Eigentümer/Betreiber der Infrastruktur eng abgestimmt sein. Die Visualisierung der aufbereiteten Ergebnisse und Zustände in einem Cloud-Basierten Dashboard am PC, Tablet oder Smartphone wird als Live-Reporting vom Eigentümer des Bauwerks aber auch vom Betreiber der Monitoring Anlage gerne genutzt.

Weitere Anforderungen werden an die Integration von weiteren Messtechniken gestellt, da Objekte wie Brücken und Tunnel von mehreren Blickwinkeln betrachtet werden.

Referenzen

[1] Claudio Allevato, 'The use of acoustic emission testing on long term monitoring of damaged components', EWGAE 2010, 2010

[2] Ray Davis, 'AE as a Basis for Plant Integrity Monitoring', Progress in Acoustic Emission III - The Japanese Society of NDI, 1986

[3] Hiroyasu Nakasa and Hiroaki Sasaki, 'Long-term continuous monitoring of structural integrity of steel storage tanks', IAES 1998

[4] Vallen Systeme GmbH, 'Vallen Automation Software user manual', 2013

[5] CMA CGM Alexander von Humboldt (ship, 2013) 001.jpg, https://.commons.wikimedia.org, downloaded on 30th of January 2017

[6] Häuserer Michael, Horst Trattnig, 'Autonome AE Systeme: Optimierte Hard- und Softwarelösungen zur Unterstützung von Permanent Monitoring Anwendungen', 21. Kolloquim Schallemission 2017

Untersuchungen zur Anwendbarkeit von aktiv und passiv angeregten geführten elastischen Wellen für die Überwachung von faserverstärkten Kunststoffen

Tobias GAUL [1], Kilian TSCHÖKE [1], Alexander PIETZSCH [1], Eberhard SCHULZE [1], Lars SCHUBERT [1]

[1] Fraunhofer-Institut für Keramische Technologien und Systeme (IKTS), Dresden

Kontakt E-Mail: tobias.gaul@ikts.fraunhofer.de

Kurzfassung. Faserverstärkte Kunststoffe sind heutzutage in zahlreichen industriellen Anwendungen zu finden. Diese Materialien weisen hohe Zug- und Biegefestigkeiten bei geringer Dichte auf. Gezielte Faserausrichtungen der einzelnen Lagen ermöglichen die Realisierung belastungsangepasster Strukturen. Die Anwendung dieser Materialen ist besonders in Bereichen relevant, in den große Massen bewegt und beschleunigt werden müssen, wie in der Luft- und Raumfahrttechnik, im Schienenfahrzeug- und Automobilbau. Allerdings stellt die Prüfung und Überwachung dieser Strukturen eine Herausforderung dar, da sich das Schädigungsverhalten gegenüber dem von Metallen unterscheidet. Es können von außen nicht-sichtbare strukturelle Veränderungen, wie Delaminationen und Zwischenfaserbrüche auftreten, die eine lokale Abschwächung der Steifigkeit verursachen und zum Versagen der Bauteile führen können.

Im Rahmen dieser Arbeit werden aktive und passive Ultraschalltechniken auf der Grundlage von geführten Wellen auf ihre Anwendbarkeit an CFK-Strukturen untersucht. Dazu werden an Prüfkörpern mit unterschiedlichen Faserorientierungen Zugversuche mit zyklisch steigender Last bis zum vollständigen Versagen der Probe durchgeführt. Während der Belastung werden die im Prüfkörper entstehenden akustischen Emissionen erfasst. In den Pausen zwischen den Messrampen werden aktiv angeregte geführte Wellen in den Prüfkörper eingekoppelt und wieder empfangen. Aus den gewonnenen Messdaten werden unterschiedliche Parameter extrahiert, die eine Überwachung der Degradation der Prüfkörper ermöglichen. Abschließend erfolgen eine Gegenüberstellung der Ergebnisse der aktiven und passiven Methode und ein Vergleich bezüglich ihrer Aussagekraft und Empfindlichkeit.

Einführung

Die Bewertung des Strukturzustandes von faserverstärkten Kunststoffen stellt in den Bereichen Luftfahrt und Automobil immer noch eine Herausforderung dar. Verglichen mit isotropen Materialien weisen Kompositmaterialien ein komplexeres Schadensverhalten auf. Eine Auslegung erfolgt daher oft überdimensioniert, um Fehlstellen einer bestimmten Form und Größe tolerieren zu können. Somit kann das volle Potential faserverstärkter Strukturen nicht ausgenutzt werden und das Gesamtgewicht eines Bauteils steigt.

Zur Ermittlung von Schäden existieren heutzutage unterschiedliche Verfahren. Am weitesten verbreitet sind Volumenprüfmethoden wie Computertomographie und Ultraschallverfahren. Die Anwendung von Röntgenverfahren wird durch geltende Sicherheitsbestimmungen und Zugangsvoraussetzungen zum Prüfobjekt erschwert und wird daher vorranging für Komponentenprüfung und Laboruntersuchungen verwendet. Ultraschallverfahren wie Puls-Echo und Phased Array werden in der Luftfahrt zur wiederkehrenden Prüfung angewendet. Auch hier muss eine gute Zugänglichkeit zum Prüfobjekt gewährleistet sein. Mit zunehmender Krümmung der Struktur wird eine Prüfung zusätzlich erschwert.

Als Alternative zu den zuvor beschriebenen Techniken bieten sich geführte elastische Wellen an. Im Vergleich zu klassischen Ultraschallwellen breiten sich diese Wellen bei geringeren Frequenzen mit einer komplexeren Wellenbewegung aus. In Abhängigkeit von der Art der Anregung können sie in aktiv und passiv angeregte Wellen unterschieden werden. Für eine zerstörungsfreie Prüfung und Strukturzustandsbewertung können akustische Emissionen bezüglich ihrer Quellmechanismen und Schädigungsmechanismen, welche zu einer Emission führen, bewertet werden. Besonders das Identifizieren von Schädigungsmechanismen ist herausfordernd, da unterschiedliche Schäden gleichzeitig Emissionen aussenden können. Das aufgezeichnete Signal ist für gewöhnlich die Summe unterschiedlicher Schädigungsarten, wodurch eine Interpretation erschwert wird. Bei der Anwendung aktiv angeregter Ultraschallwellen werden Signaleigenschaften des transmittierten Wellenpaketes zwischen mehreren Wandlerpaaren ausgewertet und auf das Hindeuten von strukturellen Änderungen bewertet. Dabei spielen die Anordnungen von Wandlern, die Wahl eines geeigneten Wellenmodes und die Frequenz für eine Wechselwirkung mit einem Schaden eine entscheidende Rolle.

In dieser Arbeit werden in Couponversuchen spezifische Schädigungen in kohlefaserverstärkten Proben erzeugt. Weiterhin erfolgt eine Gegenüberstellung der Ergebnisse der simultan gemessen aktiv und passiv angeregten Wellen.

Methodik

Akustische Emission (AE)

Technische Strukturen stehen unter hoher Beanspruchung, welche durch mechanische oder thermische Spannungen hervorgerufen werden und zu mikroskopischen oder makroskopischen Materialveränderungen führen. Überschreiten diese Spannungen einen Schwellwert wird Energie in Form einer elastischen Welle frei.

Bereits in den 1950er Jahren untersuchte Joseph Kaiser das akustische Verhalten von Metallen unter Spannung. Der daraufhin benannte Kaiser-Effekt beschreibt die Abwesenheit akustischer Emissionen bis zum Überschreiten der zuvor erreichten maximalen Last [1]. Seitdem befassen sich zahlreiche Forscher mit dem Auftreten von akustischen Emission an unterschiedlichen Materialien. In den letzten Jahren gibt es eine zunehmende Anzahl von Untersuchungen an kohlefaserverstärkten Kunststoffverbunden (CFK), welche auch Bestandteil dieser Arbeit sind.

Neben dem Kaiser-Effekt tritt an Kunststoffverbunden eine weitere Charakteristik auf, der sogenannte Felicity-Effekt. Dieser Effekt besagt, dass die Vorschädigung einer Struktur die Schallemissionsaktivität eines nachfolgenden Belastungszyklus beeinflusst. Akustische Emissionen können demnach bei zyklisch oder schrittweise geänderten Lasten bereits vor dem Erreichen der zuvor angefahrenen Maximallast entstehen [2].

Ein erster Ansatz zur Beschreibung unterschiedlicher Schädigungsmechanismen an faserverstärkten Kunststoffen wurde von Bohse durchgeführt [3]. Er untersuchte glasfaserverstärkte Materialien mithilfe des DCB-Tests (Double Cantilever Beam Test). Dadurch werden Delaminationen im Material erzeugt, deren Entstehung parallel durch AE-Sensoren aufgezeichnet wurde. Er ermittelte spezifische Frequenzbereiche durch die Kombination von Quellortung und Frequenzanalyse, wobei sich Emissionen durch Matrixbrüche in Bereiche zwischen 100 und 350 kHz und Faserrisse in Bereichen von 350 bis 700 kHz abbildeten.

Im Rahmen seiner Dissertation untersuchte Sause die Identifikation von unterschiedlichen Schadensmechanismen mithilfe von Mustererkennung und weiteren Analysemethoden [4, 5]. Dabei betrachtete er vorrangig beschichtete CFK-Proben. Die Auswertung der akustischen Emissionen basierte auf Amplituden- und Energiebewertungen und Clusterung dieser Daten. In weiteren Untersuchungen simulierte Sause die Ausbreitung von AE-Signalen und nutzte die gewonnenen Daten für Clusteranalysen. Anschließend verglich er diese Daten mit experimentellen aus Zug- und Biegeversuchen. Dabei verwendete er Kombinationen unterschiedlicher Parameter im Frequenzbereich wie die gewichtete Vorzugsfrequenz (GVF), die sich gemäß

$$f_{GVF} = \sqrt{\frac{f_{max} \cdot \int f \cdot \hat{U}(f) \mathrm{d}f}{\int \hat{U}(f) \mathrm{d}f}} \text{ und } partielle\ Energie\ n = \frac{\int_{f_1}^{f_2} \hat{U}^2(f) \mathrm{d}f}{\int_0^{f_a} \hat{U}^2(f) \mathrm{d}f}$$

berechnet, wobei sich die partielle Energie 1 in den Grenzen $f_1 = 0$ kHz und $f_2 = 150$ kHz und die partielle Energie 2 in den Grenzen $f_1 = 150$ kHz und $f_2 = 350$ kHz ermittelt. Abschließend verglich Sause die Ergebnisse aus Simulation und Experiment mit mikroskopischen Untersuchungen. Durch Clusterung der Daten gelang es ihm, die Schallereignisse anhand ihrer Frequenzeigenschaften in Matrix-, Zwischenfaser- und Faserbruch zu unterteilen. In Abhängigkeit von Material, Geometrie und Abstand der AE-Sensoren können einzelne Cluster nur unzureichend voneinander getrennt werden. Dies muss bei der Auswertung berücksichtig werden.

Aktiv angeregte geführte Wellen

Geführte Wellen breiten sich zwischen den Oberflächen von platten- und schalenförmigen Strukturen aus und sind über lange Distanzen ausbreitungsfähig. Durch Superposition von longitudinalen und transversalen Wellen können dabei unterschiedliche Moden angeregt werden. Dabei werden drei Arten von Moden unterschieden. Zum einen antisymmetrische Moden (A_n), symmetrische Moden (S_n) und Schermoden (SH_n). Die Ausbreitungsgeschwindigkeit dieser Wellenmoden ist neben dem Material auch von der Frequenz abhängig.

Die Anwendung geführter Wellen wird durch unterschiedliche Parameter beeinflusst. Neben den elastischen Materialkonstanten einer Struktur beeinflussen auch Umgebungs- und Einsatzbedingungen, wie Vorspannung, Temperatur und Feuchtigkeit die Wellenausbreitung. Für isotrope Materialien werden geführte Wellen bereits seit mehr als 30 Jahren erforscht. Auch im Bereich anisotroper Materialien nimmt die Anwendung von geführten Wellen zu, da sie die Möglichkeit bieten, Delaminationen zu detektieren, welche mit visueller Inspektion nicht wahrgenommen werden können.

Untersuchungen von Tan [6] zeigen das Potential geführter Wellen bei der Detektionen von Delaminationen an unidirektional verstärkten Proben. Mit unterschiedlichen Klebestreifen wurden künstliche Delaminationen erzeugt. Durch den Einsatz eines Winkelprüfkopfes werden vorrangig S0-Moden angeregt und empfangen. Die Ergebnisse zeigten einen signifikanten Einbruch der transmittierten Wellenenergie, wenn der Prüfkopf auf oder hinter der Delamination positioniert wurde. Durch diesen Effekt war es möglich, auch die Größe einer Delamination zu ermitteln, wobei im Vergleich zum klassischen Ultraschall eine höhere Genauigkeit erreicht wurde, wenn die Schäden nah der Oberfläche lagen.

Mit einem verteilten Netzwerk aus piezoelektrischen Wandlern, welche geführte Wellen in einem schmalbandigen Frequenzbereich anregen, wies Su [7] das Vorhandensein und die Position von künstlichen Delaminationen nach. Dabei verwendete er eine quasi-isotrope CFK-Platte mit einer Dicke von 1,3 mm. Durch die Anwendung der Wavelet-Transformation konnte Su zusätzlich Rauschen unterdrücken und den ersten eintreffenden S0-Mode identifizieren. Mithilfe einer einfachen Ortungsroutine gelang die Abschätzung des Schadensortes.

Bisherige Untersuchungen zeigen das Potential Schädigungen, wie Delaminationen und Faserbrüche, in faserverstärkten Kunststoffen zu detektieren. Jedoch weisen die beschrieben Arbeiten vorrangig künstliche Fehlstellen auf. Nur wenige Arbeiten befassen sich mit der Untersuchung an real geschädigten Proben und verwenden dynamische Belastungsversuche, um faserverstärkte Strukturen zu schädigen. Daher werden die in dieser Arbeit vorgestellten Prüfkörper in einem Zugversuch schrittweise bis zur Maximallast gefahren, wobei sich Faserrisse und Fasermatrixablösungen ausbilden.

Versuchsergebnisse

Aufbau

Für die durchgeführten Untersuchungen wurden in einem Zugversuch spezielle Zugprüfkörper bis zum mechanischen Versagen belastet. Für die Versuche wurde die Prüfmaschine AllroundLine Zwick 100 der Firma Zwick und Roell mit hydraulischen Spannbacken verwendet. Die Prüfung erfolgte als stufenweiser Zugversuch, wobei ein periodisches Be- und Entlasten des Prüfkörpers durchgeführt wurde. Mit jeder Prüfstufe wurde die Maximallast der vorherigen Stufe, bis zum Erreichen der Bruchlast, überschritten. Als Ausgangszustand wurde an der Prüfmaschine eine Vorlast von 50 N aufgebracht. Ausgehend von der Vorlast wurde die Prüflast mit jeder Stufe um 1000 N bis zum vollständigen Versagen des Prüfkörpers erhöht. Während der Belastung der Probe wurden kontinuierlich akustische Emissionen aufgezeichnet und eine Prüfung mit geführten Wellen wurde während der Unterbrechung zwischen den Prüfzyklen bei aufgebrachter Vorlast durchgeführt (Abb. 1). Da die Phasengeschwindigkeit elastischer Wellen durch eine Vorspannung im Material beeinflusst wird, sollte diese Vorspannung für jede Messung konstant gehalten werden.

Abb. 1: Eingespannter Prüfkörper mit eingebetteten Sensoren zur Messung mit geführten Wellen und auf den Klemmbacken angebrachte Sensoren zur Messung akustischer Emissionen. Links: Prüfkörper vor Beginn der Messungen. Rechts: Prüfkörper nach erfolgreichem Prüfablauf.

Bei den verwendeten Prüfkörpern handelte es sich um Zugprüfkörper mit einer Länge von 250 mm, einer Breit von 25 mm und einer Dicke von 2 mm. Für die Versuche wurden insgesamt 10 Prüfkörper mit zwei unterschiedlichen Lagenaufbauten verwendet. Bei dem einem Lagenaufbau handelt es sich um einen symmetrischen 0°/90°-Verbund während der andere Lagenaufbau ein symmetrischer +45°/-45°-Verbund ist. Für Messungen mit aktiv angeregten geführten Wellen wurden zwei DuraAct P-876.K025 der Firma PI Ceramic verwendet, die während der Fertigung in den Verbund integriert wurden. Passive Messungen werden mit vier KAR601 Schallemissionssensoren, welche an den Klemmbacken der Prüfmaschine angebracht sind, durchgeführt. Um die Ankopplung der Schallemissions-sensoren zu verbessern, wurde ein Koppelmittel verwendet und die Sensoren mittels Joch an die Klemmbacken gedrückt. Als Messsystem kommt das am Fraunhofer IKTS entwickelte MAS 2 zum Einsatz. Damit können auf einer Hardwareplattform sowohl aktive und passive Messungen durchgeführt werden.

Ergebnisse AE-Messungen

Während den Belastungszyklen wurde an allen Proben die akustische Aktivität aufgezeichnet. In einem ersten Schritt wurden für alle Schallereignisse die gewichtete Vorzugsfrequenz und die partielle Energie in mehreren Bändern berechnet. In Abb. 2 ist die gewichtete Vorzugsfrequenz und die partielle Energie 2 für alle Prüfkörper dargestellt. Es ergeben sich drei Cluster, welche den unterschiedlichen Schadensmechanismen im CFK zugeordnet werden können, vgl. [8]. Im ersten Cluster konzentrieren sich die Schall-emissionsereignisse vorranging um eine Frequenz von 150 kHz und weisen eine partielle Energie zwischen 1 und 60 % auf. Diese Ereignisse können Matrixrissen im Material zugeordnet werden. Im zweiten Cluster sammeln sich Schallereignisse vorrangig um 170 kHz, wobei die partielle Energie zwischen 5 und 45 % liegt. Diese Ereignisse können auf Faser-Matrix-Ablösungen zurückgeführt werden. Ein dritter Cluster bildet sich um eine Frequenz von 250 kHz mit partiellen Energien zwischen 60 und 95 % aus. Dieser Cluster kann auf Faserrisse zurückgeführt werden. Im weiteren Verlauf werden diese Cluster dazu verwendet, um den auftretenden AE-Signalen entsprechende Quellmechanismen zuzuordnen.

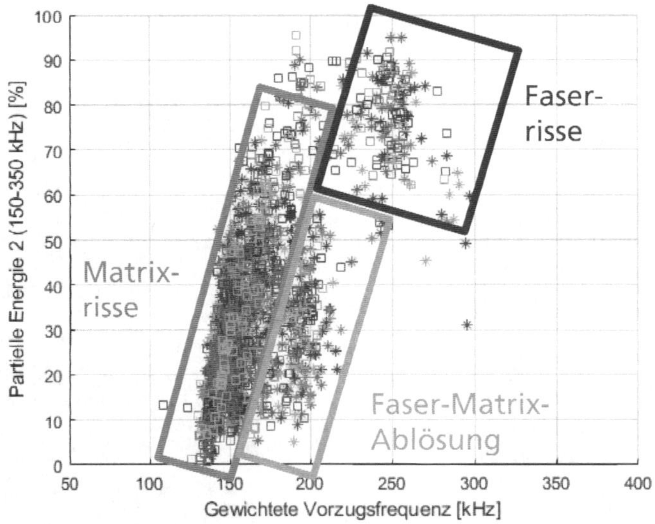

Abb. 2: Partielle Energie 2 dargestellt über der gewichteten Vorzugsfrequenz für alle Prüfkörper. Zusätzlich eingetragen sind die Cluster der Schadensmechanismen.

Abb. 3 zeigt beispielhaft den Ablauf der Prüfung für eine gekerbte 0/90-Probe. Dabei werden über der Messzeit die gewichtete Vorzugfrequenz (rote Punkte) und die über eine 1D-Ortung berechnete Position (blaue Kreuze) der aufgetretenen Schallereignisse dargestellt. Es zeigt sich, dass zu Beginn des Lastzyklus nur wenige AE-Ereignisse mit geringer gewichteter Vorzugsfrequenz auftreten. Die Ereignisse sind dabei unregelmäßig verteilt und sind in der Nähe der integrierten DuraAct-Wandler zu finden. Mit zunehmender Kraft steigt auch die Anzahl der Schallereignisse sichtlich an. Die Position der Ereignisse konzentriert sich dabei zunehmend um den Bereich der Einschnürung der Probe, in dem ein Versagen erwartet wird. Neben zahlreichen Ereignissen mit einer gewichteten Vorzugsfrequenz um 150 kHz, welche auf eine Degradation der Matrix hindeuten, treten vermehrt Ereignisse mit einer gewichteten Vorzugsfrequenz um 200 kHz und darüber auf. Diese Ereignisse werden durch Faserrisse und Fasermatrixablösungen verursacht und deuten auf ein Versagen der Probe hin.

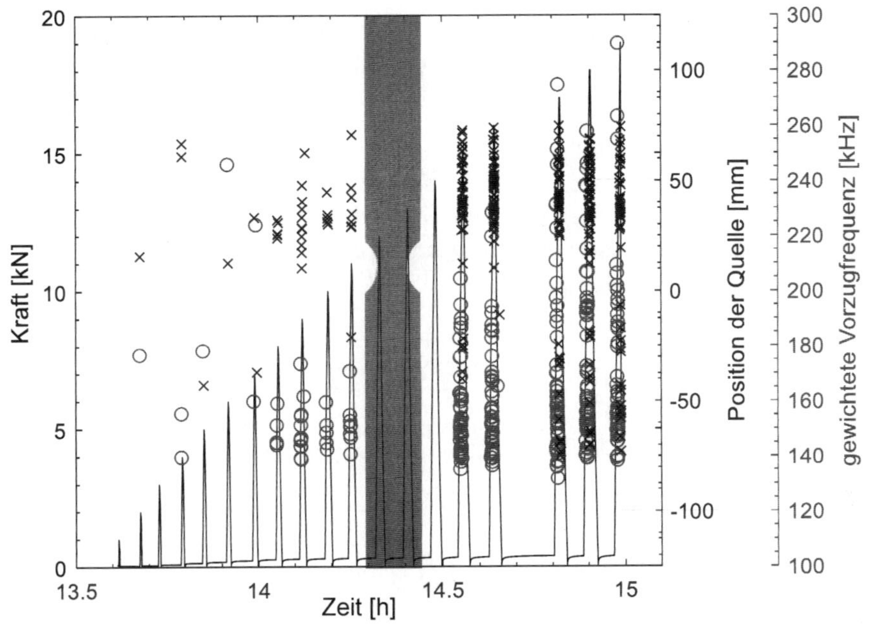

Abb. 3: Verhalten des Probekörpers während des Zugversuchs. Zu Beginn tritt vorranging Matrixversagen (rote Punkte im unteren Bereich der gewichteten Vorzugsfrequenz) auf, wobei die Ereignisse im Bereich der eingebetteten Sensoren auftreten. Am Ende des Versuchs treten verstärkt Faserrisse und Faserauszüge (rote Punkte im oberen Bereich der gewichteten Vorzugsfrequenz) auf, wobei sich die Ereignisse im Bereich der Einschnürung konzentrieren.

Ergebnisse aktiv angeregter geführter Wellen

Die Ergebnisse der gemessenen Schallemissionsereignisse zeigen deutlich die fortschreitende Schädigung der geprüften Strukturen mit zunehmend aufgebrachter Last. Im Vergleich zu den Schallemissionsereignissen stehen für die Prüfung mit aktiv angeregten geführten Wellen weniger Daten zur Verfügung. Für jede Laststufe kann nur ein Datensatz mit neuen Informationen extrahiert werden. Dabei werden unterschiedliche Merkmale, sogenannte Schädigungsindizes, aus den Zeitreihen ermittelt. In Abb. 4 werden exemplarisch die gemessenen Zeitreihen zweier Prüfkörper über der erreichten Laststufe dargestellt. In der Darstellung ist ein dominierender Wellenmode bei 45 µs bzw. 50 µs zu erkennen. Dieser weist eine signifikante Reduktion der Amplitude und eine zunehmende Phasenverschiebung, bzw. Abnahme der Ausbreitungsgeschwindigkeit, ab einer Laststufe von 10 kN auf. Ab dieser Laststufe konnte auch in den Schallemissionsergebnissen eine erhöhte Aktivität festgestellt werden. Daraus kann auf eine nachhaltige Schädigung der Probe geschlossen werden.

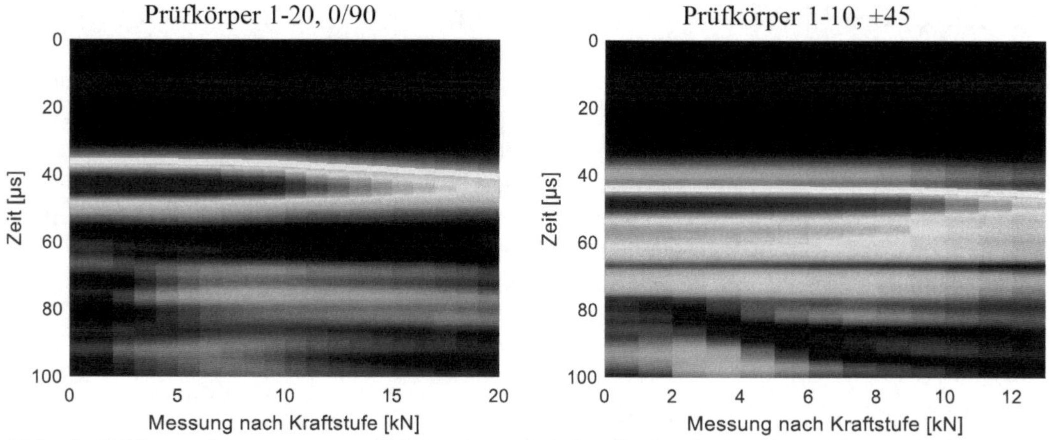

Abb. 4: Hüllkurve der gemessenen Zeitsignale nach jeder Kraftstufe für einen 0/90- und einen ±45-verstärkten Prüfkörper. Die weiße Linie beschreibt die Ankunftszeit des Wellenpaketes am Sensor.

Der dominierende Wellenmode wird aus dem Zeitsignal extrahiert und zur Berechnung der Schädigungsindizes DI (engl. *damage index*) verwendet. Die DIs werden zur Beschreibung der Änderung im Zeitsignal, und damit des Probenzustandes, verwendet. Die Änderung des Energiegehaltes des Modes wird über die Differenz des quadratischen Mittelwertes zwischen einem Referenzzustand x und dem Lastzustand y gemäß Park [9] berechnet:

$$DI_{rmsd} = 100 \cdot \sqrt{\frac{\sum_{i=1}^{M}(y_i - x_i)^2}{\sum_{i=1}^{M} x_i^2}}$$

Die Phasenänderung des Modes wird über den Korrelationskoeffizienten aus der Kovarianzmatrix V der beiden Signale gemäß Mueller [10] berechnet:

$$DI_{cc} = 1 - \left|\frac{V_{12}}{\sqrt{V_{11}V_{22}}}\right|$$

In Abb. 5 ist die Änderung der Energie des Wellenmodes für alle untersuchten Proben getrennt nach den Faserverstärkungsrichtungen 0/90 und +45/-45 über dem Mittelwert und die Standardabweichung dargestellt. Es zeigt sich, dass sich für beide Verstärkungsrichtungen vergleichbare Verläufe des Schädigungsindex ausbilden. Die 0/90-verstärkten Proben weisen bis 10 kN eine geringe Amplitudenabnahme und ab 10 kN einen steileren, stetigen, negativen Anstieg auf. Ab 20 kN kann keine Standardabweichung mehr angegeben werden, da nur eine Probe eine Last von über 20 kN erreicht hat. Bei den +45/-45-verstärkten Proben tritt das Abknicken des Schädigungsindex bei 7 kN auf und weist einen negativen Anstieg bis zur Zerstörschwelle bei 14 kN auf. In beiden Verläufen sind drei Bereiche erkennbar. Im ersten Bereich, bei geringen Laststufen, treten geringe Änderungen des Schädigungsindex auf. Es ist davon auszugehen, dass sich durch die Dehnung der Probe der Ausgangszustand bei der Vorlast von 50 N geringfügig zum Referenzzustand ändert und sich diese Änderung im Schädigungsindex abbildet. In einem zweiten Bereich tritt eine stärkere Änderung des DI_{rmsd} auf, welches auf einsetzende Bildung von Schäden wie Zwischenfaserbrüche schließen lässt. Steigt die Kraft in den Laststufen weiter, kommt es zu einem Abknicken des Verlaufes und der DI_{rmsd} verändert sich annähernd linear mit steilen Anstieg bis zum vollständigen Versagen der Probe. Dabei bilden sich neben zahlreichen Zwischenfaserbrüchen auch Faserbrüche im Bereich der Einschnürung aus.

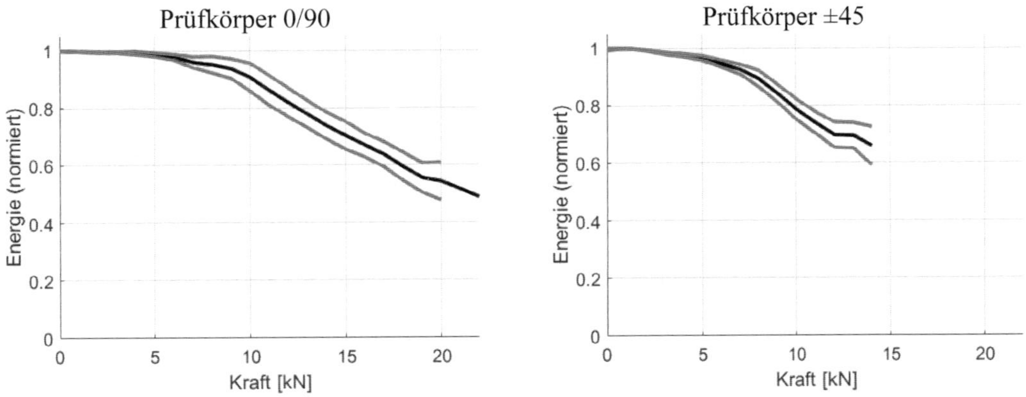

Abb. 5: Mittelwert (schwarz) und Standardabweichung (grau) der Energie des bewerteten Wellenpaketes getrennt nach der Richtung der Faserverstärkung aller Prüfkörper.

Kombination der Ergebnisse

Die zuvor dargestellten Ergebnisse stellen die Resultate der AE- und AU-Messungen getrennt dar. Anschließend soll eine Kombination dieser Ergebnisse erfolgen. Insbesondere aufgrund des monotonen Anstieges des DI der AU-Messungen kann dieser Anstieg zur Wichtung der AE-Ergebnisse angewendet werden.

Abb. 6 stellt exemplarisch eine solche Kombination der Ergebnisse für zwei Prüfkörper mit unterschiedlichen Faserverstärkungen dar. In der Abbildung ist die Häufigkeit von AE-Ereignissen in einem bestimmten Frequenzintervall (Breite 12 kHz) farbcodiert und der Verlauf des Schädigungsindex DI_{CC} dargestellt. Es ist zu erkennen, dass ein signifikanter Anstieg des Schädigungsindex ab 12 kN für die 0/90-verstärke Probe und ab 10 kN für die +45/-45-verstärkte Probe auftritt. Beide Anstiege korrelieren mit einer generellen Zunahme von akustischen Ereignissen ab der genannten Kraftstufe und einer Zunahme von Ereignissen im Frequenzbereich zwischen 144 und 156 kHz im speziellen. Bis zum vollständigen Zerstören der Probe steigen Schadensindex und Schallereignisse weiter an.

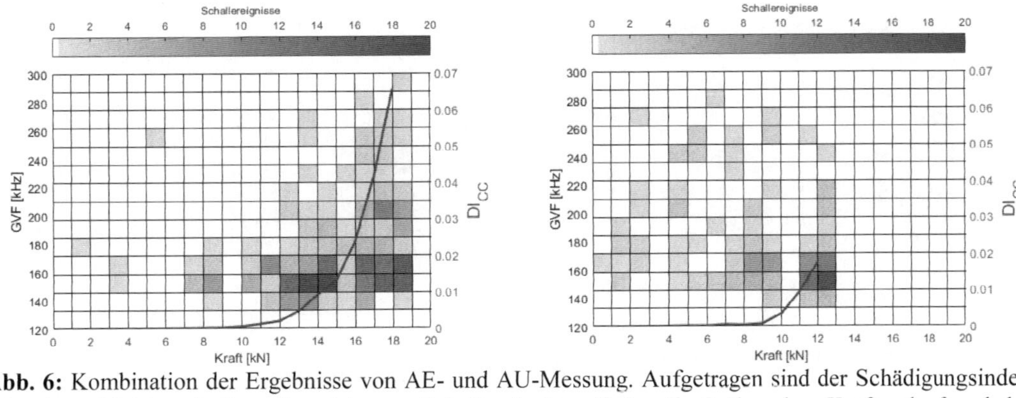

Abb. 6: Kombination der Ergebnisse von AE- und AU-Messung. Aufgetragen sind der Schädigungsindex DI_{CC} (rote Linie) und die aufgezeichneten Schallereignisse (farbcodiert) über dem Kraftverlauf und der gewichteten Vorzugsfrequenz. <u>Links:</u> Probe 2-20, 0/90-verstärkt. <u>Rechts:</u> Probe 1-10, +45/-45-verstärkt.

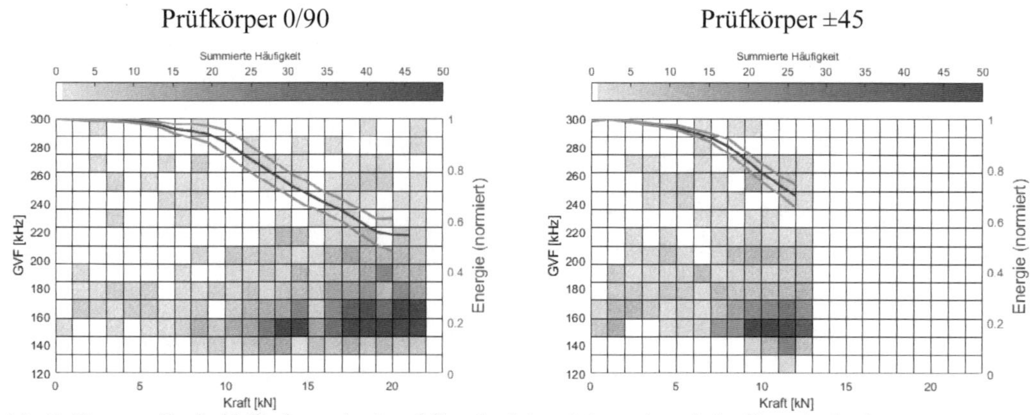

Abb. 7: Dargestellt sind Mittelwert (rot) und Standardabweichung (grau) der Energie des bewerteten Wellenpaketes und farbcodiert ist die summierte Häufigkeit der gewichteten Vorzugsfrequenz in einem Frequenzintervall für jede Laststufe.

Alternativ kombiniert Abb. 7 die Ergebnisse von AE- und AU-Messungen, indem der Mittelwert (rote Linie) sowie die Standardabweichung (graue Linien) der Energie des bewerteten Wellenpaketes jeweils für alle 0/90- und +45/-45-verstärkten Prüfkörper dargestellt werden. Farbcodiert ist die summierte Häufigkeit der gewichteten Vorzugsfrequenzen in einem Frequenzintervall für jede Laststufe. Es zeigt sich, dass die Schallereignisse ab einer Kraft von 13 kN bei den 0/90- bzw. von 9 kN bei den +45/-45-verstärkten Probekörpern signifikant zunehmen. Diese Ereignisse weisen überwiegend eine gewichtete Vorzugsfrequenz um 150 kHz auf und zeigen somit Mechanismen an, die Matrixversagen entsprechen. Ab diesen genannten Kraftstufen beginnen die Probekörper also Schäden zu erleiden, die letztendlich zum Versagen führen. Gleichzeitig zeigt der Verlauf der Energiekurven einen deutlichen Knick bereits bei Kraftstufen unten diesen genannten Werten. Der Verlauf des Schadensindex, welcher die Energie des ausgewählten Wellenpaketes betrachtet, zeigt also ebenfalls eine deutliche Änderung sobald Matrixversagen im Prüfkörper beginnt. Umgekehrt lässt sich durch die Kombination der Messergebnisse aus dem Verlauf des Schadensindex daher schlussfolgern, dass dieser ebenfalls genutzt werden kann, um relevante Schadensmechanismen zu identifizieren.

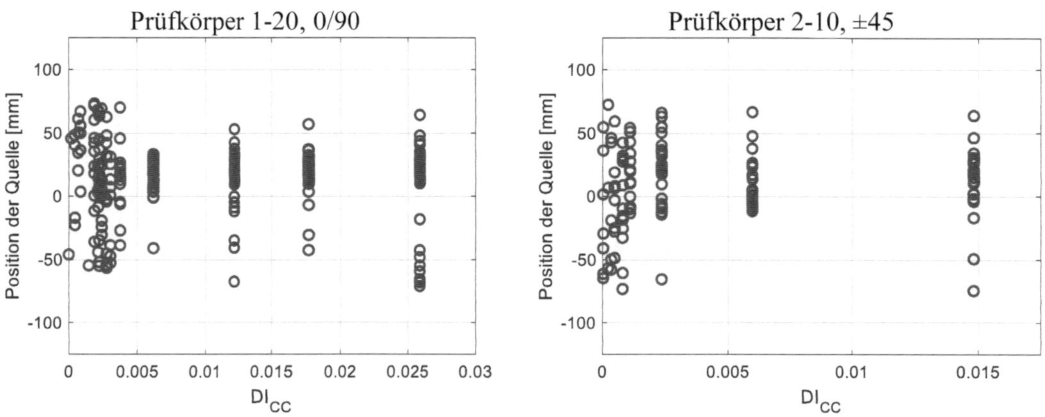

Abb. 8: Position des georteten Schallereignisses über dem nach einer Laststufe ermittelten Schadensindex DI_{CC} für einen 0/90 und ±45-verstärkten Prüfkörper.

Abb. 8 stellt für zwei ausgewählte Prüfkörper die Positionen der georteten Schallereignisse über dem Schadensindex DI_{CC} dar. Für den 0/90-verstärkten Prüfkörper zeigt sich, dass sich für einen Wert von DI_{CC} von unter 0,005 die georteten Schallereignisse im gesamten Prüfkörper lokalisieren lassen. Erst wenn der Schadensindex den Wert von

0,005 überschreitet, konzentrieren sich die Schallereignisse am Ort der Einschnürung des Prüfkörpers. Da in diesem Bereich des Prüflings das Versagen erwartet wird, lässt sich schlussfolgern, dass erst ab diesem Wert des Schadensindex DI_{CC} ein beginnendes Versagen des Prüfkörpers nachgewiesen werden kann. Ein analoges Verhalten zeigt sich für die +45/-45-verstärkten Prüfkörper, wobei der Wert des Schadensindex, ab dem sich die Schallereignisse in der Einschnürung konzentrieren, mit ca. 0,0025 geringer ist als bei den 0/90-Prüfkörpern. Somit lässt sich zum einen ein Schwellwert für den Schadensindex angeben, ab dem dieser eine Schädigung der Struktur anzeigt und zum anderen lassen sich die Daten der AE-Messung signifikant reduzieren ohne die Aussagekraft über die nachgewiesenen Schädigungen zu verlieren.

Abb. 9 zeigt gegenübergestellt die partielle Energie 2 über der gewichteten Vorzugsfrequenz für die aufgezeichneten Schallereignisse für alle Prüfkörper. Die linke Darstellung entspricht Abb. 2 und die rechte Darstellung zeigt das Ergebnis nachdem durch den Schwellwert des Schadensindex Schallereignisse reduziert wurden. Grau dargestellt sind die AE-Ereignisse, die nach Festlegung des Schwellwerts ausgeblendet werden können, blau dargestellt die weiterhin betrachteten. Die Menge an AE-Daten konnte so um ca. 30-40 % reduziert werden. Die Cluster, die der Beurteilung der Schadensmechanismen dienen, sind dennoch deutlich erkennbar.

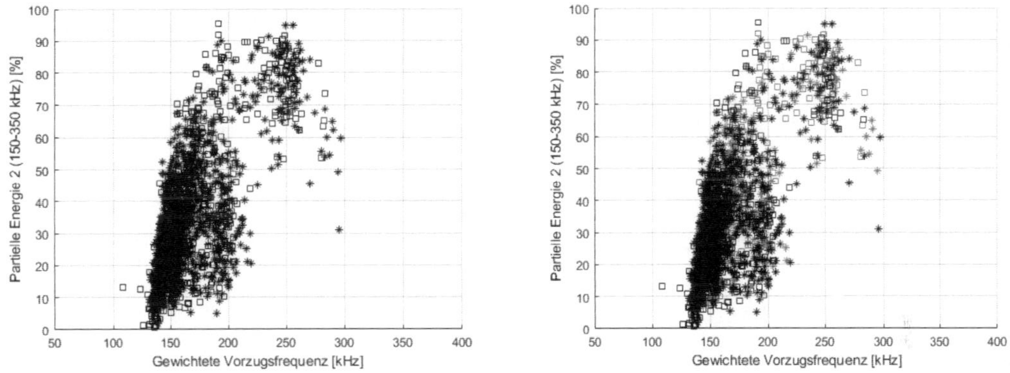

Abb. 9: Partielle Energie 2 dargestellt über der gewichteten Vorzugsfrequenz für alle Prüfkörper. Links: Alle Schallereignissse (vgl. Abb. 2). Rechts: Schallereignisse nach Festlegung eines Schadensindex *DI* basierend auf Abb. 8. Grau markiert sind die ausgeblendeten AE-Ereignisse, blau die weiterhin betrachteten. Zu erkennen ist eine Reduzierung der Daten um 30-40 %.

Zusammenfassung

Die durchgeführten Arbeiten zeigen das Potential zur Defekterkennung in kohlefaserverstärkten Strukturen durch Verfahrenskombination von aktiv und passiv angeregten elastischen Wellen. Es konnte gezeigt werden, dass ein Zusammenhang zwischen der Häufigkeit und Intensität von Schallemissionsereignissen und der Änderungsrate eines berechneten Schadensindex auf einem geschädigten Pfad zwischen zwei Sensoren besteht. In nachfolgenden Arbeiten ist zu untersuchen, inwiefern sich die gewonnenen Resultate im Labormaßstab auf reale Strukturen übertragen lassen, wie sie im Luftfahrtbereich, im Automobilbau oder in der Energietechnik eingesetzt werden. Insbesondere für Großstrukturen ist es notwendig, ein Netzwerk an Sensoren auf oder in das Bauteil einzubringen, zwischen denen sich eine Vielzahl von Pfaden ergibt, entlang derer die präsentierten Auswertungen eines Schadensindex erfolgen können.

Weiterhin kann der berechnete Schadensindex genutzt werden, um die Datenmenge der AE-Signale signifikant zu reduzieren ohne an Aussagekraft zu verlieren. Zu untersuchen ist jedoch, inwiefern diese Reduktion der AE-Daten auch für sich schnell ändernde Prozesse sinnvoll sein kann. Gleichzeitig lässt sich ein Schwellwert angeben, ab dem der Schadensindex einen Schadensprozess innerhalb der Struktur nachweist. Die verwendeten Schallemissionsparameter gewichtete Vorzugsfrequenz und partielle Energie dienen der Identifizierung und Charakterisierung des Schadens.

Danksagung

Die Arbeiten wurden unterstützt vom Bundesministerium für Bildung und Forschung im Rahmen des Schwerpunktprogramms KMU Innovativ als Förderprojekt „CarbonSafe“ (Förderkennzeichen: 16ES0333).

Referenzen

[1] H. Vallen, Schallemissisonsprüfung, Wuppertal: Castell-Verlag GmbH, 2005.

[2] C. Rowland, „Acoustic emission technique to assist the formula one designer in structural design,“ in *European Working Group on Acoustic Emission (EWGAE)*, 2004.

[3] J. Bohse und J. Chen, „Acoustic emission examination of Mode I, Mode II and mixed Mode I/II interlaminar fracture of unidirectional fibre reinforced polymer,“ *Journal of Acoustic Emission Vol. 19,* pp. 1-10, 2001.

[4] M. Sause, „Identification of failure mechanisms in hybrid materials utilizing pattern recognition techniques applied to acoustic emission signals,“ dissertation, Augsburg University, 2010.

[5] M. Sause, D. Schultheiß und S. Horn, „Acoustic emission investigation of coating fracture and delamination in hybrid carbon fiber reinforced plastic structures,“ *Journal of Acoustic Emission Vol. 26,* pp. 1-13, 2008.

[6] K. S. Tan, N. Guo und B. S. Wong, „Experimental evaluation of delaminations in composite plates by the use of Lamb waves,“ *Composites Science and Technology 55 (1),* pp. 77-84, 1995.

[7] Z. Su, L. Ye und X. Bu, „A damage identification technique for CF/EP composite laminates using distributed piezoelectric transducers,“ *Composite Structures Vol. 57,* pp. 465-471, 2002.

[8] U. Hönig, U. Holder, A. Pietzsch, E. Schulze, B. Frankenstein und L. Schubert, „Definition of requirements for reference experiments to determine and evaluate various damage mechanisms in fibre composites by acoustic emission,“ in *19th World Conference of Non-Destructive Testing*, Munich, 2016.

[9] I. Mueller und C.-P. Fritzen, „Inspection of Piezoceramic Transducers Used for Structural Health Monitoring,“ *Materials,* pp. 1-17, 2017.

[10] S. Park, C.-B. Yun, Y. Roh und J.-J. Lee, „PZT-based active damage detection techniques for steel bridge components,“ *Smart Materials and Structures 15 (4),* pp. 957-966, 2006.

Evaluierung der Kombination von Schallemissionsanalyse und Prüfung mit geführten Wellen in einem gemeinsamen Sensornetzwerk

Florian F. LINSCHEID [1], Sebastian SCHWÄGERL [1], Markus G. R. SAUSE [1]
[1] Universität Augsburg, Institut für Materials Resource Management, Mechanical Engineering, D-86135 Augsburg

Kontakt E-Mail: florian.linscheid@mrm.uni-augsburg.de

Kurzfassung. Im Rahmen des Themas Industrie 4.0 wächst die Bedeutung der automatisierten Zustandsüberwachung von Industrieanlagen. Der Einsatz von geführten Wellen bietet dafür bereits grundlegende Möglichkeiten, Schäden in Strukturbauteilen a posteriori nachzuweisen und zu quantifizieren. Die Schallemissionsanalyse erlaubt hingegen die Detektion von Mikrorissen während ihrer Entstehung. Die beiden Methoden haben unterschiedliche Anwendungsfälle und können sich gegenseitig ergänzen. Während durch Schallemission akustische Ereignisse live detektiert und geortet werden können, womit sich ein Maß für den Umfang der neu entstandenen Schädigung ergibt, können mittels geführter Wellen im Nachgang der Schädigung die Schädigungsart und die geometrische Ausdehnung der Defekte ermittelt werden. Bisher sind für die beiden Methoden jeweils spezialisierte Sensoren und Software notwendig. Dies erhöht die Kosten bei der Kombination beider Methoden sowie die Hürde, beide Messmethoden in bestehende Anlagen zu integrieren. Daher wird evaluiert, ob sich die Schallemissionsanalyse zusammen mit einer Zustandsüberwachung mit geführten Wellen in einem gemeinsamen Sensornetzwerk vereinen lässt. Hierbei ist insbesondere von Bedeutung, in welchem Grad Einbußen hinsichtlich der Frequenzbandbreite und der Empfindlichkeit der Sensorik für die jeweiligen Methoden hingenommen werden müssen. Die Kombination beider Methoden bietet den Vorteil, dass registrierte Schallemissionsevents direkt nach ihrer Entstehung mittels geführten Wellen weiter untersucht und genauere Aussagen über die Art der Schädigung getroffen werden können. Als potentielle Sensoren werden dünnwandige, piezoelektrische Scheiben hinsichtlich ihrer Eignung evaluiert. Die Tests erfolgten in einem ersten Schritt durch die Frequenzalanyse von Bleistiftminenbrüchen auf einer Aluminiumplatte. Die Ergebnisse zeigen, dass auch mit den kostengünstigen Sensoren eine vergleichsweise gute Aufnahme des Spektrums möglich ist.

1 Einführung

Durch den zunehmenden Einsatz von Faserverbundwerkstoffen als lasttragende Strukturen gewinnt die permanente Überwachung dieser Strukturen mehr und mehr an Bedeutung, um die Funktionssicherheit der Bauteile mittels zerstörungsfreier Prüfmethoden gewährleisten zu können. Dies wird gerade in Industrieanlagen wichtig, in denen bestimmte Komponenten zur Gewichtsreduktion durch Bauteile aus Faserverbundwerkstoffen ersetzt werden. Ein konkretes Anwendungsbeispiel stellt hierbei das Projekt „MAI CC4 fastMOVE“ dar, in dem im Rahmen des Campus Carbon 4.0 eine 5-Achsen-Hochgeschwindigkeitsfräse mit Achsen aus carbonfaserverstärktem Kunststoff (CFK) entwickelt werden soll [1]. Durch den Einsatz von CFK wird bewegte Masse eingespart, was die Beschleunigung und Maximalgeschwindigkeit der Achsen erhöht. Um den sicheren Betrieb der Fräse zu jedem Zeitpunkt zu gewährleisten und Schäden im CFK frühzeitig zu registrieren, sollen die Achsen mit verschiedenen Zustandsüberwachungssystemen ausgestattet werden. Dazu zählen im Einzelnen die Modalanalyse, die Körperschallanalyse, die Schallemissionsanalyse und die Prüfung mit geführten Wellen. Zur Einsparung von Kosten sollen möglichst alle vier Methoden in einem Messsystem zusammengeführt werden und nur ein Sensorsystem verwenden. Im Folgenden soll die Zusammenführung von Schallemissionsanalyse und die Prüfung mit geführten Wellen auf ihre Vor- und Nachteile hin untersucht werden.

2 Aspekte für den Aufbau einer Sensornetzwerks

2.1 Einsatzgebiete von Zustandsüberwachung mit geführten Wellen und der Schallemissionsanalyse

Sowohl die Schallemissionsanalyse als auch die Prüfung mit geführten Wellen sind bewährte Konzepte zur Bewertung von Schäden in platten- oder schalenförmigen Bauteilen aus Metall oder Faserverbundwerkstoffen. Durch die Aufnahme von Schallsignalen mit mehreren Sensoren ist eine Bewertung von Indikationen möglich, was eine Aussage über den Zustand des Bauteils ermöglicht.

Die Schallemissionsanalyse beruht auf der Detektion von Mikrorissen, die während der Beanspruchung des Bauteils entstehen. Es handelt sich daher um ein passives Verfahren, das nur dynamische Schädigungsvorgänge detektieren kann. Durch Aufnahme ein- und desselben Signals mit mehreren Sensoren auf verteilten Positionen auf dem Bauteil ist eine Ortung des Schadensereignisses möglich, sowie eine Bewertung der Signifikanz der Schädigung. Da die Amplitude des ausgesendeten Signals nicht beeinflusst werden kann, ist eine hohe Sensornetzwerkdichte notwendig, um die Signale aufzunehmen, bevor sie aufgrund der Dämpfung im Rauschen untergehen.

Die typische Bandbreite eines Schallemissionssignals liegt im Bereich von 20 kHz bis 1000 kHz. Dadurch sind hohe Abtastraten von bis zu 40 MS/s notwendig.

Eine Prüfung mit geführten Wellen hingegen ist ein aktives Verfahren, sodass hier keine kontinuierliche Aufzeichnung des Schallsignals erfolgen muss. Wird eine Prüfung durchgeführt, senden alle Sensoren im Sensornetzwerk wechselseitig Signale aus, die von den jeweils anderen empfangen werden. Häufig finden dann Vergleiche mit Baselinemessungen im Referenzzustand statt. Eine Korrelationsanalyse erlaubt dann Rückschlüsse auf Defekte im Bauteil, die den Ausbreitungsweg der Schallwellen beeinflussen.

Das Frequenzband der ausgesendeten Signale wird im Vergleich zu dem der Schallemissionssignale eher schmalbandig gewählt und liegt vorwiegend im Bereich bis etwa 200 kHz, sodass eine niedrigere Abtastrate gewählt werden kann. Durch die Verwendung von Bandpassfiltern ist zudem eine Dämpfung des Hintergrundrauschens gegenüber dem Nutzsignal möglich.

2.2 Vorteile der Kombination beider Methoden

Aus diesem Vergleich wird ersichtlich, dass der Fokus der Methoden auf verschiedenen Aspekten der Schadenserkennung liegt. Während die Schallemissionsanalyse live die Anzahl der Signale erfasst und somit ein Maß für die akustische Aktivität des Bauteils liefert, kann die Prüfung mit geführten Wellen zum einem selbst gewählten Zeitpunkt beliebige Bereiche des Bauteils auf tatsächliche Schäden und Risse hin überprüfen. Die Kombination beider Methoden erhöht somit die Aussagekraft über den Bauteilzustand.

Bisherige Untersuchungen zeigten in Versuchen an Zugproben, dass bei fortschreitender Schädigung die Schallgeschwindigkeit im Material abnimmt, was sich auf die Ortungsgenauigkeit auswirkt, die an den gemessenen Schallemissionssignalen durchgeführt wurde [2]. Dazu diente die Verwendung von geführten Wellen als reproduzierbare Technik zur Messung der Schallgeschwindigkeit.

Die Verwendung von jeweils spezialisierter Hardware erfordert jedoch den Aufbau von zwei getrennten Sensornetzwerken und entsprechenden Transientenrekordern. Oftmals rechtfertigt die gleichzeitige Verwendung beider Methoden daher nicht den Aufwand der Hardwarebeschaffung für beide Systeme. Die Zusammenschließung der Sensoren an einen einzigen Transientenrekorder und einen Signalgenerator mit Multiplexer, der jeden Sensorkanal einzeln ansteuern kann, bietet eine Möglichkeit zur Kombination beider Verfahren, deren Konzept hier vorgestellt werden soll.

Die Idee ist hierbei, für jeden Kanal kontinuierlich den Datenstream aufnehmen. Softwareseitig muss entschieden werden, ob es sich bei einem ankommenden Signal um ein Schallemissionssignal oder eine geführte Welle handelt. Mit entsprechender Frequenzfilterung könnte auch eine Überlagerung von Schallemissionssignal und geführter Welle getrennt werden, solange die geführte Welle vergleichsweise schmalbandig ist. Aus den identifizierten Signalteilen wird eine entsprechende Merkmalsextraktion zur Datenreduktion durchgeführt. Diese Auswertung geschieht in Echtzeit, sodass der Datenstream nicht gespeichert werden muss, sondern nur die relevanten Teile des Datenstreams weiterverarbeitet werden können.

Bei aktiver Anregung eines Sensors durch den Signalgenerator ist zu beachten, dass dieses Signal auch vom Transientenrekorder aufgezeichnet wird, weshalb dieser kurzzeitig übersteuert und keinen korrekten Datenstream mehr aufnehmen kann. Da in der Schallemissionsanalyse jedoch auch Totzeiten von 0,3 ms – 1,0 ms üblich sind [3], die dem Abklingen von Echos der Schallemissionssignale geschuldet sind, bleibt der Einfluss der aktiven Anregung auf einen potentiellen Signalverlust eher gering, d.h. er liegt in der gleichen Größenordnung wie nach der Aufzeichnung eines einzigen Schallemissionssignals.

2.3 Nachteile durch eine Kombination von Schallemissionsanalyse und Prüfung mit geführten Wellen in einem gemeinsamen Sensornetzwerk

Die Aufnahme von Signalen mit unterschiedlichen Frequenzspektren hat einen Kompromiss in der Datenqualität zur Folge, wenn Sensoren mit einem nichtlinearen Ansprechverhalten verwendet werden. Sowohl die Schallemissionssignale als auch die geführten Wellen werden somit in gewissen Frequenzbereichen in ihrer Bandbreite beschränkt. Die Verwendung von preisgünstigen, dünnwandigen Piezosensoren für die aktive Anregung von Ultraschallwellen ist jedoch bereits sehr gebräuchlich, sodass im Rahmen dieser Untersuchung der Fokus darauf liegt, inwiefern die Sensoren auch für die Aufzeichnung von Schallemission geeignet sind.

Verglichen mit der Verwendung von einem Einzelsystem, das nur eine der vorgestellten Methoden auswertet, ist außerdem mit potentiell höheren Kosten zu rechnen, wenn ein System verwendet werden soll, das für beide Methoden ausgelegt ist.

3 Experimentelle Untersuchungen

3.1 Messungen der Frequenzbandbreite verschiedener Ultraschallsensoren mittels Bleistiftminenbruchtests

Im Bereich der Schallemissionsanalyse dient die Verwendung einer Hsu-Nielsen-Quelle der experimentell einfach durchzuführenden Erzeugung von Schallsignalen [4]. In der Vergangenheit eignete sie sich auch bereits gut für den quantitativen Vergleich der Empfindlichkeit verschiedener Sensortypen [2]. Die Bleistiftminenbrüche wurden entsprechend der ASTM E 976 mit Minen der Härte 2H und einem Durchmesser von 0,5 mm durchgeführt.

Um die Leistungsfähigkeit verschiedener dünnwandiger Piezosensoren zu untersuchen, wurde das Frequenzspektrum einer aufgenommenen Bleistiftminenquelle gemessen und mit kommerziell verfügbaren Schallemissionssensoren verglichen. Zur Verfügung standen kommerzielle Sensoren von Mistras (Wideband-Differential (WD) AE Sensor), Fujicera (1045S) und Vallen (VS375-L, eine Tieftemperaturversion des VS375) sowie neun verschiedene dünnwandige Piezoscheiben von PICeramic mit nominellen Resonanzfrequenzen von 40 kHz – 400 kHz.

Das gewählte Setup war hierbei eine Aluminiumplatte mit einer Abmessung von 1500 mm × 1000 mm × 3 mm. Der jeweilige Sensor wurde in der Mitte der Platte positioniert. Die Bleistiftminenbrüche wurden in einem Abstand von 250 mm vom Sensor ausgelöst. Pro Sensor wurden 20 Messungen durchgeführt. Die Abtastrate betrug hierbei 10 MS/s mit einer Aufnahmezeit von 1,6 ms. Die Signale wurden hardwareseitig mit einem Butterworth-Bandpassfilter 6. Ordnung auf den Bereich von 20 kHz - 3 MHz gefiltert. Aus jeder Welle wurde jeweils per Fourier-Transformation ihr Frequenzspektrum ermittelt. Das gemittelte Spektrum wurde zusätzlich mit einem gleitenden Mittelwert 10. Ordnung geglättet. Die ersten 130 µs der Signale sowie die erhaltenen Spektren sind in Abbildung 1 dargestellt. Dabei werden die drei kommerziellen Sensoren und drei Piezoscheiben dargestellt, deren Frequenzspektrum am besten die Anforderungen erfüllt.

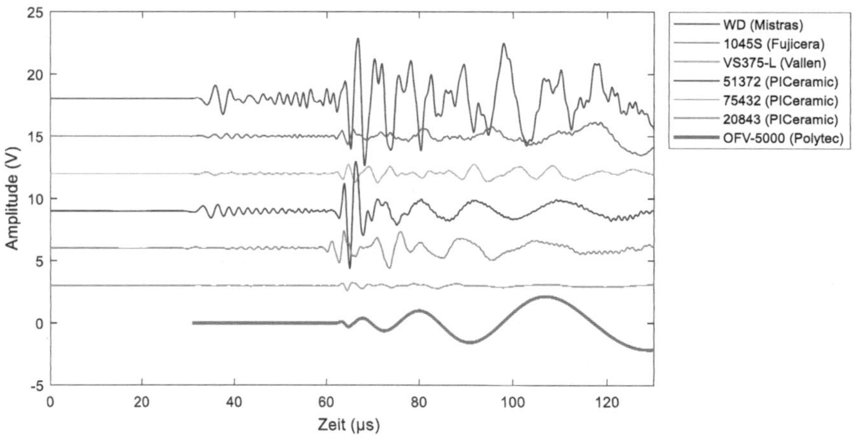

a)

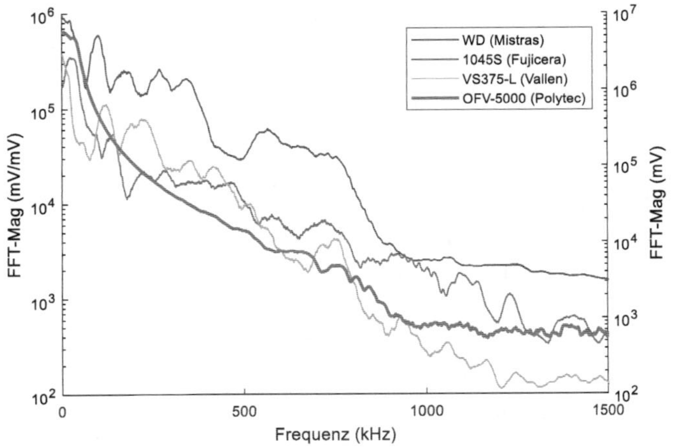

b)

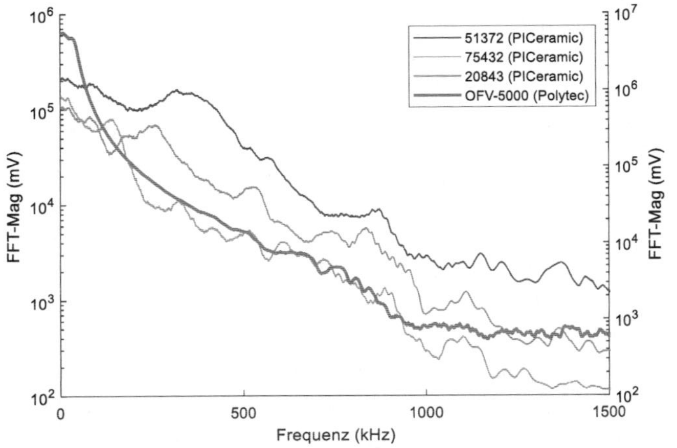

c)

Abbildung 1. Vergleich von detektierten Bleistiftminenbrüchen im Zeit- (a) und Frequenzbereich (b, c). Die Frequenzspektren wurden aus 20 Messungen gemittelt und danach geglättet. Die Referenzmessung des Laservibrometers OFV-5000 ist auf der rechten y-Achse dargestellt.

Als Referenz dient eine Messung eines 1D-Laservibrometers der Firma Polytec, Modell OFV-5000 mit einem DX-900 Breitband-Wegdecoder. Die Messung erfolgte auf derselben Aluminiumplatte mit demselben Transientenrekorder. Der Abstand zwischen Quelle und Sensor betrug bei dieser Messung nur 100 mm im Vergleich zu den 250 mm für alle anderen Messungen. Grund hierfür ist, dass die Empfindlichkeit des Laservibrometers weit unterhalb der eines Piezosensors liegt und somit bei großen Quelle-Sensor-Abständen ein schlechteres Signal-Rausch-Verhältnis entsteht. Da sich das Frequenzspektrum mit größerem Abstand von Quelle zu Sensor ändert, sind die Spektren nicht vollständig vergleichbar, dienen aber als gute Orientierung. Es wurden 20 Messungen durchgeführt, deren Zeitsignal gemittelt und geglättet wurde. Ohne Glättung würde das schlechte Signal-Rausch-Verhältnis zu einer Verzerrung des Spektrums im Vergleich zu den anderen Sensoren führen. Da das Signal des Laservibrometers das Wegsignal darstellt, wohingegen die restlichen Messungen Spannungssignale liefern, ist ein Amplitudenvergleich der Signale in dieser Darstellung nicht sinnvoll. Weitere Erläuterungen finden sich in [5].

Der Vergleich der Zeitsignale in Abbildung 1a) zeigt zunächst den hohen Anteil an niederfrequenten Schwingungen im Laservibrometersignal im Vergleich zu den Signalen, die mit den Piezokeramiken aufgezeichnet wurden.

Die Ankunft der schnelleren S_0-Mode ist nur im Sensor 20843 von PICeramic kaum vom Rauschen zu unterscheiden. Sonst kann der Einsatzzeitpunkt leicht bestimmt werden.

Der Einsatzzeitpunkt der A_0-Mode wird ebenso in allen Signalen deutlich, der zeitliche Verlauf der Signale weicht jedoch schnell voneinander ab.

Ab ca. 65 µs steigt die Amplitude der Sensoren WD und 51372 stark an und bleibt im Falle des WD-Sensors für knapp 100 µs auf diesem Niveau. Die Sensoren 75432 und VS375-L zeigen hier ein deutlich schlechteres Ansprechverhalten.

Abbildung 1 b) und c) vergleichen die Frequenzspektren der genannten Sensoren. Das Vibrometer dient erneut als Referenz und ist auf der rechten y-Achse aufgetragen. Der Verlauf des Spektrums liegt nahe an der theoretischen Vorhersage für die Ausbreitung von geführten Wellen durch einen Bleistiftminenbruch und kann daher als der ideale Verlauf angesehen werden. Die Amplitude des Frequenzspektrums erstreckt sich im Bereich von 0 kHz bis 1500 kHz über etwa 3 Größenordnungen, wobei die Amplitude schon bei 200 kHz um 2 Größenordnungen verringert ist, da sie ein hohes Maximum bei etwa 20 kHz aufweist.

Der WD-Sensor hat von allen Piezosensoren die höchste Empfindlichkeit, was sich im Frequenzraum fast über die gesamte spektrale Breite zeigt. Seine Resonanzen um 300 kHz und 600 kHz sind in dem Spektrum deutlich zu erkennen. Im Bereich unter 100 kHz liegt er jedoch deutlich unterhalb des idealen Spektrums. Ab 1000 kHz geht er in ein annähernd lineares Antwortverhalten über.

Der Fujicera 1045S liegt um durchschnittlich eine Größenordnung unter dem WD-Sensor. Ab 500 kHz nähert er sich dem idealen Verlauf an, zeigt darunter jedoch eine deutlich verringerte Empfindlichkeit. Der VS375 von Vallen bewegt sich hier in einem ähnlichen Bereich.

Bemerkenswert ist, dass sich die Piezoplättchen 51372 und 75432 in weiten Bereichen zwischen dem WD-Sensor und dem Fujicera bewegen und somit in ihrer Empfindlichkeit mit den kommerziellen Schallemissionssensoren konkurrieren können. Die vom Hersteller angegebene Resonanzfrequenz von 335 kHz für den 51372 ist in dem Spektrum zwar gut erkennbar, der Abfall zu den Seiten hin fällt jedoch vergleichsweise gering aus, sodass auch bis zu Frequenzen von 500 kHz noch eine gute Empfindlichkeit erreicht werden kann. Frequenzen unterhalb von 200 kHz werden, insbesondere beim Vergleich mit dem Idealspektrum, nur noch eingeschränkt erfasst. Über 500 kHz spricht zwar der WD-Sensor deutlich besser an als der 51372, der VS375 und 1045S bleiben mit ihrer Empfindlichkeit jedoch weiterhin darunter. Der 75432 hat eine Resonanzfrequenz von 200 kHz, die im Spektrum auch deutlich zutage tritt. Bei 400 kHz ist die Empfindlichkeit um eine Größenordnung abgefallen. Ab dort hält sie sich jedoch relativ konstant und folgt ungefähr dem Verlauf des Sensors von Fujicera.

Zur Bewertung von Resonanzüberhöhungen sind in Abbildung 2 dieselben Spektren dargestellt, nachdem sie auf die Amplitude des Laservibrometers normiert wurden. Ein zum tatsächlichen Spektrum proportionaler Verlauf würde hier als waagerechte Linie dargestellt. Ein Vergleich der Empfindlichkeiten kann wieder nur zwischen den Piezosensoren, jedoch nicht relativ zum Laservibrometer gezogen werden. Beim WD-Sensor treten erneut deutlich die Resonanzen bei 300 kHz und 600 kHz zutage, dafür ist jedoch um 400 kHz – 500 kHz ein recht großer Einbruch um 10 dB erkennbar. Der 51372 hat insbesondere um 700 kHz - 800 kHz Einbußen in der Empfindlichkeit. Hierdurch wird eine große Diskrepanz zwischen WD-Sensor und dem 51372 sichtbar. Durch die Resonanzerhöhung des Ersteren und die Resonanzdämpfung des Letzteren nehmen die Sensoren den Frequenzbereich von 600 kHz - 800 kHz eines Bleistiftminenbruchs sehr unterschiedlich auf. Ab 800 kHz liegen dann beide auf einem sehr ähnlichen Niveau.

Die Sensoren 1045S und 75432 zeigen kaum einen konstanten Verlauf und bilden daher das Idealspektrum eher schlecht ab. Bei 900 kHz kommt es zu einer recht starken Überhöhung, danach fällt die Empfindlichkeit wieder ab. Die Magnitude ist über weite Bereich um 10-15 dB gegenüber dem WD-Sensor verringert.

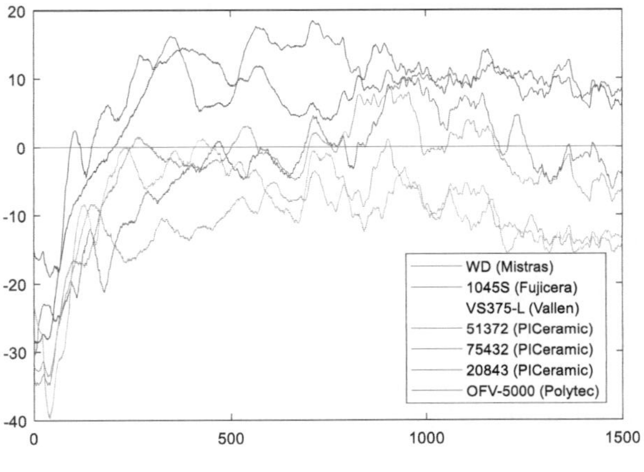

Abbildung 2. Diagramm der Frequenzspektren, die jeweils auf das Spektrum des Laservibrometers normiert wurden, um Resonanzerhöhungen und –ernierdrigungen gegenüber dem Idealspektrum zu verdeutlichen

Die Sensoren VS375 und 20843 sind um weitere 5-10 dB verringert, weisen aber einen etwas konstanteren Verlauf auf und zeigen somit ein unverzerrteres Spektrum. Durch ihre geringe Empfindlichkeit sind sie jedoch dennoch den vorher genannten Sensoren unterlegen.

4 Diskussion und Zusammenfassung

Der Vergleich der Frequenzspektren zeigt, dass im Rahmen der getesteten Sensoren der WD-Sensor für die Aufnahme von Schallemissionssignalen den besten Kompromiss aus Empfindlichkeit und Bandbreite liefert. Allerdings wurden in dieser Studie keine speziellen breitbandigen Sensoren (z.B. konische Sensoren [6]) zum Vergleich herangezogen. Wie in [7] gezeigt können diese bei hoher Frequenztreue eine äußerst hohe Empfindlichkeit erreichen. Für diese Messreihe diente jedoch das Laservibrometer als Referenzgröße. Dennoch können einige dünnwandige Piezoplättchen beinahe dieselbe Empfindlichkeit wie der WD-Sensor erreichen. Insbesondere liegen sie in einem weiten Frequenzbereich oberhalb der Empfindlichkeit der Sensoren 1045S und VS375-L. Trotz der guten Empfindlichkeiten sind Verzerrungen im Frequenzspektrum zu erwarten. Eine Anregung der Piezoplättchen mit aktiven Signalen ist gut möglich, zumal hier der Frequenzbereich der Anregung an die Resonanzfrequenz des Plättchens angepasst werden kann.

Dies lässt aufgrund dieser Ergebnisse darauf schließen, dass eine Verwendung der Piezoplättchen erfolgversprechend ist, um ein Sensornetzwerk aufzubauen, mit dem sowohl Schallemissionssignale aufgenommen werden können als auch Prüfungen mit geführten Wellen möglich sind.

5 Referenzen

[1] „Carbon Composites,“ 2017. [Online]. Available: https://www.carbon-composites.eu/de/projekte/mai-carbon-fe-projekte/produktionssysteme/mai-cc4-fastmove/. [Zugriff am 22 01 2019].

[2] M. G. R. Sause, In Situ Monitoring of Fiber-Reinforced Composites, Springer International Publishing, 2016.

[3] MISTRAS Group Inc., „AEwin Software User's Manual," Princeton Junction, NJ, USA, 2010.

[4] N. N. Hsu, „Acoustic emissions simulator". Patent US4018084A, 1976.

[5] M. G. R. Sause und M. A. Hamstad, „Numerical modeling of existing acoustic emission sensor absolute calibration approaches," *Sensors and Actuators A,* pp. 294-307, 2017.

[6] T. M. Proctor, „An improved piezoelectric acoustic emission transducer," *The Journal of the Acoustical Society of America,* 1982.

[7] M. G. Sause, M. A. Hamstad und S. Horn, „Finite element modeling of conical acoustic emission sensors and corresponding experiments," *Sensors and Actuators A: Physical,* pp. 64-71, 09 2012.

[8] M. G. R. Sause und M. A. Hamstad, „Acoustic Emission Analysis," in *Comprehensive Composite Materials II*, Oxford, Academic Press, 2017, pp. 291-326.

[9] T. Yan, P. Theobald und B. E. Jones, „A conical piezoelectric transducer with integral sensor as a self-calibrating acoustic emission energy source," *Ultrasonics,* pp. 431-438, 2004.

Vergleich von Messsystemen zur Schallemissionsprüfung von Faserverbundwerkstoffen

Markus SAUSE [1], Stefan SCHMITT [1], Horst TRATTNIG [2], Daniel ALTMANN [2],
Alexander PIETZSCH [3], Mareike STEPHAN [3], Lars SCHUBERT [3]
[1] Universität Augsburg, 86135 Augsburg
[2] Vallen Systeme GmbH, 82057 Icking
[3] Fraunhofer IKTS, 01109 Dresden

Kontakt E-Mail: markus.sause@mrm.uni-augsburg.de

Kurzfassung. Im Rahmen eines Ringversuches zur Schallemissionsanalyse bei faserverstärkten Kunststoffen wurden drei verschiedene Messketten miteinander verglichen. Zum Einsatz kamen ein Express-8 System mit 2/4/6 Vorverstärkern und WD Sensoren (alle Mistras Group), ein AMSY-6 mit AEP3N Vorverstärkern und VS150-M Sensoren (alle Vallen Systeme), sowie ein Mehrkanaliges Akustisches System (MAS2) mit PreAmp MCE 6.3 Vorverstärkern und Sensoren vom Typ KAR 601 S (alle Fraunhofer IKTS). In der ersten Messreihe wurden jeweils 10 identische Zugprüfkörper mit einem quasi-isotropen Lagenaufbau mit jeweils einer Messkette instrumentiert. In der zweiten Messreihe wurden gleichzeitig alle drei Messketten auf insgesamt drei skalierten Zugprüfkörpern instrumentiert. In allen Fällen wurden neben dem Spannungs-Dehnungsverlauf der Prüfkörper auch die gesamten Rohdaten (extrahierte Signalparameter und getriggerte Wellen) abgespeichert. Anschließend wurden die Daten der einzelnen Messketten jeweils mit ihrem zugehörigen Softwarepaket (AEwin, VisualAE, AETools) ausgewertet und unabhängig davon alle gemeinsam in der MATLAB basierten Software AEtoolbox. Dieser Beitrag diskutiert die Auswirkungen der verschiedenen Instrumentierungsvarianten hinsichtlich der aufgezeichneten Signale (Bandbreiteneffekte, Empfindlichkeit, etc.) und vergleicht die erhaltenen Ergebnisse.

1. Einführung

Zur Untersuchung des Versagensverhaltens von faserverstärkten Kunststoffen wird die Schallemissionsprüfung bereits seit vielen Jahrzehnten verwendet [1], [2]. Im Rahmen der Arbeit internationaler Normungskomitees wurden bereits zahlreiche Standards als Handlungsanweisung für die Prüfung erarbeitet. Hierbei kommen vielfach Bewertungskriterien zum Einsatz, die auf Basis der aufgezeichneten Schallemissionssignale berechnet werden. Für eine zuverlässige Prüfung ist daher die Vergleichbarkeit unterschiedlicher Messsysteme von entscheidender Bedeutung.

Hierfür muss insbesondere die Empfindlichkeit der verwendeten Sensorik, die Bandbereichslimitierung der Messkette und die teilweise unterschiedlichen Aufzeichnungs- und Triggerkonzepte berücksichtigt werden. Während beispielsweise in [2] der Einfluss der Sensorwahl bei gleichem Aufzeichnungskonzept (d.h. gleichem Transientenrekorder und Triggerkonzept) dargestellt ist, soll im Rahmen dieses Beitrags die Vergleichbarkeit von drei verschiedenen Messketten inklusive ihrer Transientenrekorder und Aufzeichnungssoftware verglichen werden.

Zur Evaluierung der Effekte wurde eine Studie in zwei Schritten durchgeführt. Im ersten Teil wurden mit jeder Messkette je 10 Zugprüfkörper aus carbonfaserverstärktem Kunststoff (CFK) begleitet. Dies soll insbesondere dem statistischen Vergleich der Signalerfassung der Messketten dienen. Im zweiten Teil der Studie wurden Proben aus glasfaserverstärktem Kunststoff (GFK) mit allen drei Messketten gleichzeitig instrumentiert. Dies erlaubt die direkte Vergleichbarkeit der aufgezeichneten Schallemissionssignale der Messketten zueinander.

2. Messtechnik und Versuchsaufbau

2.1 Studie 1 - unabhängige Instrumentierung

In diesem Teil der Studie wurden Messungen an CFK Proben gemäß DIN EN ISO 527-4 mit quasi-isotropen Lagenaufbau und den nominellen Abmessungen 250 mm × 15 mm × 2 mm (Länge × Breite × Dicke) durchgeführt. Die Sensoren jeder Messkette wurden gemäß der Darstellung in Abb. 1 an der Probe befestigt. Der nominelle Sensorabstand beträgt 100 mm. Zur Unterscheidung der Wellenmoden (symmetrisch, antisymmetrisch) wurde jeweils ein Sensorpaar auf gegenüberliegenden Seiten der Probe appliziert. Auf der rechten Seite in Abb. 1 ist das Bruchbild einer Beispielprobe inklusive der Instrumentierung gezeigt. Zum Einsatz kamen ein Express-8 System mit 2/4/6 Vorverstärkern und WD Sensoren (alle vom Hersteller Mistras Group), ein AMSY-6 mit AEP3N Vorverstärkern und VS150-M Sensoren (alle vom Hersteller Vallen Systeme), sowie ein Mehrkanaliges akustisches System (MAS2) mit PreAmp MCE 6.3 Vorverstärkern und Sensoren vom Typ KAR 601 S (alle vom Hersteller Fraunhofer IKTS). Für jede Messkette wurden insgesamt 10 Proben geprüft. Die Aufzeichnung erfolgte mit der Software AEwin^{TM} (Mistras Group), VisualAE (Vallen Systeme) und AEtools (Fraunhofer IKTS). Im Folgenden werden diese drei Messketten als „Mistras“, „Vallen“ und „IKTS“ bezeichnet. Die Aufzeichnungseinstellungen sind in Tab. 1 zusammengefasst.

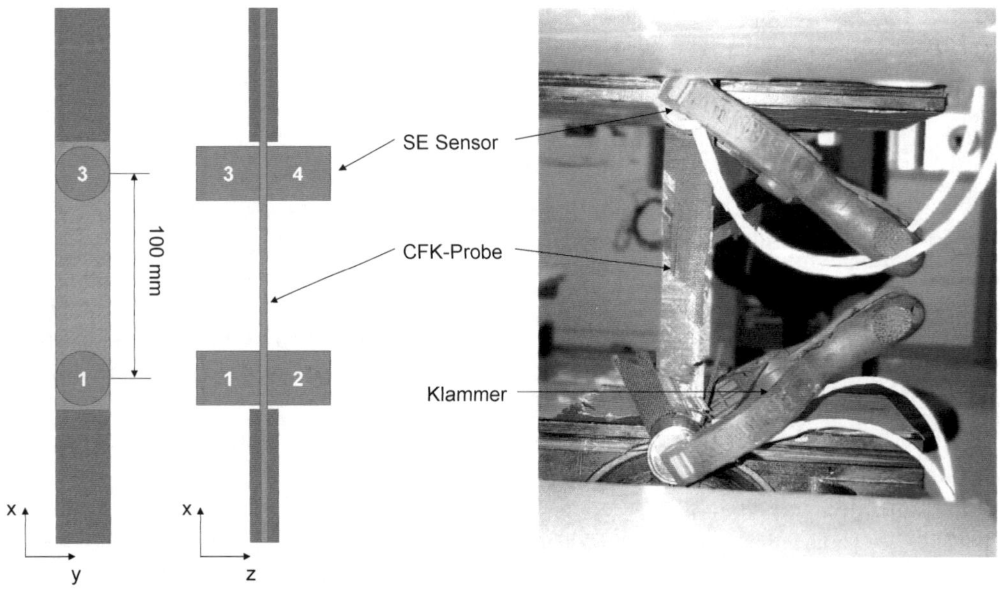

Abb. 1. Schema der Instrumentierung (links) und Beispielbild des Versuchsaufbaus (rechts).

2.2 Studie 2 - gemeinsame Instrumentierung

Im zweiten Teil der Studie wurden insgesamt drei GFK-Proben mit ±45° Lagenaufbau gemessen. Hierzu wurden breitere Proben verwendet als in der DIN-EN-ISO 527-4 vorgesehen, um die Sensoren aller drei Messketten gleichzeitig auf dem Prüfkörper zu applizieren. Die nominelle Abmessung der Prüfkörper beträgt daher 260 mm × 60 mm × 1,4 mm (Länge × Breite × Dicke). Die Instrumentierung ist in Abb. 2 dargestellt und folgt der Vorgehensweise der Instrumentierung aus dem ersten Teil der Studie. Wie in der Fotografie in Abb. 2 dargestellt, wurden alle drei Messketten mit entsprechenden Klammersystemen befestigt, um eine gegenüberliegende Positionierung baugleicher Sensoren zu erlauben. Dem Farbcode in der Abbildung entsprechend wurden die drei Messketten von links nach rechts auf der Probe positioniert, um eine möglichst gleichwertige Positionierung zum Prüfbereich zu ermöglichen. Die Auswahl der Sensoren, Vorverstärker und Messsysteme entsprechen dem ersten Teil der Studie, die Aufzeichnungseinstellungen finden sich in Tab. 1. Die Belastung des Prüfkörpers erfolgt durch Laststeigerungsversuche mit vollständiger Entlastung.

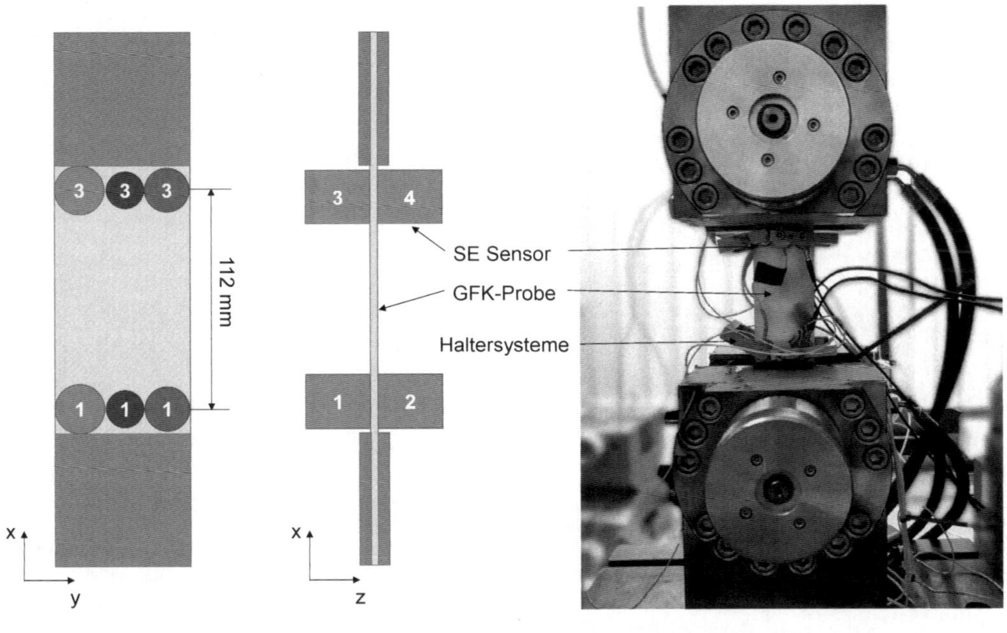

Abb. 2. Schema der Instrumentierung der VS150-M Sensoren (grün), KAR 601 S Sensoren (rot) und WD Sensoren (blau) und Beispielbild des Versuchsaufbaus (rechts).

3. Diskussion der Ergebnisse

Im Folgenden werden die Ergebnisse der drei verschiedenen Messketten hinsichtlich verschiedener Faktoren diskutiert. Hierzu wird zunächst auf die Sensitivität eingegangen. Im Anschluss erfolgen eine Diskussion der Quellortung und der Frequenzcharakteristik der Signale.

3.1 Sensitivität der verschiedenen Messketten

Zur besseren Vergleichbarkeit der Ergebnisse wurden die Daten aller drei Messketten innerhalb der auf MATLAB basierten Software AEtoolbox (Revision 2.11) ausgewertet. In Abb. 3-links ist der Vergleich der Rohdaten der drei Messketten aus Studie 1 dargestellt.

Hierzu wurden der Mittelwert und die Standardabweichung der detektierten Signale berechnet. Bereits hier wird deutlich, dass die drei Messketten eine deutlich andere Anzahl an Signalen detektieren. Während die Messketten „Mistras“ und „Vallen“ noch in ihrer Größenordnung übereinstimmen, zeichnet sich bei der Messkette „IKTS“ eine deutlich geringere Signalanzahl ab. Dies liegt zum Großteil an dem verwendeten Aufzeichnungskonzept der Messkette „IKTS“. Anders als bei den Messketten „Mistras“ und „Vallen“ wird ein abweichendes Triggerkonzept angewendet, welches auf der Berechnung eines Langzeit- und eines Kurzzeit-Effektivwertes (RMS) basiert. Entsprechend wird in der Messkette „IKTS“ nicht bei jedem Überschreiten eines voreingestellten Schwellwertes getriggert, sondern bei Erfüllung einer speziellen Triggerbedingung. Dieses Triggerkonzept zeichnet sich durch seine Langzeitstabilität aus und hat sich bei der Untersuchung von Großstrukturen z.B. im Rahmen von Ermüdungstests an Rotorblättern von Windkraftanlagen bewährt. Für die Beurteilung von beginnenden Schäden werden Änderungen der Statistik der Ereignisse und ihrer Parameter in Bezug zur Belastung herangezogen, sodass eine reduzierte Ereignisanzahl toleriert werden kann.

Tab. 1. Zusammenfassung der Aufzeichnungseinstellungen

	Messkette „Mistras“	Messkette „Vallen“	Messkette „IKTS“
Studie 1	• Messsoftware: AEwin • Messsystem: Xpress-8 • 10 MSP/s Abtastrate • 10/80/300 (PDT/HDT/HLT) • 35dB$_{AE}$ Schwellwert • 40dB Vorverstärkung • Bandpass 20 kHz – 1200 kHz	• Messsoftware: AESuite • Messsystem: AMSY-6 • 10 MSP/s Abtastrate • 300/300 (DDT/RAT) • 34dB$_{AE}$ Schwellwert • 34dB Vorverstärkung • Bandpass 20kHz-500 kHz	• Messsoftware: CANWARE • Messsystem: MAS2 (interne Verstärkung 8 dB) • 6.25 MSP/s Abtastrate • 327/4915 (PreTrig/PostTrig) • RMS Trigger • 46dB$_{AE}$ Vorverstärkung Bandpass 10 kHz – 500 kHz
Studie 2	• Messsoftware: AEwin • Messsystem: Xpress-8 • 10 MSP/s Abtastrate • 10/80/300 (PDT/HDT/HLT) • 35dB$_{AE}$ Schwellwert • 40dB Vorverstärkung • Bandpass 20 kHz – 1200 kHz	• Messsoftware: AESuite • Messsystem: AMSY-6 • 10 MSP/s Abtastrate • 300/300 (DDT/RAT) • 34dB$_{AE}$ Schwellwert • 34dB Vorverstärkung • Bandpass 20 kHz-1100 kHz	• Messsoftware: CANWARE • Messsystem: MAS2 (interne Verstärkung 8 dB) • 6.25 MSP/s Abtastrate • 327/4915 (PreTrig/PostTrig) • RMS Trigger • 46dB$_{AE}$ Vorverstärkung Bandpass 10 kHz – 500 kHz

Um die drei Messketten besser vergleichbar zu machen, wurden die Signale aller Messketten mit einem Δt-Filter reduziert. Hierzu wurde zunächst jeweils ein Signalpaar entlang der Längsachse der Prüfkörper (z.B. Kanal 1 und Kanal 3, s. Abb. 1) gewählt und alle Signale gelöscht, welche nicht innerhalb eines Zeitfensters von ± 20 μs einen Ersteinsatz an allen vier Kanälen aufweisen. Zusätzlich wurde eine Totzeit nach dem Event von 300 μs gewählt um eine doppelte Zählung von Echos zu vermeiden. Dies reduziert die Gesamtsignalanzahl erheblich, führt aber grundsätzlich zu einer besseren Vergleichbarkeit der aufgezeichneten Daten, da somit Schallemissionsquellen aus dem Einspannbereich ausgeschlossen werden. Hier zeigt sich insbesondere die Auswirkung der höheren Sensitivität des resonanten Sensor VS150-M innerhalb der Messkette „Vallen“. Im Vergleich dazu liegt die Anzahl der mit den beiden anderen Messketten mit ihren breitbandigeren Sensorsystemen aufgezeichneten Signale deutlich darunter.

In Abb. 3-rechts ist die Zunahme der Schallemissionssignale für eine Beispielprobe aus Studie 2 gezeigt. Auch hier bildet sich die unterschiedliche Sensitivität der drei Messketten ab. Das Auftreten der Schallemissionssignale geschieht zu vergleichbaren Zeitpunkten, allerdings mit unterschiedlicher Zuwachsrate.

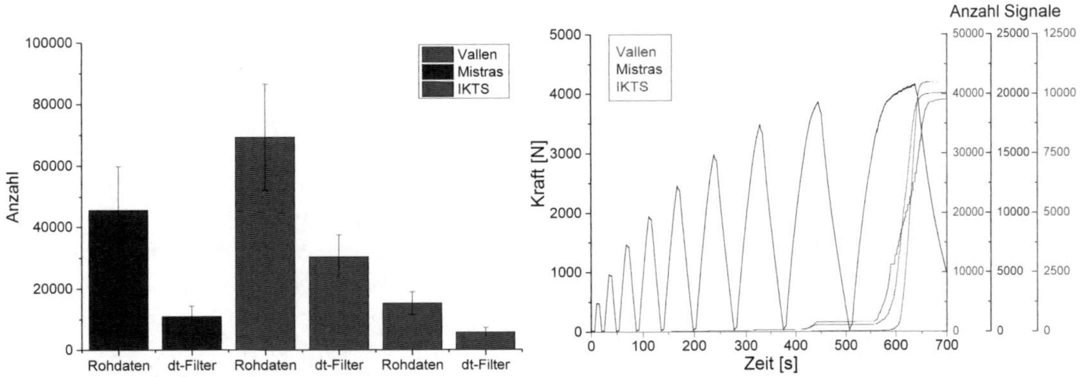

Abb. 3. Vergleich der Signalanzahl der Rohdaten (2 Kanäle) und nach einer Δt-Filterung mit ± 20 µs aus Studie 1 (links) und Kraft-Zeit-Verlauf mit kumulierter Signalanzahl für eine Probe aus Studie 2 (rechts).

In der Abb. 4 ist die Amplitudenverteilung der drei Messketten für dieselbe Beispielprobe aus der Studie 2 dargestellt. Trotz der gemeinsamen Instrumentierung auf einem Prüfkörper – und damit der exakt gleichen Schallemissionsquellen – unterscheiden sich die drei Histogramme deutlich. Analog der Studie 1 zeichnet sich ein deutlicher Unterschied in der Anzahl der Signale ab. Der beobachtete Trend entspricht dabei den Ergebnissen aus Studie 1. Weiterhin wurden die Rohdaten erneut mit einem Δt-Filter reduziert. In diesem Beispiel gleichen sich die Absolutwerte der beiden Messketten „Mistras" und „Vallen" deutlich an, es bleibt aber dennoch ein Faktor zwei bis drei Unterschied zu der Messkette „IKTS". Die Verteilung der gemessenen Signalamplituden ist allerdings vor und nach dem Δt-Filter gut vergleichbar. Bedingt durch den Δt-Filter werden insbesondere Signale mit geringer Amplitude gefiltert, da bei diesen die Bestimmung der Erstankunftszeit im Mittel deutlich ungenauer ist als bei Signalen mit höheren Amplituden. Entsprechend kommt es zu einer Verschiebung des Schwerpunkts der Verteilung weg vom Schwellwertbereich (~35 dB_{AE}) hin zu höheren Amplituden (42 dB_{AE} – 46 dB_{AE}).

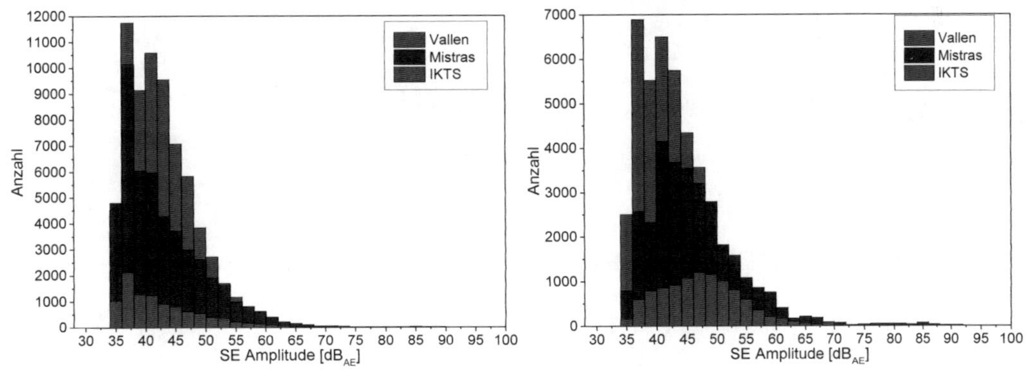

Abb. 4. Vergleich der gemessenen Amplitudenverteilung der Rohdaten (links) und nach einer Δt-Filterung mit ± 20 µs (rechts).

3.2 Signalortung

Neben der Aufzeichnung der Signale spielt die Ortung von Signalquellen bei der Bewertung von Faserverbundstrukturen eine wichtige Rolle. Auch wenn die Schallgeschwindigkeit für Faserverbundwerkstoffe im Allgemeinen anisotrop und modenspezifisch ist, kann für die hier vorliegenden Prüfkörper aufgrund des quasi-isotropen Lagenaufbaus und der ausgeprägten Längsachse ein 1D-Ortungsansatz mit einer Schallgeschwindigkeit von

3500 m/s im Falle der GFK-Proben genutzt werden. Für die Berechnung der Ortungsergebnisse wurde für alle Softwareprogramme eine Gruppierung zu Ereignissen auf Basis eines Δt-Bereiches von ± 20 µs und 300 µs Totzeit genutzt. Für den ersten Teil der Untersuchung wurde mittels der Software AEtoolbox, Rev. 2.11 eine lineare Ortung auf Basis der Laufzeitdifferenz bestimmt durch das Akaike-Information-Criterion berechnet [3]. In Abb. 5 ist das Ergebnis der Ortung als Projektion auf den Prüfkörper dargestellt. Der Prüfbereich wurde entlang der Längsachse in 400 Zonen eingeteilt und die Anzahldichte der Ortungsereignisse farbcodiert dargestellt. Eine rote Färbung entspricht dabei einer hohen Anzahl an georteten Schallemissionsquellen, eine blaue Färbung einer niedrigen Anzahl. Bereiche ohne Ortungsergebnis sind in grau dargestellt. Ein Vergleich der Ortungsergebnisse der drei Messketten zeigt grundsätzlich eine Häufung der Lage der Signalquellen im Prüfbereich der Probe. Die Lage der Positionen mit höchster Signalanzahl ist jedoch für jede der drei Messketten individuell. Dies liegt sicher teilweise an der unterschiedlichen Anzahl von aufgezeichneten Signalen, welche eine ungleichwertige Anzahl von gruppierten Ereignissen zur Folge hat.

Im zweiten Teil der Untersuchung wurden die Rohdaten von den jeweils gerätespezifischen Softwarepaketen erneut gruppiert und die Signalquellen mit den jeweiligen Algorithmen geortet. Für die Messkette „Vallen“ ist dies die Software VisualAE, für die Messkette „Mistras“ die Software Noesis und für die Messkette „IKTS“ die Software AEtools. In allen Fällen werden die Signalquellen ebenfalls im Prüfbereich geortet. Die Lage der Positionen mit höchster Signalanzahl ist allerdings wiederum spezifisch für jede Messkette. Bedingt durch die unterschiedliche Anzahl an gruppierten Ereignissen und den verschiedenen verwendeten Algorithmen ist dies allerdings ebenfalls zu erwarten.

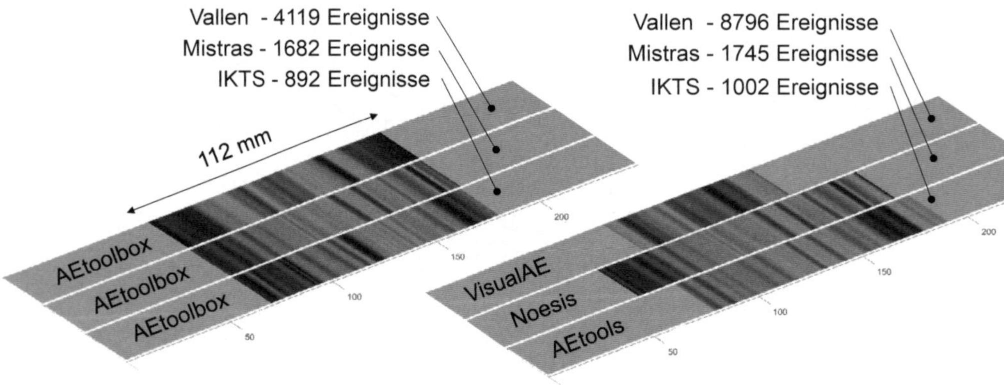

Abb. 5. Vergleich der Quellortungsergebnisse für eine Beispielprobe aus Studie 2.

3.3 Bandbreite und Frequenzcharakteristik

Für die Bewertung des Ursprungs von Signalquellen und der Signalklassifizierung kommen in Faserverbundwerkstoffen vermehrt frequenzbasierte Parameter zum Einsatz. Zum Vergleich der drei Messketten wurden auf Basis der Signalamplitude und des Zeitpunktes des Auftretens Signale gleichen Ursprungs gruppiert. In Abb. 6 ist eine Gegenüberstellung für zwei Beispiele dargestellt. Es zeigt sich deutlich, dass die Signalamplituden aufgrund der unterschiedlichen Empfindlichkeit der Messketten deutlich zueinander abweichen, aber die Wellenzüge im Beispiel von Abb. 6-a gut vergleichbar sind. Dennoch ist im hochfrequenten Anfangsbereich ein Unterschied der beiden Signale der Messkette „Mistras“ und „Vallen“ ersichtlich. Dieser wird umso deutlicher, wenn ein Beispielsignal herangezogen wird, dessen Quelle eine höhere Bandbreite besitzt, d.h. deutlich hochfrequenter ist.

Am Beispiel in Abb. 6-b zeigt sich der deutlichere Unterschied der gemessenen Signalamplituden bei der Aufzeichnung eines Wellenzuges mit höherfrequenten Anteilen. Diese unterschiedlichen Frequenzlagen entsprechen den propagierenden Wellenmoden der symmetrischen Mode (S_0) und der antisymmetrischen Mode (A_0). Da der WD-Sensor in der Messkette „Mistras“ eine höhere Bandbreite als der VS150-M Sensor der Messkette „Vallen“ aufweist, werden diese hochfrequenten Signale mit höherer Empfindlichkeit detektiert. Der Sensor KAR 601 S liegt in seiner Bandbreite zwischen den beiden anderen Sensorsystemen und detektiert daher beide Wellenmoden mit vergleichbarer Sensitivität.

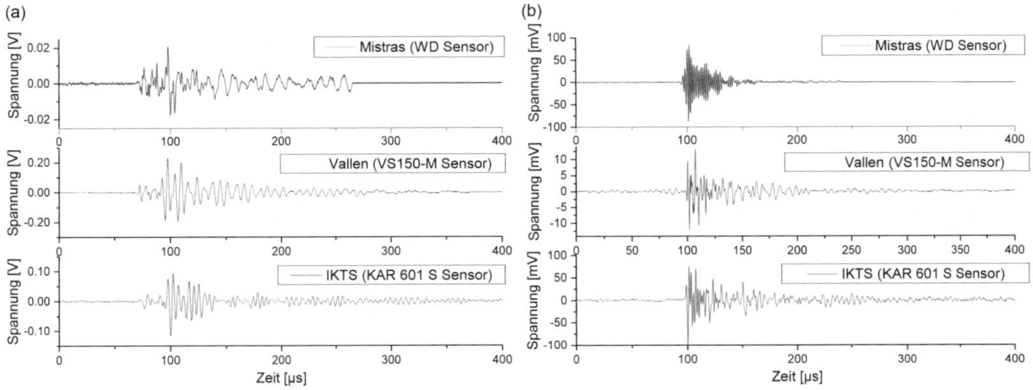

Abb. 6. Vergleich ausgewählter Signale mit gemeinsamem Ursprung und geringer Bandbreite (a), sowie hoher Bandbreite (b).

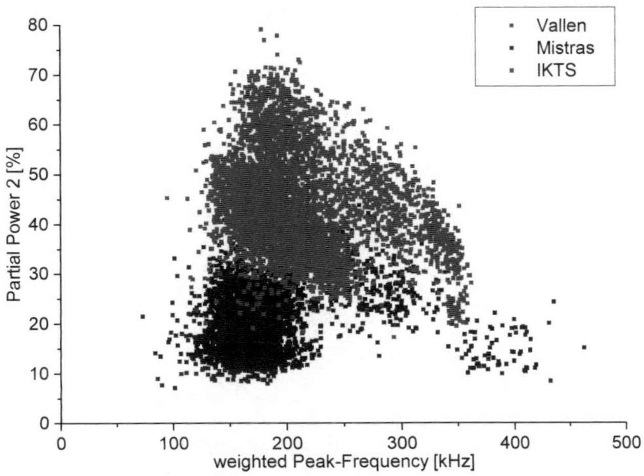

Abb. 7. Frequenzlage der georteten Signale aller drei Messketten für eine Beispielprobe aus Studie 2.

Dieser Unterschied in der spektralen Empfindlichkeit der drei Messketten überträgt sich in die berechneten Signalparameter. Hierzu wurden verschiedene frequenzbasierte Parameter berechnet (Definition s. [2]) und miteinander verglichen. Zur Unterscheidung von verschiedenen Schädigungsarten in Faserverbundwerkstoffen lässt sich die Auftragung von „Partial Power“ über der gewichteten Spitzenfrequenz „weighted Peak-Frequency“ heranziehen. In Abb. 7 ist der Vergleich der Signale aller drei Messketten für eine Beispielprobe aus Studie 2 dargestellt. Insbesondere beim resonanten Sensor VS150-M wird deutlich, dass alle Signale in einem engen Bereich entlang beider Achsen (um die Resonanzfrequenz) gehäuft sind. Diese Messkette eignet sich daher nur sehr eingeschränkt für die Unterscheidung verschiedener Signalklassen im Frequenzraum. Die Messkette „IKTS“ weist eine höhere Bandbreite auf, was sich in der größeren Abdeckung entlang der beiden Achsen äußert. Eine Trennung in mehrere Häufungspunkte von Signalen im Frequenzraum ist erkennbar, was die Basis für eine Unterscheidung von Signalquellen bilden kann. Dies trifft in gesteigertem Maße auf die Messkette „Mistras“ zu. Mit dem hier verwendeten WD-Sensor kann eine hohe Bandbreite abgedeckt werden und damit auch eine bessere Messung der spektralen Eigenschaften der Signalquelle vorgenommen werden. Dies bildet sich auch in einer deutlicheren Trennung der Häufungspunkte im Frequenzraum ab.

4. Zusammenfassung

Der Vergleich der verschiedenen Messketten hat gezeigt, dass trotz erheblicher Bemühungen um die Standardisierung der Gerätetechnik ohne weiteres keine direkte Vergleichbarkeit der erhaltenen Ergebnisse möglich ist, dass aber trotz der Unterschiede der Messketten die Registrierung des Beginns der Schädigung bezogen auf den Kraftverlauf bei den 3 Messketten vergleichbar stattfindet. In Tab. 2 sind die wesentlichen Unterschiede und Messkonzepte der drei Messketten nochmals miteinander verglichen.

Bereits durch die Wahl des Sensors findet ggf. eine Reduktion der Bandbreite statt, welche die Art der aufgezeichneten Information beeinflusst. Diese kann durch das angeschlossene Messsystem nicht mehr kompensiert werden. Abhängig vom Gerätetyp haben aber auch die Aufzeichnungseinstellungen erheblichen Einfluss auf die Anzahl der Signale, die zur Analyse verwendet werden können. Für Analysen jenseits der Bestimmung von Signalintensität und Anzahl zeigt sich ebenfalls, dass die verwendeten Algorithmen (z.B. zur Ortung) deutlichen Einfluss auf das Gesamtergebnis haben. Allerdings führen Fehler bei der Bestimmung der Ersteinsatzzeit aufgrund der kurzen Signallaufwege ohnehin schnell zu einem hohen Fehler, so dass eine genaue Ortung für diese Art vom Proben normalerweise nur bedingt aussagekräftig ist.

Tab. 2. Überblick zum Unterschied der drei Messketten.

	Messkette „Mistras“	Messkette „Vallen“	Messkette „IKTS“
Signalaufzeichnung	• Messsoftware: AEwin • schwellwertbasierte Triggerung • Signalaufzeichnung basiert auf drei Zeitkonstanten (PDT/HDT/HLT)	• Messsoftware: AESuite • Schwellwertbasierte Triggerung • Signalaufzeichung basiert auf zwei Zeitkonstanten DDT/RAT	• Messsoftware: CANWARE • RMS Triggerung • Signalaufzeichnung basiert auf zwei Zeitkonstanten (Pre- und Posttrigger)
Ortung	• Analysesoftware: Noesis • Iterativer Algorithmus (100 Iterationen) • Event-Terminierung „Echo“	• Analysesoftware: VisualAE • Iterativer Algorithmus (200 Iterationen) mit mehreren Startpunkten (10)	• Analysesoftware: AEtools • Bewertung von 8 Zeitdifferenzen (4 Sensoren, 2 Ersteinsatzverfahren AIC, COR) • Verwendung der Sensor-Verfahrens-kombination mit höchster kumulativer Event-Anzahl und höchster kumulativer Energie

Referenzen

[1] C. U. Grosse and M. Ohtsu, *Acoustic Emission Testing*. Berlin, Heidelberg: Springer Berlin Heidelberg, 2008.

[2] M. G. R. Sause, *In Situ Monitoring of Fiber-Reinforced Composites*, vol. 242. Cham: Springer International Publishing, 2016.

[3] H. Akaike, “Markovian representation of stochastic process and its application to the analysis of autoregressive moving average processes,” *Ann. Inst. Stat. Math.*, vol. 26, pp. 363–387, 1974.

Potentiale, Risiken und Herausforderungen der modalen Schallemissionsanalyse bei der Quellenidentifikation in dünnwandigen Faserkunststoffverbunden

Benjamin KELKEL [1], Johannes WOLL [1], Julia VOGTMANN [1], Martin GURKA [1]
[1] Institut für Verbundwerkstoffe, Kaiserslautern

Kontakt E-Mail: benjamin.kelkel@ivw.uni-kl.de

Kurzfassung. Die modale Schallemissionsanalyse (MSEA) ermöglicht über die selektive Auswertung der symmetrischen und antisymmetrischen Anteile akustischer Emissionen, Rückschlüsse über die Wirkrichtung der Quelle zu ziehen. In Bezug auf Faserkunststoffverbunde (FKV) können dadurch Quellen mit starker „in-plane" Charakteristik (z.B. Faserbrüche oder Zwischenfaserbrüche) von denen mit dominantem „out-of-plane" Charakter (z.B. Delaminationen) unterschieden werden. In der Praxis zieht man hierzu das Amplitudenverhältnis der fundamentalen, antisymmetrischen (A0) und symmetrischen Mode (S0) als zusätzliches Feature für die Quellenidentifikation heran.

Die Aussagekraft dieses A0/S0 Verhältnisses wird im Rahmen dieser Arbeit diskutiert. Dazu werden wichtige Einflussgrößen auf das A0/S0 Verhältnis vorgestellt und im speziellen der Einfluss der Wirkrichtung der Quelle, der Quelltiefe und der Sensorapertur anhand von Finite Elemente Simulationen quantifiziert. Die Aussagekraft der Simulation wird dabei durch begleitende Experimente mit künstlichen Schallquellen und realen Sensoren unterstützt. Für die Untersuchungen wurde repräsentativ eine unidirektionale Platte aus carbonfaserverstärktem Kunststoff ausgewählt.

Aus der Diskussion der Einflussfaktoren wird deutlich, dass eine Quellenidentifikation anhand eines absoluten A0/S0 Verhältnisses mit Risiken verbunden ist. Dennoch steckt in dem Verhältnis wertvoller Informationsgehalt bzgl. der Wirkrichtung der Quelle, der unter Berücksichtigung der Einflussgrößen abrufbar ist.

1. Einführung

Faserkunststoffverbunde (FKV) zeigen aufgrund ihrer heterogenen Struktur und der damit verbundenen anisotropen Eigenschaften komplexe Schädigungsmechanismen auf, deren Entstehung und Interaktion immer noch Teil der Forschung sind. Für ein besseres Verständnis für diesen Werkstoff sind tiefergehende Methoden der Materialcharakterisierung notwendig, welche einen Einblick in das fortschreitende Versagen während mechanischer Belastung gewähren. Die Schallemissionsanalyse bietet als zerstörungsfreies Prüfverfahren das Potential für eine solche Methode. Sie ermöglicht eine inline Identifikation von Schädigungsereignissen über die Detektion der damit verbundenen akustischen Emissionen. Die Schadensklassifizierung erfolgt dabei durch Extraktion charakteristischer Merkmale der akustischen Signale im Zeit- und Frequenzbereich sowie der Korrelation dieser mit parallel erfassten Schadensbildern aus bildgebenden Prüfverfahren wie der Thermographie, digitalen Bildkorrelation oder Röntgentomographie [1]. In der Vergangenheit konnten über diese Vorgehensweise bereits Merkmale zur Differenzierung von Faser- und Matrixbrüchen in FKV gefunden werden. Hier haben sich Parameter aus dem Frequenzbereich wie die „Peak Frequenz" und die „gewichtete Peak Frequenz" als aussagekräftige Merkmale etabliert [2,3]. Diese Parameter spiegeln jedoch nur die Dynamik des Schädigungsereignisses wieder und erfassen damit nur ein Teil des akustischen Fingerabdrucks, den das Schädigungsereignis hinterlässt.

1.1. Potentiale der modalen Schallemissionsanalyse

Zusätzlichen Informationsgehalt bietet die modale Schallemissionsanalyse (MSEA), die bei dünnwandigen Strukturen zum Einsatz kommen kann. Durch die selektive Detektion der fundamentalen symmetrischen (S0) und antisymmetrischen (A0) Lamb Wellen Moden lassen sich durch die MSEA Aussagen über die Wirkrichtung der Quelle ziehen. Dazu wurde das Amplitudenverhältnis von A0/S0 (engl. MAR – „Measured Amplitude Ratio") als zusätzliches Merkmal für die Quellenklassifizierung vorgeschlagen [4]. Durch die starke „out-of-plane" (OOP) Charakteristik der A0 Mode (Biegewelle) gegenüber der „in-plane" (IP) Charakteristik der S0 Mode (Quasi-Kompressionswelle) bietet das Verhältnis der beiden Moden eine Aussage über die Wirkrichtung der Quelle. Die Methode wurde erstmals in den 90er Jahren von Gorman et al. [5] auf Platten aus Aluminium und Verbundwerkstoff mittels Hsu-Nielsen Quelle validiert und fand ab dem Ende der 90er bereits Anwendung bei der Quellenidentifikation in FKV [6-8]. Die MSEA ermöglichte hier Faser- und Zwischenfaserbrüche, welche vorzugsweise zu einer IP Verschiebung führen, von Delaminationen mit starkem OOP Charakter zu unterschieden. Diese Erkenntnisse wurden in späteren Untersuchungen validiert [9,10].

Neben dem zusätzlichen Informationsgehalt für die Quellenidentifikation bietet die MSEA ebenso Potentiale für die Quellenlokalisierung. Durch die respektive Trennung von der A0 und S0 Mode, kann die zur Schwellwertüberschreitung führende Mode identifiziert werden und deren Gruppengeschwindigkeit für die Berechnung der Quellenposition berücksichtigt werden. Bei unidirektionalen FKV kann bei Ausbreitung in Faserrichtung das Verhältnis der Gruppengeschwindigkeiten von S0 zu A0 aufgrund der Anisotropie bei einem Faktor von 5 liegen [1,11]. Eine falsch angenommene Gruppengeschwindigkeit kann daher zu großen Fehlern bei der Quellenlokalisierung führen. Neben einer Erhöhung der Ortungsgenauigkeit kann mit der MSEA auch die Anzahl der dafür notwendigen Sensoren reduziert werden. Bei Kenntnis der Gruppengeschwindigkeiten von A0 und S0 kann über einen einzigen Sensor, mit dem gemessenen Ankunftszeitunterschied der beiden Moden, bereits die Entfernung zum Sensor abgeschätzt werden [12,13]. Darüber hinaus kann in FKV über den Laufzeitunterschied der beider Moden das Lokalisierungsergebnis über den Winkel der Ausbreitungsrichtung eingegrenzt werden.

1.2. Herausforderungen der modalen Schallemissionsanalyse

Um dieses Potential abrufen zu können, wird der Anwender der MSEA vor Herausforderungen gestellt. Eine der größten Herausforderungen liegt in der selektiven Detektion der fundamentalen A0 und S0 Mode. Während bei unendlich ausgedehnten Körpern eine Trennung über die Laufzeit realisiert werden kann, erschweren Dickensprünge, Anisotropie und Reflektionen in realen FKV Strukturen die Identifikation der primären Wellenpakete beider Moden. Werden Moden höherer Ordnung durch höhere Frequenzen oder Strukturdicken ebenfalls angeregt, erscheint eine Trennung gar unmöglich. In der Vergangenheit hat man neben einer zeitlichen Trennung daher zwei weitere Ansätze verfolgt, die auf dem unterschiedlichen Verschiebungsfeld beider Moden basieren. Da das Verschiebungsfeld der S0 Mode erst mit zunehmender Frequenz transversale Anteile hinzuzugewinnt, wird die S0 Mode bei der klassischen Detektion der OOP Komponente an der Oberfläche nur in den höheren Frequenzen wahrgenommen [11]. Die A0 Mode hingegen ist mit ihrer stark ausgeprägten OOP Charakteristik bereits im niedrigen Frequenzbereich an der Oberfläche messbar. Mit der Kenntnis über die Vorzugsfrequenzen lassen sich über entsprechende Bandpassfilter die A0 bzw. S0 Anteile der Wellenmoden abschätzen [10,14]. Da hier nur bestimmte Frequenzanteile der jeweiligen Moden betrachtet werden und die Amplituden von A0 und S0 zu unterschiedlichen Frequenzen ausgewertet werden, ist das resultierende Verhältnis nur ein Ausschnitt aus der realen Verteilung der A0 und S0 Anteile im Signal. Die zweite Methode beruht auf der Ausnutzung der Symmetrie bzw. Antisymmetrie im Verschiebungsfeld beider Moden. Werden zwei Sensoren an gegenüberliegenden Oberflächen der Struktur konzentrisch zueinander platziert, lassen sich die symmetrischen bzw. antisymmetrischen Wellenanteile über eine Addition bzw. Subtraktion der Sensorsignale berechnen [10,14,15]. Sofern keine Moden höherer Ordnung vorhanden sind, lassen sich damit über die Bandbreite der Sensoren alle Frequenzanteile von A0 und S0 bestimmen und zuverlässige Abschätzungen für die Quellenidentifikation in FKV treffen.

1.3. Risiken der modalen Schallemissionsanalyse

Aussagen über die Wirkrichtung von Schädigungsereignissen in FKV anhand von S0 zu A0 Verhältnissen sind jedoch mit zusätzlichen Risiken verbunden, da das Verhältnis neben der Wirkrichtung der Quelle von weiteren Faktoren abhängt.

Aufgrund der stark unterschiedlichen Dämpfung von A0 und S0 Mode ist ihr Verhältnis vom Sensor-Quelle-Abstand abhängig. Für ein 12 lagiges, unidirektionales CFK Laminat mit RTM6 Matrix (Wandstärke von 3,4 mm) hat M. Calomfirescu bei einer Frequenz von 300 kHz Dämpfungsfaktoren von 0,025 dB/mm für S0 bzw. 0,15 dB/mm für A0, bei Ausbreitung in Faserrichtung, bestimmt [11]. Bei einem Laufweg von nur 50 mm in Faserrichtung würde sich das Verhältnis von A0/S0 durch die unterschiedliche Dämpfung entsprechend halbieren. Da die Dämpfung in FKV richtungsabhängig ist, wirkt sich neben dem Sensor-Quelle-Abstand auch die Ausbreitungsrichtung auf das A0/S0 Verhältnis aus. Senkrecht zur Faserrichtung ergeben sich für das gleiche Laminat Abschwächungsfaktoren von 0,049 bzw. 0,1075 dB/mm für S0 bzw. A0 [11]. Damit würde sich das A0/S0 Verhältnis in dieser Richtung nur um 30 anstelle von 50% reduzieren. Eine Berücksichtigung des Sensor-Quelle-Abstandes sowie der Ausbreitungsrichtung ist beim Vergleich absoluter MAR Werte daher notwendig, um Fehlinterpretationen zu vermeiden.

Eine weitere Einflussgröße stellt die Tiefe der Quelle dar. Hamstad et al. konnten durch die Simulation von IP Verschiebungen in unterschiedlichen Tiefen in einer Aluminiumplatte zeigen, dass das A0/S0 Verhältnis über die Tiefe bis hin zur Symmetrieebene abnimmt [16]. Bei einer idealisierten IP Dipol Anregung fiel das Verhältnis von einem Faktor 10, bei einer oberflächennahen Anregung an der Plattenkante unter einen Wert von 0,01 bei Anregung in der Symmetrieebene der Platte. Ein Unterschied von drei Größenordnungen, trotz gleicher Orientierung der Kraftwirkung der Quelle. Die Ursache liegt in dem Verschiebungsfeld der Moden begründet. Eine IP Anregung nahe der Plattenoberfläche führt aufgrund der asymmetrischen Belastung bevorzugt zur Ausbildung einer Biegewelle und somit einer antisymmetrischen Mode. Eine symmetrische IP Anregung in der Plattenmitte führt zu einer Kompressionswelle und damit zu einer S0 Mode. Baker et al. und Oz et al. konnten dieses Verhalten bei Zugversuchen von bi-axialen (0°/90°) Laminaten bestätigen [17,18]. Die Erzeugung von Zwischenfaserbrüchen in 90° Lagen unterschiedlicher Tiefe, lieferte stark unterschiedliche Peak Frequenzen, die auf eine Änderung im Modenspektrum zurückzuführen waren.

Die Sensorapertur ist als eine weitere Einflussgröße zu nennen. Bei geführten Wellen kann es zur Auslöschung von Signalanteilen kommen, wenn die Wellenlänge der akustischen Welle in die Größenordnung der lateralen Abmessungen des Sensors fällt. Dieser sogenannte Apertureffekt resultiert aus der Integrierung der Verschiebungskomponenten über die aktive Sensorfläche [19]. Aufgrund der niedrigeren Phasengeschwindigkeiten der A0 Mode gegenüber der S0 Mode, wirkt sich der Apertureffekt verstärkt auf die kurzwelligere A0 Mode aus und führt absolut betrachtet zu einem kleineren A0/S0 Verhältnis. Durch die komplette Auslöschung von A0 bzw. S0 Mode zu bestimmten Frequenzen können sich zudem lokale Minima bzw. Maxima im A0/S0 Verhältnis ausbilden.

1.4. Zielsetzung und Struktur der Arbeit

In dieser Arbeit sollen die Quelltiefe und die Sensorapertur als Einflussgrößen auf das A0/S0 Verhältnis in FKV näher untersucht werden. Bzgl. der Quelltiefe soll überprüft werden, ob sich die Erkenntnisse von Hamstad et al. auf FKV übertragen lassen. Dazu werden Hsu-Nielsen Quellen in unterschiedlichen Tiefen an der Kante einer repräsentativen CFK Platte experimentell erzeugt und simulativ nachgebildet. Neben IP Quellen werden hier ebenso OOP Quellen untersucht. Durch Variation der Sensorapertur in der Simulation soll der Einfluss des Apertureffektes bei der Bestimmung des A0/S0 Verhältnisses für eine beispielhafte IP Anregung abgeschätzt werden.

Im Folgenden wird zunächst das Probenmaterial für die Untersuchungen vorgestellt, sowie der Aufbau der Simulation und Experimente beschrieben. Im Anschluss an die Erläuterung der Auswertemethodik zur Berechnung der A0/S0 Verhältnisse, werden zuerst die Einflüsse von Quelltiefe und Sensorapertur ausgehend von den Simulationsergebnissen bewertet. Zum Schluss folgen die experimentellen Untersuchungen zum Quelltiefeneinflusses und der direkte Vergleich mit den Simulationen.

2. Probenmaterial

Für die experimentellen Untersuchungen wurde eine 600 x 600 mm große Platte aus 12 unidirektionalen Prepreglagen der Fa. SGL (Faser: T700 12K 50C, Matrix: EP322) zu einem unidirektionalen Laminat $(0°)_{6s}$ aufgebaut und im Autoklav nach den Herstellerangaben (125°C, 8 bar, 1h) ausgehärtet. Die Platte weist eine Dicke von 2.56 mm und einen theoretischen Faservolumengehalt von 53 % auf. Da für das Faser/Matrix System von SGL die elastischen Konstanten nicht zur Verfügung standen, wurden die Kennwerte des Systems AS4/3501-6 mit 60% Faservolumengehalt aus Tabelle 1 als repräsentative Kennwerte für die FEM Simulationen ausgewählt.

Tabelle 1: Repräsentative elastische Kenngrößen einer AS4/3501-6 Einzelschicht mit 60% Faservolumengehalt [20]

Parameter	Bezeichnung	Wert
Elastizitätsmoduln	E_1	126 GPa
	$E_2 = E_3$	11 GPa
Schubmoduln	$G_{12} = G_{13}$	6,6 GPa
	G_{23}	3,9 GPa
Querkontraktionszahlen	$\nu_{12} = \nu_{12}$	0,28
	ν_{23}	0,4
Dichte	ρ	1570 kg/m^3

3. Experimenteller Aufbau

Die nach ASTM E976 standardisierte Hsu-Nielsen Quelle wurde als repräsentative Quelle für die Erzeugung akustischer Emissionen ausgewählt. Die Bleistiftmine wurde mithilfe einer Vorrichtung (siehe Abbildung 1b) an der Plattenkante in vier unterschiedlichen Tiefen (0,42 mm, 0,8 mm, 0,99 mm und 1,28 mm) gebrochen, um den Einfluss der Quelltiefe auf das akustische Signal einer künstlichen IP Quelle zu untersuchen. Die resultierende Welle in Faserrichtung wurde mit einem VS900 Sensor im Abstand von 100 mm zur Quelle erfasst und nach Vorverstärkung mit einem AEP4 Vorverstärker über ein Vallen AMSY 5 System digitalisiert und mit einer Aufnahmerate von 10 MHz aufgezeichnet (Aufbau siehe Abbildung 1a). In jeder Tiefe wurden für eine statistische Auswertung je 7 Bleistiftminenbrüche durchgeführt. Die Signale wurden für die weitere Analyse mithilfe eines Bandpassfilters auf den sensitiven Bereich des Sensors von 95 bis 850 kHz beschränkt.

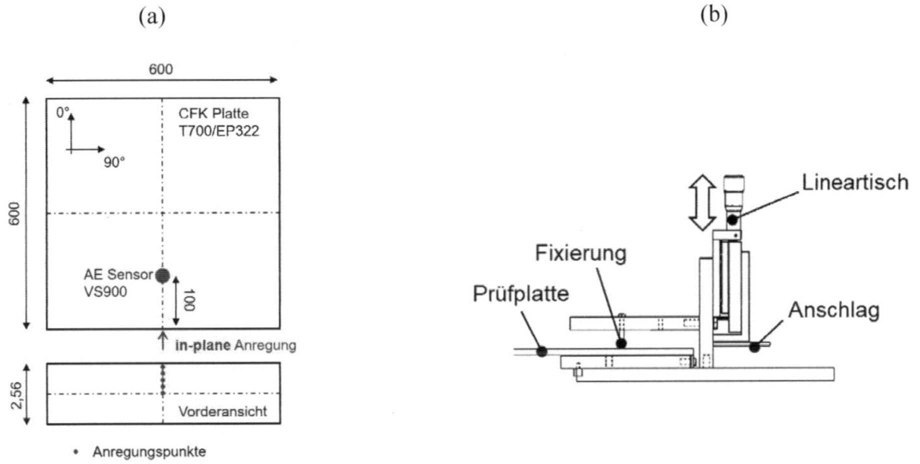

Abbildung 1: Experimenteller Aufbau (a) und Vorrichtung (b) zur reproduzierbaren Erzeugung von IP Hsu-Nielsen Quellen mittels Bleistiftminenbruch an der Plattenkante

4. Simulativer Aufbau

Die Simulationen wurden in 2D mithilfe der FEM Software Abaqus 2017 durchgeführt. Dazu wurde eine 1000 mm lange Platte mit einer Dicke von 2,56 mm an einem Ende fest eingespannt und mittels quadratischer CPE4R Elemente (C: Kontinuum, PE: Ebener Dehnungszustand, 4: Anzahl Knotenpunkte pro Element, R: Reduziert integriert) diskretisiert. Die Kantenlänge der Elemente betrug 0,32 mm, so dass sich 8 Elemente und 9 Knoten in Dickenrichtung der Platte ergaben. Zur Anregung wurde ein definierter Kraftverlauf, in Anlehnung an die HSU-Nielsen-Quelle, in jeweils einzelne Knoten am freien Ende der Platte eingeleitet. Somit ergaben sich für die Simulation der Wellenausbreitung 5 verschiedene Anregungstiefen (0,00 mm; 0,32 mm; 0,64 mm; 0,96 mm und 1,28 mm). Die Simulationen wurden sowohl mit IP Anregung (Krafteinleitung in x-Richtung), als auch mit OOP Anregung (Krafteinleitung in y-Richtung) durchgeführt. Als repräsentatives Anregungssignal wurde der dreieckförmige Kraftverlauf in Abbildung 2 angenommen, der den simulativen Ergebnissen aus [21] nachempfunden ist (Anstiegszeit 4,5 µs, Abklingzeit 1 µs). Auf der Platte wurden symmetrisch um den Abstand von 100 mm zur Plattenkante 57 Punkte im Abstand von 0,32 mm zueinander für die Erfassung der IP und OOP Verschiebungskomponenten u_x bzw. u_y der Welle festgelegt. Die feine Diskretisierung der Messpunkte wurde zur Berücksichtigung der aktiven Apertur des Sensors gewählt. Dazu wurde aus den 57 Signalen der Mittelwert berechnet, der über die lokale Sensorbreite gewichtet wurde. Das Zeitinkrement für die Simulationen (explizites Lösungsverfahren) betrug konstant 10^{-8} s. Eine modenselektive Dämpfung wurde für die Simulationen nicht berücksichtigt.

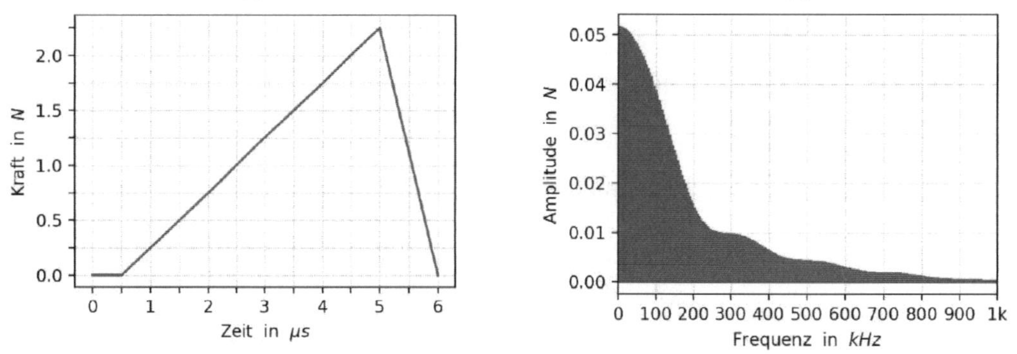

Abbildung 2: Angenommener Kraftverlauf (a) und resultierendes Amplitudenspektrum (b) für die Hsu-Nielsen Anregung nach [21]

5. Auswertemethodik

5.1 Experiment

Für die Bestimmung des A0/S0 Verhältnisses in Abhängigkeit der Frequenz wurden die resultierenden Signale aus den Experimenten mithilfe der kontinuierlichen Wavelet-Transformation in den Zeit-Frequenzbereich überführt. Dazu wurde als Mutter-Wavelet das komplexe Morlet-Wavelet mit einer Mittenfrequenz und einer Bandbreite von 1 Hz ausgewählt. Durch die unterschiedlichen Gruppengeschwindigkeiten von S0 und A0 Mode und den gewählten Sensor-Quelle-Abstand von 100 mm, konnten die beiden Moden über eine zeitliche Grenze getrennt voneinander ausgewertet werden. Dazu wurde für jede Frequenz der maximale Betrag der Waveletkoeffizienten in dem jeweiligen Zeitfenster bestimmt und als repräsentative Amplitude für A0 bzw. S0 Mode herangezogen.

5.2 Simulation

Bei der Simulation konnten die A0 und S0 Signalanteile direkt über eine Addition bzw. Subtraktion der OOP Verschiebungen an der Ober- bzw. Unterseite der Prüfplatte extrahiert werden. Durch Abschneiden der Signale vor Eintreffen der ersten Reflektion und Überführung in den Frequenzraum mittels FFT, konnten die Amplituden von S0 und A0 frequenzabhängig bestimmt werden. Für die Vergleichbarkeit mit den experimentellen Ergebnissen wurden die u_y Verschiebungskomponenten vor der Weiterverarbeitung mit einem Butterworth Bandpassfilter 4. Ordnung zwischen 95 und 850 kHz gefiltert. Aufgrund der Anwesenheit höherer Moden, war eine quantitative Auswertung der A0/S0 Verhältnisse nach der beschriebenen Methodik nur bis zu einer Frequenz von 350 kHz möglich

6. Ergebnisse & Diskussion

6.1. Simulation: Einfluss der Quelltiefe und Quellencharakteristik

Der Einfluss der Quelltiefe bei IP und OOP Hsu-Nielsen Anregung ist in Abbildung 3 anhand der Simulationsergebnisse einzusehen. Dazu sind die auf das Maximum normierten Waveletspektren in drei relativ zur Plattendicke (0%, 25%, 50%) bezogenen Anregungstiefen dargestellt. Als Signal wurde die OOP Verschiebungskomponente u_y in einem Punkt in 100 mm Abstand zur Quelle an der Plattenoberfläche herangezogen. Bei der IP Anregung wird ein deutlicher Einfluss der Quelltiefe auf das resultierende akustische Signal sichtbar. Während bei oberflächennaher Anregung die A0 Mode das Waveletspektrum dominiert, gewinnt die S0 Mode mit steigender Anregungstiefe, bis hin zur Symmetrieebene der Platte, mehr an Bedeutung. Bei Betrachtung der S0 und A0 Amplituden in Abbildung 4 wird dieser Sachverhalt nochmals deutlich. Die A0 Amplitude fällt ausgehend von der oberflächennahen Anregung um acht Größenordnungen mit steigender Quelltiefe bis zur Symmetrieebene, während die S0 Amplitude konstant bleibt. Da die A0 Mode in der Symmetrieebene keine IP Komponente aufweist, wird sie über eine IP Anregung in der Symmetrieebene auch nicht angeregt.

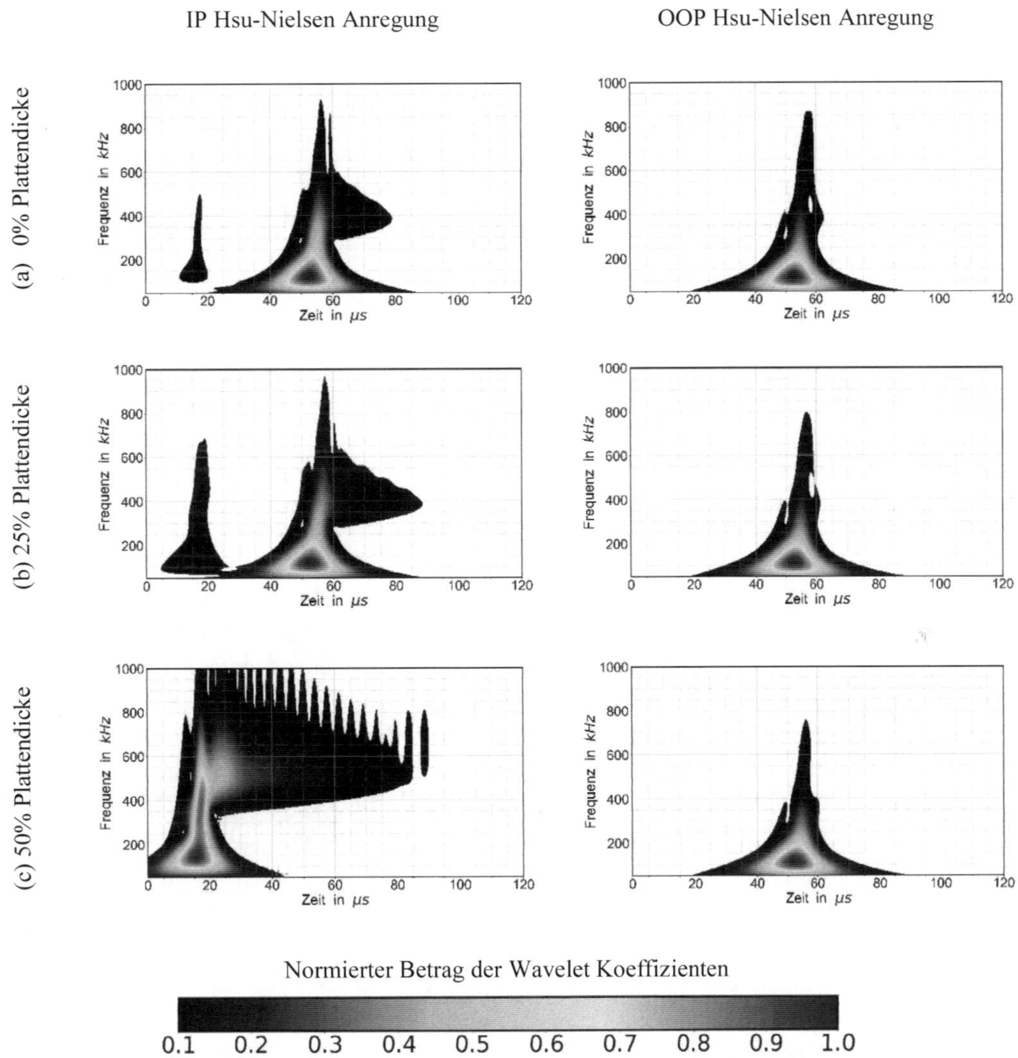

Abbildung 3: Einfluss der Quellcharakteristik (links: IP, rechts: OOP) und der rel. Quelltiefe bezogen auf die Plattendicke ((a): 0%, (b): 25%, (c): 50%) auf die resultierenden akustischen Signale unter Annahme einer künstlichen Anregung durch eine Hsu-Nielsen Quelle.

Bei OOP Anregung hingegen überwiegt der A0 Mode über die betrachteten Quelltiefen und es kommt zu keinem signifikanten Einfluss der Quelltiefe auf die Amplituden von A0 und S0 Mode.

(a) IP Hsu-Nielsen Anregung

(b) OOP Hsu-Nielsen Anregung

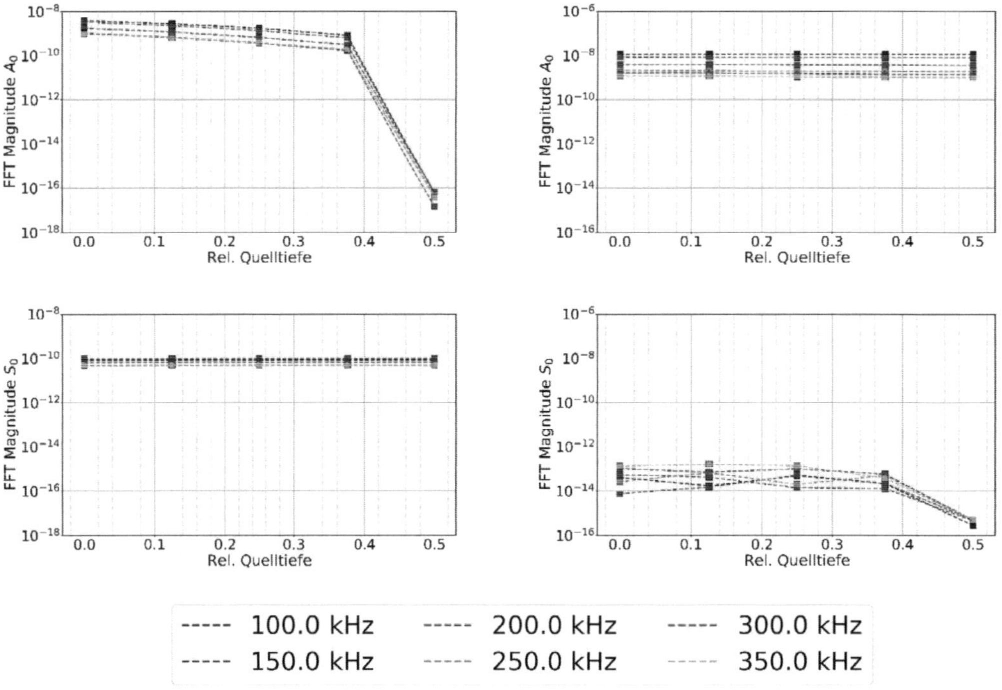

Abbildung 4: Fourier Amplituden von A0 und S0 Mode in Abhängigkeit der Quellcharakteristik (links: IP, rechts: OOP), der Frequenz und der relativen Quelltiefe bezogen auf die Plattendicke

Die resultierenden A0/S0 Verhältnisse von IP und OOP Anregung aus Abbildung 5 unterscheiden sich entsprechend deutlich voneinander. Bei IP Anregung zeigt sich ein nahezu linearer Abfall im A0/S0 Verhältnis mit steigender Quelltiefe bis zur Symmetrieebene. Bei OOP Anregung ist kein systematischer Zusammenhang zwischen A0/S0 Verhältnis und Quelltiefe erkennbar. Hier zeigt sich jedoch bei Anregung in der Symmetrieebene der Platte ein deutlicher Sprung im A0/S0 Verhältnis, der auf den Abfall in der S0 Amplitude zurückzuführen ist. Die absoluten Verhältnisse bei IP und OOP Anregung unterscheiden sich um mehrere Größenordnungen, so dass trotz des starken Tiefeneinflusses bei der IP Anregung eine Zuordnung bzgl. der Quellcharakteristik (IP oder OOP) möglich wäre.

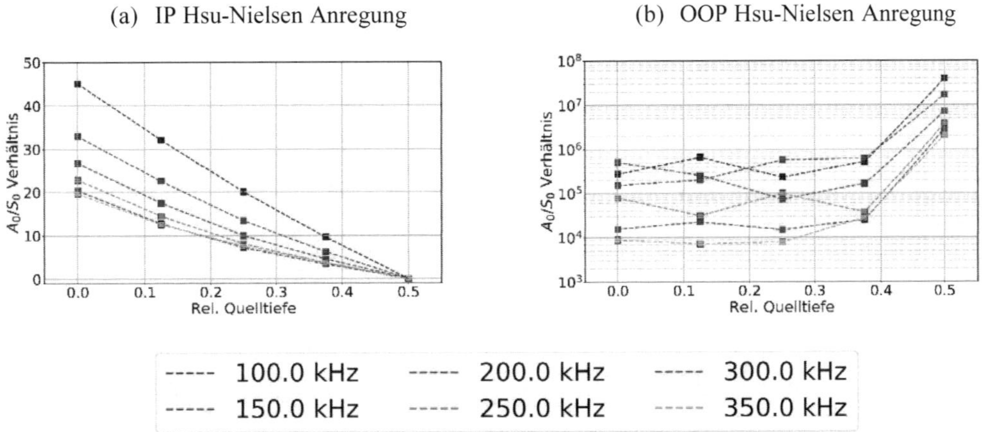

Abbildung 5: Verhältnis von A0/S0 Mode in Abhängigkeit der Quellcharakteristik (links: IP, rechts: OOP)), der Frequenz und der relativen Quelltiefe bezogen auf die Plattendicke

6.2. Simulation: Einfluss der Sensorapertur

Im Vergleich zu einer punktförmigen Detektion kommt es bei einer flächigen Detektion aufgrund des Apertureffektes des Sensors zur Auslöschung bestimmter Frequenzanteile. Abbildung 6 macht dies anhand des Verhältnisses der resultierenden OOP Verschiebungskomponenten von flächiger zu punktförmiger Detektion deutlich. Aufgrund der kleineren Phasengeschwindigkeiten wirkt sich der Apertureffekt bereits bei niedrigen Frequenzen deutlich auf die resultierende A0 Amplitude aus, während es für die S0 Mode im betrachteten Frequenzbereich noch zu keiner kompletten Auslöschung gekommen ist.

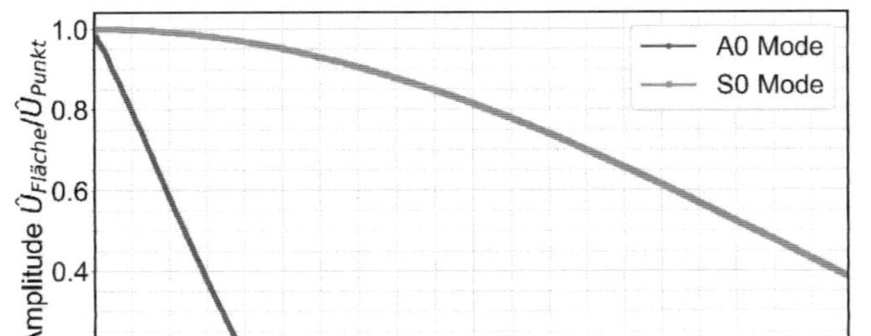

Abbildung 6: Verhältnis der resultierenden OOP Verschiebungskomponenten von flächiger zu punktförmiger Detektion in Abhängigkeit der Frequenz für die A0 (blau) und S0 (orange) Mode (Angenommener Sensordurchmesser: 18 mm)

Bei Betrachtung der resultierenden Waveletspektren von punktförmiger und flächiger Detektion in Abbildung 7 sind die Einbrüche im Spektrum des A0 Wellenpaketes und die Verschiebung des Maximums zu niedrigeren Frequenzen deutlich sichtbar.

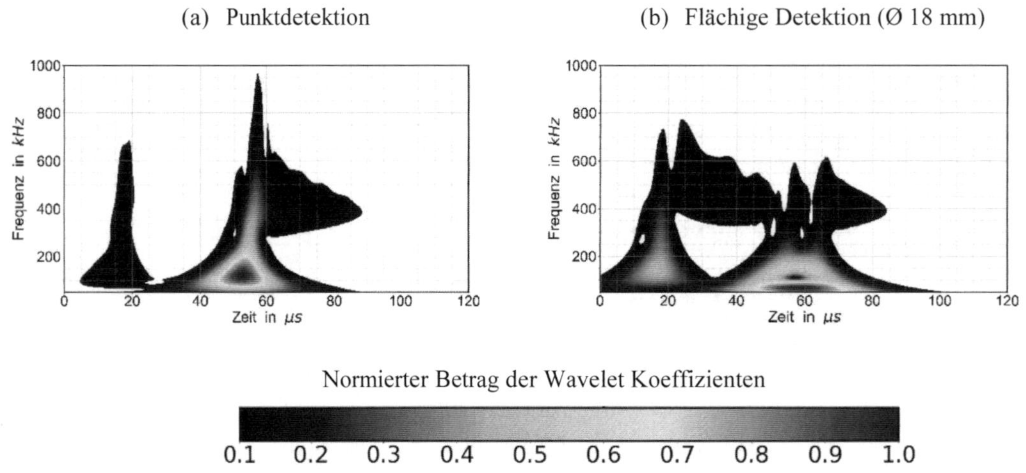

Abbildung 7: Einfluss der Sensorapertertur ((a): punktförmige Detektion, (b): flächige Detektion) auf die resultierenden akustischen Signale bei IP Anregung in 25% rel. Quelltiefe unter Annahme eines Sensordurchmessers von 18 mm.

Abbildung 8 stellt das A0/S0 Verhältnis in Abhängigkeit der rel. Quelltiefe und Frequenz bei IP Hsu-Nielsen Anregung für eine flächige Detektion dar. Im Gegensatz zur punktförmigen Detektion ist bei der flächigen Detektion das absolute A0/S0 Verhältnis durch die stärkere Abschwächung des A0 Modes kleiner und kann durch die Auslöschung von A0 bzw. S0 Mode zu bestimmten Frequenzen lokale Minima bzw. Maxima bilden.

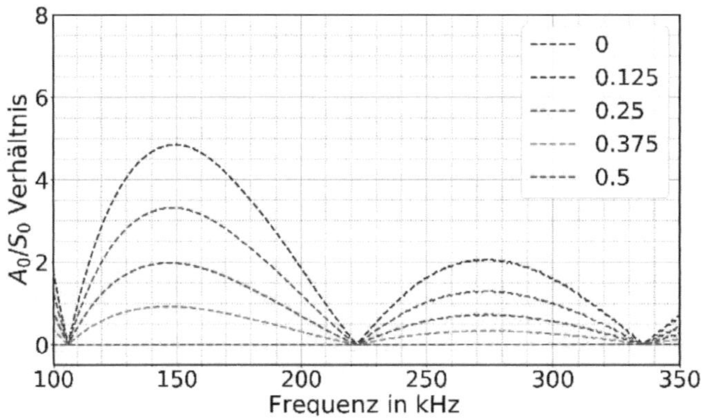

Abbildung 8: A0/S0 Verhältnis in Abhängigkeit der Frequenz und der rel. Quelltiefe bezogen auf die Plattendicke für IP Hsu-Nielsen Anregung und flächige Detektion unter Annahme eines Sensordurchmessers von 18 mm

6.3. Experiment: Einfluss der Quelltiefe bei in-plane Anregung

In Abbildung 9 sind exemplarisch die auf das Maximum normierten Waveletspektren aus den resultierenden akustischen Signalen nach IP Hsu-Nielsen Anregung in 16%, 27% und 50% rel. Tiefe dargestellt. Ähnlich zu Abbildung 3 zeigt sich eine Veränderung in den A0 und S0 Signalanteilen in Abhängigkeit der Quelltiefe. Mit zunehmender Tiefe bis zur Plattenmitte nimmt auch hier die S0 gegenüber der A0 Mode qualitativ zu. Im Gegensatz zu den Simulationsergebnissen ist die Bandbreite beider Moden durch Messrauschen, Materialdämpfung und Apertureffekt deutlich reduziert. Während die S0 Mode

Komponenten bis ca. 800 kHz aufzeigt, ist die A0 Mode aufgrund der stärkeren Dämpfung nur bis ca. 400 kHz messbar. Die Resonanz des Sensors bei ca. 140 kHz wird durch ein deutliches Nachschwingen in den Signalverläufen beider Moden sichtbar.

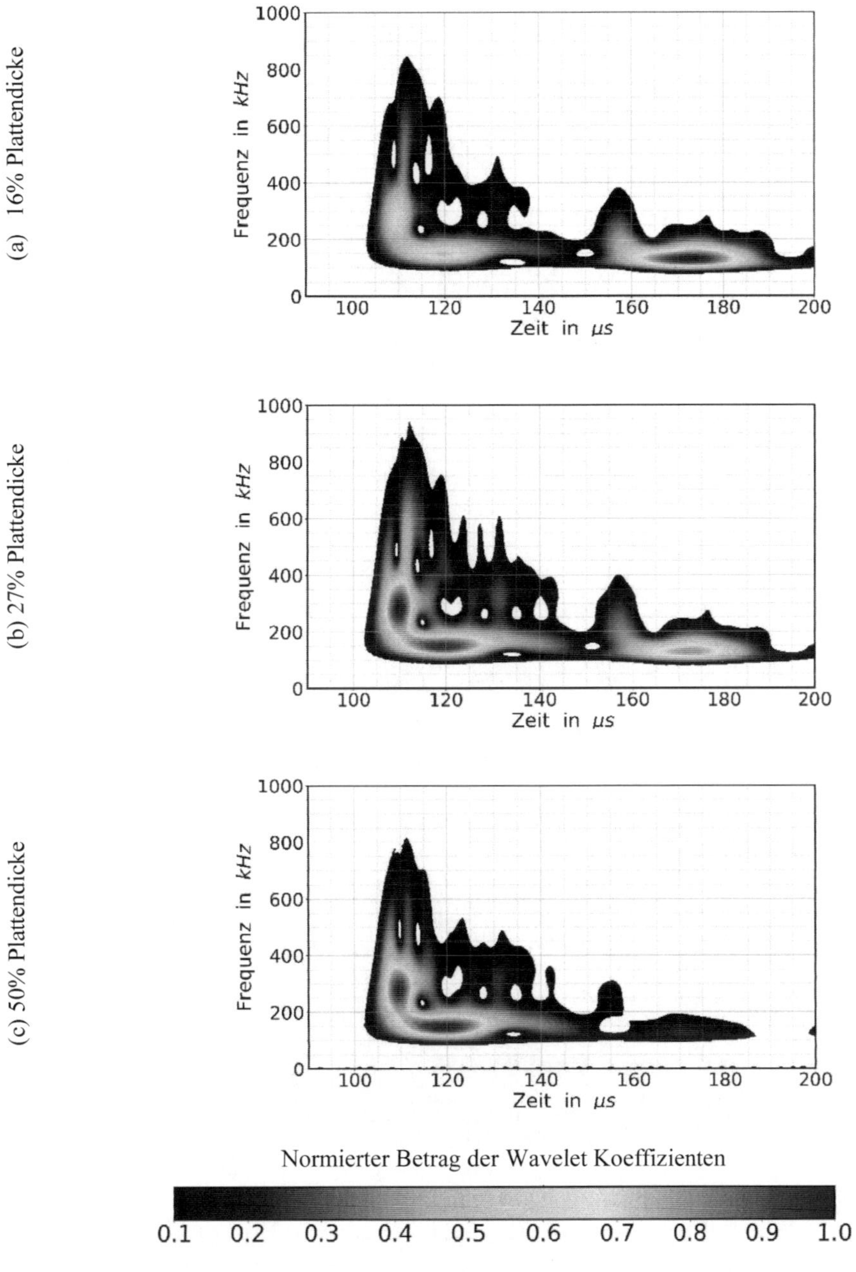

Abbildung 9: Einfluss der rel. Quelltiefe bezogen auf die Plattendicke ((a): 16%, (b): 27%, (c): 50%) auf die resultierenden akustischen Signale bei IP Anregung durch eine Hsu-Nielsen Quelle. Darstellung der auf das Maximum normierten Waveletkoeffizienten.

Die maximalen S0 und A0 Amplituden, sowie das Verhältnis dieser sind für die 7 Stichproben (hell & klein) inklusive Mittelwert (dunkel & groß) in Abhängigkeit der rel. Quelltiefe in den Abbildungen 10 (a)-(c) dargestellt. Hier zeigt sich ein qualitativ ähnlicher Verlauf wie bei den Simulationsergebnissen aus Abbildung 4. Die A0 Amplitude nimmt mit steigender Tiefe bis zur Plattenmitte ab, während die S0 Amplitude nahezu konstant bleibt, so dass sich insgesamt ein fallendes A0/S0 Verhältnis in Abhängigkeit der Quelltiefe ergibt. Auch hier gilt: Je höher die Frequenz, desto flacher verläuft die Kurve des A0/S0 Verhältnisses in Abhängigkeit der Anregungstiefe.

(a)

(b)

(c)

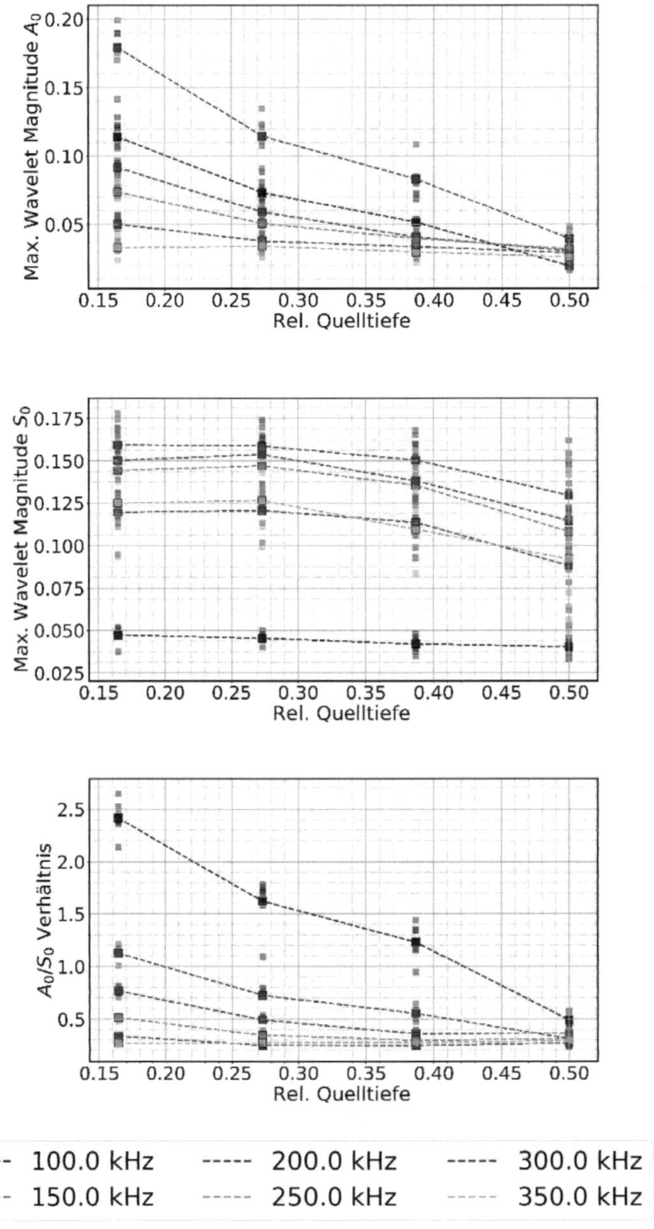

Abbildung 10: Maximale Wavelet Koeffizienten von A0 (a) und S0 Mode (b) sowie das Verhältnis zwischen A0 und S0 Mode (c) in Abhängigkeit der Frequenz und der relativen Quelltiefe bezogen auf die Plattendicke

6.4. Vergleich zwischen Simulation und Experiment für in-plane Anregung

Ein direkter Vergleich zwischen Simulation und Experiment bzgl. der resultierenden A0/S0 Verhältnisse nach IP Hsu-Nielsen Anregung ist in Abbildung 11 zu sehen. Hier wurden die Simulationsergebnisse unter Berücksichtigung der Sensorapertur nach der Auswertemethodik der Experimente mittels Wavelet-Transformation ausgewertet. Hierdurch ist eine bessere Vergleichbarkeit der Ergebnisse gewährleitet. Der abfallende Trend des A0/S0 Verhältnisses mit steigender Quelltiefe wird in beiden Betrachtungen sichtbar. Das absolute Verhältnis wird in der Simulation gegenüber dem Experiment jedoch noch überschätzt. Dies kann u.a. mit der stärkeren Dämpfung von A0 gegenüber S0 in CFK begründet werden, die in der Simulation nicht berücksichtigt wurde. Zudem wurden lediglich 2D-Simulationen durchgeführt, welche die Entstehung und Ausbreitung räumlicher Wellen nicht allumfassend abbilden können.

(a) Experiment

(b) Simulation
Flächige Detektion (Ø 18 mm)

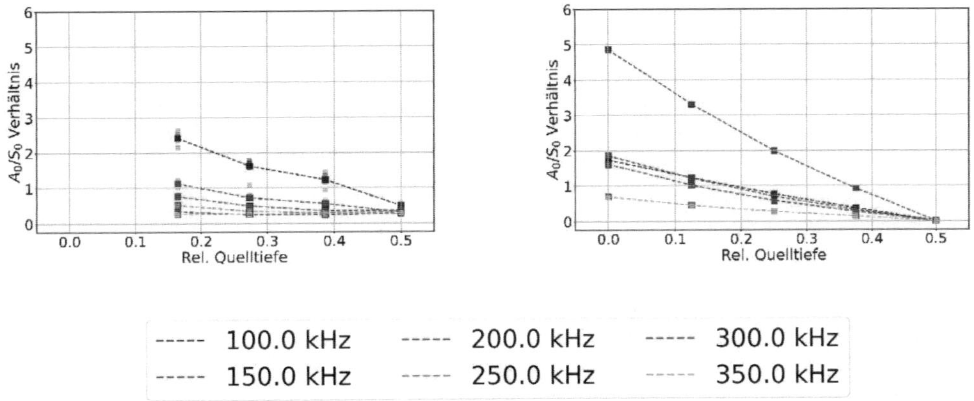

Abbildung 11: Experimentell (a) gegenüber simulativ (b) ermitteltem Verhältnis von A0 zu S0 Mode bei einer IP Hsu-Nielsen Anregung in Abhängigkeit der Frequenz und der relativen Quelltiefe bezogen auf die Plattendicke

Fazit

Die modale Schallemissionsanalyse bietet wertvollen Informationsgehalt bzgl. der Orientierung der Kraftwirkung von Quellen, die bei der Identifizierung von Schädigungsereignissen in FKV genutzt werden kann, um beispielsweise Delaminationen mit starkem OOP Charakter von Faser- und Zwischenfaserbrüchen mit starkem IP Charakter zu trennen. Herausforderungen und Risiken bestehen bezüglich der modenselektiven Erfassung und Interpretation des A0/S0 Verhältnisses unter Berücksichtigung zahlreicher Einflussgrößen wie dem Sensor-Quelle-Abstand, der Quelltiefe und der Sensorapertur.

Im Hinblick auf den Einfluss der Quelltiefe konnte für eine unidirektionale CFK Platte über Simulationen und Experimente bestätigt werden, dass bei IP Anregung das A0/S0 Verhältnis mit der Quelltiefe sinkt. Bei OOP Anregung dominiert die A0 Mode und es kommt aufgrund des geringen S0 Anteils zu keinen signifikanten Änderungen im A0/S0 Verhältnis über die Quelltiefe. OOP und IP Anregungen konnten beim Vergleich der absoluten A0/S0 Verhältnisse trotz stark ausgeprägtem Tiefeneinfluss bei der IP Anregung voneinander getrennt werden.

Die Sensorapertur wirkt sich im niedrigen Frequenzbereich besonders stark auf die kurzwelligere A0 Mode aus, wodurch das A0 zu S0 Verhältnis im Vergleich zu einer punktförmigen Detektion reduziert wird. Weiterhin kommt es über das gesamte Spektrum zur Ausbildung von lokalen Minima und Maxima im Modenverhältnis, die bei der Interpretation zu beachten sind.

Die Ergebnisse und Diskussion unterstreichen, dass nur unter Einbezug der Einflussgrößen auf das Modenverhältnis von A0 zu S0 zuverlässige Aussagen über die Wirkrichtung von Quellen in FKV getätigt werden können.

Referenzen

[1] Sause, M.G.R., In Situ Monitoring of Fiber-Reinforced Composites – Theory, Basic Concepts, Methods and Applications, Springer Series in Materials Science 242, 2016

[2] Sause, M.G.R., Müller, T., Horoschenkoff, A., Horn, S., *Quantification of failure mechanisms in mode-I loading of fiber reinforced plastics utilizing acoustic emission analysis*, Composites Science and Technology, Vol. 72, 2012, pp. 167-174

[3] Sause, M.G.R., Gribov, A., Unwin, A.R., Horn, S., *Pattern recognition approach to identify natural clusters of acoustic emission signals*, Pattern Recognition Letters, Vol. 33, 2012, pp. 17-23

[4] Carter, D., Acoustic emission techniques for structural integrity monitoring of steel bridges, PhD Thesis, 2000, Cardiff University

[5] Gorman, M.R., Prosser, W.H., *AE Source Orientation by Plate Wave Analysis*, Journal of Acoustic Emission, Vol. 9, 1991, pp. 283-288

[6] Surgeon, M., Wevers, M., Modal analysis of acoustic emission signals from CFRP laminates, NDT&E International, Vol. 32, 1999, pp.311-322

[7] Prosser, W.H., Jackson, K.E., Kellas, S., Smith, B.T., McKeon, J., Friedman, A. – *Advanced, Waveform Based Acoustic Emission Detection of Matrix Cracking in Composites*, Materials Evaluation, Vol. 53, 1995, pp. 1052-1058

[8] Downs, K.S., Hamstad, M.A., *Wave propagation effects relative to AE source distinction of wideband AE signals from a composite pressure vessel*, Journal of Acoustic Emission, Vol. 14, 1996, pp. 61-73

[9] Johnson, M., Gudmundson, P., *Broad-band transient recording and characterization of acoustic emission events in composite laminates*, Composites Science and Technology, Vol. 60, 2000, pp. 2803-2818

[10] Martínez-Jequier, J., Gallego, A., Suárez, E., Juanes, F.J., Valea, Á, *Real-time damage mechanisms assessment in CFRP samples via acoustic emission Lamb wave modal analysis*, Composites: Part B, Vol. 68, 2015, pp. 317-326

[11] Calomfirescu, M., *Lamb Waves for Structural Health Monitoring in Viscoelastic Composite Materials*, PhD Thesis, 2008, Universität Bremen

[12] Jiao, J., He, C., Wu, B., Fei, R. Wang, X., *Application of wavelet transform on modal acoustic emission source location in thin plates with one sensor*, International Journal of Pressure Vessels and Piping, Vol. 81, 2004, pp. 427-431

[13] Surgeon, M., Wevers, M., *One sensor linear location of acoustic emission events using plate wave theories*, Materials Science and Engineering: A, Vol. 265, 1999, pp. 254-261

[14] Dahmene, F., Yaacoubi, S., Mountassir, M. El, Bendaoud, N., Langlois, C., Bardoux, O., *On the modal acoustic emission testing of composite structures*, Composite Structures, Vol. 140, 2016, pp. 446-452

[15] Ono, K., Gallego, A., *Attenuation of Lamb waves in CFRP plates*, Journal of Acoustic Emission, Vol. 30, 2012, 109-123

[16] Hamstad, M.A., O' Gallagher A., Gary J., *A wavelet transform applied to acoustic emissions signals: Part 1 : Source identification*, Journal of Acoustic Emission, Vol. 20, 2002, pp. 39-61

[17] Baker, C., Morscher, G.N., Pujar, V.V., Lemanski, J.R., *Transverse cracking in carbon fiber reinforced polymer composites: Modal acoustic emission and peak frequency analysis*, Composites Science and Technology, Vol. 116, 2015, pp. 26-32

[18] Oz, F.E., Ersoy, N., Lomov, S.V., *Do high frequency acoustic emissions events always represent fibre failure in CFRP laminates?,* Composites: Part A, Vol. 103, 2017, pp. 230-235

[19] Miller, R.K., McIntire, P., *Non-Destructive Testing Handbook – Volume 5 – Acoustic Emission Testing*, American Society for Nondestructive Testing, Second Edition, 1987

[20] Soden, P.D., Hinton, M.J., Kaddour, A.S., *Lamina Properties, Lay-up configurations and loading conditions for a range of fibre-reinforced composite laminates*, Composites Science and Technology, Vol. 58, 1998, pp. 1011-1022

[21] Sause, M.G.R., *Investigation of pencil-lead breaks as acoustic emission sources*, Journal of Acoustic Emission, Vol. 29, 2011, pp. 184-196

Anwendung geführter Wellen aus der Überprüfung der Sensorkopplung für die Bestimmung von Prüfkörpereigenschaften und Schädigungsgrad

Gaspard CLERC [1], Peter NIEMZ [1], Andreas J. BRUNNER [2],
Jan-Willem G. VAN DE KUILEN [3]
[1] Fachhochschule Bern, Architektur, Holz und Bau, Biel, Schweiz
[2] Empa, Dübendorf, Schweiz
[3] Technische Universität München, Holzforschung München (HFM), München
Kontakt E-Mail: gaspard.clerc@bfh.ch

Kurzfassung. Im Rahmen quasistatischer und zyklischer, bruchmechanischer Biegeversuche an verklebten Holzprüfkörpern wurden diese mit resonanten Schallemissionssensoren überwacht. Zweck der Schallemissionsanalyse war, neben visueller Beobachtung und Auswertung der Nachgiebigkeit ein weiteres, unabhängiges Kriterium für Rissbeginn und Rissfortschritt zu nutzen. Zusätzlich wurde beim Beginn und am Ende jedes Versuchs die Kopplung der Schallemissionssensoren mittels elektrischer Pulsanregung jedes Sensors und Aufzeichnung der Wellenformen mit den übrigen Sensoren überprüft. Die dadurch in den balkenförmigen Prüfkörpern entstehenden Lambwellen können, neben der Kontrolle der Sensorkopplung, auch für die Bestimmung des Elastizitätsmoduls der Prüfkörper in Ausbreitungsrichtung der Wellen vor und nach der Rissausbreitung und somit auch für eine vergleichende Abschätzung des Schädigungsgrads genutzt werden. Der Beitrag diskutiert ausgewählte Ergebnisse dieser Analysen. Diese zeigen das Potential der Methode geführter Wellen in Kombination mit Schallemissionsüberwachung zur Bestimmung der Schädigungsentwicklung.

Einführung

Wird bei Schallemissionsüberwachung bruchmechanischer Versuche die Kopplung der Schallemissionssensoren mittels sogenannter Autokalibration, d.h. Anregung der einzelnen Sensoren durch ein elektrisches Signal und Aufzeichnung dieser Signale mit den übrigen Sensoren, überprüft, entspricht dies effektiv der Charakterisierung des Prüfobjekts mittels geführter Wellen. Diese Signale können über die Messung der Laufzeiten zur Bestimmung des dynamischen Elastizitätsmoduls des Materials genutzt werden. Weiter kann durch einen Vergleich der Signallaufzeiten bzw. des Elastizitätsmoduls zu unterschiedlichen Zeiten bzw. bei unterschiedlicher Risslänge bestimmt werden, ob sich die Rissbildung oder die Schädigung im Material auf die makroskopischen Materialkennwerte auswirkt. Dies wurde z.B. für Zugversuche an verklebten GFK-Profilen unter Zugbelastung untersucht (Brunner et al. 2008; Brunner et al. 2010). Eine weitere Möglichkeit ist die Verwendung von Mustererkennungs- bzw. Klassierungsalgorithmen, bei denen die Veränderung der Signale mit zunehmender Schädigung quantitativ ausgewertet (Barbezat et al. 2007) und somit als Indikator für Schädigung oder Strukturintegrität genutzt werden kann. Diese Methodik wird erstmals auf bruchmechanische Schädigung verklebter Holzprüfkörper unter quasistatischer und zyklischer Mode II bruchmechanischer Schubbelastung angewendet.

Material und Methode

Für die Versuche wurde ausgewähltes Buchenholz (*Fagus sylvatica L.*) mit einer mittleren Dichte von 714 kg/m^3 verwendet. Prüfkörper sind verklebte Holzbalken (Abb. 1), die beiden Balkenhälften wurden mit einem eher spröden Phenol-Resorcinol-Formaldehyd (PRF) bzw. je einem von zwei duktilen, einkomponentigen Polyurethankleber (Loctite HB110 Purbond mit Zusatz kurzer Polyamidfasern oder Loctite VN3158 ohne Fasern) verklebt. Eine 15 µm dicke Folie (ETFE230N) wurde als Trennfolie zur Anrißbildung eingelegt. Holz ist ein anisotropes Material mit drei Symmetrieachsen (longitudinal L, tangential T und radial R in Abb. 1) und entsprechenden elastischen Konstanten E_L, E_T und E_R.

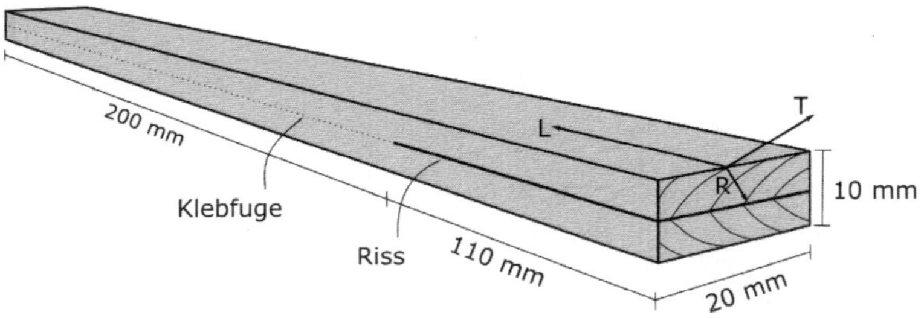

Abb. 1: Prüfkörper mit Dimensionen und Orientierung des Holzes.

Für die quasistatische bzw. Zyklische bruchmechanische Mode II Belastung wurde eine servohydraulische Prüfmaschine (Typ Instron 1237) mit einer Lastmessdose von 1 kN benutzt. Die quasistatische Belastung erfolgte mit 1 mm/min, die zyklische unter Wegsteuerung mit 5 Hz Sinus ab einer Vorbelastung, die einer Deformation von 13.36 mm (bzw. ca. 400 N Last) entspricht. Die Amplitude der zyklischen Belastung war ±2.1 mm (bzw. ca. ±200 N Last). Die Prüfkörper wurden mit je sechs Schallemissionssensoren (Typ SE150-M von Dunegan) bestückt (Abb. 2, Sensoren 1-6) und die Signale mit einer Anlage (Typ AMSY-6 von Vallen) mit Vorverstärkern (Typ AEP-3) mit Frequenzfilter zwischen 30 und 1000 kHz aufgezeichnet. Die Schwelle beträgt 40 dB_{AE}, die "duration discrimination" 400 µs und die "rearm-time" 1 ms. Wellenformen wurden mit 5 MHz Abtastrate aufgezeichnet. Die Autokalibration, d.h. die Anregung der geführten Wellen erfolgte bei Vorlasten von 1 N, 5 N und 10 N. Eine erste Auswertung der Schallemissionsüberwachung wird in (Brunner et al. 2018) diskutiert.

Der statische Elastizitätsmodul für den Vergleich mit den dynamisch aus der Schallemission bestimmten Werten wurde aus der Nachgiebigkeit des Balkens bei einer Last von 35 N berechnet. Der dynamische Elastizitätsmodul wurde aus der Differenz der Ankunftszeiten der Signale bei den Sensoren und den bekannten Sensorabständen sowie der Holzdichte berechnet. Werte für die Elastizitätsmodule in Längsrichtung. $E_{längs}$, (L in Abb. 1) und in transverser Richtung, E_{trans}, (senkrecht zur Klebfuge in Abb. 1) werden mit Formel (1) aus den Ankunftszeiten der Signale bei den entsprechenden Sensorpositionen berechnet:

$$E = c^2 \cdot \rho \tag{1}$$

dabei bedeutet c die Signalgeschwindigkeit und ρ die Rohdichte des Holzes. In L-Richtung entspricht die elastische Konstante (E_L) dem Wert von $E_{längs}$, aber bei einem Faserwinkel ungleich Null entspricht E_{trans} einer Mischung aus den elastischen Konstanten in radialer bzw. tangentialer Richtung (E_R und E_T). Diese beiden Werte können aus den Formeln (2) bzw. (3) bestimmt werden.

$$E_R = E_{trans} \cdot 2 \cdot [\sin \alpha^2 + 0.5 \cdot \cos \alpha^2] \quad (2)$$

$$E_T = 0.5 \cdot E_R \quad (3)$$

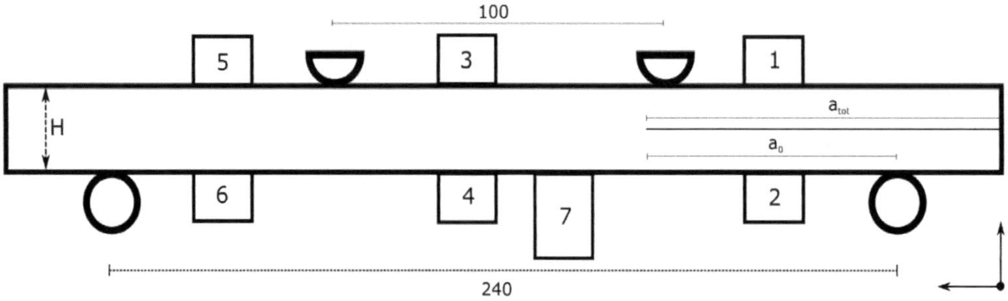

Abb. 2: Schematische Darstellung der Versuchsanordnung für Vier-Punkt-Biegebelastung, die mit Zahlen bezeichneten Quadrate/Rechtecke sind die Schallemissionssensoren.

Mit ausgewählten Schallemissionswellenformen der bei der Autokalibration emittierenden Sensoren (Cluster 1) sowie entsprechend von den anderen Sensoren aufgezeichneten Wellenformen vor (Cluster 2) und nach dem bruchmechanischen Mode II Versuch (Cluster 3) konnte mit einem Klassifikations-Programm (VisualClass® von Vallen) ein sogenannter Klassifikator ("Classifier") erstellt werden, der eine klare Trennung dieser Prototypensignale in drei Cluster ergab. Die übrigen aufgezeichneten Signale wurden dann mittels Klassifikator den Clustern zugewiesen. Da die jeweils emittierenden und aufzeichnenden Sensoren bekannt sind, kann die durch den Klassifikator ermittelte Signalzuordnung zu den Prototypenklassen (Cluster 1-3) überprüft werden.

Ergebnisse und Diskussion

Die Mittelwerte der Elastizitätsmodule $E_{längs}$ und E_{trans} aus den Schallemissionsmessungen sind in Tabelle 1 zusammengefasst. Dies zeigt, dass nicht alle Sensorkombinationen physikalisch sinnvolle Werte liefern. Tabelle 2 zeigt den Vergleich der Mittelwerte und Standardabweichungen des mit Schallemissionssignalen aus quasi-statischen mechanischen Versuchen bestimmten dynamischen Elastizitätsmoduls mit dem aus mechanischen Versuchen bestimmten $E_{längs}$ für die drei unterschiedlichen Klebersysteme. Die beiden Methoden zeigen eine recht gute Übereinstimmung. Die Unterschiede zwischen den Werten der einzelnen Klebersysteme sind vermutlich eher auf Unterschiede im verwendeten Holz als auf den Klebertyp zurückzuführen.
Die Werte für E_{trans} können nicht direkt mit mechanisch bestimmten Werten verglichen werden. Die aus E_{trans} berechneten Werte von E_R bzw. E_T von 2869 ± 243 MPa bzw. 1435 ± 121 MPa sind, wenn auch tendenziell etwas hoch, mit Literaturwerten vergleichbar (Westermayr et al. 2017; Niemz and Sonderegger 2017). Wie von (Chauhan and Sethy 2016; Bachtiar et al. 2017) beschrieben, ergibt die Bestimmung elastischer Konstanten mittels akustischer Wellen meist höhere Werte als mit mechanischer Charakterisierung. Werden Ultraschallwellen genutzt, werden sehr hohe Unterschiede beobachtet und Gleichung (1) gilt nicht mehr, da der Einfluss des Poisson-Verhältnisses vernachlässigt wird. Für die hier verwendeten Frequenzen (ca. 120 kHz) kann dieser Effekt vernachlässigt werden, vor allem, wenn man berücksichtigt, dass die Differenzen zu mechanischen Messungen etwa 10%

betragen sollte (Niemz and Sonderegger 2017). Die Genauigkeit der Methode zur Bestimmung des dynamischen Elastizitätsmoduls hängt von der Genauigkeit der Massenbestimmung ab. Für $E_{längs}$ scheint die Methode genügend genau zu sein, da diese Werte gut mit den mechanisch bestimmten Elastizitätsmodulen übereinstimmen. Ob bei den transversalen Werten die Klebfuge eine Rolle spielt, z.B. durch Einfluss auf die Signalausbreitungsgeschwindigkeit, ist nicht klar. Da die Werte im Vergleich zu Literaturwerten etwas hoch erscheinen , sollten sie mit zusätzlichen, unabhängigen Messungen für E_R bzw. E_T überprüft werden.

Tabelle 1: Mittelwerte der nominell aus den Kombinationen der Schallemissionssensoren berechneten, dynamischen elastischen Konstanten für einen mit PRF verklebten Prüfkörper. Werte für $E_{längs}$ sind grün, Werte für E_{trans} blau, schwarze Werte entsprechen Sensorkombinationen, welche Kombinationen der Holzorientierung entsprechen und physikalisch nicht eindeutig interpretierbar sind.

Sender\Empfänger	1	2	3	4	5	6
1	-	2448980	13185	12271	11666	14491
2	1875000	-	13423	9305	13158	13262
3	12934	14096	-	2173	13619	15123
4	13521	13377	2155	-	13252	12194
5	27923	28295	13619	13289	-	2049
6	30990	27766	15304	12194	2083	-

Tabelle 2: Vergleich der aus Schallemissionssignalen (AE) berechneten, dynamischen Elastizitätsmodule $E_{längs}$ mit jenen aus quasi-statischen mechanischen Versuchen

	AE		*Mechanisch*	
	Mittelwert [MPa]	Variations-Koeffizient [%]	Mittelwert [MPa]	Variations-Koeffizient [%]
VN (N=3)	16372	1.9	16778	2.9
PRF (N=4)	15624	2.5	15519	1
HB 110 (N=4)	15835	3	15772	1.8

Im Prinzip kann diese Methode auch dazu verwendet werden, Hinweise auf Delaminationen zu erhalten, was in Tabelle 2 offensichtlich zu unphysikalisch hohen Werten für bestimmte Sensorkombinationen führt. Dieser Ansatz kann in Fällen, wo die Delaminationen von aussen bzw. auf der Oberfläche der Bauteile nicht erkennbar sind, nützlich sein.

Einfluss der Rissausbreitung auf den Elastizitätsmodul

Die für E_{long} und E_{trans} nach den quasi-statischen bzw. zyklischen Versuchen für die drei Kleber gemessenen Änderungen sind mit den entsprechenden Risslängen in Tabelle 3 zusammengefasst. Generell nehmen die Elastizitätsmodule mit zunehmender Risslänge ab. Ob diese Abnahme signifikant von der Art des Klebers und/oder der Belastung (quasi-statisch bzw. zyklisch) abhängt, kann nicht eindeutig festgestellt werden. Die Werte für E_{trans} sind im Mittel aber höher als jene für $E_{längs}$, letztere liegen im Mittel bei etwa -2.0%. für E_{trans} sind die Werte für vergleichbare Risslängenzunahme deutlich niedriger, mit einer Abnahme im Mittel von -4.5%.

Tabelle 3: Prozentuale Änderung der Werte $\Delta E_{längs}$ und ΔE_{trans} für jeden Prüfkörper und die entsprechende Risslänge (ZYK = zyklische, QS = quasistatische Versuche)

		$\Delta E_{längs}$	ΔE_{trans}	Risslängenzunahme [mm]
VN	ZYK	0.3%	0.4%	56
		-3.6%	-11.9%	80
		-1.3%	-4.2%	90
	QS	0.4%	-0.5%	54
		-1.4%	-10.4%	70
		-3.4%	-18.7%	100
PRF	ZYK	-0.9%	0.4%	20
		-1.0%	0.9%	20
		-5.0%	-0.8%	16
		-2.7%	1.0%	0
	QS	-0.9%	0.4%	13
		-1.4%	0.2%	36
		-0.9%	0.5%	28
		-1.0%	0.7%	30
HB110	ZYK	-1.1%	2.3%	45
		-3.5%	3.2%	38
		-1.0%	-0.1%	34
	QS	-0.5%	-12.1%	79
		-1.0%	-13.5%	74
		-5.7%	-20.4%	71
		-1.9%	-11.9%	76

Abb. 3 untersucht die Korrelation zwischen der Zunahme der Risslängen und den aus den Laufzeiten der Schallemissionssignale bestimmten Werte von $E_{längs}$ (Abb. 3 links) bzw. E_{trans} (Abb. 3 rechts). Für $E_{längs}$ ist daraus keine eindeutige Korrelation nachweisbar, allerdings bei einer Streuung von etwa ±1 % in den Daten. Für E_{trans} dagegen, nehmen die Werte, mindestens für längere Risse ab ca. 60 mm, deutlich ab. Dies entspricht etwa der Position der Sensoren 3 und 4 (Abb. 2) und da wirkt sich die zunehmende Delamination offenbar deutlicher auf die Signallaufzeiten aus, was in der Longitudinalrichtung ($E_{längs}$) nicht der Fall ist.

Die mittels Autokalibration aufgezeichneten emittierten und aufgezeichneten Wellenformen der einzelnen Sensorkombinationen lassen sich mit dem Signalklassifikationsprogramm unterscheiden und drei unterschiedliche Klassen zuweisen. Abb. 4 zeigt die Ergebnisse der Klassierung mit dem entsprechenden Distanzverhältnis ("Distance-ratio"), d.h. jenem Wert, der vom Klassierungsprogramm als Mass für die Korrektheit der Zuordnung berechnet wird für sämtliche Signale im Vergleich vor und nach den bruchmechanischen Versuchen. Wie oben erwähnt, kann die Zuordnung der Schallemissionssignale mittels Klassifikator zu den Clustern unabhängig überprüft werden. Diese Analyse zeigt, dass vor dem Versuch etwa 85% der Signale korrekt dem Cluster 2 und nach dem Versuch dem Cluster 3 zugewiesen werden. Die emittierten Signale werden mit 100% dem korrekten Cluster 1 zugewiesen. Die Distanzverhältnisse der Signale (Abb. 4) sind relativ niedrig, was auch mit der mehrheitlich korrekten Zuordnung durch den Klassifikator korreliert.

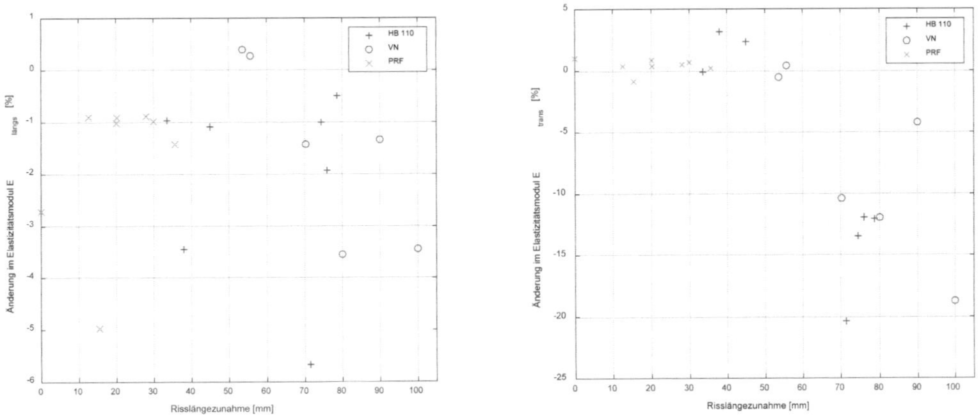

Abb. 3: Darstellung der Korrelation zwischen Werten von (links) $E_{längs}$ und (rechts) E_{trans} in Funktion der Risslängenzunahme.

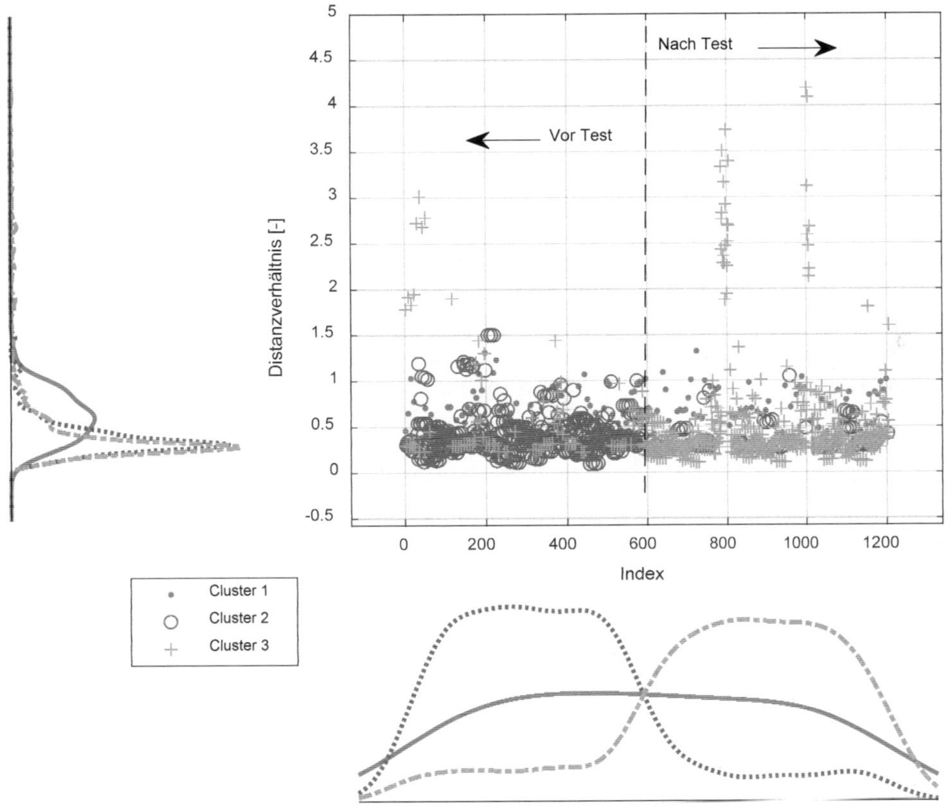

Abb. 4: Darstellung der Clusteranalyse aus der Signalklassierung der Schallemissionswellenformen

Auch wenn die gemessenen Elastizitätsmodule nach den bruchmechanischen Versuchen wie erwartet abgenommen haben, ist keine klare Korrelation mit der Risslängenzunahme erkennbar (Abb. 3). Neben der auch visuell beobachteten Delamination in bzw. in der Nähe der Klebfuge kann zusätzliche, mikroskopische Schädigungsentwicklung ausserhalb des

makroskopischen Risses nicht ausgeschlossen werden. Auch kleine Risse im Holz, in der sogenannten bruchmechanischen Prozesszone können sich auf die Elastizitätsmodule auswirken, sofern sie in genügender Anzahl, Dichte und eventuell Orientierung entstehen. Eine in ihrer Grösse etwa vergleichbare Prozesszone in quasistatischen und zyklischen Versuchen für jeden Klebertyp würde erklären, weshalb dort keine signifikanten Unterschiede in $E_{längs}$ beobachtet wurden.
Aus der Signalklassierung der Autokalibrationssignale kann geschlossen werden, dass die Schädigung (Risslängenzunahme) einen Einfluss auf die Schallemissionssignale bzw. deren Leistungsspektren (in Funktion der Frequenz) hat. Die dem zu Grunde liegenden, unterschiedlichen Mechanismen können aber mit der Klassierung selbst nicht identifiziert werden. Dafür sind weiterführende Untersuchungen notwendig.

Zusammenfassung und Ausblick

Die Ergebnisse dieser Untersuchung haben Folgendes gezeigt: (1) Durch Autokalibration mit einem Schallemissionsmessgerät angeregte, geführte Wellen im niederfrequenten Ultraschallbereich erlauben eine einfache und schnelle Abschätzung der dynamischen Elastizitätsmodule in den drei Orientierungen verklebter Holzprüfkörper, die Werte korrelieren mit jenen aus quasistatischer Biegebelastung. (2) Die Modulmessung mittels Autokalibration zeigt Schädigung wie z.B. Rissbildung in oder nahe der Verklebung im Prüfkörper an, es ergeben sich in diesem Fall physikalisch unrealistische Werte. (3) Trotz Hinweisen auf Schädigung bzw. Schädigungsentwicklung im Prüfkörper ist damit aber noch keine direkte Quantifizierung des Schädigungsgrads möglich. Auch die Identifikation der entsprechenden, mikroskopischen Schädigungsmechanismen benötigt zusätzliche Informationen. Dies erfordert vertiefte Untersuchungen.

Dank

Die Herstellung der Belastungsvorrichtung, der Prüfaufbau sowie die Versuchsdurchführung und die Datenaufzeichnung durch Hr. Daniel Völki wird herzlich verdankt, ebenso wie Hinweise zur Optimierung der Vier-Punkt-Belastungsvorrichtung durch Frau Dr. Magdalena Pérez-Galmés (Universitat Girona).

Referenzen

Bachtiar, Erik V.; Sanabria, Sergio J.; Mittig, Johannes P.; Niemz, Peter (2017): Moisture-dependent elastic characteristics of walnut and cherry wood by means of mechanical and ultrasonic test incorporating three different ultrasound data evaluation techniques. In *Wood Sci Technol* 51 (1), pp. 47–67.

Barbezat, M.; Brunner, A. J.; Huber, C.; Flüeler, P. (2007): Integrated Active Fiber Composite Elements: Characterization for Acoustic Emission and Acousto-ultrasonics. In *Journal of Intelligent Material Systems and Structures* 18 (5), pp. 515–525.

Brunner, A. J.; Terrasi, G. P.; Vallée, T.; Keller, T. (2008): Acoustic emission analysis and acousto-ultrasonics for damage detection in GFRP adhesive joint. In *Proceedings 8th European Conference on Acoustic Emission, European Working Group on Acoustic Emission (EWGAE).*

Brunner, A.J; Tannert, T.; Vallée, T. (2010): Waveform Analysis of Acoustic Emission Monitoring of Tensile Tests On Welded Wood-Joints. In *Journal of Acoustic Emission* 28, pp. 59–67.

Brunner, A.J.; Clerc, G.; Niemz, P. (2018): Acoustic Emission Monitoring of Adhesively Bonded Wood Joints Under Quasistatic And Cyclic Fatigue Mode II Flexure Loads Using End-Notch-Flexure Specimens Proceedings 33rd Acoustic Emission Conference (EWGAE), pp. 116–125.

Chauhan, Shakti; Sethy, Anil (2016): Differences in dynamic modulus of elasticity determined by three vibration methods and their relationship with static modulus of elasticity. In *Maderas, Cienc. tecnol.* (2), pp. 373–382.

Niemz, Peter; Sonderegger, Walter (2017): Physik des Holzes und der Holzwerkstoffe: Carl Hanser Verlag.

Westermayr, M.; Hunger, F.; van de Kuilen, Jan-Willem G. (2017): Strength and stiffness perpendicular to the grain of ash (Fraxinus e.) and beech (Fagus s.) in comparison to spruce (Picea a.). In *International Scientific Conference on Hardwood Processing (ISCHP2017)*, pp. 52–59.

Lebensdauerversuche an Faserverbund-Druckbehältern überwacht mittels Schallemissionsprüfung und optischen Fasern

Eric DUFFNER [1], Georg W. MAIR [1], Dorit MUNZKE [1], René EISERMANN [1,2], Mariusz SZCZEPANIAK [1], Marcus SCHUKAR [1]
[1] Bundesanstalt für Materialforschung und -prüfung (BAM), 12205 Berlin
[2] Technische Universität Berlin, Electrical Engineering and Computer Science, High Voltage Engineering, 10587 Berlin
Kontakt E-Mail: eric.duffner@bam.de

Kurzfassung. Die meisten Faserverbundbehälter, die in Europa für den Transport gefährlicher Stoffe oder als Speicherbehälter für Wasserstoff oder Erdgas in Fahrzeugen Verwendung finden, werden für eine nicht begrenzte Lebensdauer ausgelegt. In regelmäßigen Abständen sind für diese Druckbehälter wiederkehrende Prüfungen vorgeschrieben, die in der Regel aus visuellen Inspektionen und hydraulischen Innendruckprüfungen bestehen [1]. Die wiederkehrenden Prüfungen sind jedoch weder geeignet, die sichere Betriebsdauer festzulegen noch den Alterungszustand der Druckbehälter zu beurteilen. Aufgrund des weiter steigenden Drucks zur Kosten- und Gewichtsreduktion von Faserverbundbehältern und der damit einhergehenden Ausnutzung der existierenden Sicherheitsmargen gewinnen Methoden zur Beurteilung des Alterungsverhaltens dieser Druckbehälter immer mehr an Bedeutung.

Vor diesem Hintergrund wurde in der BAM das Vorhaben „Alterungsverhalten von Composite-Druckgefäßen mit Carbonfaser-Compositen unter gekoppelten Beanspruchungen (COD-AGE)“ gestartet, um die Alterung von Faserverbundbehältern mittels verschiedener zerstörungsfreier Prüfverfahren zu untersuchen. Die hier vorgestellten Ergebnisse wurden an einem Typ 4 Hybridbehälter mit Kunststoffliner gewonnen, in den im Rahmen des Herstellungsprozesses optische Glasfasern in verschiedenen Schichten integriert wurden. Der Behälter wurde mittels hydraulischem Innendruck und erhöhter Umgebungstemperatur zyklisch bis zum Lebensende belastet. Zwischen den einzelnen Lastsequenzen erfolgte eine an die wiederkehrende Prüfung im Betrieb angelehnte hydraulische Druckbelastung.

Sowohl die hydraulische Alterung als auch die Druckrampen wurden mittels Schallemissionsprüfung (SEP) und verteilter faseroptischer Sensorik mit dem Ziel einer frühzeitigen Versagensvorhersage überwacht. Durch die Schallemissionsanalyse sollte untersucht werden, ob zum Lebensende hin ein signifikanter Anstieg der Schallemissionsaktivität und -intensität, unterteilt in verschiedene Lastbereiche, beobachtet werden kann. Zusätzlich zum kontinuierlichen Monitoring der Zyklierung sollten die Druckrampen separat untersucht werden, um hier Potenziale für die wiederkehrende Prüfung zu erkennen.

1. Einführung

Im Rahmen des BAM internen Vorhabens COD-AGE „Alterungsverhalten von Composite-Druckgefäßen mit Carbonfaser-Compositen unter gekoppelten Beanspruchungen“ wurden in Hybriddruckbehältern, bestehend aus Carbonfaser-Komposit- (CFK) und Glasfaser-Komposit- (GFK) Umwicklungen, im Herstellungsprozess faseroptische Sensoren in verschiedene Behälterlagen integriert. Während Lebensdauerversuchen sollte die Dehnungsverteilung und -änderung in Dicken-, Umfangs- und Längsrichtung des Behälters bestimmt werden, mit dem Ziel, Rückschlüsse über die Materialdegradation zu erhalten. Diese hydraulischen Alterungsversuche wurden zusätzlich durch Schallemissionsprüfung (SEP) überwacht. Die Zyklierung wurde in regelmäßigen Abständen durch Druckrampen unterbrochen, die an die wiederkehrende hydraulische Prüfung im Betrieb angelehnt sind [1]. Die Messungen der faseroptischen Sensorik erfolgten ausschließlich in den Druckstufen der hydraulischen Druckrampen, wohingegen mit der SEP zusätzlich auch kontinuierlich die hydraulische Innendruckprüfung überwacht wurde.

2. Versuchsaufbau

2.1. Prüfmuster

Bei dem untersuchten Prüfmuster handelt es sich um einen Typ 4 Druckbehälter mit Kunstoffliner, der in Fahrzeugen als Erdgasspeicher verwendet wird. Er besitzt einen Auslegungsdruck von 200 bar, einen Prüfdruck von 300 bar und hat ein Volumen von 46 Litern. Der Behälter weist Lagen sowohl aus Carbonfaser-Kompositen (CFK) als auch aus Glasfaser-Kompositen (GFK) auf. In das Prüfmuster wurden während des Wickelprozesses faseroptische Sensoren in verschiedene Umfangs- und Kreuzlagen integriert (Abb. 1). Die Längen der optischen Glasfasern in den Umfangslagen betrugen bis zu 42 m, in den Kreuzlagen wurden bis zu 8 m Sensorfaser integriert. Der Druckbehälter wurde projektintern mit der Nummer C02 bezeichnet.

Abb. 1. Integration der faseroptischen Sensoren in eine CFK-Umfangslage während des Wickelprozesses

2.2. Messsetup und -methoden

2.2.1. Schallemissionsprüfung

Für die Schallemissionsprüfung wurde ein Vallen AMSY-6 Schallemissionsmesssystem und Breitband-Schallemissionssensoren vom Typ AE1045S mit einem Frequenzband von 100 bis 1.500 kHz verwendet. Als Vorverstärker dienten externe AEP3-Vorverstärker mit einer Verstärkung von 34 dB. Als Nachweisschwelle für die Aufzeichnung wurden 40 dB_{AE} eingestellt. Es wurden jeweils fünf Schallemissionssensoren auf dem Behälter in einer Linie angebracht, die Fixierung erfolgte durch Silicon ohne weitere Hilfsmittel. Der Sensor S1 wurde im Dombereich des Druckanschlusses nahe dem Übergangsbereich zum zylindrischen Bereich angeordnet, die restlichen Sensoren ansteigend im zylindrischen Bereich (Abb. 2). Jeder Sensor ist an einen Kanal im Messgerät angeschlossen, die Kanäle sind mit CH bzw. CHAN bezeichnet, die Nummerierung ist identisch zu den Sensornummern.

Abb. 2. Typ 4 – CfK-/GfK-Hybridbehälter mit faseroptischer Sensorik und Schallemissionssensoren

2.2.2. Faseroptische Sensorik

Verteilte faseroptische Dehnungsmessungen wurden mit einem optischen Rückstreureflektometer durchgeführt. Das Prinzip des optischen Rückstreureflektometers (OBR; OBR 4600, LUNA Inc.) beruht auf der Bestimmung der ortsspezifischen Rayleigh-Rückstreuung entlang der Faser mittels eines durchstimmbaren Wellenlängen-Interferometers. Sowohl die Faserlänge als auch der Brechungsindex der optischen Glasfaser (lokale Variation der Rayleigh-Streuzentren) reagieren sensitiv auf sich ändernde äußere Parameter wie Temperatur und Dehnung. Daraus resultiert eine direkte Abhängigkeit der faserintrinsischen Rayleigh-Streuung von den genannten Parametern. Die ebenfalls temperatur- und dehnungsabhängige Frequenzverschiebung des detektierten im Vergleich zum eingekoppelten Signal gewährleistet so eine verteilte kontinuierliche Temperatur- und Dehnungsmessung. Das hier zum Einsatz kommende OBR-Gerät erlaubt eine Dehnungsauflösung von 1 µm/m [3] bei einer Ortsauflösung im sub-Zentimeterbereich über die gesamte Länge der Sensorfaser [4]. Die Detektion und Lokalisation von Materialdegradation beruht auf der durch Schädigungen im Material verursachten Dehnungsänderung [5].
In Abb. 3 ist der Versuchsaufbau für Messungen mit faseroptischer Sensorik schematisch dargestellt. Die Standard-Glasfaser am Messgerät (OBR) ist über eine Kupplung mit der Eingangsfaser am Switch verbunden. Jede Ausgangsfaser am Switch ist über eine Kupplung mit einer Sensorfaser des Druckgasbehälters verbunden. Durch die Verwendung

eines Switches können alle Sensorfasern nacheinander vermessen werden. Das Messgerät wird über einen Laptop gesteuert. Automatisierte Messungen sind ebenfalls möglich, sofern ein Triggersignal der Prüfanlage, in dem sich das Prüfobjekt befindet, zur Verfügung steht und über dieses die Messsoftware gesteuert wird.

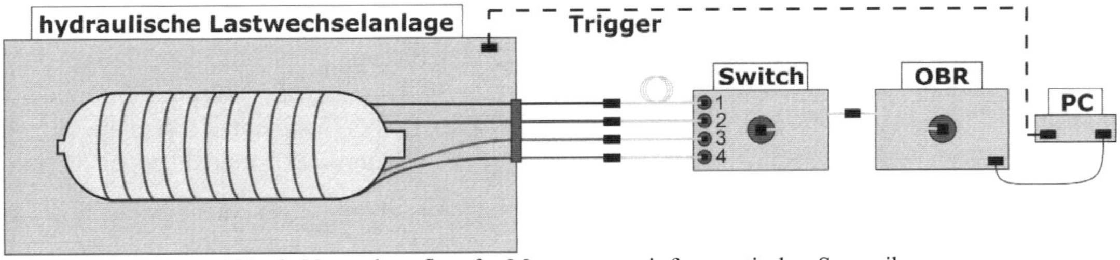

Abb. 3. Versuchsaufbau für Messungen mit faseroptischer Sensorik

2.3. Versuchsdurchführung

Der Behälter C02 wurde hydraulisch bis zum Lebensende zykliert. Die ersten 135.000 Lastwechsel wurden bei Raumtemperatur und in einem Druckbereich von 20 bis 260 bar durchgeführt. Die folgenden knapp 120.000 Lastwechsel erfolgten bis zu einem Druck von 300 bar, wobei die letzten ca. 23.000 Lastwechsel davon zusätzlich bei einer Umgebungstemperatur von 65 °C stattfanden, um das Behälterversagen zu beschleunigen. Bis zum Versagen wurde der Behälter somit mit insgesamt 252.730 Lastwechseln belastet. Zu Beginn der Zyklierung bei 65 °C und danach jeweils alle 5.000 Zyklen wurde der Behälter einer Druckprüfung unterzogen. Der Innendruck wurde während der Druckrampen kontinuierlich bis auf 330 bar erhöht und anschließend gestuft bis auf 20 bar abgelassen (Abb. 4).

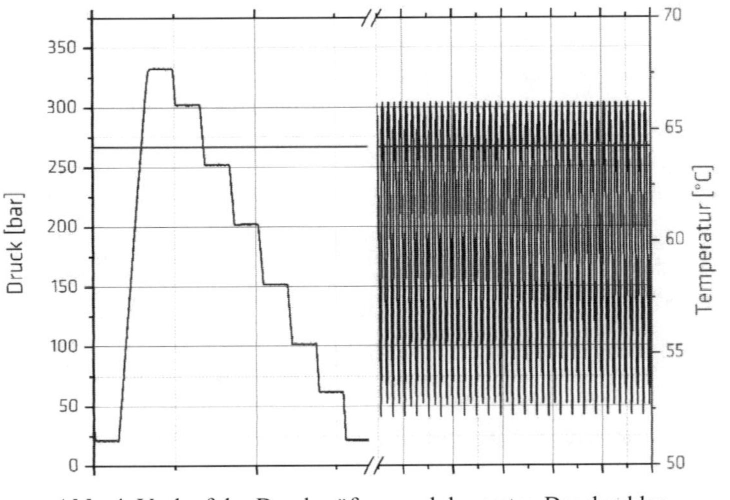

Abb. 4. Verlauf der Druckprüfung und der ersten Druckzyklen

3. Messergebnisse

3.1. Zustandsüberwachung der Lastwechselversuche bei 65°C mittels SEP

Wie zuvor beschrieben, wurde der Behälter einer Vorbelastung von 230.000 Lastwechseln ausgesetzt bevor die Materialalterung durch Anheben der Umgebungstemperatur auf 65°C beschleunigt und somit eine gezielte Überbeanspruchung des Behälters eingeleitet wurde. Die Zyklierung bei 65°C wurde in zwei Teilen durchgeführt. Der erste Teil umfasste dabei je vier Druckrampen sowie vier Zyklierphasen von je 5.000 LW (insgesamt 20.000 LW). Der zweite Teil beinhaltet eine Druckrampe und 2.730 Zyklen, bevor der Behälter versagte. Beide Teile wurden unmittelbar nacheinander durchgeführt. In Abb. 5 ist der Verlauf der Energiesummenkurven aller Sensoren während des ersten Teils dargestellt. Die Kurven umfassen sowohl die Druckrampen als auch die Zyklierphasen. Start und Ende jeder der vier Druckrampen ist dabei rot markiert. Es sind nur die Signale dargestellt, die aus den oberen 10 % des Druckbereichs (> 270 bar) kommen. Dieser Vorgehensweise liegt die Überlegung zugrunde, dass diese Signale primär einen Schadensfortschritt im Verbundwerkstoff charakterisieren.

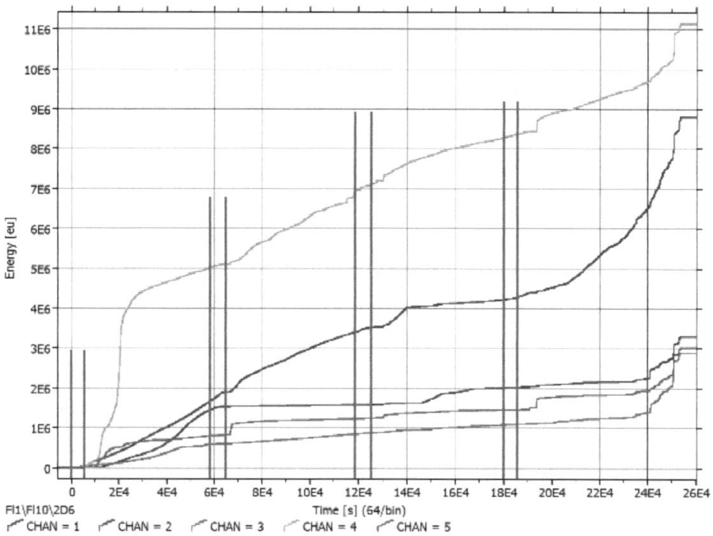

Abb. 5. Energiesummenkurven während des ersten 20.000 Zyklen bei 65 °C, mit Signalen aus einem Druckbereich über 270 bar

Ab dem Beginn der vierten Zyklierphase ist ein leicht progressiver Anstieg der Energiesummenkurve zu erkennen. Sehr viel deutlicher wird dieser progressive Anstieg jedoch im letzten Drittel der Zyklierung, nach etwa 18.000 Zyklen. Da die Schallemission (SE)-Aktivität über die gesamte Zyklierdauer relativ gleichmäßig bleibt, nimmt demnach die Intensität der SE-Ereignisse deutlich zu, was mit einer erhöhten Schädigung des Materials bspw. durch erste Faserbrüche zu erklären ist. Während diesen ersten 20.000 Zyklen weist der auf dem Behälter mittig platzierte Kanal 4 die höchsten SE-Energien auf. Die stärkste Energiezunahme, in dieser letzten Zyklierphase, zeigt jedoch Kanal 2, der im zylindrischen Bereich nahe dem Übergangsbereich zum Boden liegt.

In Abb. 6 sind die Energiesummenkurven für die letzte Zyklierphase bei 65°C vor dem finalen Behälterversagen dargestellt. Im Moment des Versagens des Druckbehälters kommt es zu einer sehr hohen Anzahl an Faserbrüchen und demzufolge zu sehr hohen aufgezeichneten SE-Energien. Dieser Bereich des unmittelbaren Behälterversagens wurde ebenso herausgefiltert wie der zuvor beschriebene Druckbereich unter 270 bar.

a)

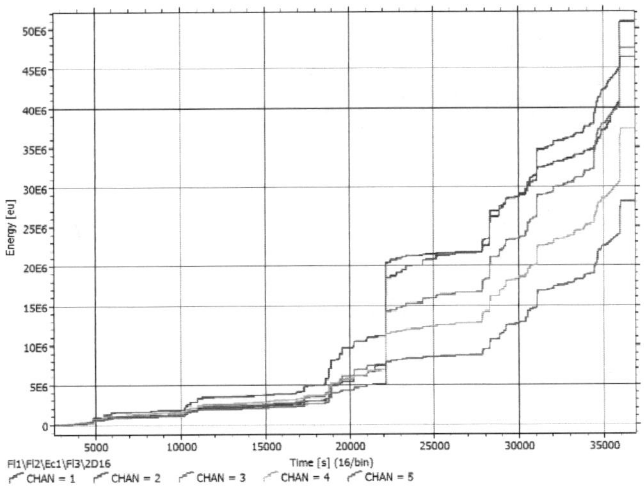

b)

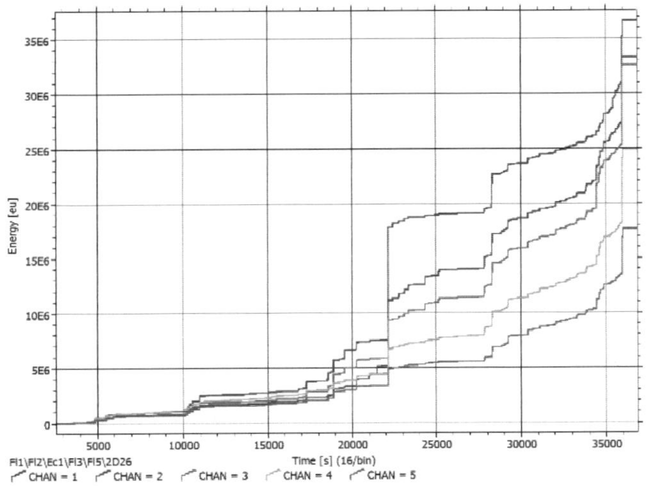

Abb. 6. Energiesummenkurven während der finalen Zyklierphase bei 65°C.
a) Signale aus Druckanstieg und -abfall, b) Signale nur aus dem Druckanstieg,
mit Druck- und Zeitfilterung (> 270 bar und ohne die letzten 90 s vor dem Versagen)

In der Abb. 6 a) sind die Energien aller Signale aus dem Druckanstieg und -abfall und in Abb. 6 b) nur die Energien aller Signale aus dem Druckanstieg aufsummiert.

Der Kurvenverlauf zwischen den Abbildungen a) und b) ist annähernd vergleichbar, d.h. die Signale aus dem Druckanstieg haben den größten Einfluss auf die Energiesummenkurve bzw. die Signalintensität. Nach 22.000 s ist ein deutlicher Anstieg der ab diesem Zeitpunkt bis zum Behälterversagen stark progressiv verlaufenden Energiesummenkurven zu erkennen.

Das Behälterversagen tritt bei etwa 36.000 s auf, demnach deutet sich das Versagen etwa 14.000 s (knapp 1.200 Zyklen) vorher an. Wie die Abbildungen 6 a) und b) zeigen, treten die höchsten Energien an den Kanälen 1, 2 und 3 auf. Diese liegen auch in unmittelbarer Nähe der Versagensstelle an dem Behälter C02. Der Behälter versagte im Dombereich am Druckanschluss des Behälters, dabei wurde der komplette Anschlussadapter aus dem Behälter herausgerissen (Abb. 7).

Abb. 7. Behälter C02 mit Versagen im Bereich des Anschlussadapters

3.2. Ergebnisse der Druckprüfung bei 65°C

3.2.1. Faseroptische Sensorik

Im Folgenden werden die Ergebnisse der in einer GFK-Kreuzlage integrierten optischen Sensorfaser gezeigt, die Ortsauflösung beträgt 1 cm.

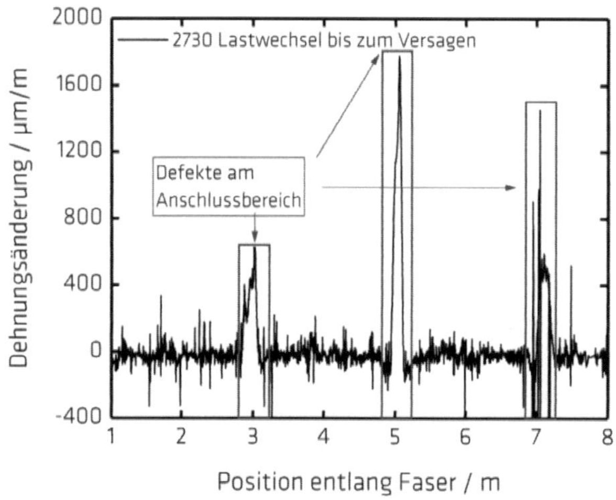

Abb. 8. Dehnungsänderung in Abhängigkeit der Faserlänge bei 2730 Lastwechsel bis zum Versagen des Behälters

Abb. 8 zeigt die Dehnungsänderung der optischen Sensorfaser in Abhängigkeit der Faserlänge bei 254.270 Lastwechseln, d.h. 2.730 Lastwechseln bis zum Versagen des Druckbehälters. Erkennbar sind Bereiche mit einer deutlichen Änderung der Dehnung bei 3 m, 5 m und 7 m. Diese Positionen korrelieren mit dem Bereich des späteren Materialversagens, das heißt dem Dombereich mit dem Anschlussadapter. Die Dehnungsänderung im zylindrischen Bereich und dem Boden ist hingegen nahezu konstant. Diese ca. 2 m entsprechen der Streckenlänge eines kompletten Umlaufs der in Kreuzlage verlegten optischen Faser über den ca. 0,8 m langen zylindrischen Teil des Behälters sowie über die beiden Dombereiche bei einem Behälterdurchmesser von 0,3 m. Aus Abb. 8 geht das Potential der faseroptischen Sensorik zur Zustandsüberwachung von Composite-Druckbehältern hervor. Als minimal invasives, zerstörungsfreies Prüfverfahren gestattet sie die Schadenslokalisation und das Schadensmonitoring über den gesamten Messzyklus.

3.2.2. Schallemissionsprüfung

Der Verlauf der Energiesummenkurven, die während der Druckprüfung zwischen den Sequenzen von je 5.000 Lastwechseln aufgezeichnet wurden, ist in Abb. 9 dargestellt. Wie bei den Zyklierversuchen betrug die Temperatur während der Druckprüfungen 65 °C. Die Druckprüfung ist angelehnt an die wiederkehrende Prüfung der Druckbehälter im Betrieb, lediglich das maximale Druckniveau lag mit 330 bar um 10% über dem maximalen Druckniveau während der Druckzyklierung. Zusätzlich wurden weitere Stufen mit konstantem Druck für die faseroptische Sensorik integriert. In Abb. 9 sind die Summenkurven der aufgezeichneten SE-Energien, exemplarisch für den Kanal 1 über dem Druck für alle fünf Druckprüfungen bei 65 °C übereinander, aufgetragen. Damit lässt sich die Entwicklung der SE-Intensität in den aufeinander folgenden Druckkurven gut ablesen.

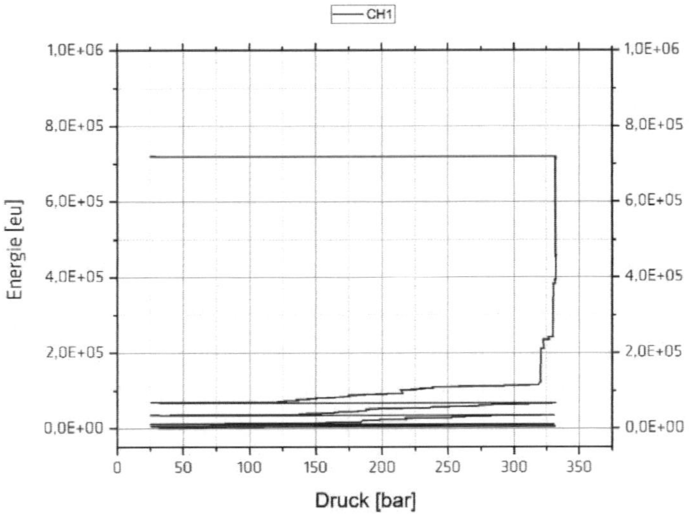

Abb. 9. Energiesummenkurven des Kanal 1.

Wie Abb. 9 zeigt, weist die fünfte und letzte Druckprüfung vor dem Behälterversagen eine drastisch höhere Schallemissionsintensität als die vorhergehenden Druckprüfungen auf. Dieser extreme Anstieg ist an allen fünf Kanälen festzustellen, besonders deutlich tritt er jedoch an den Kanälen 1, 2 und 5 auf, die im bzw. nahe der Behälterböden liegen. Während der finalen Druckprüfung treten nahezu 80 % der Gesamtenergie in der Druckhaltephase bei 330 bar auf, was als äußerst kritisch zu bewerten ist und auf ein bevorstehendes Behälterversagen hinweist. In zahlreichen Untersuchungen wurde der Felicity-Effekt und dessen Bedeutung zur Beurteilung des Schädigungszustandes von Composite-Werkstoffen und Druckbehältern untersucht [7,8]. Der Felicity-Effekt bzw. das Felicity-Verhältnis beschreibt das Verhältnis zwischen der aufgebrachten Belastung, bei der Schallemission erneut auftritt und der vorangegangenen maximalen Belastung [3]. Die übliche Vorgehensweise sieht darin eine stufenweise Erhöhung der Last mit einer Lastabsenkung nach jedem Lastplateau vor. Aufgrund der gewünschten Vergleichbarkeit zur wiederkehrenden Prüfung von Composite-Druckbehältern wurde darauf verzichtet. Das Felicity-Verhältnis wurde nachfolgend für jede Druckprüfung, auf Grundlage der aufgezeichneten SE-Intensität, ausgewertet und ins Verhältnis zum maximalen Druck bei vorangegangener Zyklierung von 302 bar gesetzt (Abb. 10).

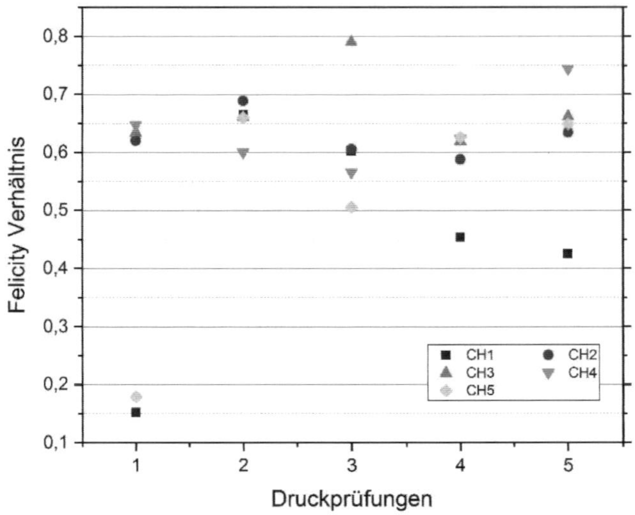

Abb. 10. Felicity-Verhältnis je Kanal und Druckprüfung

Die erste Druckprüfung wurde unmittelbar nach der Temperierung auf 65°C über 48 h, aber ohne vorherige Druckzyklierung, durchgeführt. An den in den Dombereichen angeordneten Sensoren 1 und 5 setzte sehr frühe signifikante Schallemissionsintensität ein, was zu einem sehr niedrigen Felicity-Verhältnis führt. Während der ersten Druckprüfung ist jedoch die SE-Intensität verglichen mit den folgenden Druckprüfungen sehr gering. Mögliche Ursachen, für das frühe Einsetzen von SE-Aktivität in den Dombereichen könnten erhöhte Spannungen infolge der größeren Dehnung in diesem Behälterbereich sein. Auch die verschiedenen Materialien (Aluminiumadapter, GfK- und CfK-Umwicklung) und die daraus resultierenden unterschiedlichen thermischen Dehnungen könnten bei der Temperierung Spannungen im Material hervorgerufen haben, die zu SE-Signalen bei der ersten Druckprüfung nach der Temperierung geführt haben. Während der folgenden Druckprüfungen schwankt das Felicity-Verhältnis an den Kanälen 2 bis 5 und zeigt keine Hinweise auf ein anstehendes kritisches Behälterversagen. Am Kanal 1 nimmt das Felicity-Verhältnis mit der zweiten Druckprüfung kontinuierlich bis zur fünften und letzten Druckprüfung ab. Dabei kann schon der Wert von 0,45 in der vierten Druckprüfung als kritisch angesehen werden. Zusammen mit der zuvor beschriebenen drastischen Zunahme der SE-Energien, insbesondere in den Druckhaltephasen, kündigt sich das bevorstehende Behälterversagen deutlich an.

Die vorliegenden Ergebnisse zeigen, dass die Schallemission im Rahmen der wiederkehrenden Druckprüfung das Potential bietet, ein anstehendes Behälterversagen zu erkennen. Die Ermittlung von geeigneten Abbruchkriterien bedarf jedoch weitergehender systematischer Untersuchungen.

4. Zusammenfassung und Schlussfolgerung

Bei dem durch Temperatur- und Druckerhöhung im finalen Schritt erhöht beanspruchten Behälters kam es nach insgesamt 252.730 Lastwechseln zum Versagen. Die letzten 23.730 Lastwechsel wurden bei 65 °C Umgebungstemperatur durchgeführt. Schon 2.730 Lastwechsel vor dem Versagen des Druckbehälters, konnte bei der letzten Druckprüfung das bevorstehende Behälterversagen detektiert werden. Durch die integrierte faseroptische Sensorik in den Kreuzlagen wird eine deutlich erhöhte Dehnungsänderung im Bereich des Druckanschlusses registriert. Auch die Schallemissionsprüfung registriert zu diesem Zeitpunkt einen kritischen Anstieg an SE-Signalen im Behälter und dabei insbesondere in der Zone am Druckanschluss an Kanal 1. Auch über die Auswertung des Felicity-Verhältnisses kann zu diesem Zeitpunkt eine kritische Zunahme der Schädigung im Bereich des Behälterdoms festgestellt werden.

Beim kontinuierlichen Überwachen der zyklischen Belastung deutet sich eine stark zunehmende Schädigung im Behälter etwa 1.200 Zyklen vor dem finalen Behälterversagen an. Je nach gewählten Abbruchkriterien ließe sich bei der Zustandsüberwachung ein bevorstehendes Behälterversagen mittels SEP ab diesem Zeitpunkt vorhersagen. Wie die hier vorgestellten Ergebnisse zeigen, ist eine Schadensfrüherkennung in Faserverbund Druckbehältern mittels SEA möglich.

Referenzen

[1] EN ISO 11623:2015 - Gasflaschen - Verbundbauweise (Composite-Bauweise) - Wiederkehrende Inspektion und Prüfung

[2] R. Eisermann, M. Schukar, L. Nagel, S. Hickmann, D. Munzke und V. Trappe, „Characterising the material degradation of inner pressure-loaded GFRP-tube specimens using distributed strain sensing", Proceedings of the Sensors and Measuring Systems; 19th ITG/GMA-Symposium; VDE Verlag GmbH: Nürnberg, 2018; S. 239–242.

[3] D. Samiec., „Distributed fibre-optic temperature and strain measurement with extremely high resolution", Photonik international, S. 10-13, 2012.

[4] A. Güemes, A. Fernández-López und B. Scholler, „Optical fiber distributed sensing – physical principles and applications", Structural Health Monitoring, Bd. 9, Nr. 3, S. 233-245, 2010

[5] A. Güemes, A. Fernández-López, P. F. Díaz-Maroto, A. Lozano und J. Sierra-Perez, „Structural Health Monitoring in Composite Structures by Fiber-Optic Sensors", Sensors, Bd. 18, S. 1094 ff., 2018.

[6] DIN EN 1330-9:2017 - Zerstörungsfreie Prüfung - Terminologie - Teil 9: Begriffe der Schallemissionsprüfung

[7] Hamstad, M.A. - A discussion of the basic understanding of the felicity effect in fiber composites, *J Acoustic Emission*, **5**, S. 95 -102, 1986

[8] Weathers, D., Nichols, C., Waller, J., Saulsberry, R., - Automated Determination of Felicity Ratio for Composite Overwrapped Pressure Vessels *NASA USRP – Internship Final Report*, 2010

[9] Nichols, C., Waller, J., Saulsberry, R., - Acoustic Emission Lifetime Estimation for Carbon Fiber/Epoxy Composite Overwrapped Pressure Vessels, *NASA USRP – Internship Final Report*, 2010

Ortungssysteme mit wesentlich weniger oder ganz ohne Sensorkabel

Horst KÜHNICKE [1]
[1] Kühnicke Embedded Real Time (KERT), Dresden

Kontakt E-Mail: kert@u-boehm.de

Kurzfassung 2017 haben wir auf dem 21. Kolloquium Schallemission in Fulda AE-Sensoren mit integriertem Schallemissionssystem vorgestellt. Hauptziele dieser Entwicklung waren das Miniaturisieren der Systeme, die Einbindung in bekannte Netzarchitekturen (WLAN, Power over Ethernet) und die Bedienung durch eine breite Palette von Computern (Desktop, Notebook, Smartphone). Mehr als Nebeneffekt gedacht, spart die WLAN-Variante auch die Sensorkabel ein.

In Gesprächen mit Anwendern wurde oft der Wunsch geäußert, die Kabel von Ortungssystemen einzusparen. Solche Systeme benötigen bei der Prüfung von großen Objekten oft Sensorkabel mit einer Gesamtlänge von einigen Kilometern. Das Verlegen der Kabel nimmt einen erheblichen Zeitaufwand bei der Installation des Ortungssystems in Anspruch. Volumen und Gewicht der Kabel sind größer als die des Messsystems.

Die bisherigen Systeme beherrschen jedoch keine Ortung. Die Schwierigkeiten resultieren in erster Linie aus der notwendig hohen Genauigkeit der Zeitdifferenzmessung zwischen den Kanälen. Für eine große Zahl von Kanälen sind die Datenmengen ein weiteres Problem. Diese können bei der drahtlosen Variante von den Sensoren nicht parallel gesendet werden, sondern müssen versetzt nacheinander übertragen werden.

Die hier vorgestellten Weiterentwicklungen haben das Ziel, die Kabellängen für Ortungssysteme erheblich zu reduzieren oder ganz einzusparen. Die Ergebnisse werden am Beispiel einer Tankbodenmessung präsentiert. Bei einem Tankdurchmesser von 25 m wird mit der neuen Ethernet-Variante die Gesamtkabellänge bei einem 32-Kanalsystem von 2240 m auf 200 m reduziert. Die WLAN-Variante erreicht eine Reduktion von 2240 m auf 80 m. Allgemein werden bei der Ethernet-Variante nur noch Kabel mit einer Länge des maximal auftretenden Sensorabstands verwendet. Die WLAN-Variante benötigt lediglich Kabel zwischen sehr wenigen Mid Devices. In vielen Anwendungsfällen können auch diese Kabel durch ein drahtloses 5-GHz-Netz ersetzt werden. Die Ethernet-Variante ist leistungsfähiger und arbeitet insbesondere auch in der Umgebung von vielen großen Metallteilen stabil.

Die Leistungsfähigkeit der vorgestellten Ortungssysteme entspricht bis auf die zwei folgenden Ausnahmen der von modernen Systemen mit zentraler Signalverarbeitung:

1. Das Vorzeichen des Ersteinsatzes (Momententensoranalyse) steht nicht zur Verfügung.
2. Frequenzinformationen (Modalanalyse) gehen verloren.

Ursache ist das eingesetzte Datenreduktionsverfahren logarithmische Einhüllende.

Möglichkeiten zur autarken Energieversorgung mit Solarmodulen werden vorgestellt.

1. Einführung

Die Quellorte der Schallemissionssignale sind ein wichtiges Kriterium für die Bewertung der Integrität des Prüfobjekts. Bei den bisher eingesetzten Ortungssystemen sind die Sensoren über analoge Kabel mit einer Zentraleinheit verbunden. Wegen der zentralen Signalverarbeitung sind für den überwiegenden Teil der Sensoren lange Sensorkabel notwendig. An großen Objekten ergeben sich Gesamtkabellängen von mehreren Kilometern.

Für stationäre Daueranwendungen spielt das einmalige Verlegen der Kabel eine untergeordnete Rolle. Viele Schallemissionsanwendungen werden jedoch von mobilen Messteams durchgeführt, welche die Sensorkabel bei jeder Messung neu verlegen und wieder abbauen müssen. Das ist ein ins Gewicht fallender Zeit- und Kostenfaktor. Außerdem beanspruchen die Kabel im Messfahrzeug viel Platz.

Die 2017 vorgestellten Sensoren mit integrierten AE-Systemen [1,2] wurden weiterentwickelt. Dabei wurde auch eine relative Zeitsynchronisation im Submikrosekundenbereich hinzugefügt, die für eine Ortung nötig ist. Dadurch ergeben sich zwei Lösungsvarianten:

1. Die WiFi-Sensoren realisieren einen drahtlosen Datentransfer mit dem Mid Device. Eine Lithiumzelle in jedem Sensor erlaubt Messzeiten zwischen 8 und 24 Stunden.
2. Mit den PoE-Sensoren lassen sich Netztopologien aufbauen, die nur noch Kabellängen benötigen, die den Sensorabständen entsprechen. Das heißt, die Kabel führen nicht zu der zentralen Signalverarbeitungseinheit, sondern lediglich zu einem benachbarten Sensor. Da über dieses Kabel neben dem Datenaustausch auch die Stromversorgung erfolgt, ist die Messzeit nicht begrenzt.

2. Sensoren und Messprinzip

Abbildung 1 veranschaulicht das Messprinzip. Die einfachere linke Anordnung ermöglicht keine Ortung. Die Sensoren erzeugen direkt eine dynamische Web-Seite. Ein Webbrowser auf einem beliebigen Remotegerät (Smartphone, Notebook usw.) übernimmt Einstellungen und Ergebnisanzeige.

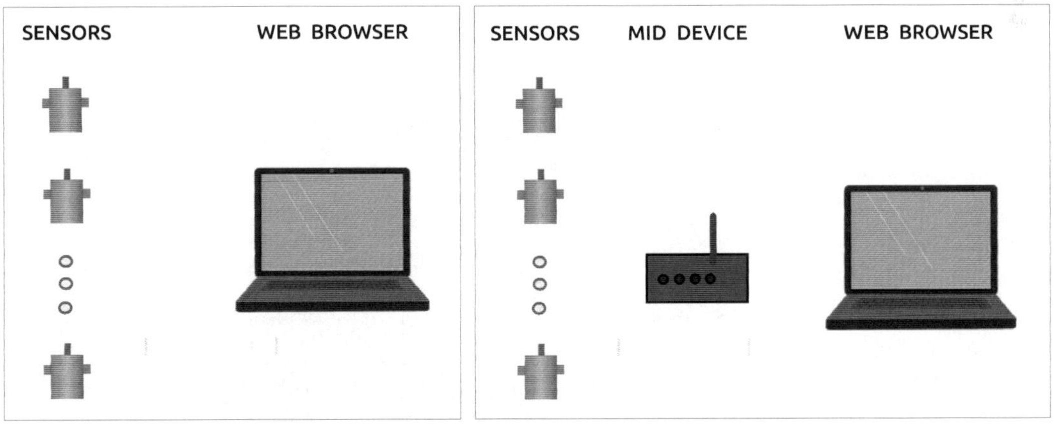

Abbildung 1 Messprinzip, links ohne Ortung, rechts mit Ortung

Für die Ortung wird zusätzlich zwischen den Sensoren und dem Browser ein sogenanntes Mid Device platziert, das jetzt die dynamischen Webseiten für den Browser generiert. Es entlastet sowohl die Sensorfirmware als auch den Browser und erlaubt einen optimierten proprietären Datentransfer zwischen Sensoren und Mid Device. Genau wie bei den Sensoren ohne Ortung erfolgt die Kommunikation zwischen den Sensoren und dem Mid Device entweder drahtlos im 2,4.MHz-Band (Typ WiFi) oder über Ethernetkabel (Typ

PoE). Abbildung 2 zeigt Sensoren für die Ortung. Die Wifi-Typen unterscheiden sich äußerlich nicht von den Sensoren ohne Ortung. Sie haben lediglich eine andere Firmware. Bei den PoE-Typen existiert ein zweiter Steckverbinder für die Bildung von Sensorketten. Die IX-Stecker sorgen für kleine Sensorabmessungen. Sie sind bereits wesentlich robuster als die Standard-RJ45-Stecker. Für besonders hohe mechanische Anforderungen und große Stromstärken wird der größere XLR-Stecker aus der mobilen Bühnentechnik eingesetzt.

Abbildung 2 Sensoren mit Option Ortung, links PoE mit IX-Stecker, Mitte PoE mit XLR-Stecker, rechts WiFi

Für die Synchronisation der Sensoren wurde ein spezielles Verfahren entwickelt, das dafür sorgt, dass Zeitdifferenzen von benachbarten Sensoren im Submikrosekundenbereich gemessen werden können. Um eine hohe Hitrate zu erreichen, sind Datenreduktionen notwendig. Eingesetzt wird das Verfahren der logarithmischen Einhüllenden. Dies bedeutet, dass die Vorzeichen der Ersteinsätze und die Freqenzinformationen verloren gehen. Methoden wie Momententensor- oder Modalanylyse können deshalb nicht angewendet werden. Tabelle 1 enthält die wichtigsten Systemparameter. Die Anzahl der maximalen Hitrate bezieht sich auf das Gesamtsystem und hängt nicht von der Anzahl der eingesetzten Sensoren ab. In [4] findet man weitere Einzelheiten zu den Sensoren.

	Typ PoE	Typ WiFi
Takt der lokalen Uhren	0.08 µs	0.25 µs
Synchronisationsintervall	100 ms	100 ms
Maximaler Gangunterschied	0.23 µs	0.85 µs
Hits/s bei 40 Parametern/Hit	$3\ 10^5$	$1\ 10^3$ bis $2\ 10^4$

Tabelle 1 Wichtige Leistungsmerkmale der Sensoren für Ortung

Abbildung 3 zeigt das zusätzlich notwendige Mid Device. Die dargestellte Variante besitzt zwei XLR-Stecker für die Sensorkette, einen Standard-Ethernet-Anschluss als Verbindung zum Netz und eine Stromversorgung von 54 V. Andere Varianten sind mit Antennen für das 2,4-MHz- und 5-MHz-Band ausgestattet oder besitzen Anschlüsse für ein Solarmodul zur autarken Energieversorgung. Die Stromaufnahme beträgt 11 W und die Abmessungen sind 164x160x52 mm³.

Abbildung 3 Mid Device

3. Anwendungsbeispiel Lagertank

Die Tankbodenprüfung ist ein typisches Beispiel für den Einsatz von mobilen Schallemissionssystemen. Ziel ist die Ortung von Schwachstellen im Tankboden, die sonst nur nach Leerung und Reinigung des Tanks detektiert werden können. Dabei werden im unteren Teil des Tankmantels Sensoren in zwei Reihen übereinander angebracht, um Ereignisse aus dem Bodenbereich herauszufiltern und zu orten. Setzt man herkömmliche Ortungssysteme mit zentraler Signalverarbeitungseinheit ein, müssen die Sensorkabel um den Lagertank herumreichen. Unter der Voraussetzung, dass für jeden Sensor gleichlange Kabel verwendet werden, beträgt bei 16 Sensoren die Gesamtkabellänge mindestens 1120 m und bei 32 Sensoren entsprechend 2240 m.

Abbildung 4 zeigt die Verkabelung des PoE-Sensornetzes [5]. Unabhängig von der Anzahl der Sensoren ergibt sich eine Gesamtkabellänge von nur 200 m, weil nur Kabel mit dem maximalen Sensorabstand verwendet werden müssen. Für 32 Sensoren ist das weniger als ein Zehntel der herkömmlichen Kabellänge. Außerdem lassen sich 5 m lange Kabel wesentlich einfacher handhaben als die 70 m langen für die zentrale Signalverarbeitung.

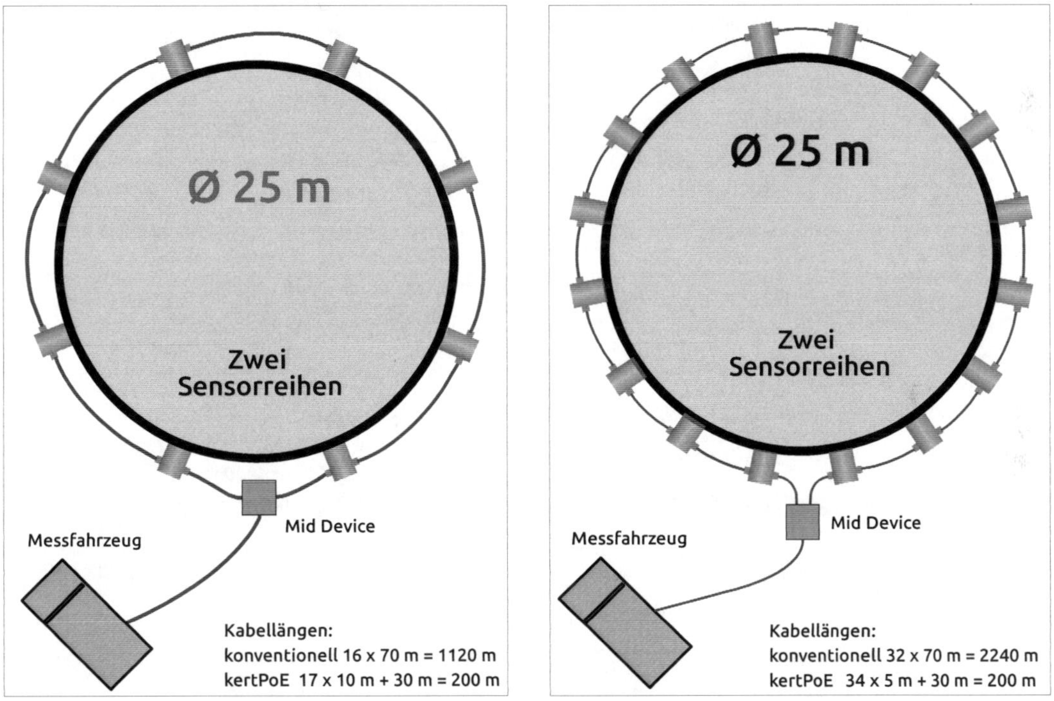

Abbildung 4 PoE-Sensornetz, links 16 Sensoren, rechts 32 Sensoren

Die in Abbildung 4 gezeigte ringartige Netztopologie ist nicht zwingend notwendig. Sie besitzt aber die Vorteile, dass bei Ausfall eines Sensors alle anderen funktionstüchtig bleiben, die maximale Zahl der nutzbaren Sensoren ein Maximum und die Kabellängen ein Minimum erreichen. Für die lineare Ortung z.B. an einer Rohrleitung werden eindimensionale Ketten eingesetzt.

Werden Sensoren vom Typ WiFi [6] verwendet, kann die Länge der Kabel weiter reduziert werden. In vielen Fällen werden überhaupt keine Kabel benötigt. Abbildung 5 zeigt die Anwendung der WiFi-Sensoren für den Lagertank mit 25 m Durchmesser. Weil aufgrund der Geometrie des Lagertanks nicht alle Sensoren Sichtkontakt zu einem Mid Device haben, müssen drei Mid Diveces jeweils um 120° versetzt angeordnet werden.

Die Kommunikation zwischen den Mid Devices und dem Browser im Messfahrzeug kann über Ethernetkabel oder drahtlos im 5-GHz-Band erfolgen. Eine Kommunikation im 2,4-MHz-Band ist nicht zu empfehlen, weil in diesem Band bereits die Sensoren arbeiten.

In der Umgebung von großen metallischen Objekten liegen die Abstände von 40 m zwischen den Mid Devices im 5-MHz-Band bereits an der Grenze des sicheren Betriebs. Es empfiehlt sich, in diesem speziellen Anwendungsfall für die Kommunikation zwischen den Mid Devices Ethernetkabel einzusetzen.

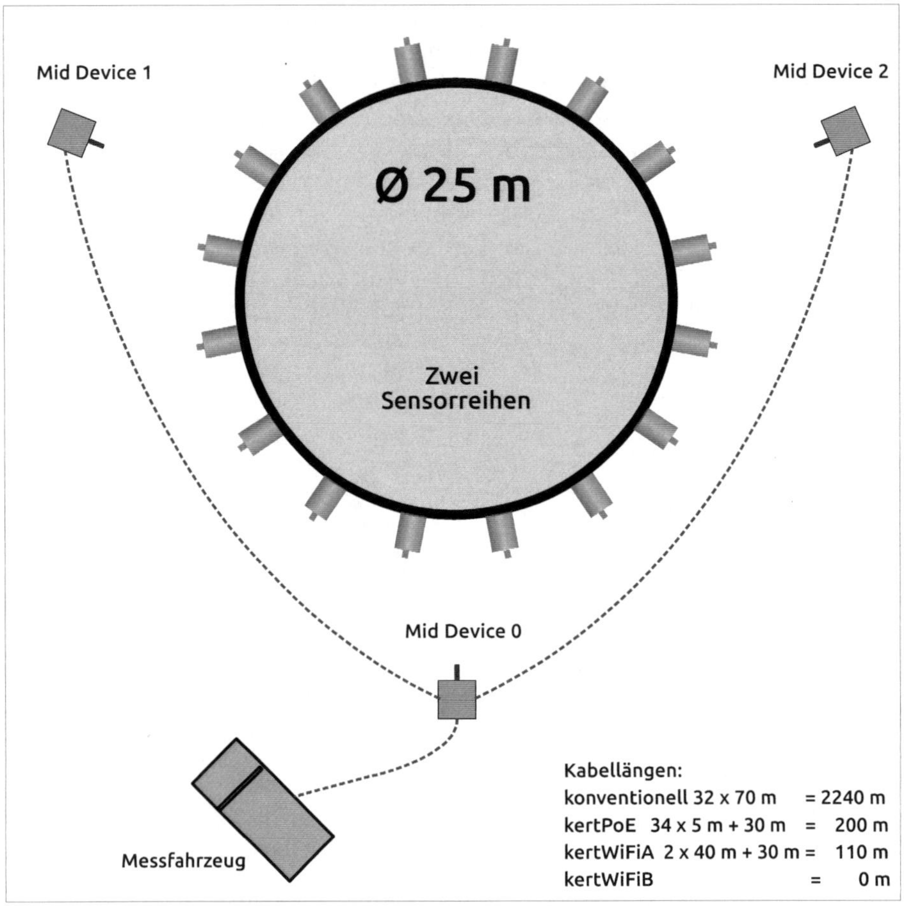

Abbildung 5 WiFi-Sensornetz für 32 Sensoren

4. Variantenauswahl und autarke Stromversorgung

In einer Zeit, wo viel über Internet der Dinge oder 5G gesprochen wird, erscheint eine drahtlose Lösung gegeüber der PoE-Variante zeitgemäßer. Eine solche Betrachtungsweise ist jedoch nicht zielführend. Als einfaches, leicht verständliches Beispiel aus dem Alltag wird die Vernetzung von Wohnräumen betrachtet. Planen Sie ein neues Einfamilienhaus, wird der Architekt empfehlen, ausreichend viele Datenleitungen zu verlegen. Ziehen Sie in eine Altbauwohnung mit wertvollen Stuckdecken und Fresken, ist WLAN die richtige Lösung.

Nicht anders ist es bei der Wahl der richtigen Variante PoE oder WiFi. Notwendig ist eine genaue Analyse der Messsituation. Einfach ist die Wahl bei bewegten Messobjekten. Hier sind die Vorteile einer drahtlosen Variante offensichtlich. Betrachtet man die oben beschriebene Tankbodenprüfung, muss abgewogen werden, ob das Stecken von 5 m langen Kabeln oder das Wechseln und Laden der Lithiumzellen aufwendiger erscheint. In die Überlegungen sollte auch stets einfließen, dass die PoE-Variante höhere Ereignisraten erlaubt und keine Störungen durch andere Systeme auftreten können. In unmittelbarer Nähe von freien WLAN-Hot-Spots oder in einer Umgebung mit sehr vielen großen Metallteilen kann es sein, dass die WiFi-Variante schlecht funktioniert.

Zum Schluss dieses Abschnitts sollen noch die Möglichkeiten einer autarken Stromversorgung betrachtet werden. Bei der WiFi-Variante ermöglichen die Lithiumzellen einen Betrieb von mindestens 8 Stunden. Bei niedrigen Ereignisraten sind Betriebszeiten bis 24 Stunden möglich. Längere Messzeiten erfordern den Wechsel der Lithiumzellen.

Die PoE-Variante kann ebenfalls autark mit Strom versorgt werden. Im Gegensatz zur WiFi-Variante erfolgt dies durch einen zentralen Lithium-Akkumulator. Für den 8-bis-24-Stunden-Betrieb mit 32 Sensoren, wie er für die WiFi-Variante Standard ist, reicht der in Abbildung 6 gezeigte Akkumulator mit den Abmessungen 195x130x155 mm^3 und der Masse von 5 kg. Das Wechseln des einen größeren Akkumulators ist gegenüber dem Austausch aller Sensorzellen bei den WiFi-Typen sogar weniger zeitaufwendig. Außerdem kann die Betriebszeit leicht durch größere Akkumulatoren verlängert werden.

Abbildung 6 PoE-Akkumulator für eine Betriebszeit von 8 bis 24 Stunden

Abbildung 7 PoE-Akkumulatorblock für Dauerbetrieb mit Solarmodul

Wenn man sich darauf beschränkt, dass das Messsystem nur bei Tageslicht aktiv ist, kann ein Solarmodul unmittelbar an ein geeignetes Mid Device angeschlossen werden. Auch bei bewölktem Himmel reicht ein 3 m^2 großes Modul für den Betrieb von 32 Sensoren aus. Das Modul kann z.B. auf dem Dach des Messfahrzeugs platziert werden.

Soll das PoE-System auch in den Nachtstunden betrieben werden, sind zusätzlich Speicherakkumulatoren notwendig. Der in Abbildung 7 gezeigte Speicherblock ist zusammen mit einem Solarmodul von 5 m^2 für einen 24-stündigen Betrieb von März bis Oktober in Mitteleuropa ausgelegt. Die Abmessung des Speicherblocks beträgt 600x490x450 mm^3, die Masse 134 kg.

Für die WiFi-Variante besteht die Möglichkeit der direkten Versorgung jedes Sensors mit einem Solarmodul, wenn das Messsystem nur bei Tageslicht aktiv ist. Für diffuses Licht bei bewölktem Himmel werden 0,15 m^2 große Module eingesetzt.

5. Zusammenfassung

Beide Varianten WiFi und PoE sorgen für eine erhebliche Reduzierung der notwendigen Kabel. Sie entsprechen mit den folgenden beiden Einschränkungen in ihren technischen Parametern modernen Schallemissionssystemen mit zentraler Signalverarbeitung.

- Das Vorzeichen des Ersteinsatzes (Momententensoranalyse) steht nicht zur Verfügung.
- Frequenzinformationen (Modalanalyse) werden nicht bereitgestellt.

Ursache ist das für beide Varianten eingesetzte Datenreduktionsverfahren logarithmische Einhüllende. Tabelle 2 fasst die Unterschiede zwischen den Varianten WiFi und PoE zusammen.

	WiFi	**PoE**
Gesamt-Hitrate	1,5 10^3 bis 2 10^4 Hits/s	3 10^5 Hits/s
Maximale Kabellänge	0 m	Sensorabstand
Maximale Sensorzahl	nur von Gesamt-Hitrate begrenzt	24, 48 oder 96
Autarke Energievers. 8-24 h	ja	mit Erweiterung möglich
Tageslichteinsatz	ja	mit Erweiterung möglich
Autarker Dauereinsatz	nein	mit Erweiterung möglich
Störsicherheit	für große Hitraten nur ausreichend	ausgezeichnet
Energieverbrauch / Sensor	< 1,64 W	< 0.88 W

Tabelle 2 Merkmale der Varianten WiFi und PoE

8. Referenzen

[1] H. Kühnicke (2017) "*AE-Sensor mit integriertem Schallemissionssystem*", Vortrag 19, 21. Kolloquium Schallemission Fulda, Vortrag 19

[2] H. Kühnicke (2018) "*ZfP 4.0 – Komplettes Schallemissionssystem im Sensorgehäuse*", DGZfP-Jahrestagung Leipzig, Poster 31

[3] A. J. Brunner, H. Kühnicke, M Oemus, L Schubert, H. Trattnig (2019) "*Drahtlose Übertragung von Schallemissionssignalen bei Strukturüberwachung: Anforderungen*", 22. Kolloquium Schallemission und 3. Anwenderseminar Zustandsüberwachung mit geführten Wellen Karlsruhe, Vortrag 14

[4] H. Kühnicke (2019) "*Neue Generation von Sensoren mit integriertem AE-System*", 22. Kolloquium Schallemission und 3. Anwenderseminar Zustandsüberwachung mit geführten Wellen Karlsruhe, Vortrag 13

[5] https://standards.ieee.org/standard/802_3-2018.html

[6] https://standards.ieee.org/standard/802_11n-2009.html

[7] *M. Roche „Time Synchronization in Wireless Networks“*, www.cse.wustl.edu/~jain/cse574-06/ftp/time_sync/index.html

Drahtlose Übertragung von Schallemissionssignalen bei Strukturüberwachung: Anforderungen

Andreas J. BRUNNER [1], Horst KÜHNICKE [2], Martin OEMUS [3], Lars SCHUBERT [3], Horst TRATTNIG [4]
[1] Empa, Dübendorf, Schweiz
[2] KERT, Kühnicke Embedded Real Time, Dresden
[3] Fraunhofer-Institut für Keramische Technologien und Systeme IKTS, Systeme für Zustandsüberwachung, Dresden
[4] Vallen Systeme GmbH, Icking
Kontakt E-Mail: andreas.brunner@empa.ch

Kurzfassung. Die permanente Überwachung von Strukturen mit Schallemission kann wichtige Hinweise auf Schädigungsentwicklung unter Betriebslasten liefern. Dies generiert aber bei Aufzeichnung der Schallemissions-Wellenformen mit einem für Ortung der Signalquellen geeigneten Sensornetzwerk große Datenmengen. Werden diese Daten mittels lokaler Sensorknoten erfasst und dann drahtlos auf einen Zentralrechner übertragen, stellen die Datenübertragungsraten kommerziell verfügbarer Systeme eine Einschränkung dar. Bei Langzeitüberwachung großer Strukturen mit drahtlosen Sensorsystemen muss auch die Energieversorgung der Sensorknoten entsprechend ausgelegt sein. Im Beitrag werden die Anforderungen an Systeme für drahtlose Signalübertragung für Strukturüberwachung basierend auf Schallemission bzw. Geführten Wellen zusammengefasst und diskutiert.

Vorbemerkung

Der Fachausschuss Schallemissionsprüfverfahren (FA-SEP) der Deutschen Gesellschaft für Zerstörungsfreie Prüfung (DGZfP) hat 2017 eine Arbeitsgruppe "Drahtlose Sensorsysteme" gegründet, um den Stand der Technik drahtloser Sensornetzwerke für Schallemission zu erfassen. Die Autoren dieses Beitrags sind Mitglieder dieser Arbeitsgruppe, der Beitrag gibt eine erste Übersicht über die generellen Anforderungen an drahtlose Sensornetzwerke für Schallemissionsüberwachung mit dem Fokus auf Datenübertragungsraten.

1. Einleitung

Der Bedarf an Entwicklung bzw. Einsatz geeigneter Methoden für die Überwachung von Infrastruktur generell sowie von Bauwerken im speziellen, ist unbestritten [1,2]. Es gibt in einzelnen Ländern oder Regionen bereits Vorschriften zu Strukturüberwachungssystemen für kritische Infrastruktur, z.B. in Europa [3], oder spezifisch für Bauwerke, z.B. in China [4]. Es wird erwartet, dass der Bedarf an Überwachung wegen zunehmender Alterung der bestehenden Infrastruktur und dem daher weiter zunehmenden Aufwand für Unterhalt in Zukunft noch ansteigen wird, wie in [5] am Beispiel von Brücken diskutiert wird. Periodische Inspektion oder permanente Überwachung sind aber nicht nur im Bauwesen gefragt [1], sondern auch bei der Energieproduktion, z.B. für Windkraftanlagen [6,7], in der Energieverteilung, z.B. für Rohrleitungen und Rohrleitungssysteme [8], in der Luft-und Raumfahrt [9] oder im Schienenverkehr [10]. Schallemissionsanalyse (SEA) ist eine zerstörungsfreie Prüfmethode die neben Anwendungen im Transportwesen oder auf Druckbehälter [11] auch für die Langzeit-Überwachung von Strukturen, wie z.B. Bauwerke, genutzt werden kann [12-14]. Aus diesen Prüfbeispielen ergeben sich bei drahtloser Signalübertragung gewisse Anforderungen an die Sensor- und Gerätetechnik für Schallemissionsüberwachung und -analyse.

2. Allgemeine Anforderungen an drahtlose Messsysteme für Schallemissionsprüfung

Die Größe der zu überwachenden Strukturen sowie die Zeitdauer der Überwachung stellen eine Gruppe von Anforderungen an das Schallemissions-Messsystem und dessen Komponenten. Falls das gesamte Prüfobjekt und nicht nur ein Teil überwacht und dabei die Quellen der Schallemissionssignale geortet werden sollen, erfordert dies ein genügend dichtes Netz von Sensoren und somit eine entsprechende Anzahl Messkanäle. Die Installation von Kabeln ist bei bewegten Prüfobjekten, z.B. Rotorblättern von Windkraftanlagen oder Maschinen, oft schwierig. Werden dort oder auch bei sehr großen, stationären Prüfobjekten die Daten der einzelnen Sensoren anstatt mit Drahtverbindung drahtlos zu einer zentralen Datenerfassung gesendet, entfällt der Aufwand für die Verlegung der Kabel, sofern jeder Sensorknoten auch über eine lokale oder drahtlose Energieversorgung verfügt.

Andererseits erfordert die Ortung der Signalquellen mit drahtlosen Sensornetzwerken eine genügend genaue Zeitsynchronisation zwischen den einzelnen Sensoren bzw. den drahtlosen Sensorknoten und den Datenkanälen [15-17]. Wenn Drahtlos-Sensorknoten für das Sensornetzwerk genutzt werden, entsteht auch die Frage nach deren Energieversorgung. Dabei spielt je nach Größe des Prüfobjekts die Übertragungsdistanz eine wesentliche Rolle; man stelle sich z.B. eine Brücke mit mehreren km Länge vor, auch wenn darauf nur ausgewählte Strukturelemente überwacht werden sollen. Andererseits erfordert die Messdauer bzw. die Dauer der Überwachung mit einem vorgegebenen, drahtlosen Schallemissions-Messsystem ebenfalls eine entsprechende, kabellose (Langzeit-)Energieversorgung. Batterien für den Betrieb der drahtlosen Sensorknoten bieten einen zeitlich limitierten Energiespeicher bis zu etwa einem Jahr [18] und daher beschränkte Nutzungsdauer und bedingen bei Langzeitüberwachung, z.B. mehrere Jahre, entsprechenden Unterhalt bzw. den Einsatz lokaler Energiegewinnungssysteme. Energiegewinnung aus diversen Quellen für die Versorgung von Überwachungssystemen für Straßen- und Brückenbauwerke wird in [19] diskutiert, allerdings nicht im Zusammenhang mit drahtloser Übertragung bzw. Messung von Schallemissionssignalen. Lokale Photovoltaik-Systeme werden als vielversprechender Lösungsansatz für drahtlose Überwachungssysteme generell eingeschätzt, aber eine Entwicklung entsprechender Prototypen als relativ aufwändig beurteilt. Die Autoren geben Hinweise für weitere Forschung und Entwicklung im Gebiet der Energiegewinnung für Einsatz bei Straßen und Brückenbauwerken, betonen aber auch die Wichtigkeit detaillierter Lebensdaueranalysen zur Abschätzung des Kosten-Nutzen-Verhältnisses für solche Systeme [19].

Ein anderer, wesentlicher Aspekt ist die benötigte Datenübertragungsrate, die linear je mit der Anzahl Kanäle, mit der Abtastrate für die Signalaufzeichnung (sofern Wellenformen und nicht nur Signalparametersätze erfasst werden) sowie mit der gewählten Aufzeichnungsdauer (bei "Hit"-basierter SEA) ansteigt. In vielen Fällen ist, neben den Schallemissionssignalen, die zeitsynchrone Aufzeichnung zusätzlicher Messwerte erwünscht. Dies können Daten z.B. zur aufgebrachten Belastung (variable Betriebslasten oder zusätzliche, spezifisch aufgebrachte Lasten), zu den resultierenden Dehnungen, oder zu Umgebungsbedingungen (Temperatur, Niederschlag, Wind, Sonneneinstrahlung, etc.), sein. Die Umgebungsbedingungen stellen je nach Standort des Prüfobjekts besondere Anforderungen an das Messsystem, ein Beispiel dafür ist der Einsatz bei einer hochalpinen Station ca. 3500 m über Meeresspiegel, wie in [20] diskutiert. Auf Seite der Messtechnik besteht die Frage nach der Art und der Langzeitbeständigkeit der Ankopplung der Sensoren (Koppelmechanismus, Koppelmittel) bzw. deren Konstanz sowie der Sensoren selbst. Idealerweise sollte eine "Selbstüberwachung" [21] des Messsystems, inklusive periodischer Überprüfung der Kopplungsgüte der Sensoren, implementiert werden sowie die Möglichkeit einer Ferndiagnose und eventuell damit verbundener Eingriffsmöglichkeiten bestehen.

3. Bestehende drahtlose Sensornetzwerke für Strukturüberwachung mittels Schallemission oder Geführter Wellen

In der Literatur werden mehrere drahtlose Sensornetzwerke für Strukturüberwachung mittels Schallemission oder geführten Wellen beschrieben. Eines der ersten Produkte für drahtlose Signalübertragung, das auch für Schallemission genutzt wurde, war die sogenannte "Berkeley-Mote", eine offene, generische Hardware-/Software-Plattform, die für Verwendung mit unterschiedlichen Sensorsystemen entwickelt wurde [22]. Die Anwendung dieser Plattform in der Schallemissions-Messtechnik bzw. -Überwachung wird von Grosse und Mitautoren beschrieben [23-25]. Ein weiterer, drahtloser Sensorknoten für Schallemissionsüberwachung, genannt "AEPod" mit vier Schallemissionsmesskanälen wurde von Lédeczi und Mitautoren entwickelt und an ausgewählten Bauwerken getestet [26]. Heinzelmann und Koautoren [27,28] entwickelten einen Sensorknoten mit drahtloser Signalübertragung mit Anschlüssen für acht Kanäle bzw. Sensoren, die mit dem Sensorknoten über Kabel verbunden sind. Dieselbe Gruppe [29] beschreibt auch ein Messsystem für Schallemission oder geführte Wellen mit acht Sensorknoten mit je einem Messkanal. Jeder Sensorknoten kommuniziert drahtlos mit dem zentralen Rechner. Jeder dieser Sensorknoten, der mit einem piezoelektrischen Wandler über ein kurzes Kabel verbunden ist, kann als Emitter oder Sensor betrieben werden, das System eignet sich daher auch für Schallemissionsmessungen. Dieses Messsystem wurde z.B. für Schädigungsnachweis in Faserverbundkunststoffen durch geführte Wellen und Ortung der Schädigung mittels Triangulation oder Trilateration genutzt. Girard und Mitautoren entwickelten ein drahtloses Schallemissions-Messsystem, das für den Einsatz im hochalpinen Bereich (über 3000 m über Meereshöhe) ausgelegt wurde. Sowohl das Messsystem wie die speziellen Schallemissionssensoren sind gegen Umwelteinflüsse geschützt und dienen der Überwachung der Schädigungsentwicklung im Gestein [20]. Chilibon et al. diskutieren ein drahtloses Messsystem basierend auf einem Mikrokontroller (Typ PIC 18F452) mit einer RF-Antenne (Frequenz 433 MHz) [30]. Taylor und Mitautoren diskutieren eine Plattform für drahtlose Signalübertragung, in die mehrere, unterschiedliche Messmethoden (z.B. Dehnungs-Messstreifen, Beschleunigungssensoren, geführte Wellen, Impedanzmessung) integriert werden können [31]. Einen Vergleich von in-situ installierten, drahtlosen Strukturüberwachungssystemen für Schallemission in Windrotorblättern wird von Bouzid et al. [32] präsentiert. Dabei werden auch Ortung von Schallemissionsquellen und die mögliche Reduktion der Samplingrate, auf weniger als durch das Nyquist-Theorem vorgegeben, für die Wellenformaufzeichnung diskutiert. Shen und Mitautoren beschreiben ein drahtloses Schallemissions-Messsystem mit sechzehn Kanälen (je einen pro Sensorknoten) und ausgewählte Anwendungen [33]. Im selben Konferenzband wird ein ähnliches System mit vier Messkanälen in einem einzigen Sensorknoten beschrieben [34], das von MISTRAS Group entwickelt wurde. Nguyen et al. [35] empfehlen das Konzept, faseroptische und piezoelektrische Sensoren zu kombinieren. Dabei werden die Signale der permanent betriebenen, faseroptischen Sensoren als Trigger für Messungen mit Schallemissionssensoren benutzt. Der intermittierende Betrieb der Schallemissionssensoren mit höherem Energiebedarf als die faseroptischen Sensoren soll so zur Energieeinsparung im Messsystem beitragen. Dieses System kann mit einer web-basierten, drahtlosen Signalübermittlung, im Prinzip analog zum "Internet-of-Things", verbunden werden. Details dieser drahtlosen Signalübertragung werden im Artikel aber nicht diskutiert [35]. AE-Sensoren mit integriertem Messsystem wurden beim 21. Schallemissionskolloquium vorgestellt [36]. Der drahtlose Sensortyp KERT-AE-WiFi [37] realisiert IEEE 802.11b/g/n und wird über eine Lithiumzelle versorgt, die Messzeiten bis zu 24 Stunden ermöglicht. Die minimale, zugesicherte Messzeit beträgt 8 Stunden. Mit diesen Sensoren lassen sich AE-Sensornetzwerke ohne Ortung realisieren. Auf dem Kolloquium 2019 werden Sensoren mit integrierten AE-System vorgestellt, die auch eine Ortung erlauben. Ein drahtloses Schallemissionsmesssystem mit zwei Kanälen pro Knoten, 5 MHz Sampling und einer Datenübertragungsrate bis zu 6 Mbit/s wurde kürzlich von Wu und Mitautoren entwickelt [38]. Es wird explizit erwähnt, dass übliche drahtlose Signalübertragungs-Systeme bzw. -Protokolle meist für Schallemission nicht geeignet sind, da deren Datenübertragungsraten nicht ausreichen. Bisher sind die hier vermerkten Systeme, mit Ausnahme der Berkeley-Mote bzw. der AE-WiFi Sensoren, meist Prototypen oder Einzelanfertigungen. Es gibt aber kommerziell verfügbare drahtlose Strukturüberwachungssysteme mit Schallemissionsmessung, zum Teil mit parametrischen Messkanälen, siehe z.B. [36,37,39].

Die Leistungsfähigkeit der drahtlosen Signalübertragung der in der Literatur beschriebenen Schallemissionssensorknoten lässt sich nicht für alle oben erwähnten Systeme direkt vergleichen, da nicht in allen Publikationen genügend Detailinformation vorliegt. Einen Vergleich drahtloser Signalmesssysteme aus der Zeit zwischen 2007 und 2010 in Bezug auf Dimensionen und Gewicht, den Prozessor, das drahtlose Übertragungssystem und dessen Reichweite sowie die Energieversorgung bietet [27,28]. Die Sensorknoten, die in der neueren Literatur diskutiert werden, verfügen über je einen, oder je vier [34], oder sogar acht Messkanäle [27,28]. Die Signalauflösung beträgt meist 12 oder 16 bit. Die Samplingrate variiert je nach System zwischen etwa 100 kHz [23-26] und 5 MHz [38] und die Datenübertragungsrate zwischen rund 40 kB/s [29] und etwa 6 Mbit/s [38]. Der Energiebedarf für die drahtlose Signalübertragung variiert je nach System und Betriebsmodus (z.B. Senden oder Empfang, bzw. aktiv oder inaktiv); in [29] geben die Autoren für "inaktiv" etwa 50 mW und für "aktiv"/"senden" 1.4 W an. Information zur Reichweite der Datenübertragung findet sich kaum, in [27,28] sind typische Werte im Freien ca. 100 m und im Innern von Gebäuden ca. 50 m. Shen und Mitautoren [33] haben die Reichweite der Datenübertragung ihres Messsystems über Distanzen bis 3000 m getestet und gehen davon aus, dass damit Distanzen bis 10 km möglich sind. Die Datenübertragungsrate für die Distanz von 3000 m liegt bei ca. 3 Mbit/s und die Zeitsynchronisation mittels GPS (etwa 3 μs Genauigkeit) erlaubt praktisch in Echtzeit Ortung der Schallemissionsquellen über die Zeitdifferenz. Die Synchronisationsgenauigkeit verursacht Fehler in der Ortung bei einer Stahlplatte dieser wird auf maximal 77 mm geschätzt. Es ist daher für die meisten Anwendungen von einer geforderten Genauigkeit der Zeitsynchronisation in der Größenordnung von 1 μs auszugehen, um ausreichende Ortungsgenauigkeit der Signalquellen zu erreichen. Praktisch alle hier diskutierten Messsysteme werden, soweit Angaben vorliegen, mit Batterien betrieben.

4. Herausforderungen bei der Implementierung drahtloser Sensornetzwerke für Schallemissions-Überwachung

Ein kürzlich publizierter Übersichts-Artikel [40] beschreibt den Stand drahtloser Sensortechnik generell, geht aber, mit Ausnahme akustischer Methoden zum Leckagenachweis in Rohrleitungen, z.B. unter Wasser mit Hydrophonen, nicht auf Schallemissionsanwendungen ein. Drahtlose Netzwerke im Untergrund werden in [41] diskutiert, aber wieder ohne Bezug zu Schallemissionsmessungen. Wie bereits oben erwähnt, stellen die möglichen Datenübertragungsraten ein Problem dar. Wenn man von einer typischen Übertragungskapazität in der Größenordnung von 100 Mbit/s ausgeht [42], und aus Kanalzahl, Samplingrate und geschätzten Maximalraten für Signale von 1000/s die dafür benötigte Datenübertragungsrate bestimmt, ergeben sich die in Abb. 1 dargestellten Diagramme. Diese zeigen klar, dass drahtlose Übertragung aufgezeichneter Wellenformen in quasi Echtzeit Datenübertragungsraten von >>1 Gbit/s erfordern, was mit bestehenden Systemen nicht möglich ist.

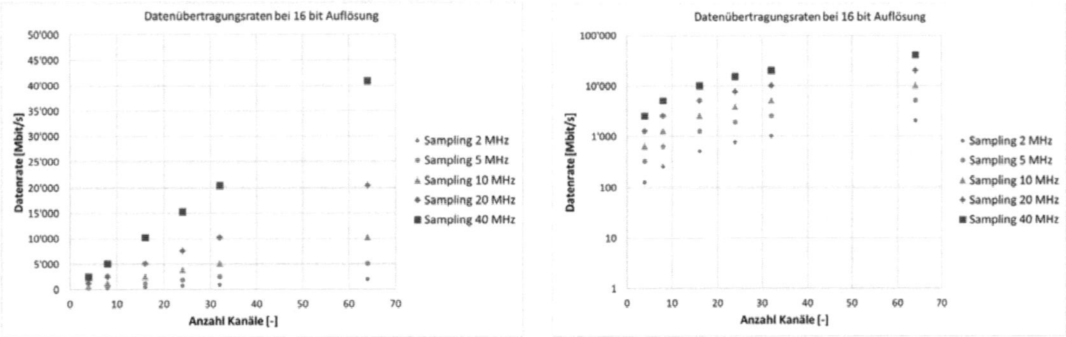

Abb. 1. Benötigte Datenübertragungsraten in Mbit/s für SE-Wellenformen mit 16 bit Auflösung für unterschiedliche Anzahl Datenerfassungskanäle und Sampling-Raten, (links) mit linearer, (rechts) mit logarithmischer Skala der y-Achse, technisch möglich sind etwa 100 Mbit/s.

Ansätze zur Lösung dieses Problems sind z.B. eine lokal implementierte Datenspeicherung, eventuell Datenkomprimierung sowie optimierte Datenübertragungsprotokolle [43]. Dies kann sinnvoll sein, wenn die im Mittel anfallende Datenmenge beschränkt ist, so dass die Zwischenspeicherung nur den Spitzenbedarf, z.B. bei kurzzeitiger, signifikanter Schädigung und entsprechender Erzeugung einer hohen Aktivität von Schallemissionssignalen in der Struktur auffangen muss, im Mittel aber 100 Mbit/s oder weniger ausreichen. Ein anderer Ansatz ist die lokale Reduktion der Datenmenge, z.B. durch die Extraktion von Signalparametersätzen für die Datenübertragung bei weiterer Auswertung ohne Verwendung der Wellenformen. Abb. 2 zeigt den möglichen Umfang solcher Datenparametersätze für unterschiedliche Anzahl der Kanäle unter Annahme, dass jeder Kanal maximal 1000 Parametersätze pro Sekunde generiert. In diesem Fall können Datensätze im Umfang von je etwa 2 kB drahtlos übertragen werden.

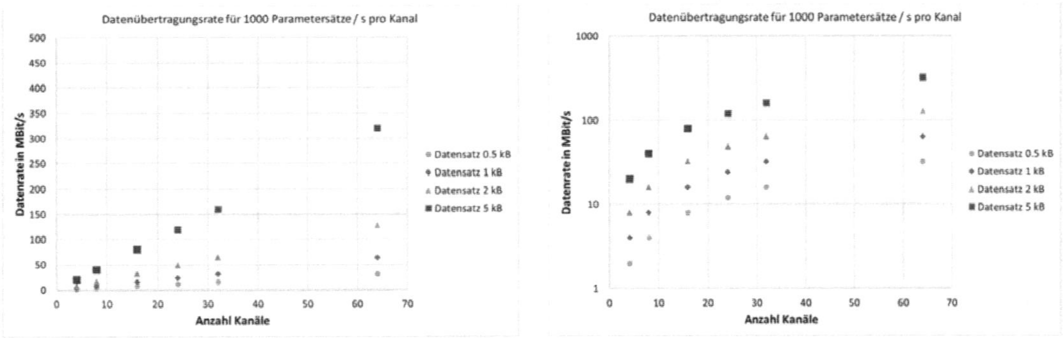

Abb. 2. Benötigte Datenübertragungsraten für 1000 Parametersätze pro Sekunde und Kanal für unterschiedliche Anzahl Datenerfassungskanäle und Umfang der Datensätze, (links) mit linearer, (rechts) mit logarithmischer Skala der y-Achse, technisch möglich sind etwa 100 Mbit/s.

Sollen die aufgezeichneten Daten zur Lokalisierung der Schädigungen genutzt werden, erfordert dies je nach Material des Prüfobjektes Synchronisationsgenauigkeiten der Knoten im Bereich einstelliger Mikrosekunden, um die im Betrieb auftretenden Gangunterschiede lokaler Zeitgeber zu eliminieren. Primär wird zwischen externer und interner Synchronisierung unterschieden [44]. Erstere wird üblicherweise mittels GPS implementiert und erreicht Genauigkeiten <1 µs. Dies führt aber zu höherem Stromverbrauch und zur eingeschränkten Funktion in Indoor-Szenarien [45]. Bei interner Synchronisierung wird hingegen nur der relative Zeitversatz zwischen Netzwerkteilnehmern eliminiert, was energiesparender über den bereits vorhandenen Datenkanal bewerkstelligt werden kann. Zu diesem Thema sind in den letzten Jahren zahlreiche Veröffentlichungen entstanden, die Genauigkeiten einstelliger Mikrosekunden erreichen [46]. Die praktische Anwendung dieser Ansätze beschränkt sich derzeit allerdings auf proprietäre Funksysteme einzelner Hersteller. In etablierten Funkstandards ist eine Synchronisation derzeit entweder nicht verfügbar oder steht dem Entwickler nicht auf Applikationsebene zur Verfügung (zum Beispiel WirelessHart). Für das weit verbreitete und hohe Datenraten unterstützende WLan-Protokoll wird aktuell an Ansätzen [47] gearbeitet.

5. Schlussfolgerungen

Für kabelgebundene Schallemissions-Systeme existieren kommerzielle Geräte, die fast alle Anwendungsfälle ausreichend abdecken. Unabhängig von der Dauer der Schallemissionsüberwachung großer Prüfobjekte stellt bei 32 Kanälen die drahtlose Übertragung der aufgezeichneten Wellenformen bereits bei 16 bit Signalauflösung und 10 MHz Samplingrate (kommerzielle Systeme gehen bis 40 MHz) eine Herausforderung dar. Bei der Entwicklung drahtloser Schallemissions-Systeme sind aufgrund der erzielbaren Datenraten und der vorhandenen Möglichkeiten zur Energieversorgung heute und in naher Zukunft Kompromisse notwendig, welche vom Anwendungsfall abhängige, unterschiedliche Datenreduktion vornehmen. Eine universelle Lösung für alle Anwendungen ist nicht in Sicht. Datenübertragungsraten von >1 Gbit/s werden voraussichtlich erst mit der nächsten Generation mobiler Datenübertragung (5G-Netz) möglich. Ob dies in naher Zukunft eine Perspektive für die Entwicklung neuer, drahtloser Sensornetzwerke für Schallemissionsüberwachung bietet, ist fraglich. Auch wenn solche Systeme zu einem späteren Zeitpunkt verfügbar werden, stellen je nach Anwendung, speziell je nach Größe des Prüfobjekts und der geforderten Ortungsgenauigkeit der Schallemissionsquellen, die benötigte Anzahl Messkanäle sowie deren Synchronisation eine weitere Beschränkung dar. Für Langzeitüberwachung spielen die Beständigkeit der Komponenten des Schallemissionssystems sowie der Sensorkopplung, je nach den Umgebungsbedingungen am Einsatzort, auch eine wichtige Rolle.

Referenzen

[1] H.N. Li, L. Ren, Z.G. Jia, T.-H. Yi, D.-S. Li: "State-of-the-art in structural health monitoring of large and complex civil infrastructures", Journal of Civil Structural Health Monitoring, 6, pp. 3–16 (2016), doi: 10.1007/s13349-015-0108-9

[2] F. Bazzucchi, L. Restuccia, G.A. Ferro: "Considerations over the Italian road bridge infrastructure safety after the Polcevera viaduct collapse: past errors and future perspectives", Frattura ed Integrità Strutturale, 46, pp. 400-421 (2018), doi: 10.3221/IGF-ESIS.46.37

[3] D. Rehak, M. Hromada, P. Novotnya: "European Critical Infrastructure Risk and Safety Management: Directive Implementation in Practice", Chemical Engineering Transactions, 48, pp. 943-948 (2016), doi: 10.3303/CET1648158

[4] Y. Yang, Q.S. Li, B.W. Yan: "Specifications and applications of the technical code for monitoring of building and bridge structures in China", Advances in Mechanical Engineering, 9(1), pp. 1–10 (2017), doi: 10.1177/1687814016684272

[5] M. Vagnoli, R. Remenyte, J. Andrews: "Railway bridge structural health monitoring and fault detection: State-of-the-art methods and future challenges", Structural Health Monitoring, 17(4), pp. 971–1007 (2018), doi: 10.1177/1475921717721137

[6] J. Van Dam, L.J. Bond (2015) Economics of Online Structural Health Monitoring of Wind Turbines: Cost Benefit Analysis, 41st Annual Review of Progress in Quantitative Nondestructive Evaluation, AIP Conference Proceedings 1650, pp. 899-908, doi: 10.1063/1.4914695

[7] N. Beganovic, D. Söffker: "Structural health management utilization for life time prognosis and advanced control strategy deployment of wind turbines: An overview and outlook concerning actual methods, tools, and obtained results", Renewable and Sustainable Energy Reviews, 64, pp. 68–83 (2016), doi: 10.1016/j.rser.2016.05.083

[8] A.M. Obeid, F. Karray, M. Wassim Jmal, M. Abid, S. Manzoor Qasim, M.S. BenSaleh: "Towards realisation of wireless sensor network-based water pipeline monitoring systems: a comprehensive review of techniques and platforms", IET Science, Measurement & Technology, 10(5), pp. 420–426 (2016), doi: 10.1049/iet-smt.2015.0255

[9] T. Dong, N.H. Kim: "Cost-Effectiveness of Structural Health Monitoring in Fuselage Maintenance of the Civil Aviation Industry", Aerospace, 5, 87, pp. 1-24 (2018), doi:10.3390/aerospace5030087

[10] V.J. Hodge, S. O'Keefe, M. Weeks, A. Moulds: "Wireless Sensor Networks for Condition Monitoring in the Railway Industry: A Survey", IEEE Transactions on Intelligent Transportation Sys-tems, 16(3), pp. 1088-1106 (2015), doi: 10.1109/TITS.2014.2366512

[11] K. Ono: "Review on Structural Health Evaluation with Acoustic Emission", Applied Sciences, 8, 958, pp. 1-33 (2018), doi:10.3390/app8060958

[12] S. Fricker, Th. Vogel. "Site installation and testing of a continuous acoustic monitoring", Construction and Building Materials, 21, pp. 501–510 (2007), doi: 10.1016/j.conbuildmat.2006.04.008

[13] C.U. Grosse, M. Ohtsu: "Acoustic Emission Testing", Springer-Verlag, Berlin, Heidelberg, pp. I-VII, 1-402 (2008), doi: 10.1007/978-3-540-69972-9

[14] M.W. Felux: "Acoustic Emission Monitoring on Bridges Under Regular Operating Conditions", ETH Dissertation Nr. 23502, pp. 1-151 (2016), (keine doi)

[15] M.A. Sarvghadi, T.-C. Wan: "Message Passing Based Time Synchronization in Wireless Sensor Networks: A Survey", International Journal of Distributed Sensor Networks, Vol. 2016, Article ID 1280904, pp. 1-21 (2016), doi: 10.1155/2016/1280904

[16] V. Le Cam, A. Bouche, D. Pallier. "Wireless Sensors Synchronization: an accurate and deterministic GPS-based algorithm", Proceedings IWSHM 2017 - 11th international workshop on structural health monitoring 2017, pp. 1-10 (2017), (keine doi)

[17] L. Tavares Bruscato, T. Heimfarth, E. Pignaton de Freitas: "Enhancing Time Synchronization Support in Wireless Sensor Networks", Sensors, 17, paper-ID 2956, pp. 1-18 (2017), doi: 10.3390/s17122956

[18] C. Knight, J. Davidson, S. Behrens: "Energy Options for Wireless Sensor Nodes", Sensors, 8, pp. 8037-8066 (2008), doi: 10.3390/s8128037

[19] H. Wang, A. Jasim, X.D. Chen. "Energy harvesting technologies in roadway and bridge for different applications – A comprehensive review", Applied Energy, 212, pp. 1083–1094 (2018), doi: 10.1016/j.apenergy.2017.12.125

[20] L. Girard, J. Beutel, S. Gruber, J. Hunziker, R. Lim, S. Weber: "A custom acoustic emission monitoring system for harsh environments: application to freezing-induced damage in alpine rock walls, Geoscientific Instrumentation, Methods and Data Systems", 1(2), pp. 155-167 (2012), doi: 10.5194/gi-1-155-2012

[21] I.L. Santos, L. Pirmez, L.R. Carmo, P.F. Pires, F.C. Delicato, S.U. Khan, A.Y. Zomaya: "A Decentralized Damage Detection System for Wireless Sensor and Actuator Networks, IEEE Transactions on Computers, 65(5), pp. 1363-376 (2016), doi: 10.1109/TC.2015.2479608

[22] M. Ruiz-Sandoval, T. Nagayama, B.F. Spencer: "Sensor Development Using Berkeley Mote Platform", Journal of Earthquake Engineering, 10(2), pp. 289–309 (2006), (keine doi)

[23] C.U. Grosse, M. Krüger, S.D. Glaser: "Wireless Acoustic Emission Sensor Networks for Structural Health Monitoring in Civil Engineering", Proceedings, European Conference on Nondestructive testing (ECNDT 2006), DGZfP Berichtsband BB 103-CD, paper Tu.1.7.3, pp. 1-8 (2006), (keine doi)

[24] C.U. Grosse, G. McLaskey, S. Bachmaier, S.D. Glaser, M. Krüger: "A hybrid wireless sensor network for acoustic emission testing in SHM", Proceedings SPIE 6932, Sensors and Smart Structures Technologies for Civil, Mechanical, and Aerospace Systems 2008, Paper-ID 693238, pp. 1-9 (2009), doi: 10.1117/12.775641

[25] C. Grosse, S. Glaser, M. Kruger: "Initial development of wireless acoustic emission sensor Motes for civil infrastructure state monitoring", Smart Structures and Systems, 6(3), pp. 197–209 (2010), doi:

[26] A. Ledeczi, Th. Hay, P. Völgyesi, D.R. Hay, A. Nádas, S. Jayaraman: "Wireless acoustic emission sensor network for structural monitoring", IEEE Sens. J., 9(11), pp. 1370–1377 (2009), doi: 10.1109/JSEN.2009.2019315

[27] A. Heinzelmann, C. Dürager: "Elektronisches Messsystem zur Strukturzustandsüberwachung", tm – Technisches Messen 80(9), pp. 290-298 (2013), doi: 10.1524/teme.2013.0036

[28] C. Dürager, A. Heinzelmann, D. Riederer: "Wireless Sensor network for guided Wave propagation with Piezoelectric Transducers", Structure and Infrastructure Engineering: Maintenance, Management, Life-Cycle Design and Performance, 9(11), pp. 1177-1186 (2013), doi: 10.1080/15732479.2012.671833
[29] Ch. Dürager, A. Heinzelmann, D. Riederer: "Wireless Sensor Network for Guided Wave Propagation with Piezoelectric Transducers", Proceedings International Workshop on Structural Health Monitoring (IWSHM), pp. 2028-2034 (2011), (keine doi)
[30] I. Chilibon, M. Mogildea, G. Mogildea: "Wireless Acoustic Emission Sensor Device with Micro-controller", Procedia Engineering, 47, pp. 829 -832 (2012), doi: 10.1016/j.proeng.2012.09.275
[31] S.G. Taylor, E.Y. Rabi, K.M. Farinholt, G.H. Park, M.D. Todd: "Active-sensing platform for structural health monitoring: Development and deployment", Structural Health Monitoring, 15(4), pp. 413–422 (2016), doi: 10.1177/1475921716642171
[32] O.M. Bouzid, G:Y. Tian, K. Cumanan, D. Moore: "Structural Health Monitoring of Wind Turbine Blades: Acoustic Source Localization Using Wireless Sensor Networks", Journal of Sensors, Volume 2015, Article ID 139695, pp. 1-11 (2015), doi: 10.1155/2015/139695
[33] G.T. Shen, Y.J. Zhang, Y.B. Dong, S.F. Liu: "Development of High-Speed Wi-Fi Wireless Acoustic Emission System", Proceedings of the World Conference on Acoustic Emission–2013: Advances in Acoustic Emission, Springer Proceedings in Physics, Vol. 158, pp. 3-14 (2015), doi: 10.1007/978-1-4939-1239-1
[34] J. Dong, E. Lowenhar, V. Godinez, M. Carlos: "State-of-the-Art Wireless Acoustic Emission System for Structural Health Monitoring", Proceedings of the World Conference on Acoustic Emission–2013: Advances in Acoustic Emission, Springer Proceedings in Physics, Vol. 158, pp. 15-22 (2015), doi: 10.1007/978-1-4939-1239-1
[35] A.D. Nguyen, C. Page, C.L. Wilson: "A new strategy toward Internet of Things: structural health monitoring using a combined fiber optic and acoustic emission wireless sensor platform", Proceedings SPIE 9803, Sensors and Smart Structures Technologies for Civil, Mechanical, and Aerospace Systems 2016, paper-ID 98031M, pp. 98031M-1 - 98031M-10 (2016), doi: 10.1117/12.2235637
[36] H. Kühnicke (2017) "AE-Sensor mit integriertem Schallemissionssystem", Proceedings 21. Kolloquium Schallemission, Berichtsband BB-159, Deutsche Gesellschaft für Zerstörungsfreie Prüfung (DGZfP), pp. 1-8 (keine doi)
[37] www.kert.u-boehm.de/p2.html
[38] Y. Wu, W.B. Liu, K.Y. Li: "A Novel Wireless Acoustic Emission Sensor System for Distributed Wooden Structural Health Monitoring", International Journal of Innovative Computing, Information and Control, 13(4), pp. 1289-1306 (2017), (keine doi)
[39] Physical Acoustics Corporation (PAC). Micro SHM Structural Health Monitoring System data sheet (URL www.physicalacoustics.com/by-product/micro-shm-structural-health-monitoring-system, Zugriff 2018-11-19)
[40] M. Ayaz, M. Ammad-uddin, I. Baig, E.-H.M. Aggoune: "Wireless Sensor's Civil Applications, Prototypes, and Future Integration Possibilities: A Review", IEEE Sensors Journal, 18, pp. 4_30 (2018), doi: 10.1109/JSEN.2017.2766364
[41] H.T. Huyen Trang, L.T. Dung, S.O. Hwang: "Connectivity analysis of underground sensors in wireless underground sensor networks", Ad Hoc Networks, 71, pp. 104–116 (2018), doi: 10.1016/j.adhoc.2018.01.002
[42] L. Alonso, J. Barbarán, J. Chen, M. Diaz, L. Llopis, B. Rubio. "Middleware and communication technologies for structural health monitoring of critical infrastructures: A survey", Computer Standards & Interfaces, 56, pp. 83–100 (2018), doi: 10.1016/j.csi.2017.09.007
[43] Z. Wang, L.C. Wang, S. Liu, G.L. Wei: "Encoding-Decoding-Based Control and Filtering of Networked Systems: Insights, Developments and Opportunities", IEEE/CAA Journal of Automatica Sinica, 5(1), pp. 3-18 (2018), doi: 10.1109/JAS.2017.7510727
[44] F. Cristian: "Probabilistic clock synchronization", Distributed Computing (1989) Volume 3, pp 146–158, https://doi.org/10.1007/BF01784024
[45] M. King, D. Busch, M. Miranian: "Test Results and Analysis of a Low Cost Core GPS Receiver for Time Transfer Application", Proceedings of the 1994 National Technical Meeting of The Institute of Navigation. San Diego, CA, Jan. 1994, pp. 99–109.
[46] M.A. Sarvghadi, T. Wan: "Overview of time synchronization protocols in wireless sensor networks", Proceedings 2nd International Conference on Electronic Design (ICED), Penang, 2014, pp. 204-209, doi: 10.1109/ICED.2014.7015799
[47] A. Mahmood, R. Exel, H. Trsek, T. Sauter: "Clock Synchronization Over IEEE 802.11—A Survey of Methodologies and Protocols", IEEE Transactions on Industrial Informatics, 13(2), pp. 907-922 (2017), doi: 10.1109/TII.2016.2629669

Sensorverifikation in absoluten Einheiten ohne großen Transferblock

Hartmut VALLEN [1]
[1] Vallen Systeme GmbH, Schäftlarner Weg 26, Icking
Kontakt E-Mail: hartmut@vallen.de

Kurzfassung. Anwender des Phänomens Schallemission wünschen sich seit Jahren eine einfache, praktikable Methode für die Verifizierung der Empfindlichkeit von Schallemissionssensoren (AE-Sensoren) in absoluten Einheiten, z.B. Volt per mm/s Partikelgeschwindigkeit oder Volt per nm Partikelverschiebung. Aktuelle Standards erfordern hierzu u.a. einen schweren unhandlichen Transferblock (ca 2 Tonnen) und einen besonderen Referenzsensor. Beides ist im Handel nicht erhältlich und eine Realisierung wäre extrem aufwändig. Die meisten Sensorhersteller verwenden die Methode der Direktkopplung: Ein elektrisch angesteuerter Transmitter (**TM**) regt den face-to-face (**F2F**) angekoppelten und zu verifizierenden Sensor (**SUT**) an, dessen elektrische Antwort auf die Anregung gemessen wird. Diese Methode liefert eine gut reproduzierbare Empfindlichkeitskurve, allerdings nur, wenn immer das gleiche TM-Exemplar verwendet wird. Der Beitrag berichtet von der flächigen Vermessung der von einem elektrischen Impuls stimulierten Bewegung von 3 TMs mit einem Scanning-Laservibrometer. Es wurden Unterschiede festgestellt, zB inhomogene Bewegungsmuster aus TM-internen Reflexionen, wenige µs nach dem Puls, und unterschiedliches Nachschwingverhalten, das 50 µs oder länger andauern kann. Der Vortrag wird den aktuellen Status der Arbeiten beleuchten.

Einführung

Die hier behandelte Methode der Verifikation der Empfindlichkeit eines Sensors für die Schallemission (**AE**, für Acoustic Emission) in einer „face to face“ (**F2F**) Kopplung wurde schon 1982 von Hill in [1] erwähnt. Erst 2008 beschrieb Ono und Cho in [2] Details einer experimentellen Anwendung der Methode. 2015 kritisierten Burks und Hamstad in [3] insbesondere die nicht nachvollziehbare und uneinheitliche Verwendung der Referenz auf V/µBar. 2015 erschien von Ono in [4] eine systematische Studie über die Methoden der AE Sensorkalibrierung und über eine Modernisierung der F2F Methode durch Verwendung eines Punktlaservibrometers zur Vermessung von Transmittern. In [5] und [6] berichtete der Autor über den Einsatz eines Scanning Laservibrometers zur flächigen Vermessung der aktiven Fläche eines Transmitters, in [5] bei Anregung mit einem sinusförmigen Signal, in [6] mit einem Impulssignal. Da in [6] der auch für diesen Beitrag verwendete Aufbau recht detailliert beschrieben ist, und [6] mit dem Link in der Referenzliste abgerufen werden kann, wiederholt dieser Beitrag nur Details, die zum Verständnis dieses Beitrags notwendig sind.

Eine einfach durchführbare und ökonomisch vertretbare Methode für die Verifikation der Empfindlichkeit von AE Sensoren mit reproduzierbaren Ergebnissen, auch wenn unterschiedliche Transmitter (**TM**) eingesetzt werden., steht auf dem Wunschzettel vieler AE Experten sehr weit oben. Die meisten Sensorhersteller verwenden die Face-to-Face (**F2F**)

Methode zur Endprüfung ihrer Produkte und stellen den Kunden Software zur Verfügung, mit der handelsübliche Signalgeneratoren zur Erzeugung des elektrischen Stimulationssignals und das normale AE System zur Messung der Antwort des zu verifizierenden Sensors (**SUT**) verwendet werden können. Das Ergebnis dieser gängigen Verifikationsmethode ist eine Kurve der Funktion „Spannungsausgang des SUT in Volt, über der Frequenz in kHz, pro µbar Druckanregung, meist konvertiert in dB mit Referenz 0dB = 1 V/µbar.

Prinzipieller Aufbau einer Face-to-Face Sensorverifikation

Abb. 1 zeigt das Blockdiagramm der F2F Sensorverifizierung: Der Transmitter erhält vom arbiträren Funktionsgenerator (**AFG**) die Anregungsspannung U_T und erzeugt eine Bewegung, die vom SUT in eine Antwortspannung (U_{SUT}) umgesetzt wird. Beide Spannungen werden von einem Transientenrecorder aufgezeichnet und angezeigt.

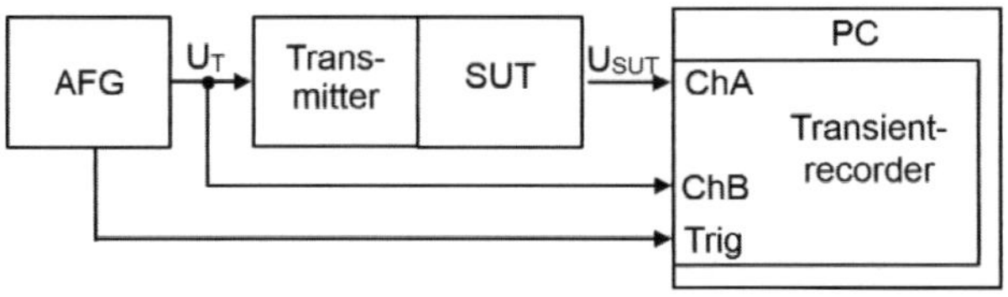

Abb. 1. Blockschaltbild der F2F Sensorverifizierung

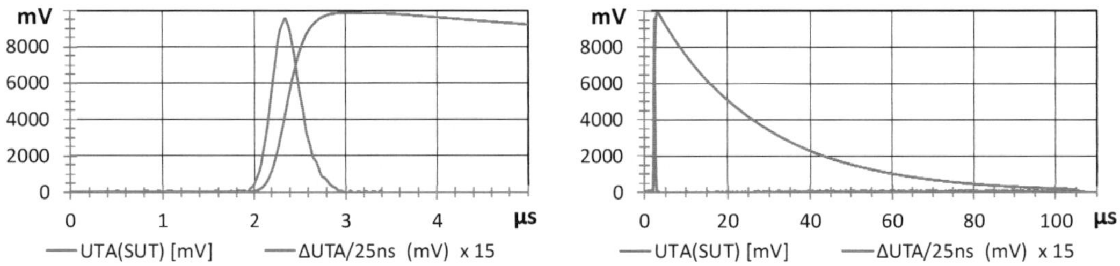

a) Blau: weicher schneller Signalanstieg, grün: du/dt

b) exponentieller Abfall auf 50%/18 µs

Abb. 2. Stimulationssignal U_T am TM im F2F-Aufbau.

Abb 2 zeigt das TM-Signal (U_T) im F2F Aufbau. Links zeigt die blaue Kurve den Signalanstieg und die grüne dessen erste Ableitung, die einer Gaussfunktion entspricht und bei der gegebenen kapazitiven Last proportional zum TM-Strom ist. Rechts sieht man den langsamen exponentiellen Abfall auf 50% pro 18 µs. Bei vorwiegend kapazitiver Last des TM und idealer TM-Funktion wäre die blaue Kurve proportional zur Verschiebung und die grüne proportional zur Geschwindigkeit der angeregten Partikelbewegung.

Prinzipielle Ermittlung der Empfindlichkeit auf Geschwindigkeitsanregung

Formel 3 in [2] kann wie folgt umgestellt werden

$$U_{SUT} = U_T + Rv + Tv \quad (1)$$

$$Tv = V - U_{TL} \quad (2)$$

Dies führt zu:

$$Rv = (U_{SUT} - V) + (U_{TL} - U_T). \quad (3)$$

Jede Variable in (1) bis (3) adressiert ein Spektrum in dB, wobei 0dB einer der nachfolgend angegebenen [Einheit] entspricht:

U_{SUT}: SUT Ausgangsspannungsspektrum in [V]

U_T: TM Eingangsspannungsspektrum in [V]

Rv	Empfindlichkeit auf Partikelgeschwindigkeit in [V/(mm/s)]
Tv	TM-Funktion auf Partikelgeschwindigkeit in [(mm/s)/V]
V	Partikelgeschwindigkeit (vom Laservibrometer) in [mm/s]
U_{TL}	Spannungsspektrum am TM bei Geschwindigkeitsmessung in [V].

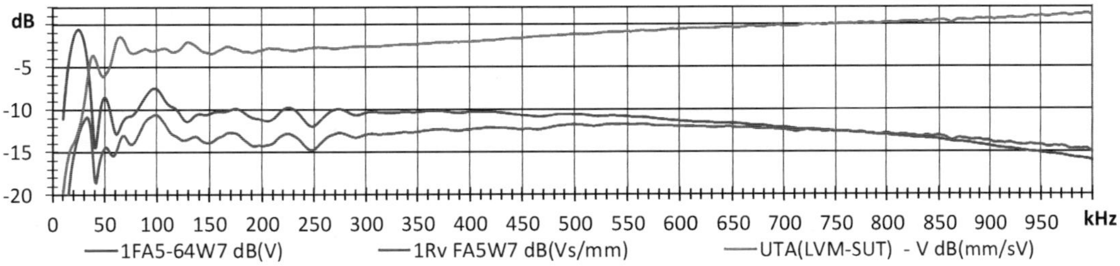

Abb. 3. Wichtige Spektren zur Bestimmung der Empfindlichkeit Rv

Abb. 3 zeigt in rot das Antwortspektrum eines SUT, in diesem Fall ein V103 Breitbandsensor, in grün die Summe $U_{TL} - U_T - V$, und in blau das resultierende Empfindlichkeitsspektrum auf Geschwindigkeitsanregung (Rv), als Summe der roten und grünen Kurve.

Messung der Partikelgeschwindigkeit mit einem Scanning Laservibrometer

Noch immer ist eine Herausforderung nicht befriedigend gelöst: Die Streuung bestimmter Eigenschaften der kommerziell verfügbaren Transmitter (**TM**) kann in den gewonnenen Empfindlichkeitsspektren nicht vernachlässigbare Abweichungen verursachen. Deshalb können die Hersteller (noch) nicht garantieren, dass die mit dem Hersteller-TM erzeugten Empfindlichkeitskurven identisch sind mit denen, die mit dem Kunden-TM erzeugt werden. Es wird dem Kunden empfohlen, von neuen Sensoren eine Referenzkurve aufzunehmen, um später Abweichungen vom Neuzustand feststellen zu können.

Die Vermessung der aktiven TM-Fläche hatte u.a. das Ziel, Korrelationen zwischen der Streuung der Empfindlichkeitskurven und der Streuung der Partikelbewegung zu entdecken. Wir verwendeten ein Scanning Laservibrometer (**LVM**), um die Partikelgeschwindigkeit in absoluten Millimeter pro Sekunde an 161 Positionen auf der aktiven Fläche des TM (Olympus V104) zu messen. Abb. 4 zeigt das Schema der Messpositionen: 10 Ringe mit je 16 Positionen und eine Zentralposition. Der Ringabstand betrug 1,27 mm, der äußerste Ringdurchmesser 25,4 mm.

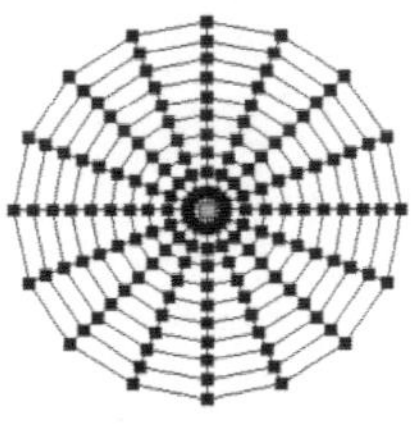

Abb. 4. Positionen der Messpunkte

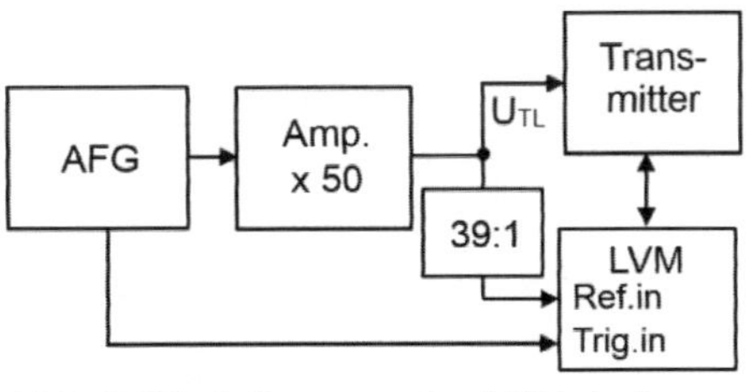

Abb. 5. Blockdiagramm des LVM Aufbaus

Das Blockdiagramm der LVM Messung in Abb. 5 unterscheidet sich von Abb. 1 durch die zusätzliche Verwendung eines Hochspannungsverstärkers für die TM-Spannung U_{TL} und den 39:1 Spannungsteiler, der die hohe TM-Spannung auf den Messbereich des LVM reduziert. Die zusätzliche Verstärkung verbessert das Signal-Rauschverhältnis des LVM Ausgangssignals.

Da die Abtastrate des LVM (Polytec PSV 400) auf 2,56 Megasample per Sekunde (**MS/s**) begrenzt ist, wurde diese Rate mittels „sinc“ Funktion (in Matlab verfügbar) auf

40 MS/s interpoliert. Da [6] den Interpolationsfehler nicht erwähnt, soll hier kurz darauf eingegangen werden:

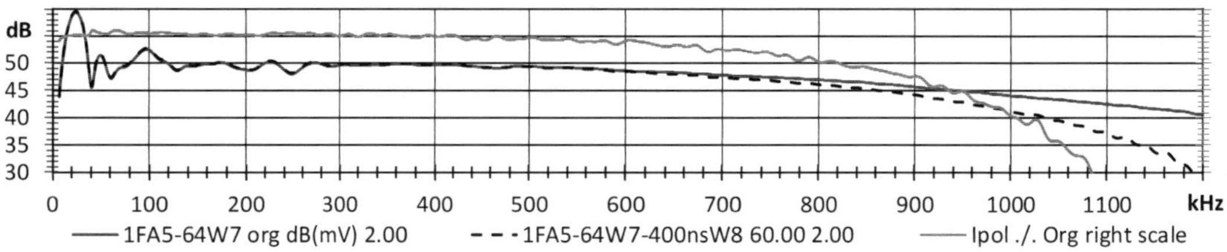

Abb. 6. Auswirkung der Interpolation von 2,56 MS/s auf 40 MS/s auf die FFT an einem Beispielsignal

Abb. 6 zeigt in rot die FFT einer mit 40 MS/s abgetasteten Sensorantwort. Die schwarz-gestrichelte Kurve zeigt die FFT des interpolierten Signals, das aus jedem 16. Abtastwert des roten Signals gebildet wird. Die blaue Kurve zeigt die Abweichung, wofür die rechte Achsenskala in dB gilt. Sie bleibt bis ca. 580 kHz unter ±0,2 dB, und erreicht bei 820 kHz -1 dB. In der späteren Realisierung kann ein Algorithmus auf diese Weise eine erste Interpolation mittels einer zweiten Interpolation selbst überprüfen und korrigieren.

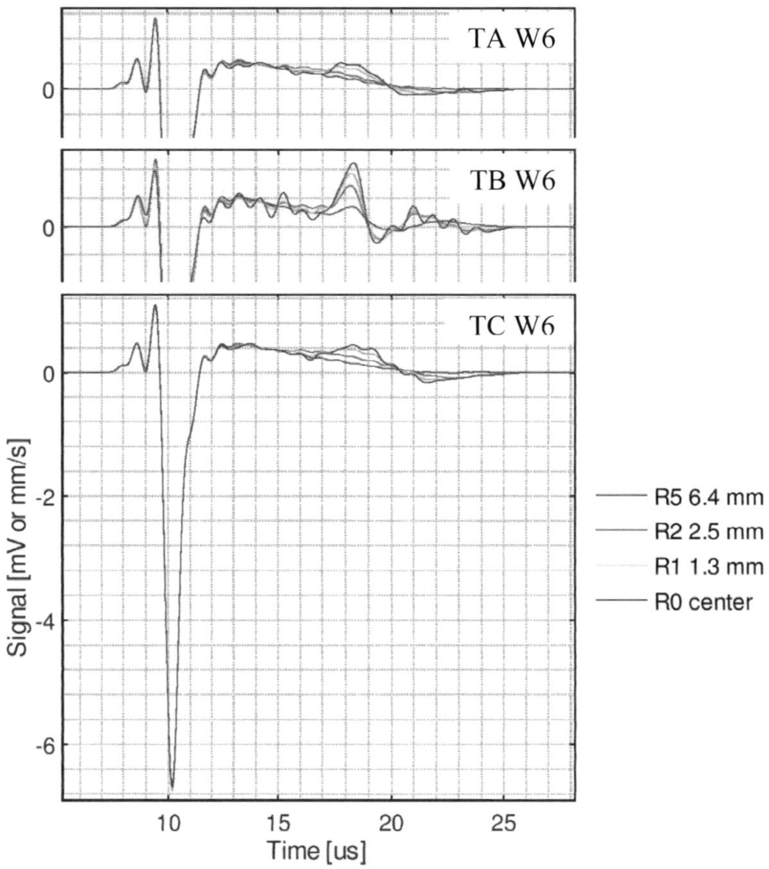

Abb. 7. Partikelgeschwindigkeiten über die Flächen von 4 angegebenen Radien über der Zeit, der Transmitter TA, TB und TC.

Das LVM liefert für jede Messposition eine ASCII Datei mit dem Zeitsignal. 16 Zeitsignale von 16 Positionen pro Ring werden in ein Ringsignal gemittelt. Vom Zentrumspunkt (auch Ring 0 genannt) ausgehend, werden aus den Ring-Signalen (1 bis 9, der 10. Ring wird nicht benutzt) die entsprechenden Flächensignale berechnet. Abb. 7 zeigt die Flächensignale 0, 1, 2 und 5. Die Legende zeigt den Radius der jeweiligen Fläche. Auffallend ist die extrem gute Übereinstimmung des Hauptimpulses aber auch die Existenz eines zusätzlichen Impulses, 8 µs nach dem (negativen) Maximum des Hauptimpulses. Die an dem zusätzlichen Impuls auseinanderlaufenden Kurven signalisieren eine TM-spezifische Inhomogenität der Bewegungsverteilung über der TM-Fläche. TM B zeigt die höchste Inhomogenität.

Empfindlichkeitsunterschiede: 3 Transmitter, 3 SUTs, 2 Fensterlängen

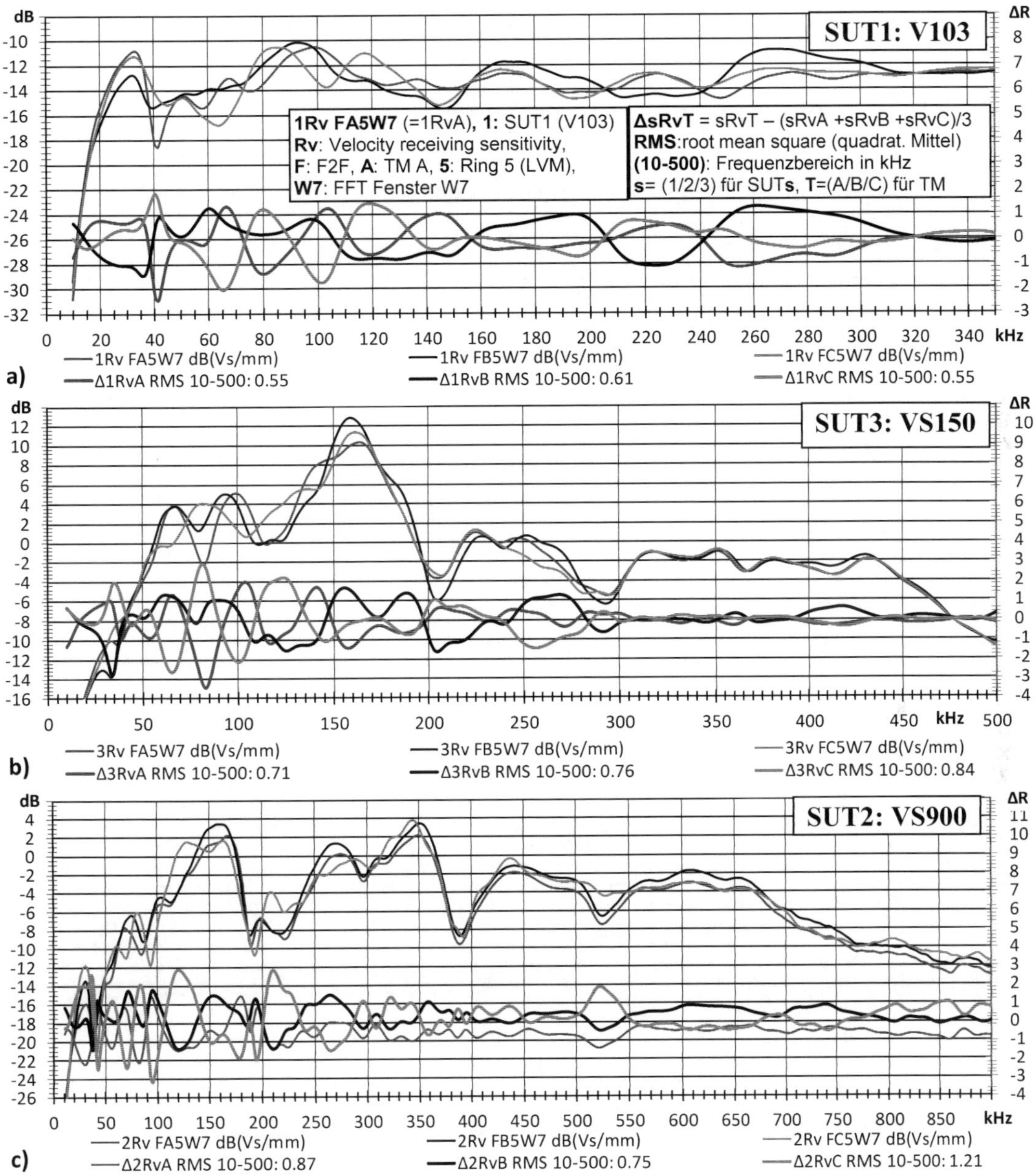

Abb. 8. Empfindlichkeitsspektren (sRvT), oberes Triplett, linke Skala, und Abweichungen vom Mittel (ΔsRvT), unteres Triplett, rechte Skala, s (für SUT1/2/,3) , T (für TM A/B/C). Anregung von drei SUTs 8a) V103, 8b) VS150, 8c) VS900, durch TA (rot), TB (schwarz), TC (blau), Zeitfenster: W7.

Das Prinzip der Signalbenennung in der Legende ist in Abb. 8a) zwischen den Kurventripletts erläutert. Im Folgenden ist mit „**sRvT**" das Spektrum der Empfindlichkeit (**Rv**) des SUTs (1/2/3), angeregt durch den Transmitter **T** (A/B/C) gemeint, mit „**ΔsRvT**" die Abweichung des Spektrums „**sRvT**" vom Mittelwert. Die Zeitsignale U_{SUT} und V (Geschwindigkeit) wurden für Abb. 8 mit dem Fenstersignal W7 multipliziert. **W7** steigt von -3 µs bis -1 µs weich (Cosinus-halbwellenförmig, nicht dargestellt) von 0 auf 1 an und fällt von 50 µs bis 60 µs weich auf 0 ab. Das Impulsmaximum liegt bei 0 µs,

Für Abb. 9 wurde das Fenstersignal **W6** verwendet, das wie W7 ansteigt, aber schon von 11 µs bis 16 µs weich auf 0 abfällt. Abb. 13 links zeigt die Auswirkung dieser Fensterung am Beispiel der Antwort eines 150 kHz Sensors.

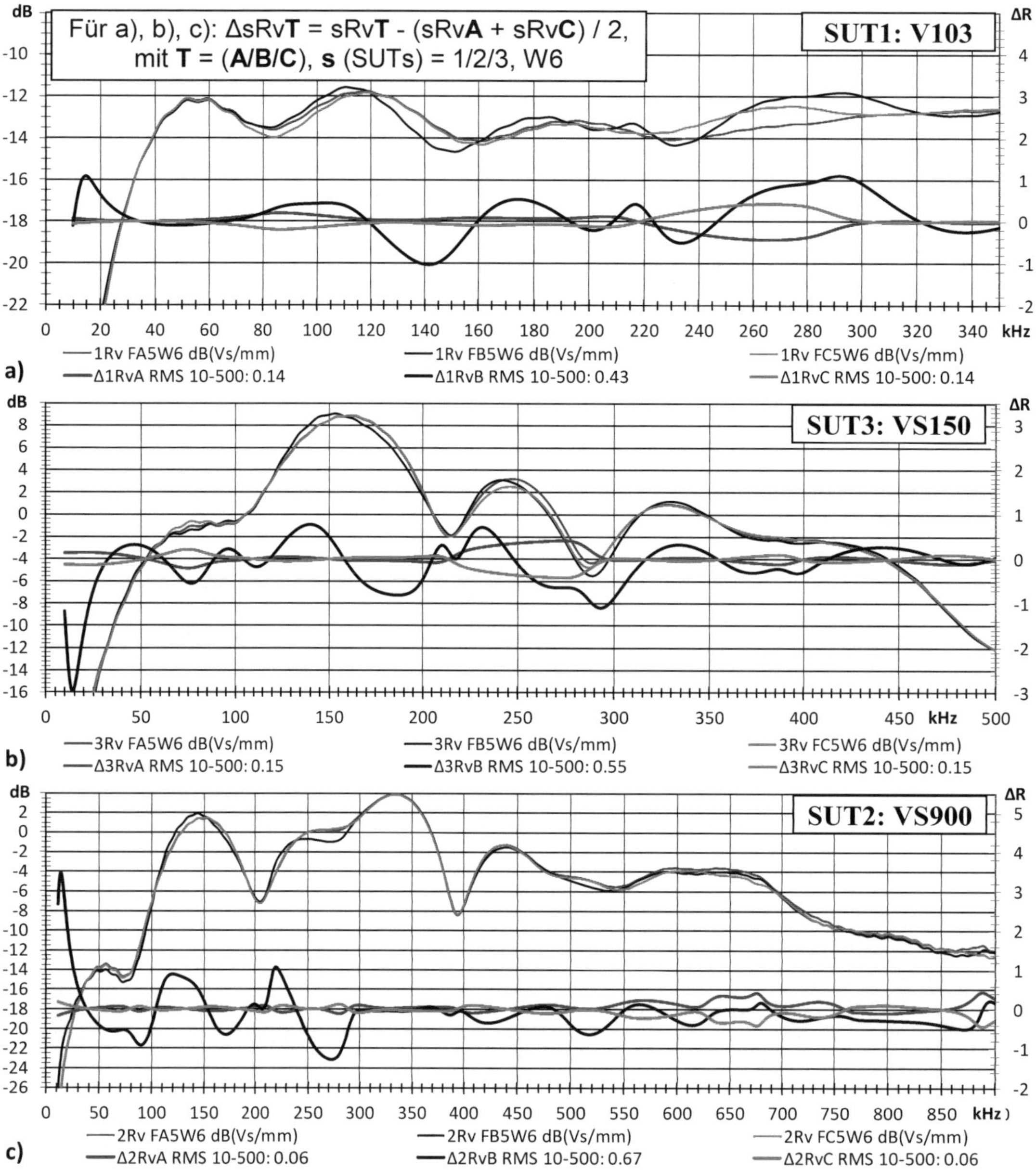

Abb. 9. Empfindlichkeitsspektren, Abweichungen, SUTs und TMs wie in Abb 8,
ΔsRvT = (sRvA + sRvC)/2, s steht für den SUT (1/2/3), T für den TM (A/B/C), Zeitfenster: W6

Die oberen Kurventripletts in allen Diagrammen in Abb. 8 und 9 zeigen drei Empfindlichkeitsspektren (**Rv**) a) für SUT1 Typ V103 SN64 (Breitband), b) für SUT3, Typ VS150-M SN 6379 (150 kHz resonant), und c) für SUT2, Typ VS900-M SN 4464 (multiresonant), die unter Verwendung der TM A (rot), B (schwarz) und C (blau), in Bezug auf die linke Skala in dB. Das untere Kurventriplett zeigt in gleicher Farbzuordnung die Abweichungen vom Mittelwert der Rv Kurven (**ΔsRvT**), in Bezug auf die rechte Skala in dB. Für Abb. 8

wurden alle drei Rv Kurven gemittelt, für Abb. 9 nur RvA und RvC, da gemäß Abb. 7 die TMs A und C homogener sind als B. Die Rv Kurven in Abb. 9 sind bereits mit der mittleren Abweichung der gemessenen Kurven (Abb. 10 b)) korrigiert. Dies bewirkt nur sehr kleine Änderungen für TA und TC aber große für TB. Jede Legende der ΔRv Kurven zeigt einen Frequenzbereich in kHz und einen Zahlenwert, der dem quadratischen Mittelwert (englisch RMS) der ΔRv Kurve über dem genannten Frequenzbereich entspricht.

Von den Spektren in a) wird nur der Bereich bis 350 kHz angezeigt, um die Auflösung für niedrige Frequenzen zu erhöhen. Die Abweichungen über 320 kHz sind nicht relevant.

Tabelle 1 fasst die Streuungen in Abb. 8 und 9 zusammen: Mit der Anwendung von W6 statt W7 kann die Empfindlichkeitsstreuung bei Verwendung von TA und TC drastisch reduziert werden. Die unterste Linie der Tabelle 1 zeigt, als Verbesserungsfaktor, das Verhältnis der Werte in Zeile ØW7 zu ØW6.

Tabelle 1. Empfindlichkeitsunterschiede von drei Transmittern, drei SUT Typen, zwei FFT-Fenster

SUT		RMS Werte in dB			Spitze-Spitze-Werte (PP) in dB		
Abb	**Typ**	**TA**	**TB**	**TC**	**TA**	**TB**	**TC**
8a)	V103	0.55	0.61	0.55	4.50	2.60	3.20
8b)	VS150	0.71	0.76	0.84	5.50	4.50	5.80
8c)	VS900	0.87	0.75	1.21	3.50	3.10	6.20
ØW7		**0.71**	**0.71**	**0.87**	**4.50**	**3.40**	**5.07**
9a)	V103	0.14	0.43	0.14	1.60	2.20	1.60
9b)	VS150	0.15	0.55	0.15	0.60	1.90	0.50
9c)	VS900	0.06	0.67	0.06	0.40	4.40	0.40
ØW6		**0.12**	**0.55**	**0.12**	**0.87**	**2.83**	**0.83**
*		**6.09**	**1.28**	**7.43**	**5.19**	**1.20**	**6.08**

ØWw = Durchschnitt f. Ww * = Verbesserungsfaktor (ØW7 / ØW6)

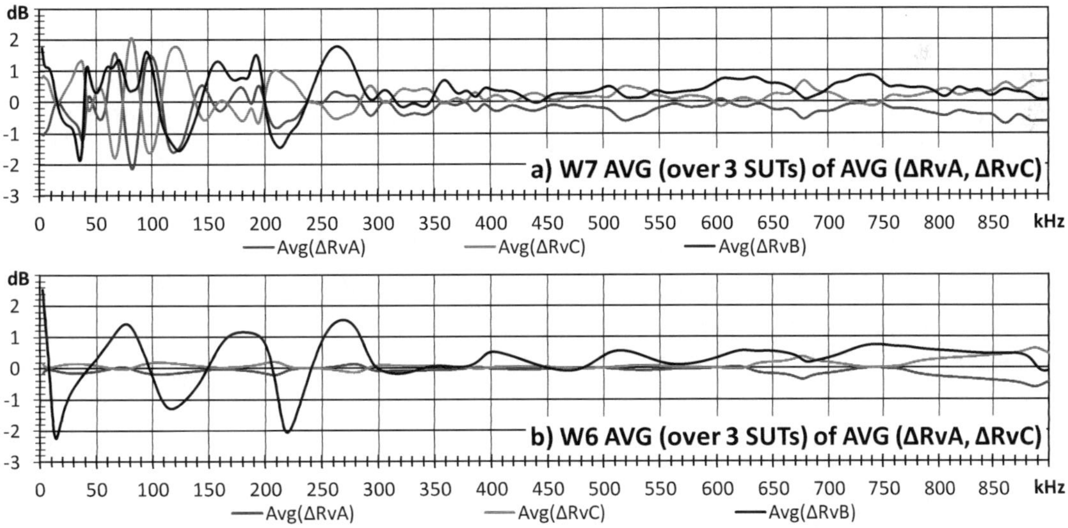

Abb. 10. Über 3 SUT Typen gemittelte Abweichungen vom Mittelwert (ΔRv) der Empfindlichkeitsspektren RvA & RvC (ohne RvB), a) mit Fenster W7, b) mit Fenster W6.

Für Abb. 10 wurde, wie für Abb. 9, der Mittelwert aus RvA und RvC (ohne RvB) bestimmt. Gemäß Abb. 10b) sind mit W6 die Empfindlichkeiten von TA und TC fast identisch, aber TB (schwarz) ist deutlich anders. Dies ist plausibel, da gemäß Abb.7 der TB größere Inhomogenitäten der Bewegung aufweist als TA und TB. Abb. 10a) (W7) zeigt für ΔRvB (schwarz) eine ähnliche Kurve wie 10b), aber auch starke Unterschiede zwischen

ΔRvA und ΔRvC, zB bei 80 kHz, 120 kHz und 210 kHz, die nicht plausibel sind. Dies zeigt ebenfalls, dass ein längeres Fenster als W6 die Unsicherheiten vergrößert.

Die Empfindlichkeit, zB RvA, wird gemäß Formel (3) im Wesentlichen über das Verhältnis der Sensorantwort (Usut) zur vom LVM-gemessenen Partikelgeschwindigkeit des Transmitters (VA) bestimmt. Die Rv-Streuungen können sowohl aus Abweichungen der Sensorantworten, als auch aus Differenzen zwischen gemessener Geschwindigkeit bei freiem TM und tatsächlicher Geschwindigkeit bei angekoppeltem SUT resultieren. Abb. 11 zeigt in schwarz die Differenz der mit LVM gemessenen Geschwindigkeitssignale von TA minus TC, in grün die Differenz der SUT2 Antworten (VS900-M SN 4464) bei Anregung mit TA minus TC, und rot gestrichelt die Differenz der Rv Kurven aus Anregung mit TA minus TC. Man würde erwarten, dass grün der Anregung in schwarz folgt. Das ist aber für Fenster W7 weitgehend nicht der Fall. Offensichtlich entwickelt sich die Nachschwingbewegung des SUT anders als die des TM. Die rote Kurve zeigt die Geschwindigkeitsdifferenz bei Anwendung des kürzeren Fensters W6, die sehr gleichförmig ist.

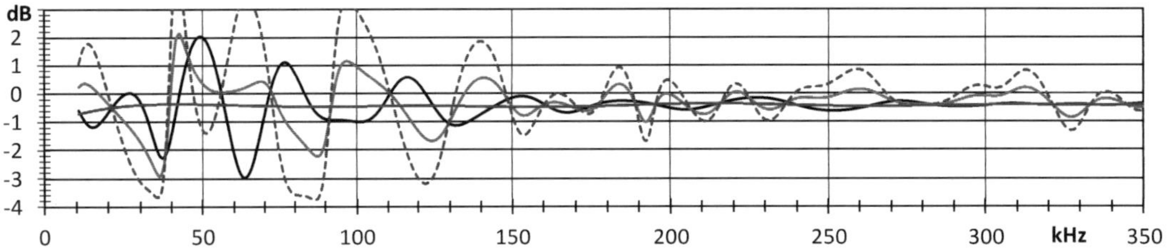

Abb. 11. Auswirkung der W7 Anregungsdifferenz (VFA-VFC, schwarz) und der SUT2 Antwortdifferenz (2FA-2FC, grün) auf die 2Rv-Differenz (rot gestrichelt) in Kontrast zur W6 Anregungsdifferenz (rot), wobei die Bewegung der TM bei freier Fläche und die SUT Antwort bei angekoppeltem SUT gemessen wurden.

Betrachtung der SUT- und Geschwindigkeitssignale im Zeitbereich

Da alle Messungen in Abb. 8 und 9 mit gleicher Pulsamplitude und gleicher Pulswellenform durchgeführt wurden, müssen die Streuungen der Empfindlichkeitsspektren von Eigenschaftstoleranzen des TM verursacht sein. Abb. 12 zeigt die Zeitsignale der Ausgangsspannungen der SUT1 (V103) in dickeren Linien und der Geschwindigkeiten vom LVM in dünneren Linien, bei Anregung durch TA in rot, TB in schwarz oder grün, TC in blau.

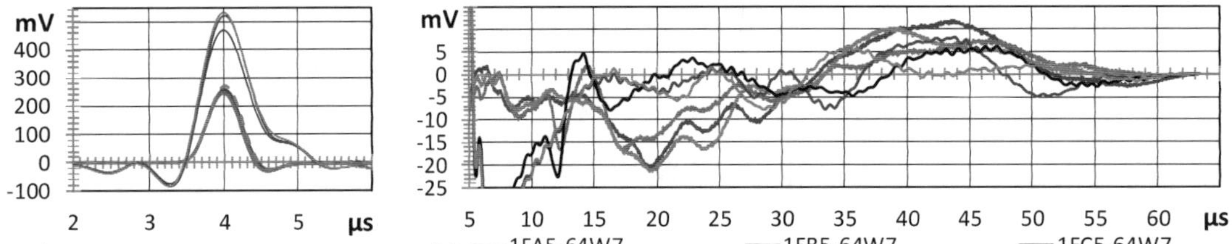

Abb. 12. SUT Antwortspannungen (dick, ca 250 mV) und Geschwindigkeiten vom LVM (dünn, ca 500 mV) von TA (rot), TB (grün oder schwarz), TC (blau). Hauptimpuls in a), Nachschwingungen vergrößert in b).

Abb. 12a) zeigt bei 4 µs die Spitzenamplituden der SUT Signale (ca 260 mV) und der Geschwindigkeitssignale (ca 530 mV, um Faktor 80 verstärkt). Abb. 12b) zeigt die Nachschwingungen im Bereich von 5 bis 70 µs. Die Legende in 12b) gilt auch für 12a). Die Namen der SUT Signale beginnen mit “1F”, die der Geschwindigkeitssignale mit “VF”. Das dritte Zeichen, A, B oder C, kennzeichnet den Transmitter. Die TB-Signale (grün SUT, schwarz Velocity) zeigen bei 13 µs einen starken Anstieg, der in den TA und TC Signalen nicht zu sehen ist. Offensichtlich stammt dieser Anstieg von dem zusätzlichen Impuls in Abb. 7, TB-W6, 8 µs nach der Spitzenanregung.

Der Verlauf der roten und blauen SUT Kurven (1F..) von 7 µs bis 53 µs lässt eine Vollwelle erahnen mit einem Minimum von ca -20mV bei 19 µs und einem Maximum von 12 mV bei 44 µs. Eine Halbwelle von 25 µs entspricht einer Frequenz von 20 kHz. Diese langdauernde Schwingung sehr niedriger Amplitude führt zu einer Erhöhung des Empfindlichkeitsspektrums bei 20 kHz um ca 6 dB, da die FFT-Magnitude für kurze Impulse proportional zum Produkt „Amplitudenmittel mal Zeitfensteranteil“ ist. Bei kurzem Zeitfenster werden solche Nachschwingungen ausgeschlossen, daher zeigt Signal 1Rv FC5W7 in Abb. 8a) bei 20 kHz 6 dB mehr an als 1Rv FC5W6 in Abb. 9a). Der Begriff „Empfindlichkeit“ ist bei Impulsansteuerung irreführend, wenn man annimmt, dass ein Sensor mit z.B. der blauen Empfindlichkeitskurve in Abb, 13 rechts eine höhere Impulsamplitude liefert als ein Sensor mit der roten Kurve.

Auswirkung der Fensterlänge auf die „Empfindlichkeit“

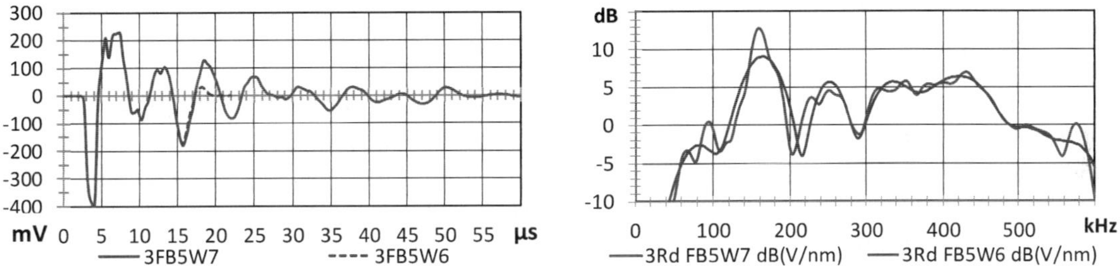

Abb. 13. Fenster W6 (rot), W7 (blau) links Zeitsignal, rechts Empfindlichkeitsspektrum (VS150)

Abb.13 links zeigt das Zeitsignal der SUT Antwort auf die Pulsanregung (Abb. 2). Am Signalanfang überdeckt die rot gestrichelte Kurve (W6) die blaue (W7). Die rote Kurve kehrt bei 21 µs weich auf Null zurück, die blaue bei 64 µs. Abb. 13 rechts zeigt die Empfindlichkeitskurven: Obwohl die Maximalamplituden für beide Zeitsignale in a) gleich sind, zeigt rot bei 160 kHz eine um ca 4 dB niedrigere Empfindlichkeit an, weil die rote Zeitkurve früher als die blaue auf Null zurückkehrt und die Nachschwingungen kürzt.

Wenn ein Anwender damit leben kann, dass die mit W6 statt W7 Fenster verarbeiteten Daten einige Resonanzeigenschaften unterbewertet, gewinnt er dafür den Vorteil der kleineren Streuung.

Zusammenfassung

Die Empfindlichkeitsspektren, die mit der F2F Methode mit einem 50 µs langen FFT-Fenster (W7) gewonnen werden, zeigen nach Tabelle 1 Abweichungen vom Mittelwert von bis zu 6,2 dB Spitze-Spitze, bis 1,2 dB RMS (root mean square), und im Mittel über alle 9 SUT-TM-Paare 0.77 dB RMS. Es wurden 3 TM Exemplare des Typs V104 und 3 SUT Typen (V103, VS150, VS900) eingesetzt. Die genannten Abweichungen lassen sich durch die Verwendung des nur 11 µs langen Fensters W6 drastisch reduzieren, zB. die RMS Mittelwerte von ΔRvA und ΔRvC über alle SUTs von 0,71 dB auf 0,12 dB! Der Nachteil des kurzen Fensters: Resonanzspitzen in der FFT werden geglättet, da das Nachschwingen sehr früh ausgeblendet wird. Bei resonanten Sensoren wird der Maximalwert der Empfindlichkeit mit kurzem Fenster W6 niedriger angezeigt als mit langem Fenster W7. Dies kann zur Annahme verleiten, Sensoren seien deswegen weniger empfindlich. Abb. 13 stellt richtig, dass die Maximalamplitude mit kurzem Fenster gleich hoch ist wie mit langem Fenster, was bei Anwendung von transienter AE wichtig ist. Bei Anwendung von kontinuierlicher AE wird mit W6 die Empfindlichkeit der Resonanzspitze tatsächlich zu niedrig angezeigt.

Hinsichtlich der Streuung der Empfindlichkeitsspektren durch TM-Unterschiede konnten wir eine Ursache, eine TM-Exemplar-spezifische Inhomogenität der Bewegungsverteilung über der TM Fläche (Abb. 7) identifizieren.

Theoretisch kommen noch mehr Effekte in Frage;

- Die enge Kopplung von SUT und TM bildet ein kombiniertes Piezoelement mit spezifischer Geometrie und Resonanzeigenschaften. Diese beeinflussen das Spektrum der Bewegung an der Grenzfläche. Jede Veränderung dieser Eigenschaften, z.B. bei Verwendung eines anderen TM, verändert das Spektrum und erhöht die Streuung.
- Abb. 12b) zeigt gemessene Nachschwingbewegungen an der freien TM Kontaktfläche. Wenn der SUT an den TM angekoppelt wird, beeinflusst die vorgenannte Kombination zweier Piezoelemente das Spektrum der Nachschwingbewegung. Verändert man nun Eigenschaften des TM, zB durch Austausch mit einem anderen TM, verändert dies das Spektrum der Nachschwingung und erhöht die Streuung.
- Abb. 12b) zeigt auch Nachschwingbewegungen des SUT, die durch den TM gemäß dessen Eigenschaften bedämpft sind. Ändern sich die Eigenschaften, zB durch Ankopplung eines anderen TM, dann ändert sich das Spektrum und das erhöht die Streuung.
- Resonanzen entwickeln sich über eine gewisse Zeit und können sehr lang anhalten. Je länger das FFT-Fenster ist, umso stärker reagieren die Spektren auf kleinste Eigenschaftsänderungen.

Auch wenn man TMs fände, die für alle SUT Typen identische Kurven ermöglichen, würde sich das Verhalten eines SUT im F2F Aufbau von dem einer praktischen Anwendung unterscheiden:

- Rayleighwellen oder schräg auftreffende Volumenwellen können die Empfindlichkeit reduzieren, wobei der Durchmesser der sensitiven Fläche des SUTs eine Rolle spielt,
- die Bedämpfung des SUTs durch ein reales Testobjekt verursacht ein anderes Nachschwingverhalten als die Bedämpfung des SUT's durch den TM.
- Die akustische Impedanz des Prüfobjektmaterials hat gewissen Einfluss.

Prinzipiell ist die Empfindlichkeit eines SUTs in der Anwendung durch viele Faktoren beeinflusst. Keine Verifikationsmethode kann für alle Anwendungen „richtig“ sein. Ziel der F2F Methode ist gute Reproduzierbarkeit, das bedeutet, dass mit jedem verifizierten Transmitterexemplar für den gleichen SUT das gleiche Ergebnis entsteht. Dieser Beitrag soll nachweisen, dass dies mit einem 11 µs langen Fenster eher erreicht werden kann als mit einem 50 µs langen.

Referenzen

[1] R. Hill, “Reciprocity and Other Acoustic Emission Transducer Calibration Techniques,” JAE 1-73 (1982)

[2] K. Ono, H. Cho, T. Matsuo, “Experimental Transfer Functions of Acoustic Emission Sensors,” JAE 26-72 (2008)

[3] B. Burks, M. A. Hamstad, “An Experimental-numerical Investigation of the Face-to-face Sensor Characterization Technique.” Mat Eval. 2015, 73, 414-423.

[4] K. Ono, “Calibration methods of acoustic emission sensors,” Materials, 2016, 9, 508.

[5] H. Vallen, “Proposal for an absolute AE sensor calibration setup”, in Proceedings of the World Conference on Acoustic Emission, Xi'an, China, 11–13 October 2017.

[6] H. Vallen, “AE sensor sensitivity verification using a stimulated motion verified by laser-vibrometry. In Proceedings of the 33rd European Working Group on Acoustic Emission, Senlis, France, 12–14 September 2018, https://www.ndt.net/article/ewgae2018/papers/21.pdf

Schallemissionsprüfung an einem neuartigen Leichtbau-Drehgestellrahmen aus Kohlenstofffaserverbundwerkstoff während statischer und dynamischer Ermüdungstests

Eberhard SCHULZE [1], Alexander PIETZSCH [1], Lars SCHUBERT [1], Andreas ULBRICHT [2]
[1] Fraunhofer IKTS, Dresden
[2] CG Rail GmbH, Dresden

Kontakt E-Mail: eberhard.schulze@ikts.fraunhofer.de

Kurzfassung. Die Verwendung von kohlenstofffaserverstärkten Kunststoffen (CFK) für Strukturkomponenten gewinnt im modernen Fahrzeugbau aufgrund des enormen Leichtbaupotentials zunehmend an Bedeutung. Bei sicherheitsrelevanten CFK-Bauteilen steht dabei die Zuverlässigkeit an oberster Stelle. So können Missbrauchslasten und Alterungsprozesse während des Betriebs zu Vorschädigungen in CFK-Bauteilen führen, die in einer Verringerung der Lebensdauer resultieren. Derartige Vorschädigungen, wie etwa Zwischenfaserbrüche oder Faserbrüche, müssen daher frühzeitig mittels zerstörungsfreier Prüfverfahren (ZfP) detektiert werden, um ein katastrophales Versagen während des Betriebs auszuschließen. Der Beitrag zeigt das Einsatzpotenzial von Schallemissionsprüfungen (AT) zur Detektion von Strukturschäden in dickwandigen CFK-Komponenten eines neuartigen Drehgestellrahmens, der durch die CG Rail GmbH in Dresden entwickelt wurde.

Eine spezielle Eigenschaft von Faserkunststoffverbunden unter Ermüdung ist, dass Faserbrüche und Delaminationsprozesse sehr starke Schallemissionen (AE) erzeugen, weshalb die Schallemissionsprüfung bei Faserverbundbauteilen international auch besonders erfolgreich angewendet wird. Die Messergebnisse belegen, dass sich insbesondere Frequenzparameter der Burstsignale zur Abschätzung der Quellmechanismen von Schallemissionen bei Fatique-Belastung von Faserverbundbauteilen eignen. Niedrige Werte der gewichteten Vorzugsfrequenz sind für Reibvorgänge vorhandener Risse, Delamination, Rissbildung in der Matrix charakteristisch, hohe Werte für sich aktuell entwickelnde Strukturschäden durch Faserauszug (Pull-out), Ablösen Faser/ Matrix (Debonding) und Faserbruch.

Es wurden statische und dynamische Belastungstests durchgeführt und dabei zwei Messsysteme mit insgesamt 48 Schallemissionssensoren eingesetzt. Mit Schallemissionsanalyse wurden in 42 Einzelmessungen 13 Einzellastfälle statischer Bauteilermüdung begleitet. Während der dynamischen Ermüdungstests in einer zweiten Phase der Messstudie erfolgte AT über 14 Wochen bzw. insgesamt 12 Millionen Lastzyklen.

In den Ergebnissen der statischen Fatique-Tests dominieren erwartungsgemäß die spezifischen Lastfälle die Lage der Quellorte der akustischen Emissionen. Energie- und Frequenzparameter der Bursts im Verlauf der dynamischen Bauteilermüdung ermöglichen Aussagen zur örtlichen und zeitlichen Schadensentwicklung.

Aufbauend auf den parametrisierten Schallemissions-Ortungsplots kann sowohl eine Einordnung der Ergebnisse lokaler Dehnungsmessungen, hinsichtlich der Schadensentwicklung im Bauteil, als auch die spezifische Inspektion des Prüflings mit ZfP-Verfahren erfolgen.

1. Einführung

Die vormals im Fraunhofer-Institut für Zerstörungsfreie Prüfverfahren angesiedelte Arbeitsgruppe „Systeme für Zustandsüberwachung" des Fraunhofer-Instituts für Keramische Technologien und Systeme IKTS forscht seit mehr als 10 Jahren an der Ertüchtigung akustischer Verfahren für den Einsatz als Monitoring-Techniken bei der experimentellen Erprobung als auch im realen Betrieb von Strukturen [6-8]. In diesem Rahmen wurde insbesondere das Bruchverhalten von Faserverbundstrukturen unter dynamischer Beanspruchung untersucht. Eine derartige Beanspruchung tritt zumeist über die gesamte Betriebsdauer von Leichtbaustrukturen auf, wobei keine versagenskritischen Schädigungen auftreten dürfen. Zum Nachweis der Tragfähigkeit über die Lebensdauer werden in der Entwicklungsphase gewöhnlich dynamische Ermüdungstests an CFK-Strukturen durchgeführt, bei denen auftretende Schäden möglichst zerstörungsfrei detektiert und deren Wachstum beobachtet werden muss. Zur zerstörungsfreien Schadensdetektion bietet sich hier auf hervorragende Weise die Schallemissionsanalyse an, mit der Schäden identifiziert und präzise lokalisiert werden können. Aber auch im realen Betrieb von Strukturen eröffnen sich Anwendungsgebiete für dieses Verfahren, um noch unkritische Vorschädigungen in der Verbundstruktur frühzeitig zerstörungsfrei zu detektieren und zu reparieren. Damit kann ein katastrophales Versagen im Betrieb ausgeschlossen werden.

Im Jahr 2017 wurde das IKTS beauftragt, quasi-statische und dynamische Ermüdungstests an einem von der CG Rail GmbH entwickelten, neuartigen Leichtbau-Drehgestellrahmen aus kohlenstofffaserverstärktem Kunststoff (CFK) mit Schallemissionsanalyse zu begleiten. Die Bewertung von Schallemissionsmessungen erfolgt auf der Basis der Schallemissionsrate, der räumlichen Verteilung der akustischen Ereignisse und von Burstparametern wie beispielsweise von Energie und Frequenzinhalt der Burstsignale. Zur Signaldetektion kommen Schallemissionssensoren zum Einsatz, die Emissionen im für das Material spezifischen Frequenzbereich aufzeichnen. Ablösungen von CFK-Lamellen könnten bei Frequenzen bis zu 150 kHz detektierbar sein, Faser-Debonding oder Faserrisse emittieren höhere Frequenzen. Störende Effekte können herausgefiltert werden, wenn sie im niedrigen und für die Schadensentwicklung untypischen Frequenzbereich auftreten.

2. Anlage und Durchführung der Messungen

Die Abbildungen 1 und 2 zeigen die Positionen der insgesamt 48 Schallemissionssensoren auf dem Drehgestellrahmen. Die Abbildung 3 zeigt einen Ausschnitt der Sensorbefestigung.

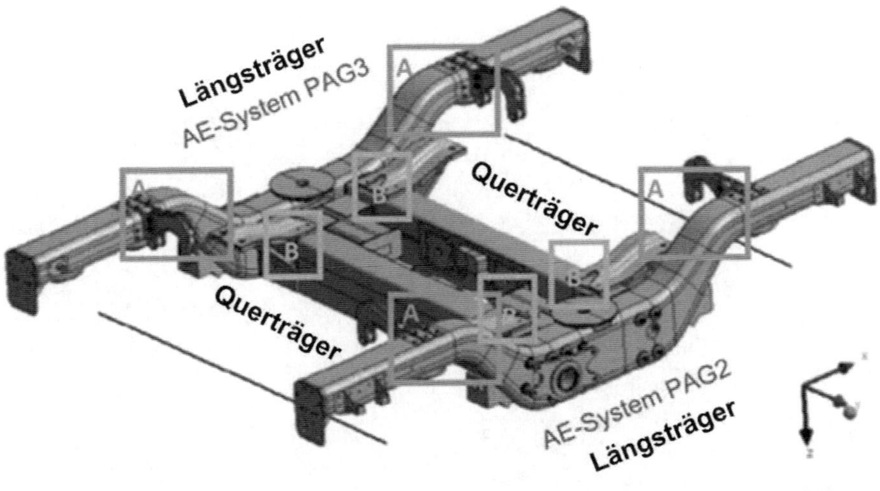

Abb. 1. Instrumentierung der Schallemissionsmesstechnik auf dem Drehgestellrahmen, zwei AE-Messsysteme PAG2 und PAG3 (PAG - Gerätbezeichnungen), in jeder Zone A auf den Längsträgern 8 AE-Sensoren, in jeder Zone B auf den Querträgern 4 AE Sensoren.

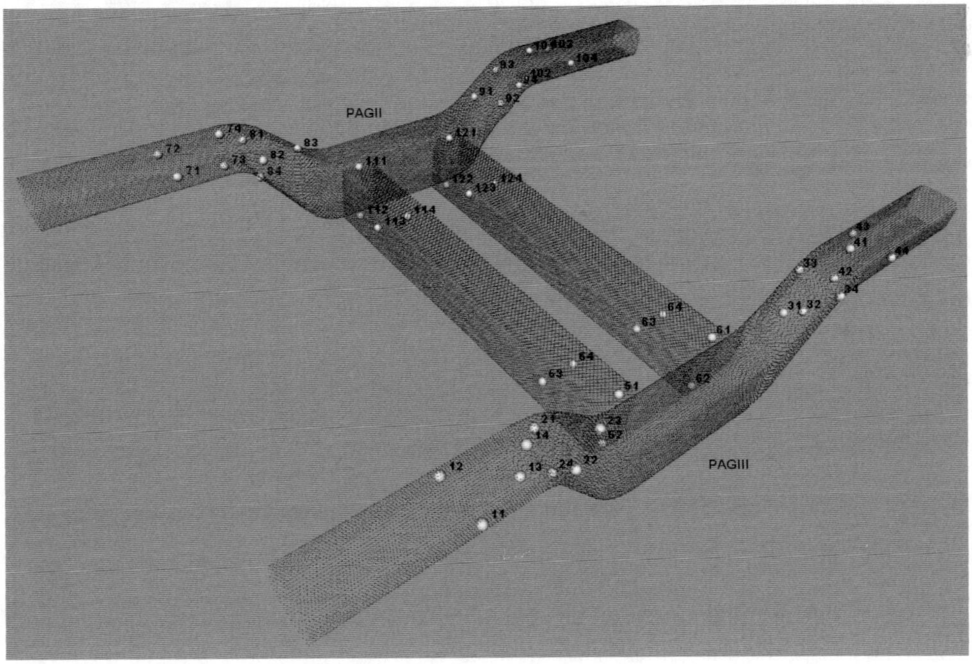

Abb. 2. Positionen der Schallemissionssensoren auf dem Drehgestellrahmen, zwei AE-Messsysteme PAG2 und PAG3 mit je 24 akustischen Sensoren.

Abb. 3. Sensorbefestigung mit Spannbändern, je 2 Sensoren wurden an gegenüberliegenden Seiten der Struktur mit Führungskappen (rot) fixiert, auf den senkrecht dazu liegenden Ebenen verläuft das Spannband durch Abstandskappen (rot), an den Radien der Struktur durch Schutzknie aus Gummi.

Die Messungen wurden mit der im IKTS entwickelten Messtechnik, bestehend aus dem Mehrkanal-Akustik-System MAS und den Schallemissionssensoren vom Typ KAR601S mit folgenden Parametern durchgeführt:

Bulk Sampling-Frequency	=	12.5 MHz
Channels/ MAS	=	4
Gain Choice	=	54 dB
Sensor capacity	=	150 pF
Samplerate	=	0.32E-06 s
Pretrigger	=	1024 Samples
Posttrigger	=	15360 Samples

Zwei Sensoren wurden jeweils gegenüber mit einem Spannband an die CFK-Struktur angedrückt. Die Ankopplung erfolgt beim Sensortyp KAR601S über eine vorgespannte Membran im Sensorfuß. Die dazu erforderliche Kraft beträgt 50 N. Es wurde Koppelgel eingesetzt.

Vor den statischen Ermüdungstests erfolgten an den Sensorpositionen Messungen zur Funktionstüchtigkeit und Ankopplungsgüte der Sensorik mit einer Hsu-Nielsen Quelle (Bleistiftminenbruch). Aus den Ergebnissen dieser Untersuchungen wurden die Geschwindigkeiten der unterschiedlichen Plattenwellenmoden bestimmt. Neben dem starken Einfluss der Dispersion der geführten Wellen, d.h. der Abhängigkeit der Ausbreitungsgeschwindigkeiten von der Frequenz der Wellenmoden, besteht in dem mehrlagig aufgebauten CFK-Verbundwerkstoff auch eine starke Winkelabhängigkeit der Schallgeschwindigkeit, d.h. ein Einfluss der Faserorientierung im Laufweg der akustischen Welle auf die Schallgeschwindigkeit. Für den schnelleren und höherfrequenteren symmetrischen Wellenmode wurden bei Testmessungen an CFK-Platten winkelabhängige

Variationen der Schallgeschwindigkeit von bis zu 100 % ermittelt. Zur präzisen Ortung von Ereignissen in dem CFK-Verbundwerkstoff wurden die hochfrequenten symmetrischen Wellenmoden durch einen dynamischen Bandfilter unterdrückt und mit dem niederfrequenten aber amplitudenstarken asymmetrischen Wellenmode A0 gearbeitet. Die zur Ortung genutzte mittlere Geschwindigkeit für diesen Mode beträgt 1500 m/s.

Für die planare Ortung wurden die Oberflächen beider CFK-Längsträger und beider CFK-Querträger des Drehgestellrahmens in je 4 Ortungsebenen abgewickelt, die sich in der Seite des Auftrennens des 3D-Modells unterscheiden. Abhängig von der Lage des Triggerkanals wurde diejenige der vier Ebenen für die planare Ortung gewählt, in der der triggernde Sensor möglichst zentral liegt. Abschließend wurden die planaren Ortungsergebnisse in den insgesamt 16 Ortungsebenen für beide Messsysteme in das 3D-Modell rücktransformiert.

3. Messergebnisse

Im Rahmen der quasistatischen Belastungstests wurden insgesamt 14 Lastfälle mit unterschiedlichen Lasteinleitungspunkten durch Schallemissionsmessungen mit beiden Messsystemen begleitet. Parallel zu den Schallemissionsdaten wurden ausgewählte Kraftsignale als analoge Messgrößen aufgezeichnet.

Das LOG-File des Ortungsprogrammes für den Messzyklus 1-1 (Lastfall2, 90% Last) mit dem Messsystem PAG2 gab beispielhaft folgende Statistik aus:

Located Hits (Events): 914 (76 % of recorded Hits)
Processing Error 1, Plane not found for Sensors: 0 (0 % of recorded Hits)
Processing Error 2, Pick-Time-Differences too high: 18 (2 % of recorded Hits)
Processing Error 3, AIC-Amplitude-Differences too low: 188 (16 % of recorded Hits)
Processing Error 4, Pick-Time-Differences too low (EMP): 10 (1 % of recorded Hits)
Processing Error 5, Localisation-Matrix singular: 28 (2 % of recorded Hits)
Processing Error 6, Distance Focus-Trigger too large: 31 (3 % of recorded Hits)
Processing Error 7, Time-Residue too large: 0 (0 % of recorded Hits)
Processing Error 8, AE-Focus outside of Structure: 6 (1 % of recorded Hits)

66 % aller Ortungen erfolgte mit mehr als drei Sensoren, dabei beträgt das maximale Zeitresiduum 25 µs, so dass mit einer guten Ortungsgenauigkeit von wenigen cm gerechnet werden kann. Die parametrisierten Ortungsplots bilden Mittelwerte der Schallemissionsparameter in den 5x5x5 mm³ Raumzellen ab. Erwartungsgemäß dominieren die spezifischen Lastfälle die Lage der Quellorte der akustischen Emissionen.

Für ZfP wie die Schallemissionsanalyse bildet die zuverlässige Identifizierung der unterschiedlichen Versagensmoden (Faserbruch „FB", Zwischenfaserbruch „ZFB") mit ihren verschiedenen Ausprägungen in CFK-Werkstoffen gewöhnlich eine besondere Herausforderung (zu Versagensmoden von CFK-Werkstoffen siehe etwa [3], [4] und [5]). Zur Unterscheidung zwischen einer Delamination (interlaminarer „ZFB") und einem Faserbruch muss etwa der Schädigungsfortschritt direkt mit den Schallemissionsparametern korreliert werden. Dafür haben sich Messungen im Rahmen von Zug- und Biegeversuchen etabliert [2]. Bisherige Messungen an CFK-Werkstoffen belegen, dass sich insbesondere Frequenzparameter der Burstsignale zur Abschätzung der Quellmechanismen von Schallemissionen bei Fatique-Belastung von Faserverbundbauteilen eignen. Die beispielhaft in Abbildung 4 dargestellte gewichtete Vorzugsfrequenz (WPF) [2] zeigt niedrige Werte (< 100 kHz, blau) für Reibvorgänge vorhandener Risse, Delaminationen sowie Rissbildung in der Matrix und hohe Werte (> 160 kHz, gelb) für sich aktuell entwickelnde Strukturschäden durch Faserauszug (Pull-out), Ablösen Faser/ Matrix (Debonding), Faserbruch.

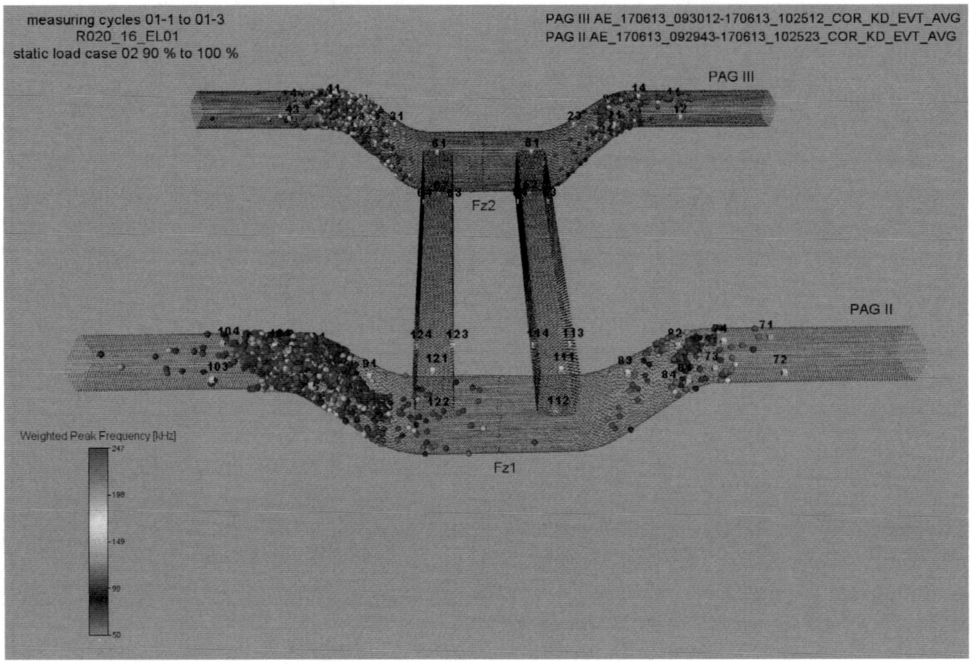

Abb. 4. Quasistatischer Belastungstest des Drehgestellrahmens, Lastfall 2 (Lasteinleitung Fz1), Einzelmessungen 1 bis 3 (90% bis 100 % Last), 3D-Schallemissions-Ortungsplot, farbkodiert: Gewichtete Vorzugsfrequenz (WPF) der Bursts.

Die sich an die quasistatischen Belastungstests des Drehgestellrahmens anschließende Phase der dynamischen Belastungstests nach DIN EN 13749:2011dauerte 14 Wochen und wurde in analoger Messkonfiguration vollständig mit Schallemissionsanalyse begleitet. Es wurden insgesamt 12 Millionen Lastzyklen mit einer Frequenz von ca. 1,5 Hz eingebracht, wobei nach der Norm lediglich 10 Millionen Lastzyklen zu absolvieren sind. Jeweils eine Million Lastzyklen wurden mit einem konstanten Lastregime durchgeführt, d.h. mit oder ohne Zusatzlasten, wie z.B. Bremskräfte simulierende Torsionslasten.

Wesentliche Herausforderungen bei der Anwendung der Schallemissionsanalyse bei dynamischer Strukturbelastung sind das starke Umgebungsrauschen und die ungünstigen akustischen Eigenschaften der CFK-Werkstoffe, insbesondere die hohe Dämpfung hochfrequenter Wellenmoden. Diesen Anforderungen begegnet das akustische Messsystem durch eine hohe Messwertdynamik, durch Speicherung und Bewertung der vollständigen Wellenformen sowie durch spezielle Auswertealgorithmen. Das prinzipielle Vorgehen bei der Auswertung und Angaben zum Messsystem wurden bereits ausführlich im Rahmen des 19. Kolloquiums Schallemission [1] vorgestellt.

Mit dem Messsystem PAGII/Fz1 wurden während der 12 Millionen Lastzyklen 6.121.257 Schallemissionen geortet und parametrisiert, mit dem System PAGIII/Fz2 5.195.775. Als Burstparameter stehen u.a. Maximalamplitude, Burstlänge, Anstiegszeit, Energie, Leistung, Vorzugsfrequenz sowie die gewichtete Vorzugsfrequenz für eine versuchszeit-, versuchslast- oder raumbezogene Auswertung zur Verfügung. 3D-Schallemissions-Ortungsplots gestatten die farbkodierte Darstellung von Mittelwerten oder Summen der Burstparameter in den 5x5x5 mm^3 Raumzellen des Drehgestellrahmen-Modells. Zonen erhöhte Schallemissionsaktivität bilden sich neben den Darstellungen der Anzahl von Events besonders gut in den Ortungsplots mit der farbkodierten Summe der Energie in den Raumzellen ab. Die Abbildungen 5 und 6 beinhalten diese 3D-Ortungsplots für die finale Testperiode zwischen 11 und 12 Millionen Lastzyklen.

Die Abbildungen 7 und 8 zeigen die Mittelwerte der gewichteten Vorzugsfrequenz als Farbparameter der Ortungsplots für die finale Periode der dynamischen Bauteilbelastung. Hier gilt, wie bereits oben angeführt, das sich aus den Frequenzparametern auf dominante Quellmechanismen schließen lässt. Niedrige WPF-Werte (<100 kHz, blau) sind charakteristisch für Reibung vorhandener Risse/ Delaminationen, hohe WPF-Werte (>160 kHz, gelb) für sich aktuell entwickelnde Strukturschäden (Faserauszug, Ablösen Faser/ Matrix und Faserbruch). Nach 11 Millionen Lastzyklen sind nur noch wenige Zonen am Längsträger PAGIII/Fz2 mit hohen WPF-Werten zu erkennen. Das deutet darauf hin, dass nach 11 Millionen Lastwechseln sich kaum noch neue Vorschädigungen in der CFK-Struktur des Längsträgers PAGII/Fz1 entwickelt haben. Dies belegt die Robustheit des Designs.

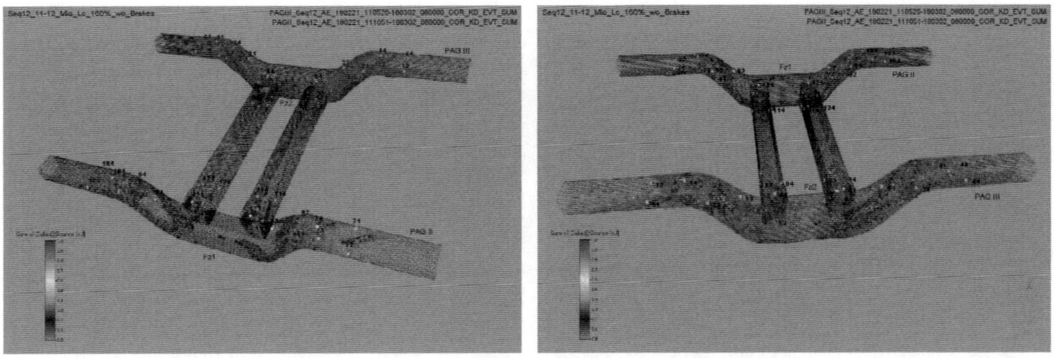

Abb. 5. Dynamischer Belastungstest des Drehgestellrahmens, 3D-Schallemissions-Ortungsplot, Testperiode zwischen 11 und 12 Millionen Lastzyklen, farbkodiert: Summe der Energie der Burstsignale in den 5x5x5 mm³ Raumzellen in pJ, berechnet für den Quellort, links: Vorderansicht des Längsträgers PAGII/Fz1, rechts: Vorderansicht des Längsträgers PAGIII/Fz2.

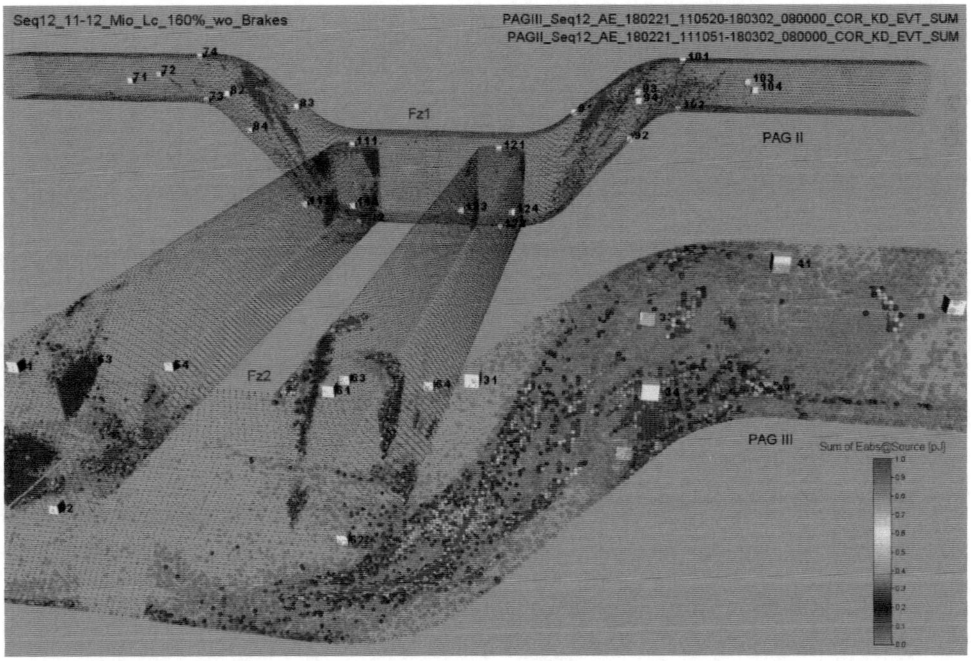

Abb. 6. Dynamischer Belastungstest des Drehgestellrahmens, 3D-Schallemissions-Ortungsplot, Testperiode zwischen 11 und 12 Millionen Lastzyklen, farbkodiert: Summe der Energie der Burstsignale in den 5x5x5 mm³ Raumzellen in pJ, berechnet für den Quellort, Ausschnitt aus der Vorderansicht des Längsträgers PAGIII/Fz2.

Aufbauend auf den Ortungsplots kann eine spezifische Inspektion des Prüflings mit ZfP-Verfahren erfolgen. Der Schädigungsverlauf während des gesamten dynamischen Belastungsversuches kann alternativ durch Mittelwertbildung im Parameterraum (X-Koordinate des Längsträgers, Z1 Lastzyklus) visualisiert werden. Abbildung 9 zeigt dies beispielhaft für die Gewichtete Vorzugsfrequenz der Bursts. In dieser Darstellung wird die unterschiedliche Schadensentwicklung in den beiden Längsträgern deutlich. Bereits nach ca. 10 Millionen Lastzyklen sind am Längsträger PAGII/Fz1 nur noch vereinzelt hohe WPF-Werte zu erkennen, d.h. an diesem Längsträger dominieren bereits nach ca. 10 Millionen Lastzyklen Reibvorgänge vorhandener Risse und Delaminationen. Auch an diesem Längsträger zeigt sich das robuste Design dadurch, des es zur keiner signifikanten Entwicklung von neuen Strukturschäden durch Faserauszug, Ablösen Faser/ Matrix und Faserbrüche kam.

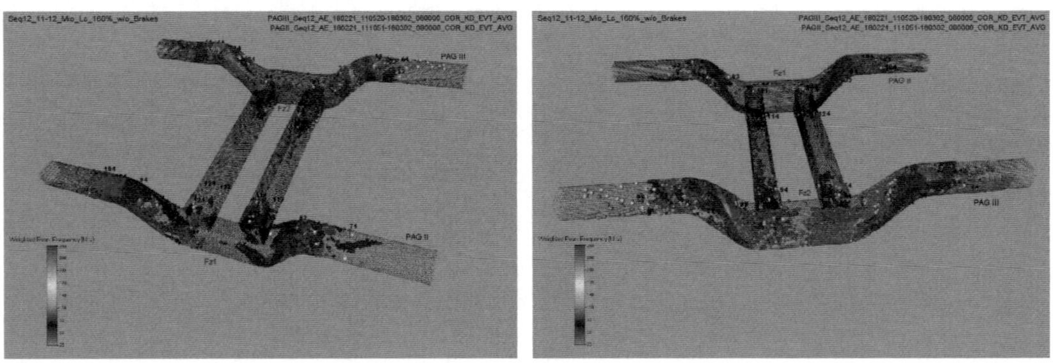

Abb. 7. Dynamischer Belastungstest des Drehgestellrahmens, 3D-Schallemissions-Ortungsplot, Testperiode zwischen 11 und 12 Millionen Lastzyklen, farbkodiert: Mittelwerte der Gewichteten Vorzugsfrequenz der Burstsignale in den 5x5x5 mm³ Raumzellen in kHz, links: Vorderansicht des Längsträgers PAGII/Fz1, rechts: Vorderansicht des Längsträgers PAGIII/Fz2.

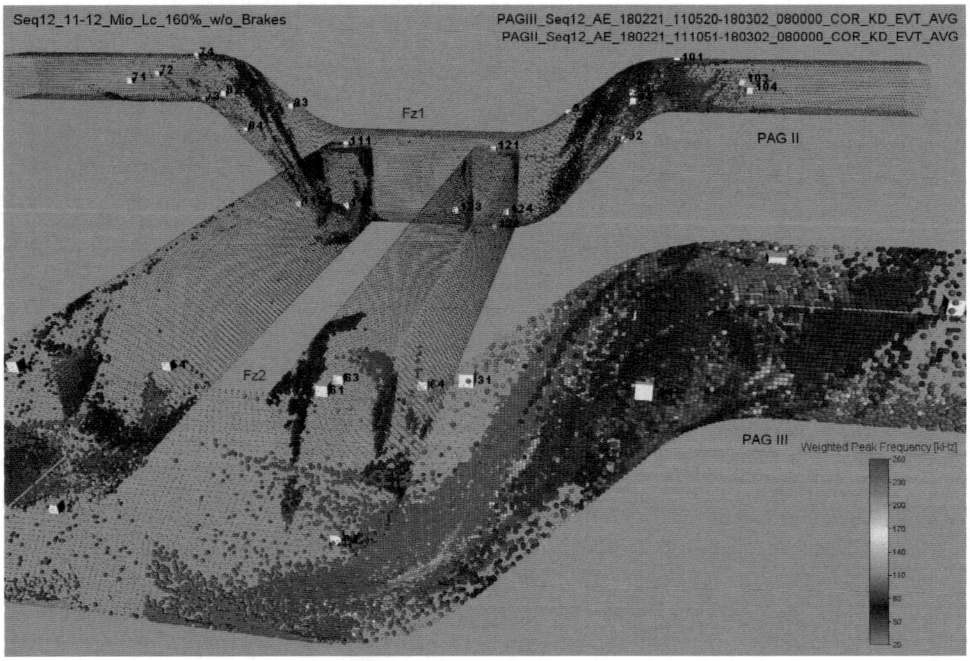

Abb. 8. Dynamischer Belastungstest des Drehgestellrahmens, 3D-Schallemissions-Ortungsplot, Testperiode zwischen 11 und 12 Millionen Lastzyklen, farbkodiert: Mittelwerte der Gewichteten Vorzugsfrequenz der Burstsignale in den 5x5x5 mm³ Raumzellen in kHz, Ausschnitt aus der Vorderansicht des Längsträgers PAGIII/Fz2.

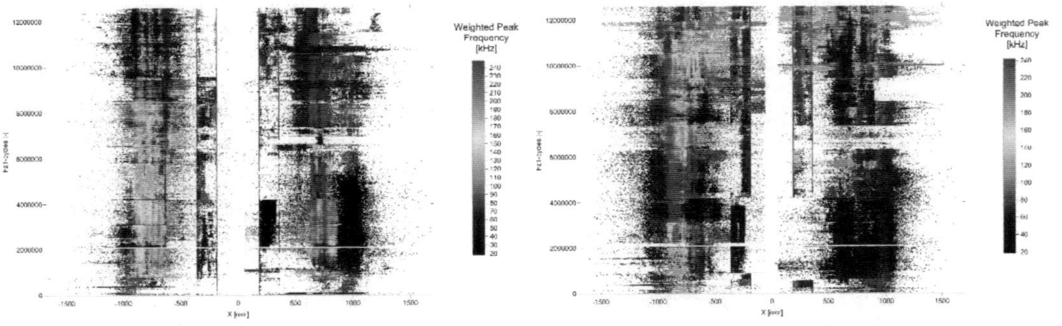

Abb. 9. Dynamischer Belastungstest des Drehgestellrahmens, Parametermittel für den gesamten dynamischen Belastungstest von ca. 12 Millionen Lastzyklen im Parameterraum (X-Koordinate des Längsträgers, Z1-Lastzyklus), farbcodiert: Gewichtete Vorzugsfrequenz der Bursts in kHz, links: Längsträger PAGII/Fz1, rechts: Längsträger PAGIII/Fz2 und jeweils der benachbarte Abschnitt der Querträger.

Referenzen

[1] Schulze, E.: Schallemissionsanalyse im Rahmen dynamischer Ermüdungstests von Faserverbundbauteilen, DGZfP, 19. Kolloquium Schallemission, Statusberichte zur Entwicklung und Anwendung der Schallemissionsanalyse, 12. – 13. September 2013, Augsburg

[2] Hönig, U., Holder, U., Pietzsch, A., Schulze, E., Frankenstein, B., Schubert, L.: Definition of requirements for reference experiments to determine and evaluate various damage mechanisms in fibre composites by acoustic emission, 19th World Conference on Non Destructive Testing, München, Paper, 2016

[3] Cuntze, R. et al.: Neue Bruchkriterien und Festigkeitsnachweise für unidirektionalen Faserkunststoffverbund unter mehrachsiger Beanspruchung – Modellbildung und Experimente. Fortschrittsberichte VDI, Reihe 5, Nr. 506, Düsseldorf: VDI Verlag, 1997

[4] Puck, A.: Festigkeitsanalyse von Faser-Matrix-Laminaten – Modelle für die Praxis. München, Wien: Carl Hanser Verlag, 1996

[5] Ulbricht, A.: Zur Gestaltung und Dimensionierung von zylindrischen Leichtbaustrukturen in Faserkunststoffverbund-Metall-Mischbauweise. Dissertation, Technische Universität Dresden, 2011

[6] Schulze, E.; Schubert, L.; Frankenstein, B.: Monitoring of a wind turbine rotor blade with acousto ultrasonics and acoustic emission techniques during a full scale fatigue test, 5th European Workshop of Structural Health Monitoring, Sorrento, Italy, 29.06.2010-02.07.2010

[7] Schubert, L. / Schulze, E. / Frankenstein, B: „Source Mechanisms of acoustic emissions as an indicator of injury during a full scale fatigue test of a wind turbine rotor blade", 8th International Conference on Structural Dynamics, EURODYN2011, Leuven, Belgium, 4-6 July 2011

[8] K. Tschöke, T. Gaul, F. von Dungern und L. Schubert, „Integrierte Strukturüberwachung sicherheitsrelevanter Fahrzeugkomponenten aus kohlefaserverstärkten Kunststoffverbundwerkstoffen," in Smarte Strukturen und Systeme, M. Wiedemann und T. Melz, Hrsg., Shaker Verlag, 2017, pp. 63-72.

Ein neues Rohrkonzept für Anwendungen in konventionellen Kraftwerken – Überwachung eines Langzeitversuchs im Kohlekraftwerk mit Schallemissionsmessungen

Anne JÜNGERT [1], Meike MAYLANDT [1], Maximilian FRIEDRICH [1], Min HUANG [1], Andreas KLENK [1]
[1] MPA Universität Stuttgart, Stuttgart

Kontakt E-Mail: anne.juengert@mpa.uni-stuttgart.de

Kurzfassung. Drucktragende Rohrleitungen in thermischen Anlagen haben bei hohen Betriebstemperaturen eine begrenzte Lebensdauer. Unter Betriebsbelastung kriechen die Rohrleitungen unter der Bildung von Poren und versagen schließlich, wenn nicht rechtzeitig Gegenmaßnahmen eingeleitet werden. Heutige fossil befeuerte Kraftwerke werden flexibel und mit möglichst hohem Wirkungsgrad betrieben. Hohe Wirkungsgrade erfordern höhere Prozesstemperaturen. Um Kriechschäden entgegenzuwirken, werden daher größere Wanddicken benötigt. Zum anderen werden die Kraftwerke zur Kompensation der wetterbedingten Schwankungen der Stromerzeugung durch Wind- und Sonnenenergie öfter an- und abgefahren. Die vermehrten Abkühl- und Aufheizvorgänge führen bei großen Wandstärken zu thermische Zusatzbeanspruchung, die wiederum Ermüdungsprozesse begünstigen. Eine Lösung dieses Dilemmas ist der Einsatz neuer Materialkonzepte.

Ein derartiges Materialkonzept wird aktuell in einem Langzeitversuch im Grosskraftwerk Mannheim (GKM) erprobt. Ein Verbund aus einem Stahlrohr, das mit einem Keramikfaserverbund (ceramic matrix composite) CMC ummantelt ist, ist dort als Bypass einer Frischdampfleitung in Betrieb. Der Keramikmantel kriecht bei der Betriebstemperatur des Kraftwerks nicht und entlastet so längerfristig das Stahlrohr im Betrieb.

Während des Langzeitversuchs wird das Versuchsrohr mit verschiedenen Methoden überwacht. In einem nicht ummantelten Bereich des Stahlrohrs sind Hochtemperaturdehnmessstreifen (HT-DMS) aufgebracht, die die Kriechdehnung des Rohrs überwachen. Im Fasermantel sind außerdem Widerstandsdrähte eingewickelt, über die die Dehnung des Fasermantels überwacht wird. Zusätzlich sind insgesamt sechs temperaturbeständige Schallemissionssensoren auf dem Stahlrohr und dem Fasermantel angebracht. Insbesondere die dauerhafte Instrumentierung des 530 °C heißen Fasermantels mit den Schallemissionssensoren stellte eine große Herausforderung dar. Im Folgenden werden die Voruntersuchungen zur Ankopplung, Ergebnisse von Versuchen im Labormaßstab sowie erste Ergebnisse vom laufenden Bauteilversuch vorgestellt. Der Fokus liegt hierbei auf den Schallemissionsmessungen.

Einführung

In fossil befeuerten Kraftwerken ist die Lebensdauer der Komponenten durch gleichzeitige Wirkung von Druck- und Temperaturlasten bestimmt. Die Betriebsbelastungen der Rohrleitungen führen zu Kriechen zur Bildung von Kriechporen und letztendlich zum Versagen des Bauteils [1]. In der Praxis wird der Zustand der Rohrleitungen über regelmäßige Kontrolle des Gefügebildes bewertet und stark geschädigte Komponenten ausgetauscht. Durch die Energiewende werden fossil befeuerte Kraftwerke heutzutage flexibler betrieben als in der Vergangenheit [2]. Gleichzeitig wird die Erhöhung der Wirkungsgrade durch den Betrieb bei hohen Temperaturen und Drücken angestrebt [3]. Beides stellt besondere Anforderungen an die verwendeten Werkstoffe und Wanddicken der Rohrleitungen. Für einen flexiblen Betrieb wären kleine Wandstärken ideal um thermisch bedingte Ermüdungsprozesse möglichst zu minimieren. Andererseits erfordern die hohen Betriebsdrücke und Temperaturen beim Einsatz etablierter Werkstoffe große Wanddicken. Nickelbasislegierungen, die für höhere Temperaturen geeignet sind, haben den Nachteil, dass sie sehr teuer und sehr anspruchsvoll zu verarbeiten sind, weswegen sie nur in Einzelfällen eingesetzt werden. Als Alternative zu diesen Werkstoffen wird in einem laufenden Forschungsprojekt ein Materialverbund aus einem gegen Kriechdehnung beständigen Keramikfasermantel (Jacket) und einem Stahlinnenrohr (Liner) aus P91 Stahl erprobt [4 bis 6]. Neben Versuchen, die bei erhöhten Temperaturen im Labormaßstab durchgeführt werden, läuft seit Ende August 2018 ein Versuch im Bauteilmaßstab im Grosskraftwerk Mannheim (GKM). Hier ist ein Rohrbogen aus dem Materialverbund als Bypass zu einer Frischdampfleitung T = 530 °C) eingebaut. Zur Überwachung des Rohrbogens kommen verschiedene Überwachungstechniken zum Einsatz. Die Kriechdehnung des Stahlliners wird über Hochtemperaturdehnungsmessstreifen überwacht. Im CMC-Jacket sind Widerstandsdrähte eingebracht, die den globalen Dehnungszustand des Jackets erfassen. Auf der Oberfläche des Stahlrohrs sind zwei und auf der Oberfläche des CMC-Jacket weitere sechs hochtemperaturbeständige Schallemissionssensoren angebracht. Dieser Beitrag beschäftigt sich mit den bisherigen Ergebnissen der kontinuierlichen Überwachung eines Laborversuchs und eines Bauteilversuchs mit Schallemissionsmessungen.

1. Materialverbund und Überwachungstechnik

1.1 Materialverbund

Das neue Materialkonzept, das im Rahmen des Bauteilversuchs erprobt wird, besteht aus einem Stahlrohr (Liner), der mit einem Keramikfaserverbund (CMC)-Jacket ummantelt ist. Der Stahlliner sorgt für die notwendige Gasdichtheit und stellt im Falle von Überlasten eine plastische Verformbarkeit zur Verfügung. Außerdem stellt er die nötige Korrosionsbeständigkeit des Gesamtsystems gegenüber dem im Inneren strömenden Fluides sicher. Beim Ablaufen von Kriechprozessen des Liners wirkt das CMC-Jacket als hoch kriechbeständige Stützstruktur. Der Aufbau ist schematisch in Abb. 1 dargestellt.

Das Jacket wird in Form vorimprägnierter Bänder (Prepregs) um den Stahlliner gewickelt und anschließend bei Temperaturen unterhalb von 770 °C (maximale Anlasstemperatur von P91 nach dem Schweißen) vernetzt und pyrolisiert. Neben den bereits genannten Komponenten des Materialverbunds ist der Liner zusätzlich mit einer keramischen Beschichtung versehen, durch die die Oxidation der Lineroberfläche und somit auch abplatzende Oxidschichten verhindert werden soll. Zwischen Liner und Jacket ist außerdem ein dünnes Keramikfließ eingebracht, das die unterschiedliche Wärmedehnung von Liner und Jacket im Pyrolyseprozess und während des Betriebs ausgleicht und eine vorzeitige Schädigung des Jackets verhindert.

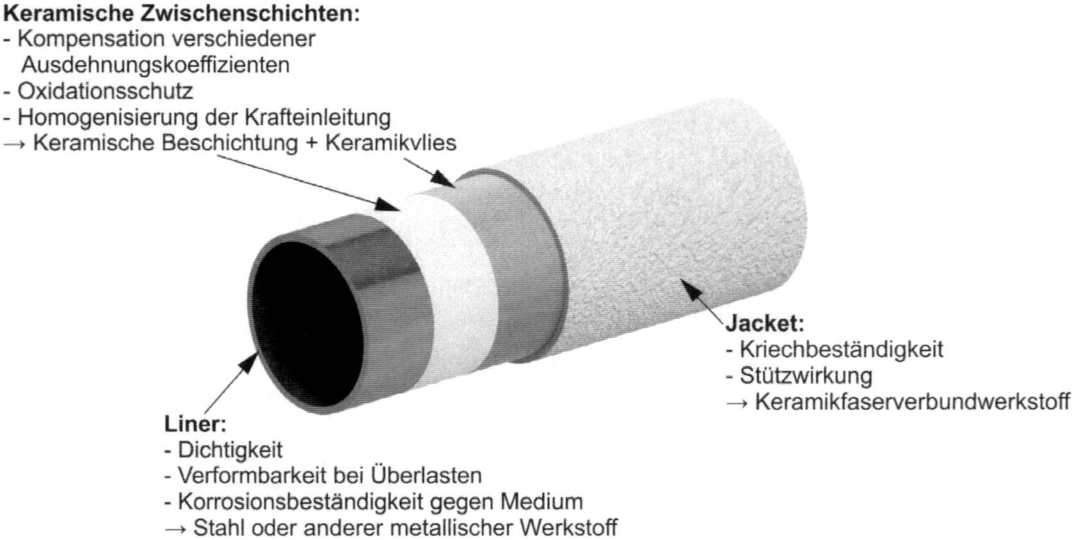

Abb. 1: Aufbau des Materialverbunds

1.2 Überwachungstechnik

Der Materialverbund wird in Laborversuchen an kleinen hohlzylindrischen Proben und einem Bauteilversuch in realen Dimensionen im Kraftwerksbetrieb erprobt. Zur Überwachung des Materialverbunds und zur Sicherstellung des gefahrlosen Betriebs, werden die Untersuchungsobjekte mit verschiedener Überwachungstechnik instrumentiert. Direkt auf dem Liner werden Thermoelemente zur Temperaturüberwachung und hochtemperaturgeeignete Dehnmessstreifen (HT-DMS) angebracht, mit denen die Dehnung des Liners aufgezeichnet wird. Im CMC-Jacket sind Drähte mit eingewickelt worden, anhand deren Widerstandsänderung während des Betriebs der globale Dehnungszustand des Jackets zu erkennen ist.

Als weitere Überwachungstechnik für das CMC-Jacket kommen Schallemissionsmessungen zum Einsatz. Die Sensoren zeichnen Knackgeräusche im Jacket auf und lassen über deren Häufigkeit auf die bereits erfolgte Schädigung im Jacket schließen. Im Bauteilversuch, der bei Temperaturen von etwa 530°C durchgeführt wird, kommen hochtemperaturbeständige Sensoren zum Einsatz, die auf dem Jacket mit einem keramischen Klebstoff angebracht werden. Die Laborversuche werden mit erhöhter Temperatur von 625°C durchgeführt, für die die Schallemissionssensoren nicht mehr geeignet sind. Deshalb kommen hier Wellenleiter aus austenitischem Stahl zum Einsatz, sodass die Sensoren außerhalb des Ofens platziert werden können.

2. Vorversuche im Labormaßstab

Im Labor werden in Vorbereitung auf den Bauteilversuch verschiedenen Untersuchungen durchgeführt. Zur Ermittlung der Kriechbeständigkeit des verwendeten Stahlwerkstoffs des Liners werden Zeitstandsversuche (Zugversuche unter Temperaturlast) am Linerwerkstoff durchgeführt.

Um den Materialverbund im Labormaßstab zu untersuchen, werden zylindrische Hohlkörper mit dem CMC umwickelt und anschließend mit Innendruck und Temperatur beaufschlagt. Die Versuche werden zum Teil statisch, d.h. mit konstantem Innendruck und konstanter Temperatur, oder mit sich zyklisch änderndem Druck und Temperatur durchgeführt. Die zyklischen Versuche sollen die realen An- und Abfahrten infolge der flexiblen Fahrweise heutiger konventioneller Kraftwerk nachstellen. Alle Versuche finden bei gegenüber dem Bauteilversuch erhöhten Beanspruchungen statt, um die ablaufenden Kriechprozesse zu beschleunigen. In Abb. 2 ist eine Laborprobe, an der zwei Wellenleiter für die Schallemissionsmessungen angebracht sind, vor einem statischen Versuch im Ofen zu sehen. In Abb. 2 rechts ist zu sehen, wie die Wellenleiter aus dem Ofen geführt werden. Ein zusätzlicher Wellenleiter wurde im Ofen platziert, um Ofengeräusche aufzuzeichnen. Die Probe wurde für den Versuch mit einem Innendruck von 290 bar und einer konstanten Temperatur von 625 °C beaufschlagt.

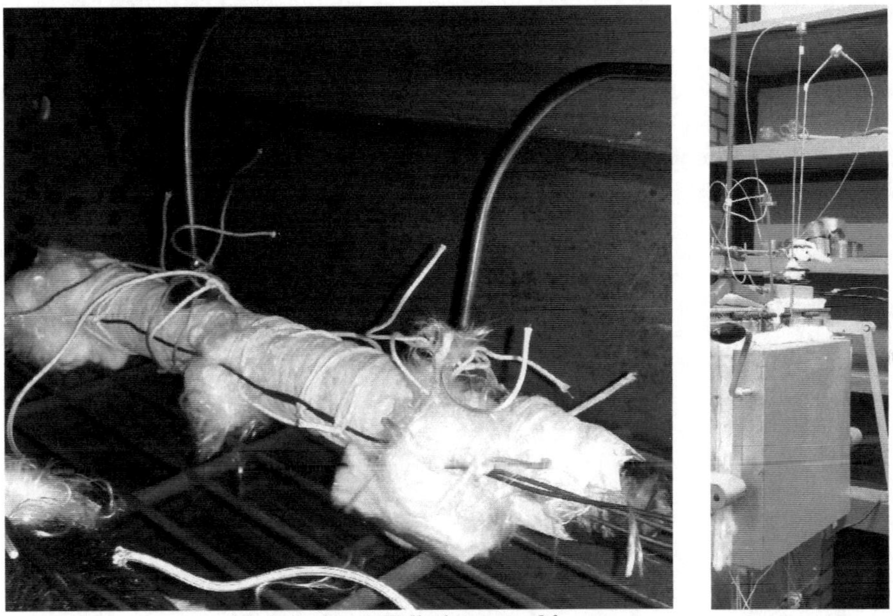

Abb. 2: Probe mit Wellenleitern im Ofen

Die Schallemissionsmessung über die an den Wellenleitern angebrachten Sensoren (Vallen VS150-L) wurden für einen Zeitraum von rund 2600 Stunden durchgeführt. Die Sensoren wurden entfernt, als das Messsystem für die Installation am Bauteilversuch benötigt wurde. Eine weitere Probe mit quasi identischer Wicklung wurde bis zum Versagen weiter belastet. Nach 5700 h Betriebszeit wurde bei dieser eine Leckage festgestellt. Gegenüber einer identisch geprüften Vergleichsprobe ohne CMC-Jacket konnte die Lebensdauer durch das Jacket mehr als verdreifacht werden.

Die Auswertung der Schallemissionsüberwachung gestaltete sich sehr aufwendig und ist bisher noch nicht vollständig abgeschlossen, da die aufgezeichnete Datenmenge aufgrund der langen Versuchsdauer enorm ist. Im Versuch wurde außerdem eine große Anzahl von Schallemissionen aufgezeichnet, die auf Störgeräusche aus dem Ofenbetrieb zurückzuführen sind. Die elektrische Ofensteuerung und die Heizung im Ofen führen zum einen zu elektrischen Störsignalen, die zum Teil direkt auf die Vorverstärker oder die Verkabelungen wirken, zum anderen erzeugen die Heizvorgänge Vibrationen und Klappergeräusche im Ofen. Durch die Verwendung eines weiteren Sensors zur Aufzeichnung der Störgeräusche im Ofen, konnte ein Teil der Störgeräusche in der Auswertung eliminiert werden. Da von einigen elektrischen Störgeräuschen nur einer der beiden Sensoren betroffen war, wurden in der Auswertung nur diejenigen Schallemissionen betrachtet, die an beiden auf der Probe angebrachten Wellenleitern registriert wurden. Es ist davon auszugehen, dass es sich hierbei um Signale handelt, die in der Probe erzeugt wurden. In Abb. 3 sind die derart gefilterten Daten dargestellt. Zeiten mit erhöhter Schallemissionsaktivität sind hier fast immer auf erhöhte Ofenstörgeräusche zurückzuführen, die sich noch nicht zufriedenstellend herausfiltern ließen. Zu Beginn des Versuchs nach Aufbringen von Druck und Temperatur ist ebenfalls eine erhöhte Schallaktivität erkennbar. Dies ist darauf zurückzuführen, dass unter Last zunächst herstellungsbedingte Imperfektionen und Spannungen zu minimalen Schädigungen führen. Sobald sich ein Gleichgewicht eingestellt hat, nimmt die Schallaktivität ab.

Darüber hinaus ist auffällig, dass die Schallaktivität im Laufe des Versuchs abzunehmen scheint. Es wäre zu erwarten, dass die Aktivität bei zunehmender Versuchslaufzeit und Schädigung des Verbunds zunimmt. Die Aktitivitätsabnahme ist nun auf zwei Dinge zurück zu führen. Zum einen hat die Probe, zieht man die bis zum Versagen belastete Probe mit quasi identischer Wicklung zum Vergleich heran, zum Versuchsende noch nicht die Hälfte ihrer Lebensdauer erreicht, so dass mit fortschreitender Schädigung noch nicht zu rechnen war. Zum anderen hat sich vermutlich mindestens einer der Wellenleiter durch die konstanten Vibrationen im Ofen mit der Zeit gelöst. Da hier nur Schallereignisse aufgetragen wurden, die an beiden Sensoren angekommen sind, nimmt mit nachlassender Haftung eines Sensors die dargestellte Schallaktivität ab. Im Moment werden die Filter überarbeitet, um zukünftig genauere Aussagen machen zu können.

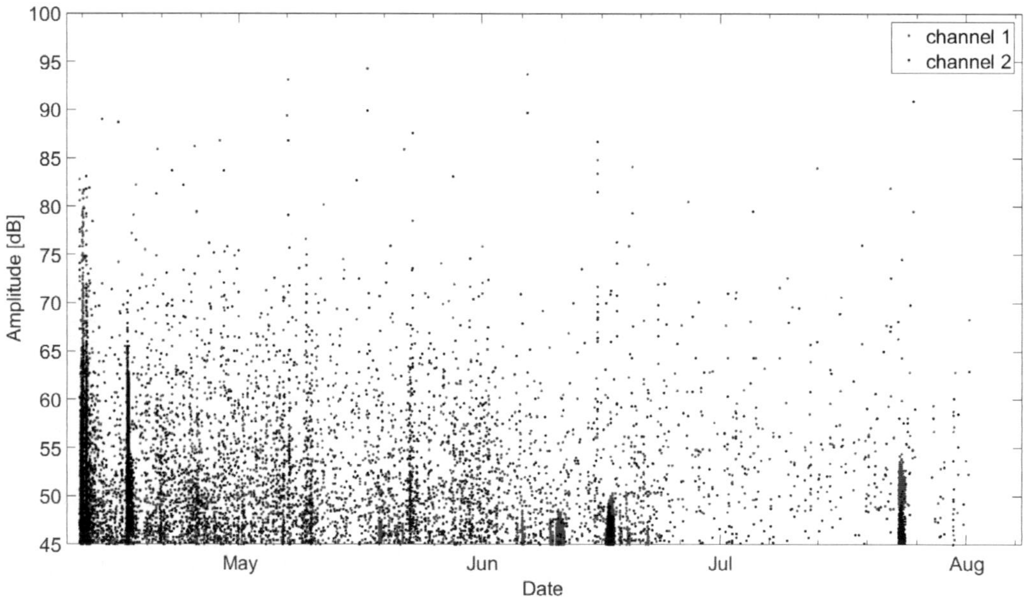

Abb. 3: Schallemissionsdaten, die an beiden auf der Laborprobe angebrachten Sensoren registriert werden konnten.

3. Bauteilversuch

3.1 Vorbereitung des Bauteilversuchs

Für den Bauteilversuch wurde ein Stahlrohr mit üblichem Rohrleitungsdurchmesser von 325 mm und mit einer Wanddicke von 14,2 mm zunächst induktiv gebogen. Anschließend wurde das CMC-Jacket auf den Rohrbogen gewickelt. Das CMC lag hierfür in Form von Prepregs vor, die in Handarbeit um den Rohrbogen gewickelt wurden. Aufgrund der komplizierten Geometrie war der Einsatz einer automatisierten Wickelmaschine nicht möglich. Die Arbeiten fanden beim Projektpartner Schunk Kohlenstofftechnik GmbH statt. Zwischen den CMC-Lagen wurden Widerstandsdrähte für die spätere Dehnungsmessung des Jackets eingebracht. Nach dem Wickeln des Jackets wurde der Bogen einer speziellen

Wärmebehandlung unterzogen, wodurch die Matrix des Verbundwerkstoffs in eine Keramik umgewandelt wurde. Im Anschluss erfolgte der Transport zum GKM, wo der Rohrbogen in den Bypass eingepasst und eingeschweißt wurde.

3.2 Instrumentierung

Zur Zustandsüberwachung des Rohrbogens kommen verschiedene Sensoren zum Einsatz. Die Widerstandsdrähte zur Überwachung des Jacket sind bereits bei der Wicklung des CMC-Jackets eingebracht worden. Nach Einbau des Rohrbogens im GKM wurden außerdem HT-DMS, Thermoelemente und Schallemissionssensoren am Rohrbogen installiert. Die HT-DMS und die Thermoelemente sind in einem nicht ummantelten Bereich auf dem Stahlliner aufgepunktet. In Abb. 4 sind die Sensorpositionen auf dem Rohrbogen schematisch dargestellt.

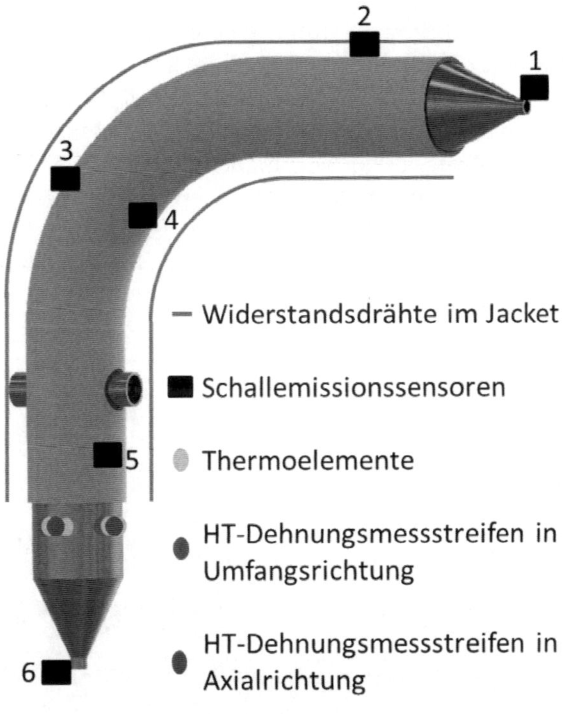

Abb. 4: Versuchsrohrbogen mit Instrumentierung

Für die Schallemissionsmessungen wurden sechs hochtemperaturbeständige Schallemissionssensoren (Physical Acoustics D9215) mithilfe eines keramischen Klebstoffs auf der Rohroberfläche angebracht. Die Sensoren können bei Temperaturen bis 540°C eingesetzt werden. Zusätzlich werden die Sensoren durch austenitische Halterungen und Bänder fixiert (vgl. Abb. 5). Die Auswahl des Klebstoffes erfolgte nach zahlreichen Versuchen mit verschiedenen Klebstoffen [5]. Die dauerhafte Fixierung der metallischen Sensorgehäuse auf dem CMC-Jacket ist aufgrund der stark unterschiedlichen thermischen Ausdehnungskoeffizienten von Metall und Keramik generell schwierig.

Die Sensorpositionen sind in Abb. 4 markiert. Vier der sechs Sensoren befinden sich auf dem CMC-Jacket (Kanalnummer 2-5), zwei Sensoren befinden sich oben und unten auf dem Stahlrohr (Kanalnummern 1 und 6).

Abb. 5: Auf dem CMC-Jacket applizierter und mit Stahlbändern fixierter Schallemissionssensor

3.3 Ergebnisse der Überwachung mit Schallemissionssensoren

Die Überwachung des Versuchsrohrbogens mit Schallemissionsmessungen wurde Ende August 2018 gestartet. Zu diesem Zeitpunkt waren die Schieber zur Frischdampfleitung noch geschlossen und wurden erst am nächsten Tag geöffnet. Der Rohrbogen erfuhr bis zur Öffnung der Schieber weder eine Temperatur- noch eine Drucklast. Zum Zeitpunkt der Öffnung der Schieber, war der Kraftwerksblock nicht im Lastbetrieb Durch Öffnung der Schieber wurde Druck und Temperatur im Rohrbogen den Werten der Frischdampfleitung angeglichen. Diese lagen unterhalb von Betriebsdruck und -temperatur des Lastbetriebs aber deutlich über Umgebungsdruck und -temperatur. Der Rohrbogen erfuhr also eine erste mechanische und thermische Belastung.

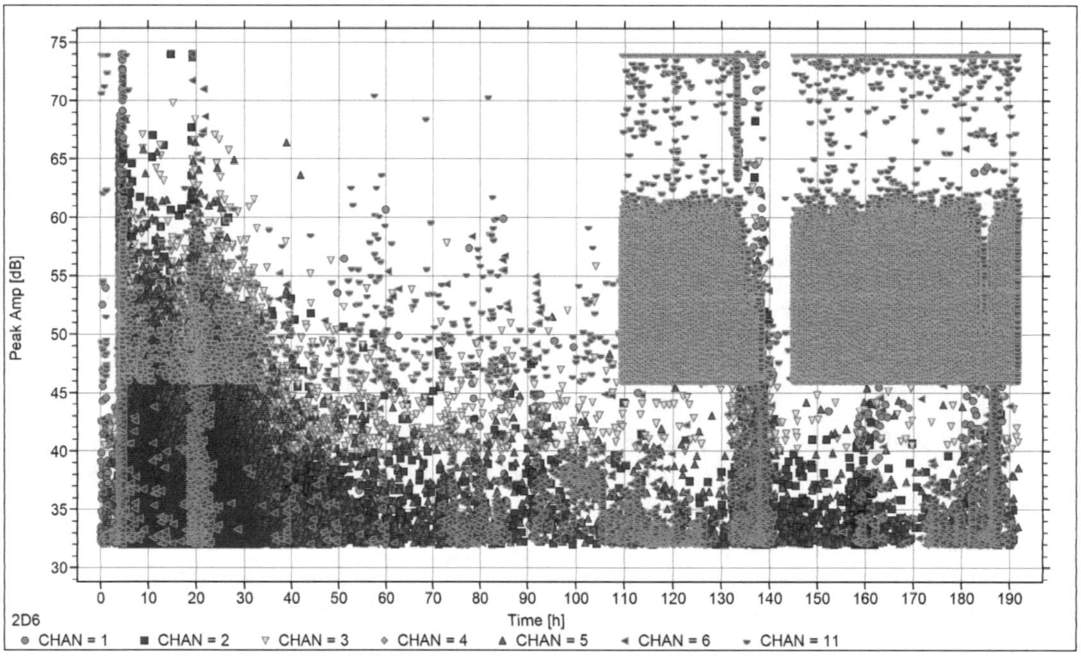

Abb. 6: Ungefilterte Schallemissionsdaten aus der ersten Woche des Bauteilversuchs

In Abb. 6 sind die in der ersten Woche nach Inbetriebnahme des Rohrbogens aufgezeichneten Schallemissionssignale aufgezeichnet. Kanal 1 und Kanal 6, die zwei Sensoren, die auf dem Stahlrohr angebracht sind, sind im Bild als grüne Punkte und Dreiecke dargestellt. Die anderen vier Sensoren sitzen auf dem CMC-Jacket. Zunächst ist zu bemerken, dass eine sehr große Menge an Schallemissionen aufgezeichnet wurde, die nicht auf Schädigungen im CMC-Jacket zurück zu führen sind. Insbesondere der Kanal 4 fällt durch hohe Aktivität auf. Bereits in der ersten Woche wurden 60 GB an Daten aufgezeichnet. Eine Filterung der Daten ist für die weitere Auswertung ist daher unbedingt notwendig.

Zur Reduktion der aufgezeichneten Datenmenge wurde zunächst die Samplingfrequenz der transienten Signale reduziert. Der Sensor an Kanal 4 wurde auf Kanal 11 umgelegt, da hier mehr Möglichkeiten einer Frequenzfilterung bestehen. Anschließend wurde ein Frontend-Filter so eingestellt, das die vollständigen Signalformen von Hits, die nur eine Schwellwertüberschreitung enthalten, herausfiltert. Dadurch konnten die Dateigrößen deutlich reduziert werden.

Im Kraftwerksbetrieb ist die Aufzeichnung von Störgeräuschen nicht zu vermeiden, insbesondere da der Versuchsrohrbogen sehr nahe am Kessel installiert ist. Die Störquellen sind sehr vielfältig und bisher nur schwer zu klassifizieren. Die Messdaten, die regelmäßig abgerufen werden, werden deshalb nach verschiedenen Kriterien gefiltert, die sich bei Betrachtung der Signale und der Signalparameter als sinnvoll zeigten. Eine Vielzahl an Störgeräuschen, wie auf Kanal 4/11 ab 110 h zu erkennen, kann so eliminiert werden. Die Reduktion der Datenmenge und die teilautomatisierte Trennung von Störsignalen und Nutzsignalen ist bei der Dauerüberwachung mit Schallemissionsmessungen eine der Hauptaufgaben. Für die Filterung zeigten sich folgende Kriterien sinnvoll:

1. Nur Signale, zu denen ein transientes Signal aufgezeichnet wurde, werden dargestellt. Hierdurch werden die Datensätze herausgefiltert, die bereits vom Frontendfilter aussortiert wurden und diejenigen Datensätze, zu denen aus anderen Gründen kein transientes Signal aufgezeichnet wurde.
2. Signale, bei denen die Messkette in Sättigung gegangen ist, werden nicht berücksichtigt.
3. Nur Signale mit einer Dauer von mehr als 5 µs werden berücksichtigt.
4. Nur Signale deren maximale Amplitude im Frequenzspektrum bei mehr als 90 kHz liegt werden berücksichtigt.
5. Das Produkt aus der Frequenz der maximalen Amplitude im Frequenzspektrum und dem Schwerpunkt des Frequenzspektrums (weighted peak frequency^2) ist kleiner als 29.000 kHz^2.

Es zeigte sich schnell, dass eine Filterung allein über die Frequenzen mit maximaler Amplitude oder den Schwerpunkt im Spektrum nicht zielführend ist. Stattdessen zeigte sich die weighted peak frequency als geeignet einen großen Teil der Störsignale zu eliminieren. Die weighted peak frequency ist das Produkt aus Frequenz mit maximaler Amplitude und dem Schwerpunkt des Spektrums und wird bei anderen Anwendungen zur Klassifizierung von Schallemissionsquellen verwendet [7].

In Abb. 7 sind nun die gefilterten Schallemissionen, die in der ersten Versuchswoche an den Sensoren, die auf dem Jacket angebracht wurden (Kanal 2-5), aufgezeichnet wurden, dargestellt. Man erkennt sehr deutlich im Anstieg der Aktivität den Zeitpunkt, als am 30.8. die Schieber geöffnet wurden und der Bauteilversuch in Betrieb ging. Zu dem Zeitpunkt war der Kraftwerksblock zwar nicht in Lastbetrieb, dennoch waren Druck und Temperatur des Rohrleitungssystems gegenüber der Umgebung deutlich erhöht. Druck und Temperatur im Versuchsrohrbogen wurden demnach ebenfalls erhöht, was sich in einer Zunahme der Schallemissionsaktivität zeigt.

Ebenfalls deutlich zu erkennen ist der Zeitpunkt, an dem der Kraftwerksblock seinen Betrieb am 31.8. wiederaufnahm. Der Rohrbogen erfuhr nun zum ersten Mal Betriebstemperatur und Betriebsdruck. Die Schallemissionsaktivität nahm im Laufe des ersten Betriebstags wieder ab und pendelte sich auf ein einigermaßen konstantes Level ein. Es ist ebenfalls zu sehen, dass jede Änderung des Betriebszustands des Kraftwerksblocks sich in erhöhter Schallaktivität bemerkbar macht (z.B. am 5.9.). Die Betrachtung der Schallemissionsdaten ohne Kenntnis der Betriebsdaten ist also nicht sinnvoll.

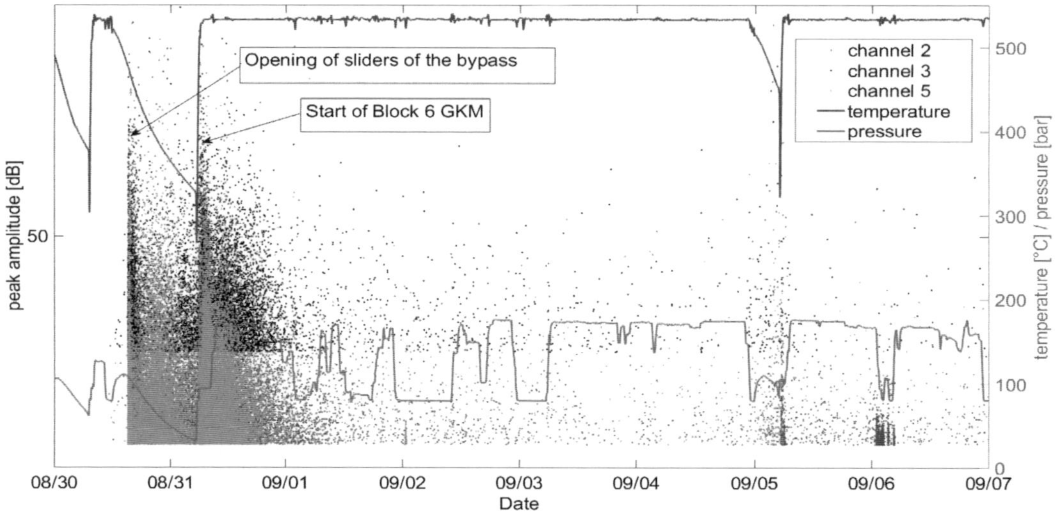

Abb. 7: Gefilterte Schallemissionsdaten der ersten Versuchswoche, die an den Sensoren auf dem Jacket aufgezeichnet wurden. Die Betriebsdaten sind ebenfalls dargestellt.

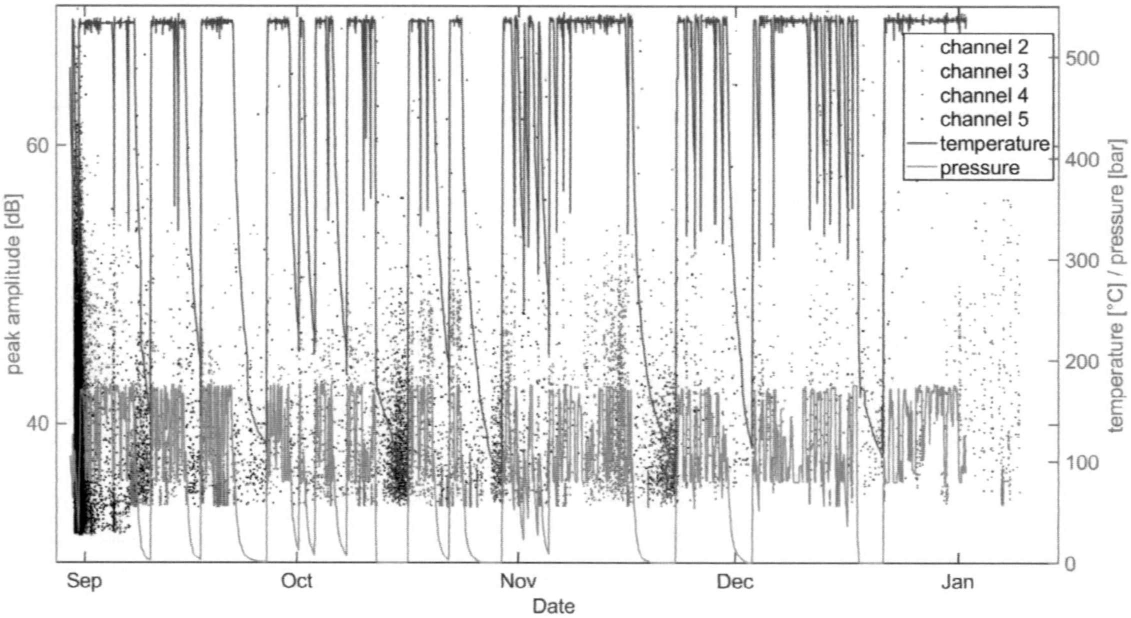

Abb. 8: Gefilterte Schallemissionsdaten von Versuchsbeginn bis Anfang 2019, die an den Sensoren auf dem Jacket aufgezeichnet wurden. Die Betriebsdaten sind ebenfalls dargestellt.

In Abb. 8 sind die gefilterten Schallemissionsdaten der Kanäle 2 bis 5 von Versuchsbeginn bis Anfang Januar 2019 dargestellt. Es ist zu sehen, dass weiterhin die meiste Aktivität durch die Änderung der Betriebszustände des Kraftwerksblocks zustande kommt. Jede Druck- und Temperaturänderung korreliert mit einer Anhäufung von Schallemissionen. Auffällig ist jedoch, dass bei kompletter Abkühlung des Kraftwerksblocks, was im Oktober und im November zu beobachten ist, im Abkühlvorgang Schallemissionen hauptsächlich an Kanal 2 und 5 zu beobachten sind. Kanal 2 und 5 sitzen auf den geraden Bereichen des Rohrbogens (vgl. Abb. 4). Bei Abkühlung des Kraftwerksblocks kommt es zu großen

Relativbewegung des gesamten Rohrleitungssystems. Ebenfalls ist davon auszugehen, dass es aufgrund der unterschiedlichen Wärmedehnung von Liner und Jacket zu Reibgeräuschen im Materialverbund kommt. Diese sind in den geraden Bereichen des Rohrs ausgeprägter als im Bogen. Im Dauerbetrieb im November sind dagegen hauptsächlich Schallemissionen an Kanal 3 im Rohrbogen aufgetreten. Kanal 4 liefert seit einiger Zeit nur noch sehr wenige Daten, so dass davon ausgegangen wird, dass er sich vom Jacket gelöst hat.

4. Zusammenfassung und Ausblick

Schallemissionsmessungen werden neben anderen Verfahren in einem aktuell laufenden Forschungsvorhaben zur Überwachung eines Rohrbogens, der mit einem Keramikfaserverbund ummantelt ist, zur Dauerüberwachung des Materialverbunds eingesetzt. Die grundsätzliche Machbarkeit konnte bereits in einem Laborversuch gezeigt werden. Im Laborversuch kamen Schallemissionssensoren für Raumtemperatur zum Einsatz, die auf Wellenleitern angebracht waren, die auf dem Prüfkörper fixiert waren. Der Laborversuch wurde für die Installation des Bauteilversuchs vorzeitig unterbrochen, so dass eine katastrophale Schädigung nicht zu beobachten war.

Im Bauteilversuch sind hochtemperaturbeständige Schallemissionssensoren direkt auf der Oberfläche des Jackets und auf dem metallischen Liner über einen keramischen Klebstoff fixiert. Der Versuch liefert seit August 2018 Messdaten. Über eine Filterung der Daten, kann ein Großteil der betriebsbedingten Störgeräusche herausgefiltert werden. Eine erhöhte Schallemissionsaktivität wird beim Versuchsstart beobachtet und bei jeder Änderung des Betriebszustands des Kraftwerksblocks. Zum aktuellen Zeitpunkt sind die Kriechdehnungen im Liner noch zu gering, als dass das Jacket signifikant Last trägt. Schallemissionen, die auf Schädigungen zurück zu führen sind, wurden demnach bisher nicht erwartet. Der Versuch soll nun weiterlaufen, bis ausreichende Kriechdehnungen im Liner erreicht sind.

Die Entwicklung der Schallemissionsaktivität wird bis zum Versuchsende weiter beobachtet. Bei einer plötzlichen Zunahme der Aktivität unabhängig vom Betriebszustand ist von einer fortschreitenden Schädigung auszugehen. Für die weitere Auswertung, sollen die verschiedenen Betriebszustände im Detail voneinander getrennt betrachtet werden. Unterscheiden kann man hier den Dauerbetrieb, das Abkühlen und das Wiederanfahren. Darüber hinaus sollen die Daten auch mit den Messdaten der anderen Überwachungsverfahren (HT-DMS und Widerstandsdrähte) korreliert werden.

Danksagungen

Die vorgestellten Untersuchungen fanden in einem vom Bundesministerium für Wirtschaft und Energie unter der Projektnummer 03ET7029F geförderten Projekt statt.
Wir bedanken uns außerdem bei unseren Projektpartnern Bilfinger Engineering and Technologies, CME Universität Bayreuth, Fraunhofer ISC-HTL Bayreuth, Grosskraftwerk Mannheim, Schunk Kohlenstofftechnik, Technion Haifa Israel und TÜV SÜD Mannheim für die produktive Zusammenarbeit.

Gefördert durch:

Bundesministerium
für Wirtschaft
und Energie

aufgrund eines Beschlusses
des Deutschen Bundestages

Referenzen

[1] Bürgel, R.: Handbuch Hochtemperatur-Werkstofftechnik: Grundlagen, Werkstoffbeanspruchungen, Hochtemperaturlegierungen. Kapitel 3.10 Kriechschädigung und Kriechbruch. Vieweg+Teubner Verlag 2013

[2] Flexibility in Thermal Power Plants - With a focus an existing coal-fired power plants, AGORA Energiewende, Berlin 2017

[3] Umweltbundesamt: Konventionelle Kraftwerke und erneuerbare Energien, 2018. https://www.umweltbundesamt.de/daten/energie/konventionelle-kraftwerke-erneuerbare-energien#textpart-1, abgerufen am: 31.01.2019

[4] DE 10 2006 038 713 A1

[5] Jüngert, A., Friedrich, M., Huang, M., Klenk, A. u. Weihe, S.: Monitoring of CMC-Jacketed Pipes for High-Temperature Applications. PVP2018-85023. Pressure Vessels and Piping Conference. PVP2018. 2018

[6] Spatz, C., Langhof, N., Schmidt, J. u. Krenkel, W.: CMC jackets for metallic pipes – A novel approach to prevent the creep deformation of thermo-mechanically loaded metals. Journal of the European Ceramic Society 38 (2018) 8, S. 2954–2960

[7] Sause, M.G.R., Gribov, A., Unwin, A. R. u. Horn, S.: Pattern recognition approach to identify natural clusters of acoustic emission signals. Pattern Recognition Letters 33 (2012) 1, S. 17–23

Frequenzanalyse von Schallemission an einem Stahlrohr unter Biegebeanspruchung

Franziska BAENSCH [1], Wolfram BAER [1], Peter WOSSIDLO [1], Abdelkarim HABIB [1]
[1] Bundesanstalt für Materialforschung und -prüfung, BAM, Berlin
Kontakt E-Mail: franziska.baensch@bam.de

Kurzfassung. Um ein tieferes Verständnis über die Schallemission bei der Entstehung und Ausbreitung von Rissen in Stahlrohrleitungen zu erlangen, wurde ein Stahlrohr der Güte S355J2H im Vierpunkt-Biegeversuch quasistatisch bis hin zum Wanddurchbruch (Leckage) belastet und mittels Schallemissionsmessung und Gleichstrompotentialmessung überwacht. Das Rohrsegment wurde durch einen 90°-Außenumfangskerb in der Mitte der Rohrlänge definiert vorgeschädigt, um davon ausgehend ein stabiles Risswachstum zu induzieren und die Analyse von Schallemission aus Rissereignissen, die am Kerb eintraten, sicherzustellen. Für die Schallemissionsmessung wurden vier Breitbandsensoren max. 105 mm vom Kerb entfernt montiert. Die Signalaufzeichnung erfolgte kontinuierlich und schwellwertunabhängig. Für die Gleichstrompotentialmessung wurde ein Gleichstrom von 300 A eingeleitet und der Potentialabfall über dem Kerb mit fünf Sonden entlang des Kerbs gemessen. Beide Messverfahren identifizieren die Rissinitiierung sowie Veränderungen im Risswachstum. Die detektierten Schallemissionsereignisse werden, unter Berücksichtigung spektraler Eigenschaften, mit fortschreitender Belastung und Rissentwicklung analysiert. Diese Studien wurden im Rahmen des interdisziplinären Forschungsprojekts AGIFAMOR, Aging infrastructure - Faseroptisches Monitoring von Rohrleitungen, an der BAM durchgeführt.

Einführung

Die vorgesehene Lebensdauer von Stahlrohrleitungen kann unter Umständen bis zu 50 Jahre betragen, wobei die Sicherheit und Funktionalität der Rohrleitungssysteme auch über kilometerlange Strecken und Verzweigungen gewährleistet werden müssen. Bereits kleinste Leckagen können bei großen Fördermengen zu hohen Kosten und gegebenenfalls schweren Umweltbelastungen führen. Neben Manipulation durch Dritte oder Erdbeben, ist auch der Werkstoff selbst Ursache von Leckagen [1]. In der Regel werden für Stahlrohrleitungen Feinkornstähle mit niedriger Festigkeit aber ausgeprägter Zähigkeit eingesetzt. Diese bilden gegebenenfalls ein hinreichend stabiles Risswachstum aus und weisen damit ein kontrollierbares Versagensverhalten auf. In der Praxis führen fertigungs- und betriebsbedingte Merkmale wie Fügestellen, Oberflächenrauheit oder korrosive Oberflächenmodifikation, aber auch mikrostrukturelle Eigenschaften wie Einschlüsse, Ausscheidungen, Poren und Korngrenzen zu Spannungskonzentrationen im Bauteil, die lokale plastische Verformungen nach sich ziehen [2].
Um dieses Szenario experimentell abzubilden, wurde ein Vierpunkt-Rohrbiege-Prüfstand für die mechanische Belastung von Stahlrohren im Labormaßstab [3] neu konzipiert und für eine Versuchsreihe eingesetzt. Die duktilen Schädigungs- und Versagensprozesse lassen sich grob

einteilen in einerseits die plastische Deformation, Mikrohohlraum- und Mikrorissbildung und andererseits das aus Hohlraum- und Mikrorisskoaleszenz resultierende makroskopische Risswachstum [4]. Erstere Prozesse mittels Schallemissionsmessung zu detektieren, stellt eine Herausforderung dar [5] und erfordert zumindest eine nahe Positionierung der Sensoren an der potentiellen Bauteilschwachstelle. Um im Versuch ein lokales Risswachstum zu realisieren, wurde in das Stahlrohr ein Kerb eingearbeitet. Die Rissinitiierung und das stabile Risswachstum im gekerbten Rohrquerschnitt wurde mittels Schallemissions- und Gleichstrom-Potentialsondenmessung überwacht. Die Übereinstimmung der Detektionen beider Messmethoden wurde bereits in [6] nachgewiesen. Für eine quantitative Analyse der physikalischen Mechanismen Rissbildung und -wachstum sind konventionelle Merkmale aus den Zeitsignalen nicht hinreichend [5]. Daher wird die Frequenzanalyse auf die im Belastungsversuch detektierten Schallemissionen angewendet. Um eine möglichst hohe Sensitivität in der SE-Messung zu erreichen, wird schwellwertunabhängig gemessen und digital nachbearbeitet. Die Untersuchungen erfolgten im Rahmen des interdisziplinären Forschungsprojekts AGIFAMOR, Aging infrastructure - Faseroptisches Monitoring von Rohrleitungen [1, 7-9].

Versuchsaufbau und Ablauf

Abb. 1. Vierpunkt-Rohrbiegeprüfstand in einem 4 MN-Prüfsystem.

Die quasi-statische Vierpunkt-Biegeprüfung wurde an einem 2,5 m langen Stahlrohr der Güte S355J2N (Außendurchmesser 168 mm, Wanddicke 16 mm) durchgeführt (Abb. 1). In das Rohr wurde ein 90°-Außenumfangsfehler von 8 mm Tiefe eingebracht, um das Risswachstum zu lokalisieren und im Restquerschnitt vor der Kerbspitze (Ligament) untersuchen zu können. Die Belastung erfolgte weggeregelt (0,2 mm/min). Mittels Gleichstrom-Potentialsondenmessung wird der Zeitpunkt der Rissinitiierung aus dem Kurvenverlauf grafisch identifiziert (Direct Current Potential Drop; DCPD). Für diese Methode wurde über zwei Punkte Gleichstrom in das Rohr eingeleitet und die Potentialänderung an 5 Punkten direkt am Kerb abgegriffen (Abb. 2a, blau) [6].
Der Versuch wurde zudem mit Beschleunigungssensoren (Abb. 2a, orange) und mit der verteilten Faseroptischen Methode (Abb. 2a, grün) überwacht. Diese Methoden sind jedoch nicht Gegenstand im vorliegenden Beitrag. Die Messung der Schallemission (SE) wurde mit dem digitalen AE-Gerät AMSY-6 im kontinuierlichen, schwellwertfreien Aufzeichnungsmodus mit einer Abtastrate von 3,33 MHz durchgeführt. Für die Detektion

breitbandiger Signale wie sie durch Schädigungsprozesse generiert werden, wurden vier SE-Sensoren vom Typ VS900-M eingesetzt, die im Bereich von 100 kHz bis 900 kHz empfindlich sind. Das Ansprechverhalten der Sensoren ist durch zwei Frequenz-Peaks bei 190 kHz und 350 kHz sowie durch zwei Antiresonanzen bei 200 kHz und 400 kHz gekennzeichnet. Um eine gute Kopplung aller Sensoren zu ermöglichen, wurden die Korrosionsschichten an den entsprechenden Stellen entlang des Rohrs durch Schleifen der Oberfläche entfernt. Die SE-Sensoren wurden mit wiederverwendbarem Koppelmittel (Bostik, Prestik) an die Rohrwand angekoppelt und mit Magnethaltern fixiert. Die vier Sensoren waren im Lot zur Einkerbung mit einem Abstand zwischen 85 mm und 105 mm in einem Quadrat angeordnet (Abb. 2a, S1-S4). Um Reibung an der Rohrwand zu vermeiden, wurde zwischen dem Rohr und den Auf- bzw. Widerlagern Teflonfolie eingelegt. Um die Übertragung von Störgeräuschen aus der hydraulischen Prüfmaschine auf das Rohr zu verringern, wurden ferner PVC-Dämpfungsplatten in die Lagerelemente eingebaut. Dadurch wurde das Hintergrundgeräusch um ca. 10 dB reduziert. Für die SE-Analyse muss das Nahfeldverhalten der Sensoren mit einer (in-plane) gemessenen Dämpfung von ca. 9 dB berücksichtigt werden.

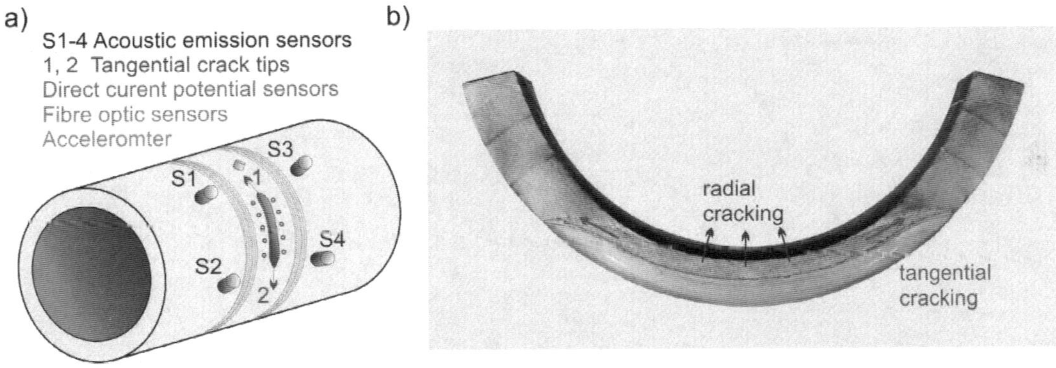

Abb. 2. a) Schematische Darstellung der Sensorenanordnung nahe dem Kerb im Rohrsegment für die Vierpunkt-Biegeprüfung und b) Rohrquerschnitt mit Ausgangskerb und Bruchfläche.

SE-Datenauswertung

Durch Anwendung eines Hochpassfilters bei 150 kHz wird das Hintergrundrauschen in den kontinuierlich aufgezeichneten Daten reduziert. Da die gleitende Standardabweichung sehr sensitiv auf Ausreißer reagiert, ist diese besonders geeignet, um SE-Hits anhand der Amplitudenwerte (mV) zu identifizieren. Dafür wird ein gleitendes Fenster von 256 Samples vor und 256 Samples nach dem aktuellen Auswertepunkt gewählt. Um SE-Ereignisse unterschiedlicher Magnitude zu erfassen, wird die gleitende Standardabweichung zudem logarithmiert zur Basis zehn [10]. Für die SE-Hit-Detektion wird auf die logarithmierte, gleitende Standardabweichung ein gleitender Schwellwert angewendet. Für diesen wird der Maximalwert der gleitenden Standardabweichung aus den vorangegangenen 578 Samples ermittelt und dieser mit einem empirischen Faktor $\{\log_{10}6\}$ beaufschlagt.
Erste Bedingung für eine SE-Ortung im Kerb ist, dass alle vier Sensoren den SE-Hit detektiert haben. Zweite Bedingung ist, dass eine maximale Ankunftszeitdifferenz von 0,019 ms (63 Samples) nicht überschritten wird. Diese errechnet sich aus der effektiven Schallgeschwindigkeit von etwa 4000 ms^{-1} für einen maximal möglichen Laufwegunterschied von den Kerbkanten zu den Sensoren von 75 mm. Die Ankunftszeitdifferenz der Signale an den vier Sensoren wird über Kreuzkorrelation der jeweils vier zugeschnittenen Zeitfenster (mit 600 Samples vor und 1400 Samples nach Schwellwert-Überschreitung) ermittelt. Die vorangehenden Bedingungen gelten, bis die

Kerbe zu einer Leckage aufgerissen ist (t=3460 s). Anschließend sind Ortungen an den zwei entstandenen Rissspitzen, basierend auf Detektionen an allen vier Sensoren, nicht mehr möglich. Dann werden SE-Ereignisse identifiziert, insofern SE-Hits an den Sensoren S1 und S3 (Rissspitze 1) bzw. an den Sensoren S2 und S4 (Rissspitze 2) (Abb. 2a, rot) erkannt werden und diese, bedingt durch einen maximalen Laufwegunterschied von 12 mm, eine maximale Ankunftszeitdifferenz von 0,003 ms (10 Samples) aufweisen.
Für die Berechnung des Spektrums werden die Erstankunft-Signale („first hit") auf eine Fensterlänge von 800 Samples (inklusive 400 Pre-Trigger-Samples) zugeschnitten und normiert. Die gewichtete Peak-Frequenz im Bereich 150 kHz - 800 kHz sowie die spektrale Intensität zwischen 190 kHz - 800 kHz werden ermittelt und analysiert.

Ergebnisse und Diskussion

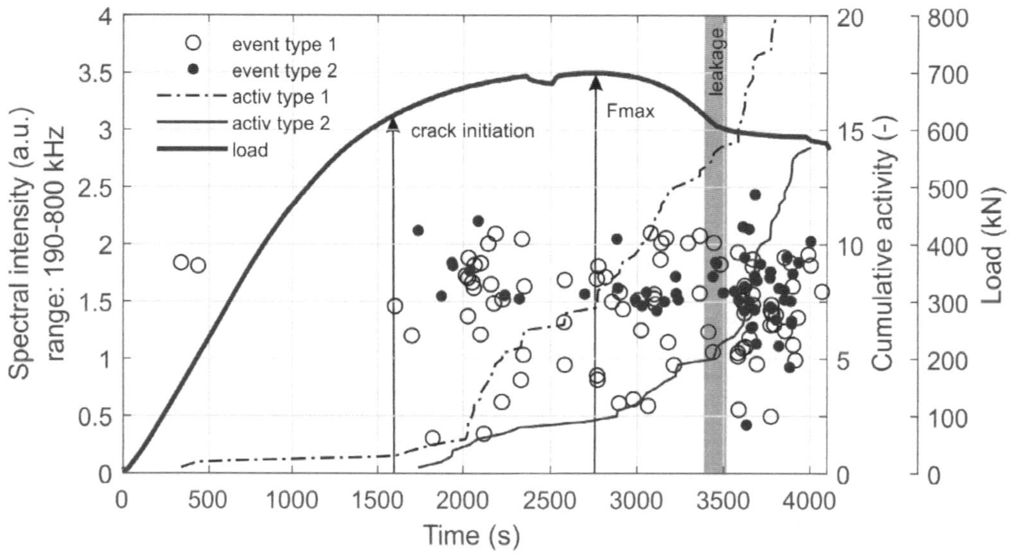

Abb. 3. Spektrale Intensität (in a.u., *arbitrary unit)* zwischen 190-800 kHz der detektierten SE-Ereignisse, akkumulierte SE-Aktivität und Lastkurve versus Dauer des Rohrbiegeversuches. SE-Ereignisse treten bei radialem Risswachstum bis zur Kerböffnung (*leakage*) sowie bei sich anschließendem tangentialen Rissfortschritt an den Rissspitzen 1 und 2 auf. Unterschieden werden Signale von Typ 1 mit WPF ≤ 290 kHz und von Typ 2 mit WPF > 290 kHz.

Die quasi-statische, weggeregelte Biegebelastung des Rohrsegments dauerte etwa 75 Minuten (Abb. 3). Nach ca. 2500 s Versuchsdauer wurde die Kolbenbewegung gestoppt, um Korrekturmaßnahmen und Überprüfungen des Versuchsaufbaus durchzuführen. Die SE-Aufzeichnung wurde hier ausgesetzt. Es wurde eine maximale Belastung von 696 kN bei einer Durchbiegung von 11,43 mm erreicht. Das Verformungs- und Bruchverhalten des Rohrsegments wird in vier Stadien unterteilt:

I) Elastische Verformung führt zur Durchbiegung des Rohres und Ovalisierung des Rohrquerschnittes.
II) Nach dem Einsetzen der plastischen Verformung kommt es zur Rissinitiierung und zu stabilem Risswachstum, zunächst in Richtung der Rohrwanddicke (radial). Diese Prozesse zeichnen sich durch anfängliches Abstumpfen der Kerbe und Einschnürung des Ligamentes, eine Erhöhung der Versetzungsdichte sowie die Akkumulation von Ergebnissen der duktilen Werkstoffschädigung wie Poren und Mikrorissen in der Metallmikrostruktur aus.

III) Nach Erreichen eines Maximums nimmt die Last ab, während der Riss schließlich den Leckage-Zustand (Wanddurchbruch) erreicht.

IV) Mit weiter fortschreitender Belastung öffnet sich die Leckage stabil und der Riss wächst an beiden Rissspitzen (in Richtung der 3-Uhr bzw. 9 Uhr-Positionen) in Umfangsrichtung der Rohrwand (tangential) weiter. In diesem Stadium stagniert die Lastkurve aufgrund des Gleichgewichts der Verfestigung und des Risswachstums; die Durchbiegung nimmt weiter zu.

Über die Methode der DCPD wurde das Einsetzen eines stabilen, makroskopischen Risswachstums (Rissinitiierung) bei 90% der maximalen Last (630 kN) und 56% der maximalen Durchbiegung (6,5 mm) nachgewiesen. In [6] wurde bereits dargestellt, dass dies in guter Übereinstimmung mit dem Einsetzen erster sich akkumulierender, im Kerb georteter SE-Ereignisse ist. Quantitative, über die Detektion der Rissinitiierung hinausgehende Aussagen zum Verlauf des stabilen Risswachstums unter quasi-statischer Belastung sind hier anhand der DCPD-Methode mangels einer geeigneten Kalibrierkurve für die vorliegende, geometrisch komplizierte Situation einer gekrümmten Fläche in einem gekerbten Rohrquerschnitt nicht möglich.

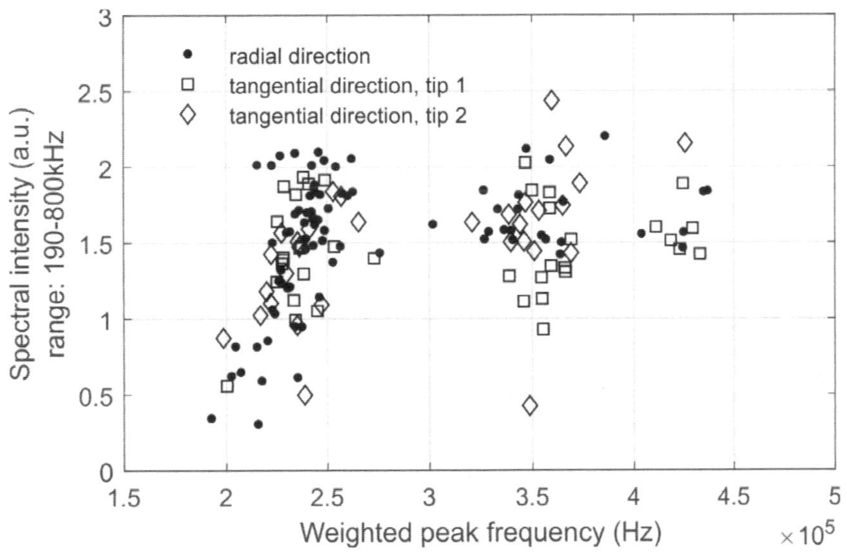

Abb. 4. Spektrale Eigenschaften der Schallemissionssignale aus dem radialen Rissfortschritt bei Kerböffnung und dem sich anschließenden tangentialen Rissfortschritt an den zwei Rissspitzen. *(a.u., arbitrary unit)*

Tabelle 1. Unterscheidung von zwei Signaltypen

Signal Typ	Eigenschaft
1	WPF $\leq$ 290 kHz
2	290 kHz $<$ WPF

Für die Beanspruchungsstadien I bis III wurden 80 SE-Ereignisse aus dem Kerbbereich identifiziert. Während des Beanspruchungsstadiums IV wurden an den zwei Rissspitzen des bereits geöffneten Kerbs insgesamt 69 SE-Ereignisse detektiert. Die Auswertung der einzelnen Spektren lässt auf mindestens zwei Signaltypen schließen, die sich insbesondere in ihrer gewichteten Peak-Frequenz (Weighted peak frequency, WPF) unterscheiden (Abb. 4): Signaltyp 1 hat eine WPF $\leq$ 290 kHz und Signaltyp 2 hat eine WPF $>$ 290 kHz (Tab. 1). Dabei zeichnet sich Signaltyp 1 durch einen ausgeprägten Peak bei 190 kHz, d.h. den für den

Sensor typischen, ersten Frequenzpeak, aus (Abb. 5). Im Vergleich dazu hat Signaltyp 2 deutlich geringere spektrale Anteile < 200 kHz und weist ausgeprägtere Peak-Frequenzen bei 350 kHz und 450 kHz auf (Abb. 5). Eine weitere Unterteilung von Typ 2 in Signale mit WPF zwischen 290 kHz und 400 kHz, und Signale mit WPF > 400 kHz, bleibt zu diskutieren.
Die spektrale Intensität (190-800 kHz) von SE-Typ 1 liegt mit mit 1,43 ± 0,43 a.u. (arbitrary unit) etwas niedriger als die 1,62 ± 0,32 a.u. von Typ 2. Insbesondere für die Detektionen bei radialem Risswachstum bis zur Kerböffnung (II/III) zeigt sich, dass Typ 2 (WPF > 290 kHz) weniger in spektralen Intensitäten streut als Typ 1 (Abb. 4). Grundsätzlich sind die SE-Spektren aus dem stabilem, radialen Risswachstum (II/III) sehr ähnlich zu jenen aus dem (tangentialen) Umfangsrisswachstum (IV) (Abb. 5).

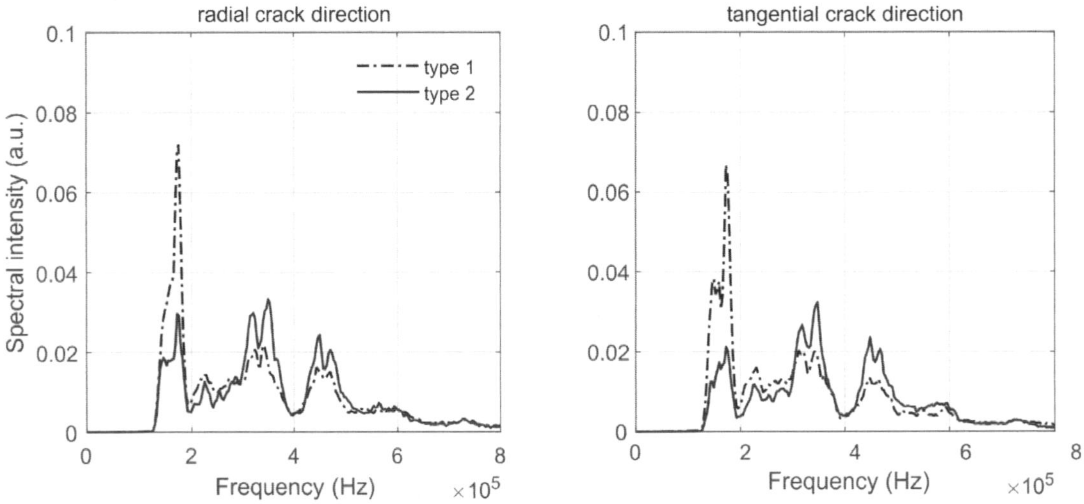

Abb. 5. Gemittelte Frequenzspektren der Signale Typ 1 mit WPF ≤ 290 kHz und Typ 2 mit WPF > 290 kHz aus radialem Risswachstum bei Kerböffnung (l) und aus tangentialem Risswachstums an den Rissspitzen der ausgebildeten Leckage (r).

Tabelle 2. Anzahl der Signaltypen, unterschieden nach Sensor der Erstankunft unter Berücksichtigung des Schädigungszustandes

	Signal Typ	Sensor				Anteil
		1	2	3	4	
Anzahl geortete SE, radialer Kerböffnungsriss	1	15	16	14	12	0,71
	2	4	10	4	5	0,29
Anzahl quasi geortete SE, tangentialer Riss an Leckage*	1	7	9	12	7	0,51
	2	10	7	9	8	0,49

** Betrachtungen jeweils für die Sensoren-Kombination S1 mit S3 und Sensoren-Kombination S2 mit S4*

Erste SE-Aktivität wurde bereits bei der elastischen Verformung (II) detektiert (Abb. 3). Mit dem einsetzenden Risswachstum wurde überwiegend SE-Typ 1 detektiert. Das fortschreitende Risswachstum generierte, bei etwa 97% der maximalen Last (Abb. 3 nach ca. 2000 s Prüfdauer), eine signifikante Anhäufung von SE-Ereignissen, wobei beide Signaltypen zufällig auftraten. Dabei erfuhr die SE-Aktivität für Typ 1 einen ausgeprägteren Anstieg als für Typ 2. Mit Erreichen der maximalen Last wurde ausschließlich SE-Typ 1 detektiert (Abb. 3). Bei der Ausbildung der Leckage (geöffneter Kerb) wurden beide SE-

Typen detektiert. Vom Belastungsstart bis zur Ausbildung der Leckage (I-III) entsprechen 71% der SE-Signale Typ 1 und 29% dem Typ 2 (Tab. 2).
Beim tangentialen Umfangsrisswachstum an den zwei Rissspitzen des geöffneten Kerbs (IV) traten SE-Typ 1 und 2 zufällig auf. Beide SE-Typen wurden hier im Verhältnis 51:49 detektiert Tab. 2) und weisen ähnliche Anstiege in SE-Aktivität auf (Abb. 3).
Bis zur Ausbildung der Leckage (I-III) wurde ein deutlich niedrigerer Anteil an SE-Typ 2 detektiert als beim Umfangsrisswachstum (IV). Zudem weisen die Signale von Typ 2 aus der Beanspruchung I-III spektrale Intensitäten > 1,4 a.u. auf, während für das Umfangsrisswachstum SE-Typ 2 auch mit geringeren Intensitäten detektiert wurde.
Beide Aspekte sind weniger mit der Dominanz und der Magnitude eines auftretenden Mechanismus zu begründen, sondern v.a. auf die größere Distanz zwischen Schallquelle und Sensor bei Risswachstum im Kerb zurück zu führen [5]. Die Detektion des tangentialen Risswachstums (IV) erfolgte in geringeren Distanzen zu den Rissspitzen, zwischen den Sensoren 1 und 3 bzw. den Sensoren 2 und 4, und unter vereinfachten Bedingungen (siehe Abschnitt SE-Datenauswertung).

Zusammenfassung

Ein 2,5 m langes Rohrsegment aus Feinkornbaustahl der Güte S355J2N wurde einer weggeregelten Vierpunkt-Biegebeanspruchung ausgesetzt (Abb. 1), um das duktile Verformungs- und Versagensverhalten mittels Schallemissionsmessung zu detektieren und zu analysieren (Abb. 2, Abb. 3). Für eine quantitative Analyse der physikalischen Mechanismen aus Rissbildung und -wachstum sind Kriterien aus den Frequenzspektren der Signale erforderlich. Einen ersten Schritt dahin stellen die hier präsentierten Ergebnisse dar. Basierend auf der Auswertung von spektraler Intensität zwischen 190-800 kHz sowie gewichteter Peak-Frequenz (Abb. 4) wurden zwei SE-Typen identifiziert (Tab. 1): ein eher niederfrequenter Typ 1 mit einer WPF < 290 kHz und ein höherfrequenter Typ 2 mit WPF > 290 kHz (Abb. 5). Beide Signaltypen treten zufällig verteilt auf (Abb. 3). Bei Erreichen der maximalen Last wurden ausschließlich Typ 1 Signale detektiert. Der niedrigere Anteil an detektierten Signalen vom Typ 2 während des Verformungs- und Bruchverhaltens des Rohrsegments von Lastbeginn (I) bis Kerböffnung (III) ist vermutlich einer, bedingt durch weite Distanzen, verringerten Sensitivität der SE-Sensoren gegenüber den höherfrequenten Signalen anzulasten. Die, unter geringeren Distanzen erfolgten Detektionen aus dem Umfangsrisswachstum deuten an, dass bei Risswachstum im Feinkornstahl beide SE-Typen eher in gleichem Maße auftreten. Basierend auf den hier präsentierten Ergebnissen sind weiterführende Studien und Analysen beabsichtigt, mit dem Ziel, die SE-Typen ihren Quellmechanismen zuzuordnen.

Referenzen

[1] Baensch, F. et al., AGIFAMOR: Anwendung der verteilten akustischen und faseroptischen Sensorik zur kontinuierlichen Überwachung von Rohrleitungen - Teil 2: Technische Hintergründe - Schadensursachen und Prüfeinrichtungen, Technische Sicherheit, 8(3), 24-29, Springer VDI-Verlag GmbH &Co. KG, Düsseldorf, Deutschland.

[2] Dörr, T. und Wagner, L. (1997): Mechanische Oberflächenbehandlung von Titanlegierungen: Grundsätzliche Mechanismen, Forum der Forschung, 5.2 (1997) 138, Wissenschaftsmagazin der BTU Cottbus, Deutschland.

[3] Aurich, D. et. al (1999): Methoden zur Extrapolation von JR-Kurven für die Vorhersage der Rissöffnungsgeometrie unter postulierten Belastungen, Teilprojekt 2 des BMFT-Vorhabens Analyse und Weiterentwicklung bruchmechanischer Versagenskonzepte Schwerpunkt: Anwendung fortgeschrittener zähbruchmechanischer Konzepte; Bruchübergang,

Förderkennzeichen 1500 970, BAM-Forschungsbericht 232, ISBN 0938-5533, Berlin, Deutschland.
[4] Krupp, U. (2004): Mikrostrukturelle Aspekte der Rissinitiierung und -ausbreitung in metallischen Werkstoffen, Habilitationsschrift, Universität Siegen, Deutschland.
[5] Wadley et al. (1980) Acoustic emission for physical examination of metals, International Metals Reviews, No.2, Review 249.
[6] Baensch et al. (2018): Non-threshold acoustic emission analysis of damage evolution in pipe segments of steel S355J2H under bending load, 33nd European Conference on Acoustic Emission Testing, September 12-14, 2018, Senlis, Frankreich.
[7] Baensch et al. (2017): AGIFAMOR: Anwendung der verteilten akustischen und faseroptischen Sensorik zur kontinuierlichen Überwachung von Rohrleitungen - Teil 1: Projektvorstellung und erste Vorversuche, Technische Sicherheit, 7(3), 10-16, Springer VDI-Verlag GmbH &Co. KG, Düsseldorf, Deutschland.
[8] Baensch et al. (2018): AGIFAMOR: Anwendung der akustischen und faseroptischen Sensorik zur Überwachung von Rohrleitungen; Teil 3: Technische Hintergründe - Messmethoden, Technische Sicherheit, 8(5), 29-35, Springer VDI-Verlag GmbH &Co. KG, Düsseldorf, Deutschland.
[9] Baensch et al. (2017): BAM-Projekt AGIFAMOR – Zustandsüberwachung von Rohrleitungen, 21. Kolloquium Schallemission, Vortrag 17, März 2017, Fulda, Deutschland.
[10] Krietsch, T. und Bohse, J. (1998): Selection of acoustic emission and classification of damage mechanisms in fibre composite materials, 14th International Acoustic Emission Symposium & 5th Acoustic Emssion World Meeting Big Island, Hawai, USA.

Vergleich der Ergebnisse aus SE-Messungen und synchron bestimmten hydraulischen Parametern an einem Absperrorgan mit denen der numerischen Strömungssimulation

Burkhard ZIEGLER [1], David PÖLLHUBER [1]
[1] Technische Hochschule Mittelhessen, FB ME,
Wiesenstr. 14, 35390 Gießen

Kontakt E-Mail: Burkhard.Ziegler@me.thm.de

Kurzfassung Absperrorgane generieren einen gewünschten Druckverlust in dem sie durchströmenden Fluid. Dabei wird ein Teil der Energie des Fluides in Wärme aber auch in hoch und niederfrequente Schwingungen umgewandelt. Je nachdem, ob es sich bei dem Fluid um ein Gas oder eine Flüssigkeit handelt, treten bei der Druckreduzierung typische physikalische Effekte auf. In der vorliegenden Untersuchung werden die abgegebenen Schallemissionssignale (RMS-Werte) bei der Drosselung einer Wasserströmung durch einen Kugelhahn sowohl mit den hydraulischen Parametern (Druckverlust, Volumenstrom, hydraulische Leistung der Drosselung) als auch mit den Ergebnissen der numerischen Strömungssimulation (CFD) verglichen. Die CFD ermöglichte die Berechnung von Strömungsparametern (z.B. Drücke, Geschwindigkeiten, turbulente Energie, Energiedissipation) innerhalb des Kugelhahns. Neben Ablösungsvorgängen und Wirbeln generieren Turbulenzen starke Schallemissionen. Ziel der Untersuchung ist es, einen Beitrag zum besseren Verständnis der Abhängigkeiten bei der Generierung von Schallemission in Fluidströmungen zu leisten. Die Untersuchungen wurden im Institut für Mechanik und Materialwissenschaften (IMM) der Technischen Hochschule Mittelhessen (THM), Campus Gießen durchgeführt.

1. Einleitung

DIN EN 736-1 definiert ein Absperrorgan als ein Rohrleitungsteil, das in Systemen aus Rohrleitungen, Behältern, Apparaten und Maschinen die Funktion des Schaltens und Stellens ausübt. Dabei wird unter Schalten verstanden, dass der Abschlusskörper im Wesentlichen die beiden Stellungen „geschlossen“ oder „offen“ einnimmt. Beim Stellen kann der Abschlusskörper funktionsbedingt auch Zwischenstellungen einnehmen. In der Stellung „offen“ und in den möglichen Zwischenstellungen können auf ein Absperrorgan, aufgrund des sie durchströmenden Fluids, unterschiedliche strömungsphysikalische Beanspruchungen wirken. Im Falle des untersuchten wasserdurchströmten Kugelhahns sind dies z.B. hohe Strömungsgeschwindigkeiten, Strömungsablösungen und starke Turbulenzen sowie Kavitation. In der Stellung „vollständig offen“ (Schließwinkel $\varphi = 0°$) sollte ein Kugelhahn einen möglichst geringen Druckverlust aufweisen; im Idealfall nicht mehr als ein Rohrstück mit gleichem Innendurchmesser, Wandrauigkeit, und Länge. In den Zwischenstellungen $0 < \varphi < 75°$ hat dagegen der Kugelhahn die Aufgabe, gerade einen definierten Druckverlust Δp_V zu generieren, damit ihn nur ein bestimmter Volumenstrom $\dot{V}$ durchströmen kann [1]. Der Druckverlust entspricht der Differenz des mittleren Druckes vor und nach dem Kugelhahn $\Delta p_V = p_1 - p_2$. Dabei strömt die Flüssigkeit vom Punkt 1 (durchströmte Querschnittsfläche des Flansches auf der Eingangsseite) nach Punkt 2 (dito auf der Ausgangsseite). Bei realen Strömungen gilt: $p_2 < p_1$. Die bei den unterschiedlichen Schließwinkeln umgesetzte Leistung P_V entspricht dem Produkt von Druckverlust und Volumenstrom $P_V = \Delta p_V \cdot \dot{V}$, wobei bei $\varphi = 75°$ zwangsläufig keine Leistung umgesetzt wird [2]. Der generierte Druckverlust ist nicht proportional zum Schließwinkel, siehe Bild 3 auf Seite 4.

Nur mit der Kenntnis der Drücke p_1 und p_2 lassen sich die Strömungsvorgänge innerhalb des Kugelhahns nicht hinreichend abbilden, die Schallemissionsanalyse und die numerische Strömungssimulation sollen hier Abhilfe schaffen und sich gegenseitig ergänzen.

2. Hydraulischer Versuchsaufbau

Die Versuche und Berechnungen wurden im Labor für Fluidmechanik und Strömungsmaschinen des Fachbereichs ME der THM in Gießen durchgeführt. Der verwendete Kreiselpumpenversuchsstand dient in dieser Untersuchung zur Bereitstellung unterschiedlicher Drücke und Volumenströme durch den Kugelhahn, er wurde in [3] und [4] vorgestellt. Untersuchungsobjekt ist ein Kugelhahn der Fa. Klein, Schanzlin & Becker, Typ A16 F36 TT, Nennweite 80mm. Bild 1 zeigt den Kugelhahn mit applizierten Schallemissionssensoren (SE1 und SE2) und den entsprechenden Vorverstärkern der SE-Messketten. Der Kugelhahn ist in dieser Stellung des Betätigungshebels vollständig geöffnet, Schließwinkel = 0°. Eine Drehung im Uhrzeigersinn um 75° führt zum vollständigen Schließen des Kugelhahns.

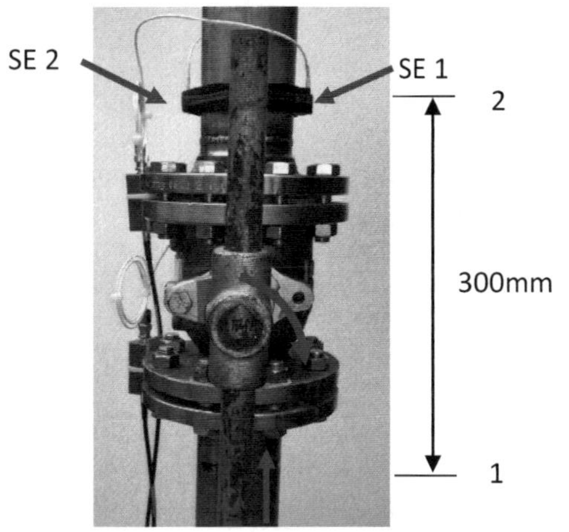

Bild 1. Kugelhahn mit applizierten SE-Sensoren. Der Schließwinkel beträgt 0° (ganz geöffnet)

3. Mathematische Modellierung und numerische Strömungssimulation

Der verwendete Kugelhahn wurde mittels eines 3D CAD Modells mit der Software Solidworks® 2017 mit seinen geometrischen Hauptabmessungen (Gehäuseinnendurchmesser 80mm, letztendliche Gesamtlänge 300mm) modelliert. Dessen sphärische Absperrkörper –in Form einer zylindrisch durchbohrten Kugel (Bohrungsdurchmesser 60mm, Drehachse senkrecht zur Mittelachse des Hahngehäuses)- konnte durch die Änderung eines einzelnen Konstruktionsparameters, dem Schließwinkel, im Modell des Kugelhahngehäuses verdreht werden. Die SolidWorks Komponente Flow-Simulation, ein sogenanntes konstruktionsbegleitendes CFD-Programm, ermöglichte die numerische Strömungssimulation. Die Vernetzung des Modells erfolgte mittels des Verfahrens der lösungsadaptiven Netzverfeinerung, dabei wird, ausgehend von einem engmaschigen Basisnetz (Stufe 6), dessen Auflösung während der Berechnung automatisch angepasst. Netzzellen in Strömungsbereichen mit hohen Gradienten erfahren eine Verfeinerung, solche mit niedrigen werden zusammengefasst [5]. Hohe

Gradienten treten vornehmlich in Bereichen der Strahleinschnürung sowie unstetiger Querschnittsänderungen, wie z.B. den Strömungskanten des Absperrkörpers auf.

Der Schließwinkel übt einen großen Einfluss auf die endgültige Vernetzung aus. Die Anzahl der reinen Fluid- und Partialzellen steigt, in erster Näherung, proportional mit dem Schließwinkel. Das numerische Modell des Kugelhahns wurde im Mittel durch 66.000 reine Fluidzellen inkl. 24.000 Partialzellen (Fluid / Festkörper) vernetzt, siehe Bild 2. Die Berechnungsdauer betrug jeweils ca. 3 Stunden. Randbedingungen der CFD waren jeweils eingangsseitig der gemessene und korrigierte Druck p_1 und ausgangsseitig der gemessene Volumenstrom. Die Ergebnisse der Berechnungen mit den Drücken $p_1 + p_2$ als Randbedingungen wichen bis zu 10% von den vorgenannten ab, was auf die ungünstige Lage der provisorischen Druckmessstelle p_2 zurückzuführen ist. Letztlich wurden sowohl der Druck p_1 als auch der Volumenstrom in Abhängigkeit vom -jeweils im Modell geänderten- Schließwinkel eingegeben und die Berechnung gestartet. Als Allgemeine Einstellungen wurden verwendet: interne Analyse, Standardwasser, adiabate Wand, Rauheit 200μm, Strömungstyp (laminar und turbulent), Kavitationsberechnung, Turbulenzparameter (Energie und Dissipation).

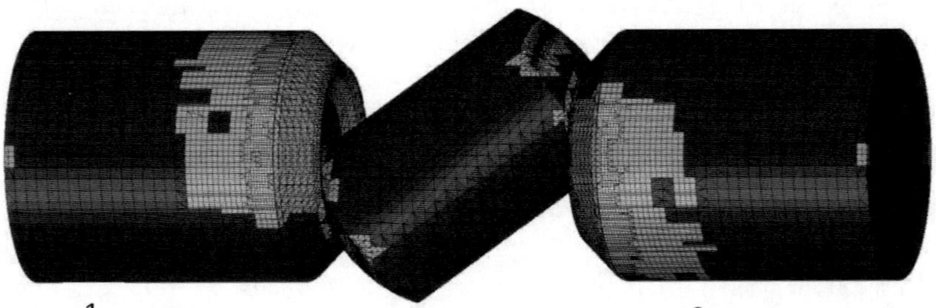

Bild 2. Vernetzung des numerischen Models des Kugelhahns, Unterschiedliche Verfeinerungsstufen bei einem Schließwinkel von 35°. Durchströmung von 1 nach 2.

Berechnungsziele waren: Druck, Geschwindigkeit, Dichte, Massenstrom, Dampfanteil sowie die turbulente Energie und Dissipation und die Wirbelstärke. Eine größere Gesamtlänge des Berechnungsraumes (Einstrom- /Ausstromrand) als 300mm ergab nur vernachlässigbare Unterschiede. Die Validierung des CFD Modells mit den entsprechenden Messdaten ergab eine hinreichend genaue Abbildung der realen Strömung durch den Kugelhahn.

Strömungen können mit den fünf Erhaltungsgleichungen von Masse, Impuls und Energie, den sogenannten Navier-Stokes-Gleichungen vollständig beschrieben werden [6, 7]. Da dabei auch kleinste Wirbel und Turbulenzen beschrieben, d.h. berechnet werden müssen, ist diese direkte numerische Simulation für technische Anwendungen mit den heutigen Rechnerleistungen noch nicht tragbar. Stattdessen werden Turbulenzen mit Modellen approximiert, damit kann die Physik mit akzeptablen Rechenzeiten noch genau wiedergegeben werden (→ Reynolds-gemittelten Navier-Stokes-Gleichungen, engl.: RANS).

Gemäß der Turbulenztheorie enthalten großskalige Wirbel hauptsächlich Bewegungsenergie, sie sind jedoch instabil und zerfallen fortwährend in kleinere, ebenfalls instabile Strukturen. „Es entsteht eine Kaskade von Strukturen unterschiedlicher Größe und Form, welche das turbulente Frequenzspektrum bilden.“ Strömungsbereichen mit starken Scherungen und Umlegungen generieren die turbulente Energie, welche stromabwärts durch Diffusion und Dissipation abklingt. „Je kleiner eine Struktur (ein Wirbel) wird, desto ausgeprägter ist die Wirkung der Reibung und Dissipation“ [8].

Turbulenz lässt sich durch zwei Parameter modellieren, im vorliegenden Fall durch die turbulente kinetische Energie K (gebunden an großskalige Wirbel) und deren Dissipationsrate ε (gebunden an kleinskalige Wirbel); das K-ε Turbulenzmodel. Die massenbezogene turbulente Energie kann –anschaulich– als Maß für die Intensität oder Stärke der Turbulenz angesehen werden. Wie allgemein bekannt, generieren turbulente Strömungen Schallwellen in einem breiten Frequenzbereich, siehe dazu auch [9]. Dieser Zusammenhang wird in dieser Untersuchung für den Vergleich zwischen CFD und SE-Messungen herangezogen.

4. Schallemissionsanalyse Messequipment

Die generierten Schallemissionen wurden mit zwei identischen Messketten der Fa. Mistras detektiert. Jede Messkette bestand aus einem WD-Breitbandsensor, einem Vorverstärker (26dB) und einem 1283-USB-AE Node™ Modul. Die Software AEwin™ for USB diente der Steuerung der USB-AE Node Module sowie der Datenspeicherung, -verarbeitung und –darstellung [10]. Folgender Hardware-Setup wurde bei beiden Kanälen verwendet: Auflösung 16Bit, feste Triggerschwelle 35dB, Bandpass 20kHz - 200kHz, Abtastrate 5MSPS. Time Driven Channel Data: RMS. Time Driven Rate: 50ms, Messdauer 10Sekunden. Die Mittelwerte und Standardabweichungen wurden mit der AEwin statistics Funktion berechnet. Die Sensoren (SE1 und SE2 in Bild 1 auf Seite 2) waren mittels Spannbändern auf der Rohroberfläche fixiert. Hochviskoses Koppelmittel an allen Kontaktflächen diente zur dämpfungsarmen Weiterleitung der SE-Signale zu den Sensoren.

5. Durchgeführte Versuche

Insgesamt 14 Schließwinkelposition, inkl. der Endpositionen (75° → „Zu" und 0° → „Auf"), des Kugelhahns wurden sowohl versuchstechnisch als auch numerisch untersucht. Wobei die Versuche zuerst durchgeführt wurden, da die dabei gemessenen Drücke und Volumenströme als Grundlage für die Strömungssimulation notwendig waren. Die Wassertemperatur erhöhte sich während der Versuchsdauer leicht von 20°C auf 22°C. Der Luftdruck betrug 998±2hPa.

6. Darstellung der Ergebnisse

Die Ergebnisse dieser Untersuchung erfolgen -der besseren Übersicht halber- getrennt nach Versuchen und numerischer Simulation.

6.1 Hydraulische Werte

Neben anderen ist die Abhängigkeit des im Kugelhahn generierten Druckverlustes von dessen Schließwinkel in Bild 3 dargestellt. Er steigt von 0° bis 40° Schließwinkel annähernd linear, bleibt dann im Mittel konstant. Der Druck p(2,abs) am Ausgang entspricht den Druckverlusten, des Teils der Rohrleitungsanlage, der Kugelhahn und Wassertank verbindet. Bei 30° Schließwinkel wird im Kugelhahn der Maximalwert der hydraulischen Leistung dp(V) bei der Generierung des gewünschten Druckverlustes erreicht. Der den Kugelhahn durchfließende Volumenstrom ergibt sich letztlich aus dem Druckverlust, vice versa. Der Druck vor dem Kugelhahn ist nicht konstant, er ändert sich mit dem Volumenstrom entsprechend der Drosselkurve der eingesetzten radialen Kreiselpumpe.

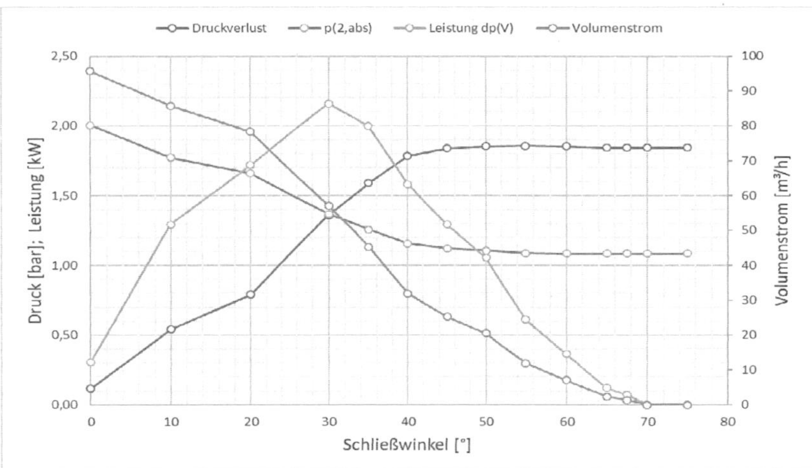

Bild 3. Gemessene und berechneten hydraulischen Werte versus des Schließwinkels des Kugelhahns.

6.2 Schallemissionsanalyse

In Vorversuchen wurden die abgegebenen Schallemissionen vor (1) und nach (2) dem Kugelhahn, siehe Bild 1 auf Seite 2, bei verschiedenen Schließwinkelpositionen untersucht. Die Verläufe der gemessenen RMS-Werte beider SE-Sensoren zeigen die gleiche Abhängigkeit vom Schließwinkel. Wobei der Sensor stromabwärts (2) durchschnittlich 2,25-fach höhere Wert lieferte als der stromaufwärts (1). Um einen evtl. Einfluss der Sensorpositionen zu bestimmen wurden beide SE-Sensoren in die horizontale Messebene Position (2) auf der Rohroberfläche unterschiedlich positioniert (diametral gegenüber, in verschiedenen Winkelpositionen zur Rotationsachse des Absperrkörpers) und der vorgenannte Versuchsablauf jeweils wiederholt. Eine Abweichung der RMS-Werte beider Sensoren konnte hierbei nicht festgestellt werden. Erklärbar ist dies, durch die große Wandstärke (2mm) der eingesetzten Rohre, welche zu einer Mittelung der im Messquerschnitt generierten SE-Signale führt.

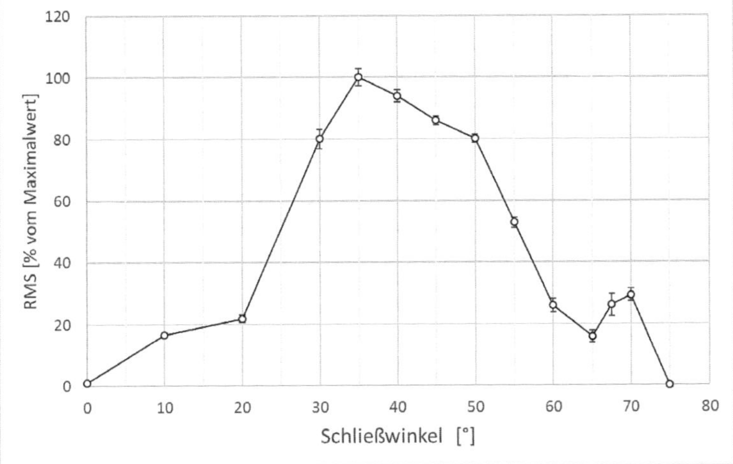

Bild 4. Verlauf der RMS-Werte sowie deren Standartabweichungen versus des Schließwinkels des Kugelhahns.

Im Hauptversuch wurden beide Sensoren benutzt und auf der horizontalen Messebene auf Position (2) gegenüberliegend (normal zur Achse des Absperrkörpers) befestigt. Bild 4 zeigt den Verlauf der gemessenen RMS-Werte des Sensors SE1 und deren Standardabweichung.

6.3 Numerische Strömungssimulation

Mit dem Ziel Abhängigkeiten zwischen den Verläufen der berechneten Parameter (Druck, Geschwindigkeit, turbulente Energie) zu erkennen, wurden diese z.B. als Stromlinien (siehe Bild 5) oder auch als Schnittverlauf (Bild 6) oder ISO-Flächen (Bild 7) dargestellt.

Bild 5. CFD-Ergebnis: Einzelne Stromlinien mit Geschwindigkeitsverlauf (Blau = 0,65m/s; Rot = 15,3m/s), Schließwinkel = 35°, Strömungsrichtung →.

Die Strömung verläuft bei allen Bildern jeweils von links nach rechts. Die jeweiligen Schließwinkel sind angegeben bzw. könnten aus den Darstellungen ermittelt werden.

Nachfolgendes Schnittbild zeigt den Verlauf der errechneten massenbezogenen turbulenten Energie bei einem Schließwinkel von 35° in farbcodierter Darstellung. Diese Darstellungsart bietet einen guten Überblick über die Abstufungen der berechneten Parameter. Für die Beurteilung der räumlichen Lage eines bestimmten Wertes, hier der spez. turbulenten Energie, wurden die ISO-Flächen benutzt. Aus Bild 7 gehen die Lagen der turbulenten Energie mit 9,5 J/kg hervor. Der Maximalwert der turbulenten Energie (roter Punkt, ca. Mitte Absperrkörper) wird von der räumlichen ISO- Fläche eingeschlossen.

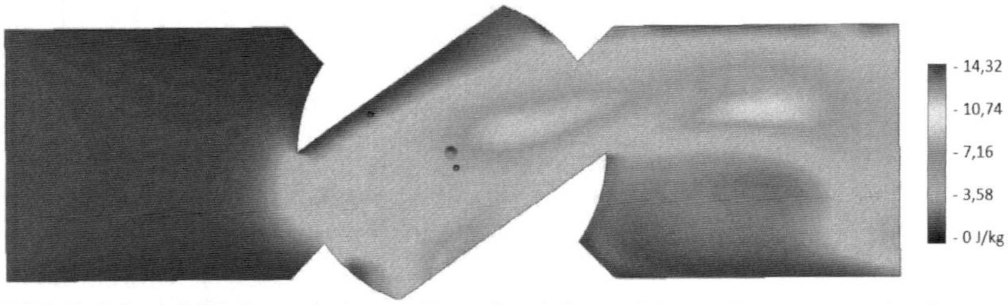

Bild 6. Schnittbild der turbulenten Energie, siehe Farblegende. Roter Punkt → Lage der maximalen turbulenten Energie = 14,32J/kg, blauer Punkt → minimale turbulente Energie = 0 J/kg. Schließwinkel = 35°.

Die Positionen und Ausdehnungen der ISO-Flächen hängen stark vom Schließwinkel und den Parametern der Strömung ab, vice versa. Wünschenswert wäre hier eine Funktion, mit der sich die gesamte turbulente Energie in Teilvolumen des Strömungsraums integrieren lassen würde (Zellenvolumen · Dichte · spezifische turbulente Energie). Dies würde die Korrelation mit den integralen RMS-Werten vereinfachen. Da die Funktion „Ergebnisse exportieren“ keine nachvollziehbaren Daten lieferte, konnte leider auch keine externe Berechnung der gesamten turbulenten Energie erfolgen. Nachfolgende Tabelle zeigt die Lagen der ISO-Flächen der turbulenten Energie in Abhängigkeit vom Schließwinkel des untersuchten Kugelhahns.

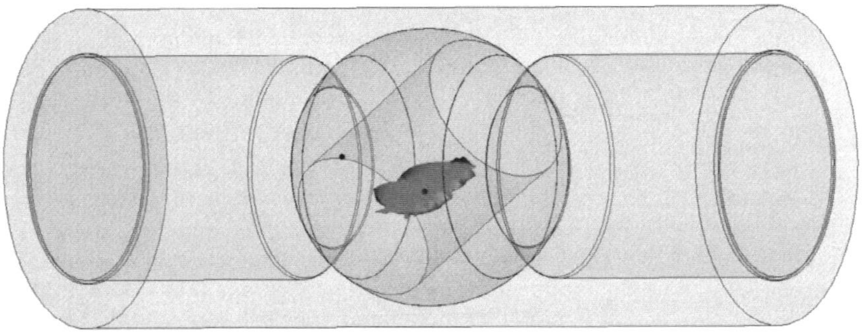

Bild 7. ISO-Fläche der turbulenten Energie = 9,5 J/kg. Roter Punkt → Lage der maximalen turbulenten Energie = 14,32J/kg, blauer Punkt → minimale turbulente Energie = 0 J/kg. Schließwinkel = 35°.

Tabelle 1. Lage der ISO-Flächen der turbulenten Energie sowie deren globalen Maximalwerte.

Schließ-winkel:	0°	10°	20°	30°	35°
Lage: turbul.E. [J/kg]	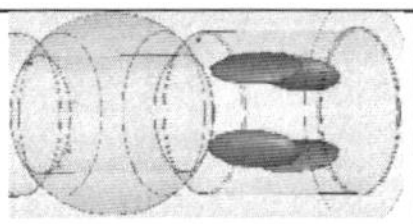	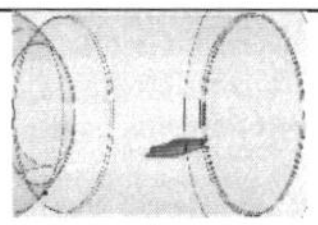	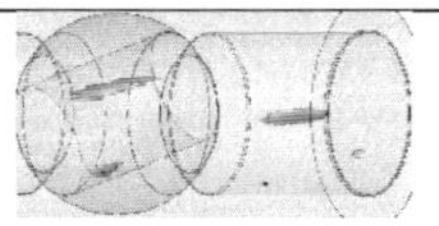	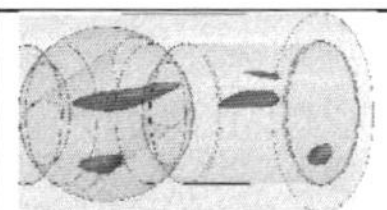	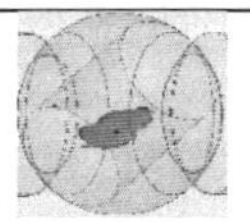
Global	6,51	11,02	18,33	15,70	14,32

40°	45°	50°	55°	60°	65°	67,5°	
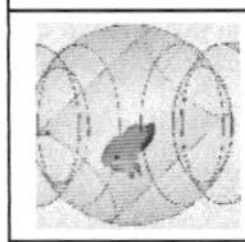	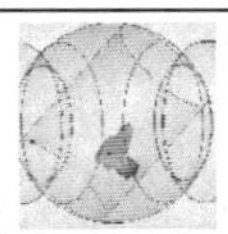	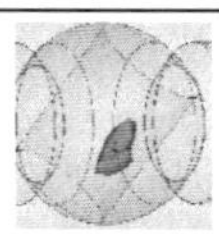	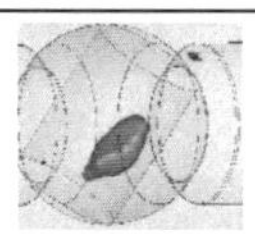	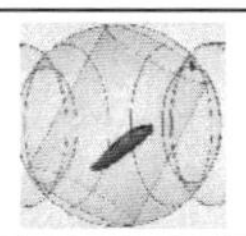	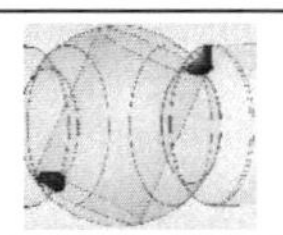	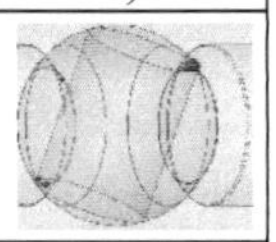	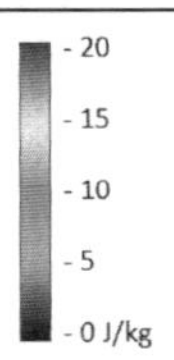
10,18	9,75	10,19	6,62	4,11	4,78	8,09	

7 Ergebnisdiskussion

Die miteinander zu vergleichenden Verläufe der messtechnisch bzw. numerisch gewonnenen Daten sind im nachfolgenden Bild 8 zusammengefasst. Auf die Erläuterung der Schallpegelmessung LAF 90 (B&K, Typ 2270, Schallpegel mit Frequenzbewertung A, der in 90% der Messzeit überschritten wurde) wird hier verzichtet. Die globalen Maxima der dargestellten Verläufe liegen in einem Schließwinkelbereich von ca. 20° bis 35°.

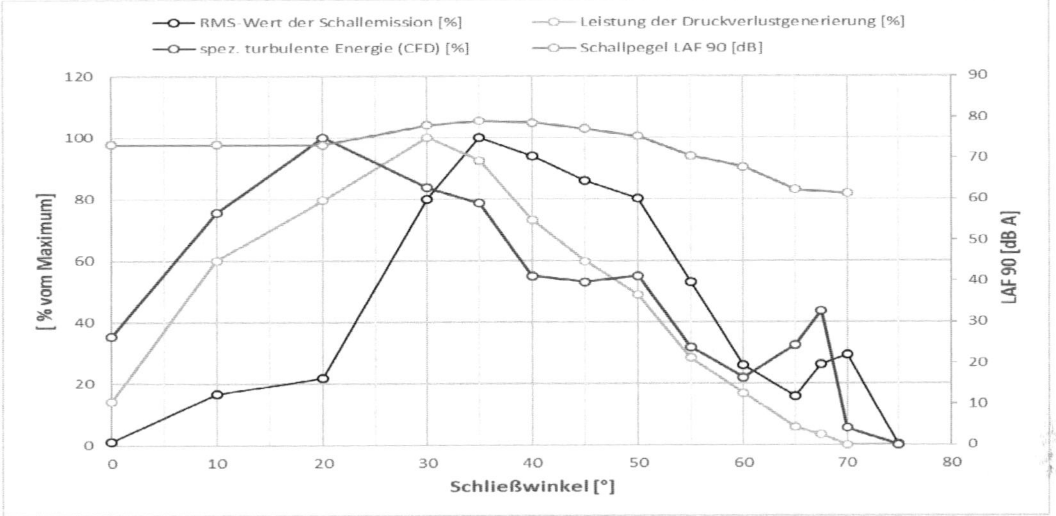

Bild 8. Verläufe der berechneten turbulenten Energie, den gemessenen RMS-Werten und Schallpegel sowie der berechneten Leistung der Druckverlustgenerierung versus des Schließwinkels des Kugelhahns.

Zwischen 0° und 30° Schließwinkel steigen die Werte der Verlustleistung –im Vergleich zu den RMS-Werten– viel stärker an. Die Schallpegel haben sich in diesem Bereich auf ca. 75 dB(A) eingependelt. Die Volumenströme liegen noch bei ca. 50% ihres Maximalwertes, aber die generierten Druckverluste haben erst ca. die Hälfte ihres Maximums erreicht. Aufgrund der geringen Strömungsumlenkung, hohen Volumenströmen aber kleinen Druckverlusten wird hier mehr Energie im Hörschallbereich als im Ultraschallbereich emittiert.
Zwischen 35° und 65° Schließwinkel haben die Druckverluste ihr Maximum erreicht, der Volumenstrom sinkt weiter ab, damit auch die umgesetzte Leistung. Durch die großen Strömungsumlenkungen und hohen Differenzdrücke werden hier vornehmlich Schallemissionswellen generiert werden. Die Kurven zeigen –in erster Näherung– dieselben Verläufe.
RMS-Werte bei 67,5 bis 70° Schließwinkel
Das lokale Maximum der RMS-Werte lässt sich durch die hohe Druckdifferenz –bei minimalem Volumenstrom (1,4m³/h)– erklären, dadurch werden starke Kavitationsimplosionen generiert. Dieser minimale Durchfluss kann als Leckage gedeutet werden, siehe dazu [11]. Bei 67,5° Schließwinkel hat der RMS-Wert einen ca. 10% geringeren Wert als bei 70°, aber eine doppelte Standardabweichung. Ebenso hat der Wert der turbulenten kinetischen Energie (nachfolgend tkE) ein ausgeprägtes lokales Maximum.

Generell bilden die Verläufe sowohl der RMS-Werte und der Schallpegel als auch der Leistung der Druckverlustgenerierung die Vorgänge im Kugelhahn integral ab. Zudem sind sie letztendlich aus Messwerten hervorgegangen. Auf die Abhängigkeit dieser Parameter zueinander hat der genaue Wert des Schließwinkels keinen Einfluss. Der Verlauf der tkE repräsentiert den jeweiligen Maximalwert im gesamten Strömungsraum. Welche Abhängigkeit zwischen der gesamten tkE [J] und der spezifischen tkE [J/kg] besteht, konnte leider nur abgeschätzt werden. Wie aus Tabelle 1 hervorgeht, ändert sich auch jeweils die Lage der

ISO-Flächen der turbulenten Energie: bei 0° treten die stärksten Turbulenzen nicht im Absperrkörper, sondern im stromabwärts gelegenen Gehäuseteil auf. Ab 35° Schließwinkel finden Sie praktisch nur noch im Absperrkörper statt. Bei 65° und 67,5° gibt es starke Turbulenzen nur nach den ellipsenförmigen Engstellen (ca. 2,5mm · 20mm). Zwischen den Verläufen der RMS-Werte und der tkE lässt sich eine „Phasenverschiebung" erkennen, die sich mit abnehmenden Schließwinkel vergrößert (tkE vor RMS). Dieser Effekt beruht auf einem nachträglich festgestellten „Spiel" (±3°) der mechanischen Verbindung des Absperrkörpers mit der Welle im Inneren des Kugelhahns und der Tatsache, dass die freie Durchflussfläche des Kugelhahns ca. quadratisch mit kleiner werdendem Schließwinkel zunimmt.

7 Zusammenfassung und Ausblick

An einem Kugelhahn wurden synchron die RMS-Werte der Schallemission der Schallpegel und hydraulische Werte bei unterschiedlichen Schließwinkeln gemessen. Letztere bildeten die Basis für numerische Strömungsberechnungen. Aus den CFD Ergebnissen konnte, mit der turbulenten kinetischen Energie (tkE), ein Parameter identifiziert werden, der mit dem RMS-Wert der gemessenen Schallemission gut korreliert. Die in Bild 8 zu erkennenden Abweichungen zwischen beiden Verläufen (tkE + RMS) können erklärt werden durch:

- Vereinfachungen bei der numerischen Modellierung des physischen Kugelhahns,
- Nachträglich festgestellte Abweichungen des realen Schließwinkels in Verbindung mit der Abhängigkeit der freien Durchflussfläche vom Schließwinkel,
- Änderung der Lage und Stärke der tkE in Abhängigkeit vom Schließwinkel,
- Verwendetes Turbulenzmodel, hier K-ε Modell.

Die technisch relativ einfache Geometrie des Kugelhahns führt, je nach Schließwinkel, zu sehr komplexen Strömungsverläufen. Im Rahmen weiterer Untersuchungen sollten deshalb zunächst einfachere Geometrien (z.B. Blenden) verwendet werden. Die Messung der SE, mit erweitertem Frequenzbereich, direkt im Fluid (ohne Rohrwand) könnte Vorteile bringen. Auch sollten andere Wirbelviskositätsmodelle (z.B. K-ω Modell, SST Modell) bzw. andere Modellansätze wie z.B. das Reynoldsspannungsmodell einbezogen werden.

8 Referenzen

[1] Wittel, H., et al., Roloff/Matek Maschinenelemente, ISBN 978-3-658-02327-0, Springer-Verlag, 2013.
[2] Lex, T., Dissertation: Fluiddynamik von Gas-Flüssigkeits-Gemischen in Kugelhähnen, TU München, 2004.
[3] Dudzig, K., Ziegler, B. The possibility of application the acoustic emission method for monitoring flow of water within a ball valve, Journal of KONES, Vol. 23, Nr. 4, ISSN 1231 – 4005, 2016.
[4] Ziegler B., Bestimmung der Betriebsbedingungen saugseitig gedrosselter Kreiselpumpen mittels Schallemissionsanalyse, 18. Kolloquium Schallemission, Wetzlar 2011.
[5] SolidLine AG, Schulungshandbuch SolidWorks Flow Simulation, 2011 .
[6] Dassault Systems, Solidworks Flow Simulation TECHNICAL REFERENCE, 2017.
[7] Beinert, C., Dissertation: Eignung numerischer Strömungssimulation zur Bestimmung des Betriebsverhaltens von Industriearmaturen, FB Maschinenbau, TU Darmstadt, 2007.
[8] Laurien, E., Oertel, H., Numerische Strömungsmechanik, Grundgleichungen und Modelle –Lösungsmethoden– Qualität und Genauigkeit, ISBN 978-3-658-03145-9, Springer-Verlag, 2013.
[9] Müller, G., Möser, M. (Hrsg); Strömungsgeräusche, ISBN 978-3-662-55438-8, Springer GmbH, 2017.
[10] USB-AE Node™ & AEwin™ for USB™ Software Users's Manual, Mistras Group Inc, USA, 2010.
[11] Schubert,H., Stramka, V., Vor Ort-Ermittlung des Verlustes durch innere Leckagen an geschlossenen Armaturen durch die Schallemissionsprüfung, ZfP-Zeitung 137, 2013.

Piezo acoustic versus opto-acoustic sensors in laser processing

Kilian WASMER[1], Tri LE-QUANG[1], Sergey A. SHEVCHIK[1], Georgios VIOLAKIS[1]
[1] Swiss Federal Laboratories for Materials Science and Technology (Empa), Feuerwerkerstrasse 39, CH - 3602 Thun, Switzerland

Contact E-Mail: kilian.wasmer@empa.ch

Abstract. Piezo acoustic sensors are well known in the field of acoustic emission since the 20's but are considered as a common product since the 70's. Since that time, the number, type, shape and temperature range of AE sensors have been broaden to satisfy the industrial demands. When considering either high temperature and/or small size, piezo acoustic sensors have limits and an alternative technology has to be considered. In industrial applications with special requirements to high temperature tolerance, small size (< 150 µm), broad frequency response, insensitive to electromagnetic interference, opto-acoustic sensors including Fibre Bragg Grating (FBG) are very good candidates.

FBG is an interferometric structure, imprinted inside the core of the optical fibre with unique spectral characteristics of reflectivity. The acoustic waves created during an industrial process result in periodical extension/compression of the optical fibre core and, consequently, the FBG structure. These momentary deformations affect the reflectivity properties of the FBG that follow the behaviour of the incoming pressure waves. This behaviour results in the intensity of the reflected light that encodes the momentary deformation states of the fibre core and so can be used for acoustic sensing. These sensors exhibit linear response in a broadband frequency range (from several Hz to tens of MHz) with potential detection upper limit of the order of several hundred MHz. In contrast, most piezo sensors have linear response in a limited bandwidth and lower detectable frequencies.

In this work, we will focus on the fibre technology and compare the sensitivity of commercial FBG with several piezo acoustic sensors. We will also show how FBG's can be used as acoustic sensors in laser processing by analysing the data with state-of-the-art machine learning techniques, in particular for classification of laser power made from the sample itself which can be related to its quality.

Introduction

This paper presents an investigation of using modified optical fibres; in particular Fibre Bragg Gratings (FBG) and phase-shifted FBG (PSFBG), as acoustic sensors. The sensitivity of FBG and PSFBG is also compared with several piezo acoustic sensors. To demonstrate the potential use of FBG in industrial process, they have been tested in laser processing for determining the laser power from the sample itself which can be related to the sample quality.

Optical fibre based sensors have been the subject of research for more than 40 years. The research has been driven by the attractive properties of the optical fibre platform itself. It includes its small size, flexibility, immunity to electromagnetic interference, low loss, high temperature stability, high bandwidth, just to name a few. Among the large variety of optical fibre sensor technologies, the most researched and successful in both commercial and application terms has been the FBG [1].

Fibre Bragg Gratings can be considered as optical band rejection filters, or the equivalent of a one dimensional photonic crystal. Their function is the back-reflection of a narrow wavelength band of light and the transmittance of all other wavelengths propagating in the fibre core. FBGs are formed inside the core of an optical fibre by periodical spatial modulation of the refractive index. The period of the structure determines the central wavelength to be back-reflection according to Eq. (1) [2]:

$$\lambda_B = 2 \cdot n_{eff} \cdot \Lambda \tag{1}$$

where λ_B is the reflected wavelength (Bragg wavelength), n_{eff} is the effective refractive index of the mode (related to the effective index of the propagating mode and affected by the magnitude of the induced refractive index change in the core), and Λ is the period of the refractive index modulation. Typically, such sensors are fabricated interferometrically by a laser side illumination of the optical fibre through a diffractive optical element (phase mask) that forms the periodic structure. A change in the periodicity of the FBG results in the shift of the Bragg wavelength, providing the sensing capabilities of the FBGs.

The detection principles of acoustic emission (AE) with optical fibres are based on two major techniques: optical fibre interferometers and FBGs [3]. The first reports of interferometer based optical fibre AE sensors date back to 1977 [4]. Ever since, numerous researchers have examined different varieties and implementation of those sensors. Despite their good sensitivity, optical fibre interferometers suffer from cross sensitivity, as the whole fibre length that transmits the signal can be affected by external factors and alter the measured signal. Short length interferometers, e.g. Fabry-Perot cavities [5], overcome this caveat but lack dynamic range and require careful handling, while, in most cases, lack any low-cost multiplexing capability.

FBG for AE detection are a more recent advancement (first proposed in 1996 [6]) and have been extensively researched in the last years, due to their attractive properties. The main ones are: the small size, multiplexing capability, chemical and electromagnetic/radiation neutrality, high temperature resistance (up to 1200ºC for specific FBG). Also, the fact that the sensing element is 'sealed' around a glass jacket (the optical fibre cladding) makes FBG ideal for AE sensing in hostile environments. Besides, the availability of numerous optical fibre components off-the-shelf at a relatively low cost is another significant benefit for practical applications. Recent research in the field has exhibited FBG based setups with sensitivities up to 5 pε/Hz$^{1/2}$ for frequencies larger than 100 kHz and detectable range up to 10 MHz [7], a performance which is similar or surpasses even interferometric setups. Moreover, the efforts to convert FBG sensitivity from omni- to uni-directional by cylindrical housings [8] were carried out with a large degree of success.

The utilization of FBGs in AE detection is typically realized either by using the power [9] or the edge filter detection method [10]. The former is comprised of a broadband light source coupled to a circulator that interrogates one or more spectrally separated FBGs. The back-reflected signal is routed to a demultiplexer that uses either a (spectrally) matched FBG or a narrow bandpass filter to extract the corresponding wavelength and supply the signal to a photodiode. This method is low cost, highly scalable in terms of sensor number and requires little maintenance, but at the cost of sensitivity.

On the other hand, the edge filter detection method is significantly more sensitive and, thus, used when ultimate detection sensitivity is required. A typical setup is comprised of the components presented in Fig.1: a narrow linewidth tunable laser (TLS), optionally an isolator to protect the source from any light back-reflections, a 3 port circulator that feeds the FBG with light and routes the back-reflected signal to a photodetector (PD). Alternatively, a balanced PD can be used where both transmitted and reflected signals are monitored.

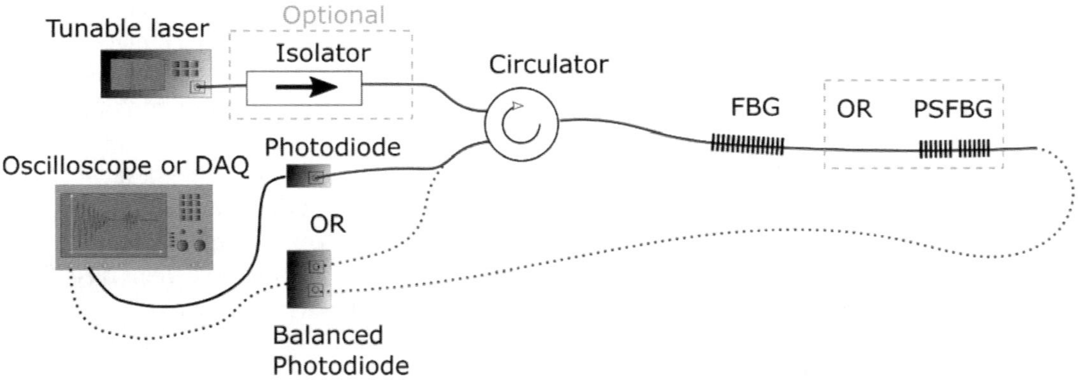

Fig. 1. Edge filter method setup for the detection of AE using FBGs or phase-shifted FBGs (PSFBGs). Dotted line connections refer to the case of using a balanced photodiode.

The working principle of the edge filter method is as follows. The TLS is set to a wavelength within the linear slope of the FBG spectrum (see Fig. 2a). Depending on the spectral positioning of the TLS, a certain amount of light is back-reflected from the FBG and fed into the PD resulting in an output signal (I_{PD}). An incoming acoustic wave will causes the FBG to vibrate ($\Delta\lambda_B$, see Fig. 2b), resulting in spectral blue and red-shifts. As the TLS wavelength is fixed, this will lead to a change in the amount of light back-reflected and consequently a variation in the PD signal (ΔI_{PD}) that is captured and recorded through an oscilloscope or a DAQ card. Graham and Hinckley have shown [11] that the use of a second PD to monitor both transmission and reflection signals can enhance the sensitivity of the method by removing part of the direct current (DC) noise originating from the laser intensity fluctuations. Alternatively, a balanced photodiode can be equally utilized.

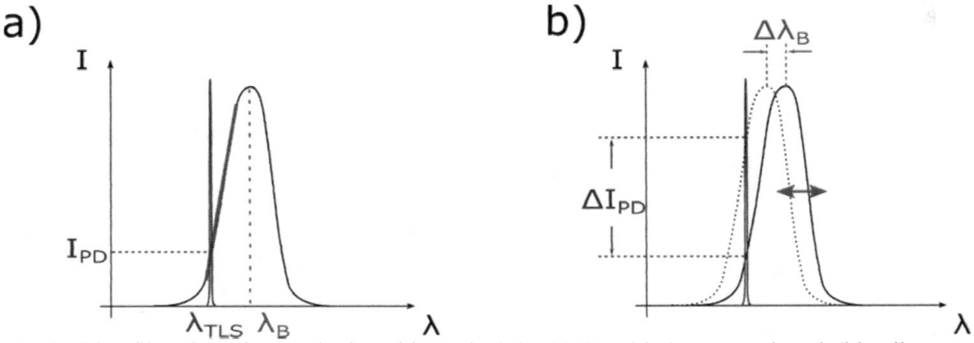

Fig. 2. Edge filter detection method working principle: (a) Tunable laser wavelength (blue line spectrum, λ_{TLS}) is set within the linear slope of the FBG spectrum (red line). (b) An incoming acoustic wave will cause the FBG to vibrate resulting in Bragg wavelength shifts and in turn changes in the intensity of the back-reflected signal.

The sensitivity of the method can be expressed mathematically using the formula presented by Wu and Okabe in [12]:

$$V_S = \Delta\lambda_B \cdot G \cdot R_D \cdot P \cdot g \tag{2}$$

where V_S is the detected voltage signal by the photodiode, $\Delta\lambda_B$ is the Bragg wavelength shift caused by the incoming acoustic wave (due to strain), G is the grating slope (red line in Fig. 2a), R_D is the photodiode response factor, P is the laser input power and g is the gain factor of the PD amplifier. It is worth noting here, that the use of phase- or pi-shifted FBGs

(PSFBGs) can greatly enhance factor G in Eq. (2). In the work of Wu and Okabe [12], the use of a PSFBG resulted in a slope of 87.00 nm^{-1} as compared to a slope of 0.48 nm^{-1} for a standard FBG. This feature significantly improves AE sensitivity, but at the cost of dynamic range (reduction of detectable acoustic range). However, in the ultrasonic regime, the strain applied to the fibre is always small and therefore the reduction of dynamic range is not posing a practical problem. In the work of Wu and Okabe [12], they managed to achieve a frequency response above 1 MHz and a signal to noise ratio (SNR) of 28 dB in the ≈ 300 kHz frequency range using a PSFBG and balanced PD. The minimum detected sensitivity of this system was estimated to be in the order of $\varepsilon_{min} = 9\ n\varepsilon/Hz^{1/2}$.

In the present work, we demonstrate the use of FBGs and PSFBGs as AE sensors for laser processing. Actually, we will classify the laser power based on the AE signals acquired from the sample that the laser power can be related to the sample quality. The signals from the fibre sensor were analysed by wavelet decomposition and then classified by random decision forest [13]. The efficiency of this approach was already reported in our previous work [14].The sensitivity of in-house produced fibre sensors was compared to the standard piezoelectric sensors.

Experimental setup

An industrial fibre-coupled laser system Starfiber 150/300P (Coherent, Switzerland) was used for welding. Details of the system can be found elsewhere [14-15]. Single laser pulse experiments were performed on a 2 mm thick TiAl4V6 plates (Titanium Grade 5). The pulse duration were kept constant at 5 ms. The laser powers were chosen to provoke different quality. The selected laser powers were 20, 40, 80, 120 and 250 W. After each pulse, the sample was moved by a distance of 0.4 mm to ensure a fresh surface for the following pulse. Thirty five pulses for each laser power condition were made and the corresponding AE signals were used for training of the machine learning classifier.

For the acoustic emission detection, a setup similar to the one in Fig.1 was used. A tunable laser with 100 kHz linewidth (Yenista TLS WDM) was set at the slope of either a uniform, top-hat profile FBG, or that of a phase-shifted FBG (both custom made, in-house using the phase mask technique). At the laser exit, a > 40 dB isolator was used to prevent light back-reflections interference. In addition, a 1:2 coupler routed the signal to the sensing arm (FBG or PSFBG) and from there to the photodiode (PD) or balanced PD. The optical fibres were glued on the bottom of the sample holder using the adhesive Loctite HY 4070 (Henkel, Switzerland) and this is illustrated in Fig. 3. At an equal distance from the weld point, a piezoelectric sensor PICO (Physical Acoustics (PAC), USA), sensitive within the range 200 – 750 kHz, was placed. It was fixed on the weld sample with a clamp to ensure good contact as shown in Fig. 3. The signals from all sensors were acquired with a Vallen acquisition unit (Vallen GmbH, Germany) at a fixed sampling rate of 10 MHz.

Wavelet sonograms were constructed from the acquire signals using wavelet decomposition with Daubechies mother wavelet with ten vanishing moments [16]. The obtained sonograms were fed to the machine learning framework to find the unique acoustic signatures of different power regimes. Among the 35 signals for each power, 25 were used to train the algorithm and the remaining 10 for tests.

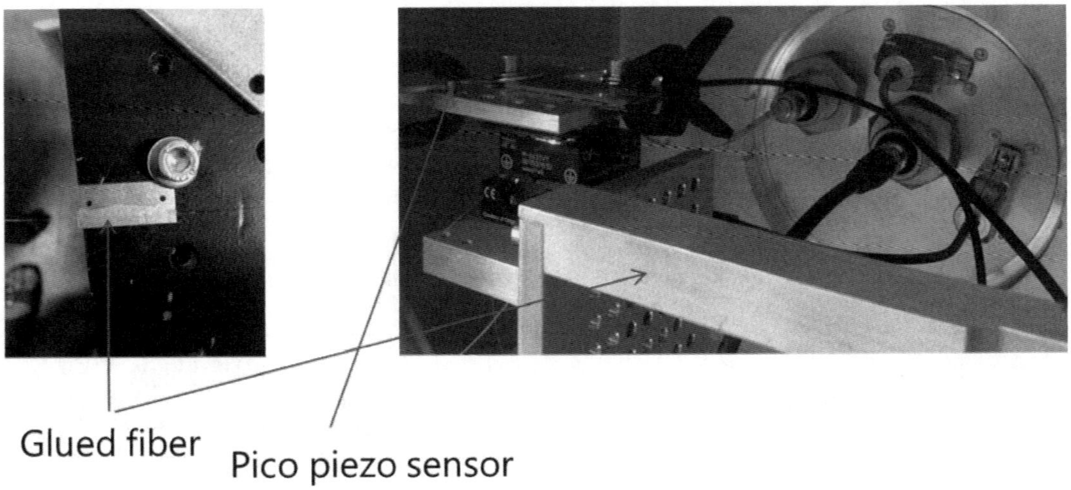

Fig. 3. Picture of the setup inside an atmospheric chamber. On the left, the bounded FBG. On the left the PICO piezo sensor and the location of the bounded fibre.

Experimental results

To start with, the raw AE signals obtained using the uniform, top-hat profile FBG are presented in Fig. 4. In this case, a simple photodiode was used to acquire the data, thus no noise intensity filtering took place in the opto-acoustic setup. Also in Fig.4, the FBG raw AE signals are compared to the standard piezoelectric system for 3 different average weld powers (20, 80 and 250 W) during a 5 ms laser pulse.

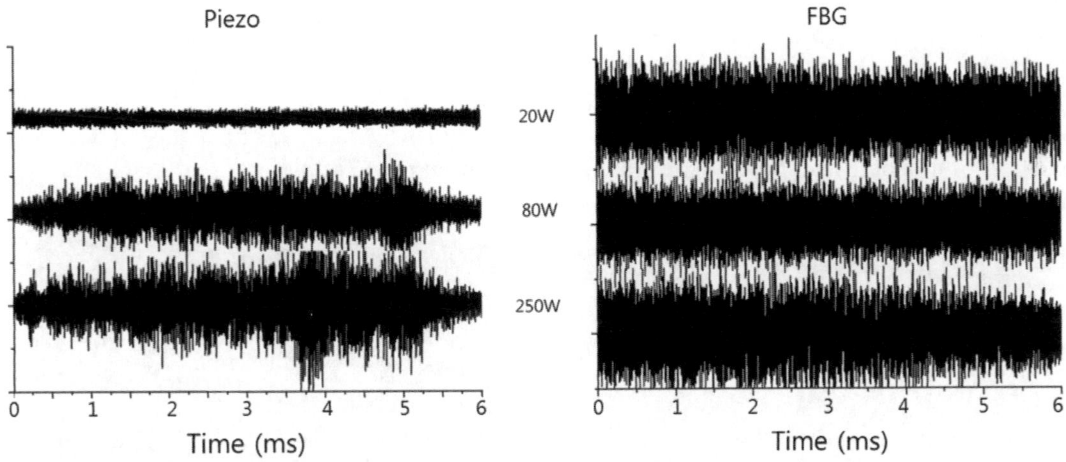

Fig. 4. Response of piezoelectric (left) and edge filter FBG sensor to the acoustic wave generated for 20, 80 and 250 W average power laser weld in TiAl4V6 plates (Titanium Grade 5).

In this first set of measurements, obviously, the piezo AE sensor performs better with a clear ultrasonic signal detection (mostly in the 50 - 400 kHz range) while the unbalanced, uniform FBG contains noisy data. The classification accuracy using the AE raw signals of the two sensors in the machine learning framework are presented in Table 1. In this table, the laser power (related to the sample quality) (in rows) versus the ground truth (in columns) are given. The classification accuracies in the table are defined as the number of true positives divided by the total number of tests for each category. These values are given in the diagonal cells of the table (grey cells). The classification errors are computed as the number of the true negatives divided by the total number of the tests for each category. These corresponding values are filled in non-diagonal row cells. For example, for the PICO Piezo acoustic sensor, the laser power of 120 W was classified with an accuracy rate of 60% and so it has the highest error rate for this sensor. The classification error is split between 80 and 250 W, 10 and 20%, respectively. Based on Table 1, the classification accuracy favours the use of piezoelectric sensors.

Table 1. Laser welding classification results after AE detection using piezoelectric and uniform FBG sensors. The laser power (20, 40, 80, 120 and 250) are given in [W] in both axes.

	PICO Piezo acoustic sensor					FBG acoustic sensor				
Ground truth / Test categories	20	40	80	120	250	20	40	80	120	250
20 W	100					70	30			
40 W		100				20	70	10		
80 W			80	20			20	60	20	
120 W			10	60	30			30	60	10
250 W					100				30	70

In this specific case, the underperformance of the FBG based sensor setup has a three-fold origin. First, the back-reflection of the FBG is directly coupled to a single photodiode, thus, including the laser intensity and phase noise. These two sources of noise, especially in the laser intensity, account for a large DC component of the output voltage, increasing the signal to noise ratio (SNR) by orders of magnitude. Second, the spectral profile of a typical uniform, top-hat profile FBG is not steep enough for adequate AE detection in the ultrasonic range and, therefore, the use of a spectrally steeper FBG, like a PSFBG would be required for a larger SNR. Finally, the mounting of the FBG to the metal sample holder can have an important effect on the AE signal coupling to the fibre due to the significant acoustic impedance mismatch between the materials. It is important to mention that none of these factors were optimized in our experiments.

In an attempt to overcome some of these limitations, imposed by standard FBG, a 1.5 mm long phase-shifted FBG was produced in-house in a standard 125 μm optical fibre as well as in 80 μm photosensitive SM1500 optical fibres (Fibercore Ltd, USA). The performance of the PSFBG was tested using the standard ASTM E976 test [17] for AE detection of a pencil lead break. The waveform acquired by a simple uniform FBG and the PSFBG is presented in Fig. 5.

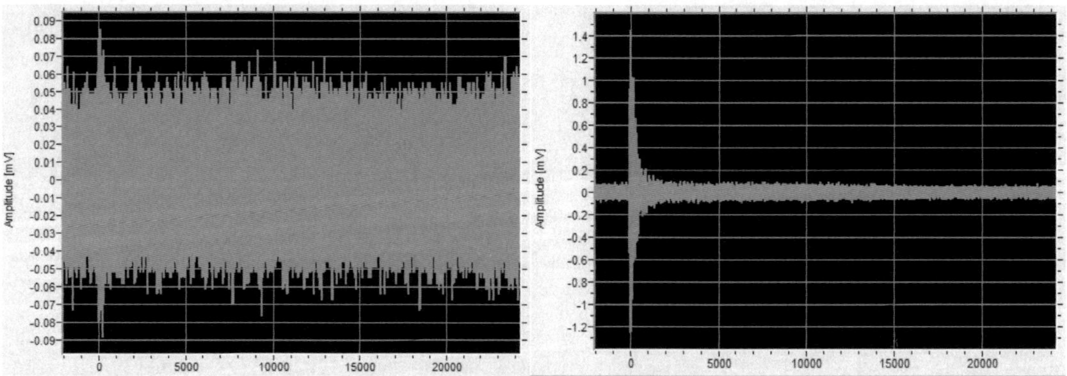

Fig. 5. Response of uniform FBG (left) and PSFBG (right) to the AE of a pencil lead break. An 11dB increase in the SNR is observed by using the PSFBG. Time scale in *x*-axis is in μs.

Calculation of the signal to noise ratio for the two FBGs reveals an increase of 11 dB for the case of PSFBG detection as compared to the normal, uniform FBG, which is in close agreement to the findings of Wu and Okabe [12], where the gain in SNR was in the order of 14 dB. The result can be further optimized by using of a balanced photodetector with equal weights on both ports. That would require a PSFBG with at least 50% reflectivity which was not the case for our in-house made PSFBG. Using the PSFBG sensor with the current setup, acoustic frequencies up to 500 kHz were detected, similar to the response of the PICO piezo sensor.

Future work is directed towards the optimization of the sensing element itself, its mounting, as well as setup improvements. Regarding the optimization of the sensing element, as the FBGs are produced in-house, precisely engineered phase-shift FBGs are scheduled to be produced in both standard (125 μm) and small diameter (80 μm) optical fibres. By doing so, the response of the sensor is expected to increase by improving the G factor in Eq. (2) (increase of the slope), as well as increasing the induced $\Delta\lambda_B$ for the same actuation amplitude which is caused by the smaller mass of the smaller diameter of the optical fibre. Concerning the mounting, location, orientation and placement of the optical fibre, several fibre orientations and placement methods as well as holder designs are under investigation. The performance of an airborne detection scheme (fibre not attached directly to the AE plate) was recently tested and the preliminary results are shown in Fig. 6. They exhibit successful functionality with similar bandwidth as compared to a normal microphone.

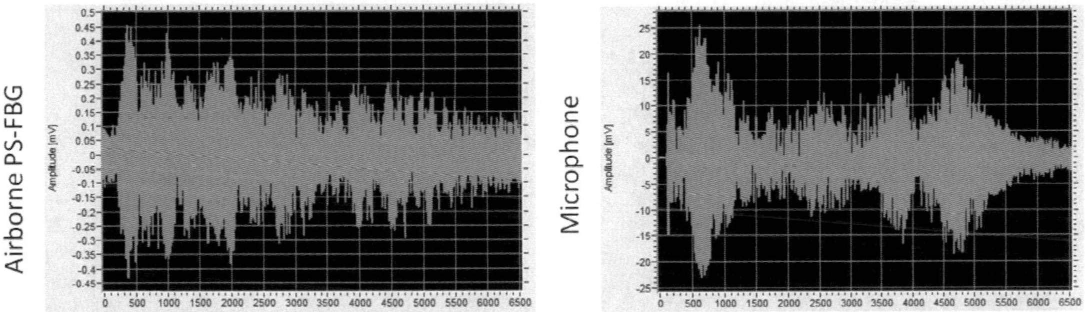

Fig. 6. Airborne PSFBG waveform versus a microphone during a 5 ms duration laser welding experiment. Time scale in the x-axis is in μs.

Finally, the use of 50:50 balanced detection scheme on the setup is expected to improve the SNR by an additional 3 dB and low pass filtering is to be used to exclude noise from ambient conditions (air flows, temperature, etc.), further enhancing the fibre functionality.

Conclusions

In this work, standard piezo acoustic sensors were compared to several optical fibre based. We could also conclude that the use of FBG-based AE detection system for laser processing applications in conjunction with machine learning algorithms for classification tasks has been demonstrated. The experiments showed that, with a non-optimized setup, the uniform, top-hat profile FBG (most basic system) is more subjected to noise as compared to the piezo technology. Under these circumstances, the system in its most basic form, i.e. unbalanced photodetection using a normal uniform FBG, is underperforming compared to commercially available piezoelectric sensors, despite its ability to detect in the ultrasonic range. However, early results on the use of phase-shifted FBGs along with balanced photodetection showed the very promising results. By improving also the mounting, location, orientation and placement of the optical fibre in conjunction with new holder designs, we expect that opto-acoustic sensors either match and/or out-perform traditional piezo-based AE systems, with a smaller footprint, higher flexibility and expandability package with next to zero maintenance needs.

References

[1] A. Cusano, A. Cutolo, and J. Albert, "Fibre Bragg grating sensors: recent advancements, industrial applications and market exploitation". Bentham Science Publishers, 2011, doi: 10.2174/97816080508401110101.
[2] R. Kashyap, "Fiber bragg gratings", 2nd edition, Academic press, 2010, doi: 10.1016/C2009-0-16830-7.
[3] W. Graham, and S. Hinckley, "Acousto-ultrasonic optical fibre sensors: overview and state-of-the-art." IEEE Sensors Journal Vol 8(7), pp: 1184-1193, 2008, doi: 10.1109/JSEN.2008.926894
[4] J.A. Bucaro, H. D. Dardy, and E. F. Carome, "Optical fiber acoustic sensor", Applied optics, Vol. 16(7), pp: 1761-1762, 1977, doi: 10.1364/AO.16.001761.
[5] J. A. Bucaro and E. F. Carome, "Single fiber interferometric acoustic sensor" Applied optics Vol. 17(3) p: 330-331, 1978, doi: 10.1364/AO.17.000330.
[6] D.J. Webb, J. Surowiec, M. Sweeney, D. A. Jackson, L. R. Gavrilov, J. W. Hand, L. Zhang, and I. Bennion, "Miniature fibre optic ultrasonic probe" Proceedings Volume 2839, Fibre Optic and Laser Sensors XIV; 1996, doi: 10.1117/12.255383.
[7] D. Gatti, G. Galzerano, D. Janner, S. Longhi, and P. Laporta "Fibre strain sensor based on a π-phase-shifted Bragg grating and the Pound-Drever-Hall technique" Optics express Vol. 16(3), pp: 1945-1950, 2008, doi: 10.1364/OE.16.001945.
[8] M. Takuma, S. Hisada, K. Saitoh, Y. Takahashi, Y. Kobayashi, A. Kadono, A. Murata, S. Iwata, and T. Sasaki, "Acoustic emission measurement by fibre Bragg grating glued to cylindrical sensor holder" Advances Materials Science and Engineering, Article ID ID 274071, 12 pages, 2014, doi: 10.1155/2014/274071.
[9] N. Takahashi, K. Tetsumura, K. Imamura, and S. Takahashi, "Fibre Bragg grating WDM underwater acoustic sensor with directivity" Proceedings Volume 3541, Fibre Optic and Laser Sensors and Applications; Including Distributed and Multiplexed Fibre Optic Sensors VII; (1999, doi: 10.1117/12.339083.
[10] N. E. Fisher, D. J. Webb, C. N. Pannell, D. A. Jackson, L. R. Gavrilov, J. W. Hand, L. Zhang, and I. Bennion, "Ultrasonic hydrophone based on short in-fibre Bragg gratings" Applied optics, Vol. 37(34), pp: 8120-8128, 1998, doi: 10.1364/AO.37.008120.
[11] W. Graham, and S. Hinckley, "A transmit reflect detection system for fibre Bragg grating acoustic emission and transmission sensors" Smart Sensors and Sensing Technology, Vol. 20, pp: 183-197, 2008, doi: 10.1007/978-3-540-79590-2_13 .
[12] Qi Wu, and Yoji Okabe, "High-sensitivity ultrasonic phase-shifted fiber Bragg grating balanced sensing system" Optics express Vol. 20(27), pp: 28353-28362, 2012, doi: 10.1364/OE.20.028353.
[13] L. Breiman, "Random forests", Machine Learning, Vol. 45(1), pp: 5-32, 2001, doi: 10.1023/A:1010933404324.
[14] S. Shevchik, T. Le-Quang, B. Meylan and K. Wasmer, "Acoustic emission for in situ monitoring of laser processing", 33rd European Conference on Acoustic Emission Testing (EWGAE 2018), downloadable at: ewgae2018/papers/35.pdf .
[15] Q. T. Le, S. Shevchik, B. Meylan, F. V. Farahani, M. P. Olbinado, A. Rack, K. Wasmer, "Why is in-situ quality control of laser keyhole welding a real challenge?" Procedia CRIP (2018), doi: 10.1016/j.procir.2018.08.055 .
[16] I. Daubechies, "Ten Lectures on Wavelets"; CBMS-NSF Lecture Notes Nr. 61, SIAM, 1992, doi: 10.1137/1.9781611970104.
[17] ASTM Standard E976-15, "Standard guide for determining the reproducibility of acoustic emission sensor response". ASTM, Philadelphia, 2015, doi: 10.1520/E0976-15.

Laseranregung und optisches Mikrofon zur kontaktfreien Charakterisierung von Naturstein mit akustischen Oberflächenwellen

Wolfgang ROHRINGER [1], Sebastian WALD [1], Ryan SOMMERHUBER [1], Balthasar FISCHER [1], Nils PANZER [1], Jan BOLAY [2], Friedrich GRÜNER [2], Harald GARECHT [2], Jürgen FRICK [2]
[1] XARION Laser Acoustics GmbH, Wien, Österreich
[2] Materialprüfungsanstalt Universität Stuttgart, Stuttgart
Kontakt E-Mail: n.panzer@xarion.com

Kurzfassung

Sowohl Verwitterung, als auch verschiedene Konservierungsmethoden, verändern die mechanischen Eigenschaften von mineralischen Werkstoffen wie Naturstein. Je nach Zustand oder Behandlung reichen diese Änderungen bis in unterschiedliche Schichttiefen hinab. Damit werden auch akustische Parameter, wie die Schallgeschwindigkeit oder die Dämpfung, beeinflusst. Dies ermöglicht den Einsatz von Ultraschall zur zerstörungsfreien Prüfung von Natursteinkonstruktionen.

Im Rahmen vorangehender Arbeiten wurde bereits ein Ultraschallverfahren zur Erstellung eines Tiefenprofils des Verwitterungszustands von Natursteinproben demonstriert. Hierbei wurde der Ultraschall mit Hilfe von luftgekoppelten Wandlern bei unterschiedlichen diskreten Frequenzen zwischen 100 und 500 kHz erzeugt, um Oberflächenwellen in der Probe anzuregen und zu detektieren. Je nach Frequenz reicht die Welle mehr oder weniger tief in den Stein hinein, dadurch ergibt sich eine Frequenzabhängigkeit der Schallgeschwindigkeit, die mit der Tiefe korreliert, in welche die Auswirkungen der Verwitterung vordringen.

Hier stellen wir ein neues kontaktfreies Verfahren für die Messung der Ausbreitungseigenschaften von Oberflächenwellen in Naturstein und ähnlichen Materialien dar. Dabei werden Laserpulse von ca. 10 ns genutzt, um kurze Ultraschalltransienten anzuregen, deren Frequenzspektrum von wenigen Hz bis in den hohen MHz-Bereich reicht. Die Detektion erfolgt mit einem optischen Mikrofon, basierend auf einem miniaturisierten Laserinterferometer, welches luftgekoppelten Ultraschall bei Frequenzen zwischen 10 Hz und 1 MHz messen kann. Wir zeigen, wie sich durch Darstellung der Pulsausbreitung als D-Bild und Ermittlung der Dispersion via 2d–Fouriertransformation die Ausbreitungsgeschwindigkeit für unterschiedliche im Puls enthaltene Frequenzen bestimmen lässt.

Ergebnisse aus Versuchen an Natursteinproben werden präsentiert und Referenzmessungen gegenübergestellt. Ein Ausblick auf den möglichen Einsatz zur zerstörungsfreien Überprüfung des Zustands denkmalgeschützter Bauwerke, sowie für Anwendungen in anderen Werkstoffsystemen, wird gegeben.

[1] Fey, P., Döring, D., Busse, G., Frick, J. Grüner, F., Emerging Technologies in Non-Destructive Testing V. ISBN 978-0-415-62131-1, Taylor & Francis, London (2012)

Laseranregung und optisches Mikrofon zur kontaktfreien Charakterisierung von Naturstein mit akustischen Oberflächenwellen

Kolloquium Schallemission und Anwenderseminar
Zustandsüberwachung mit geführten Wellen

Nils Panzer[1], Ryan Sommerhuber[1], Wolfgang Rohringer[1], Balthasar Fischer[1], Friedrich Grüner[2], Harald Garecht[2], Jürgen Frick[2]

[1]XARION Laser Acoustics GmbH, Wien
[2]Materialprüfungsanstalt Universität Stuttgart

n.panzer@xarion.com

moving sounds without moving parts

xarion laser acoustics

Motivation

Kontaktfreie Prüfung unterschiedlichster Materialien mittels SAW oder Plattenwellen

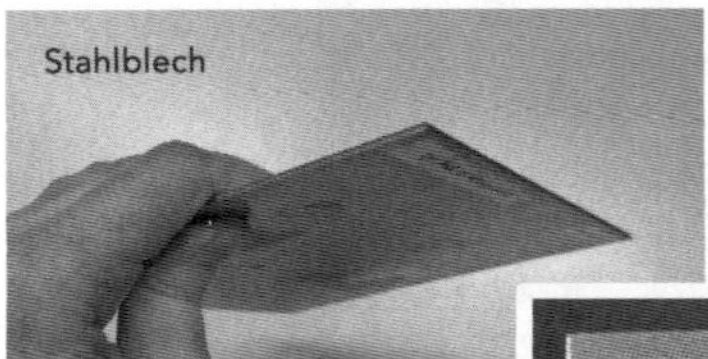

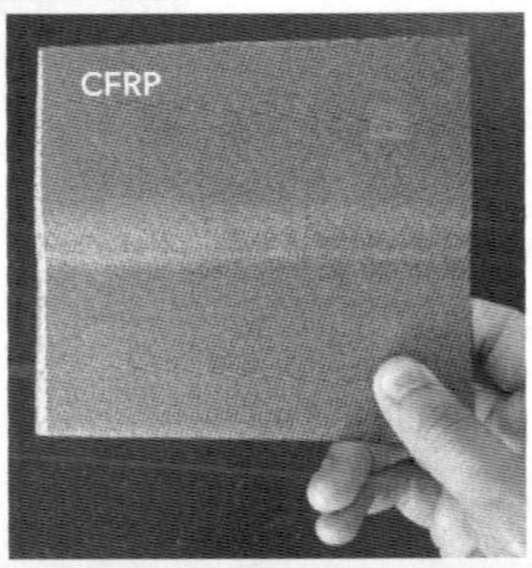

Motivation

Kontaktfreie Prüfung unterschiedlichster Materialien mittels SAW oder Plattenwellen

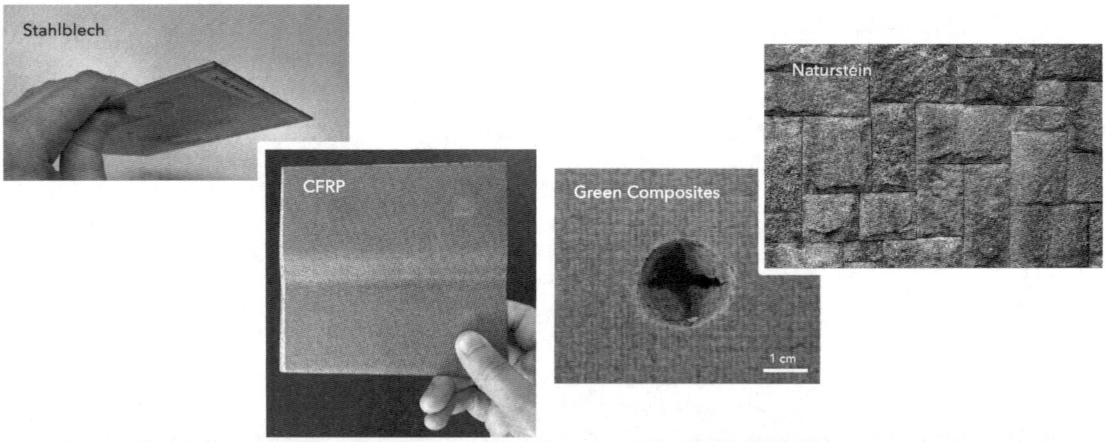

Motivation

Motivation

- Verwitterung von Naturstein bei historischen Objekten
- Ultraschall und Dispersion zur Prüfung des Oberflächenzustands [1,2]

[1] Meier, T. et al., ‚Investigating Surficial Alterations of Natural Stone by Ultrasonic Surface Measurements', 10.1007/978-3-319-50518-3_12 (2017)
[2] Fey, P., Döring, D., Busse, G., Frick, J. Grüner, F., Emerging Technologies in Non-Destructive Testing V. ISBN 978-0-415-62131-1, Taylor & Francis, London (2012)

Motivation

- Ausbreitungsgeschwindigkeit von Oberflächenwellen gibt Aufschluss über Zustand (Dichte, Porösität)
- Unterschiedliche Eindringtiefe verschiedener Frequenzen liefert Tiefenprofil des Zustands (Behandlung, Verwitterung)
- Herausforderung: Unregelmäßige Oberfläche; kontaktfreie Prüfung [2]

[1] Meier, T. et al., ‚Investigating Surficial Alterations of Natural Stone by Ultrasonic Surface Measurements', 10.1007/978-3-319-50518-3_12 (2017)
[2] Fey, P., Döring, D., Busse, G., Frick, J. Grüner, F., Emerging Technologies in Non-Destructive Testing V. ISBN 978-0-415-62131-1, Taylor & Francis, London (2012)

Inhalt

1. **Kontaktfreie Ultraschallprüfung**
2. Optisches Mikrofon
3. Messung von Oberflächen- und Plattenwellen mit dem Optischen Mikrofon
4. Ergebnisse: Oberflächenwellen in Natursteinproben
5. Ausblick: Dispersion geführter Wellen für zfP

xarion laser acoustics 7

Kontaktfreie Ultraschallprüfung: Anregung mittels Piezo oder Laser

Luftgekoppelter Ultraschall

Laser-Anregung

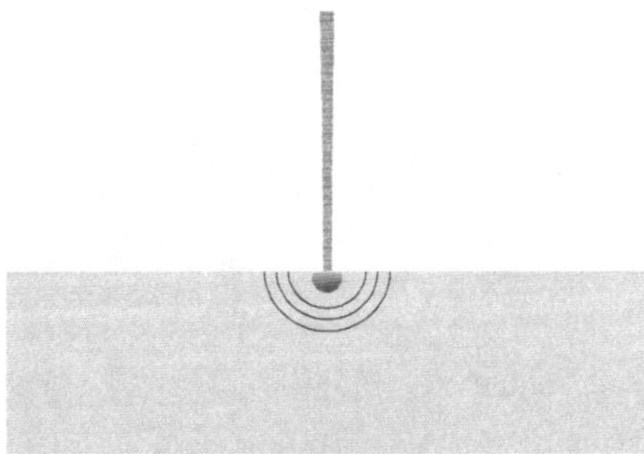

xarion laser acoustics 8

Kontaktfreie Ultraschallprüfung: Piezos

Luftgekoppelter Ultraschall

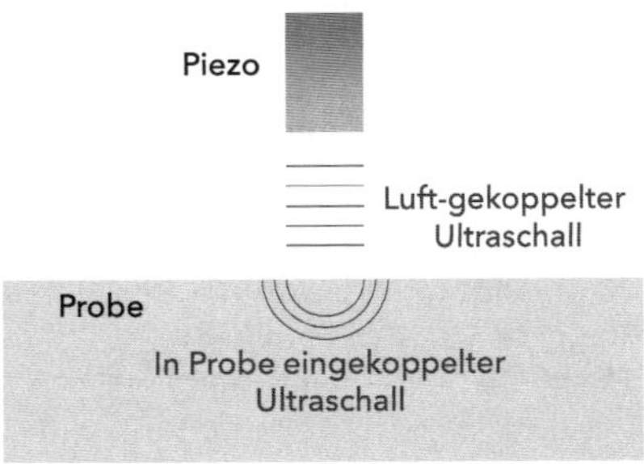

Mechanisches Masse-Feder-System

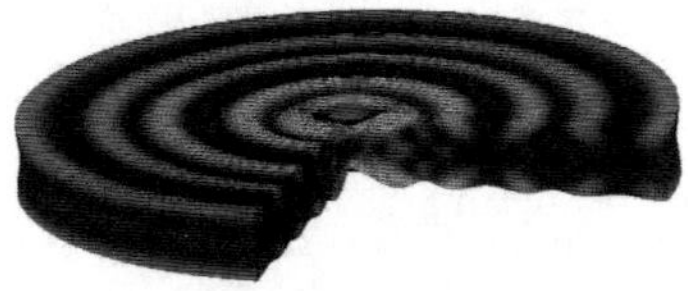

Höhere Eigenmode einer 1mm durchmessenden Piezo-Scheibe

Kontaktfreie Ultraschallprüfung: Piezos

Luftgekoppelter Ultraschall

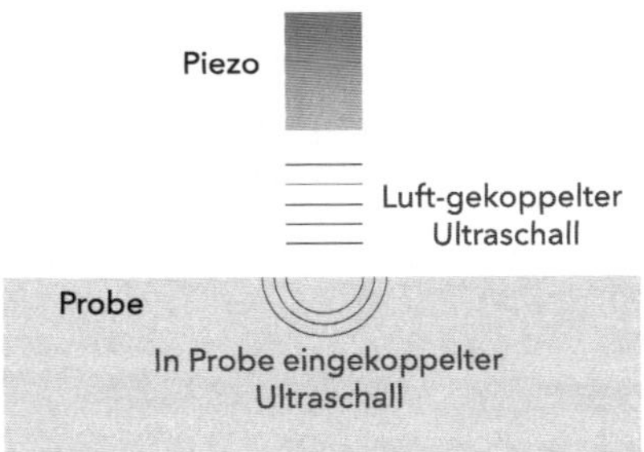

Mechanisches Masse-Feder-System

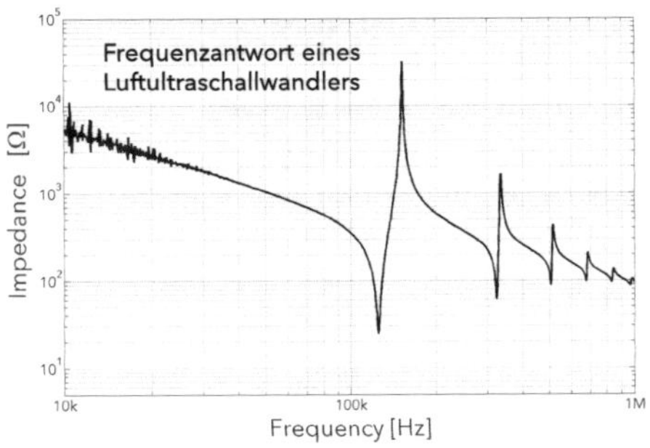

- Schmalbandig (wenige 10 kHz) → unterschiedliche Wandler für unterschiedliche Frequenzen nötig
- Anregung von Plattenwellen / SAW: genaue Winkelausrichtung nötig

Kontaktfreie Ultraschallprüfung: Laseranregung und vibrometrische Detektion

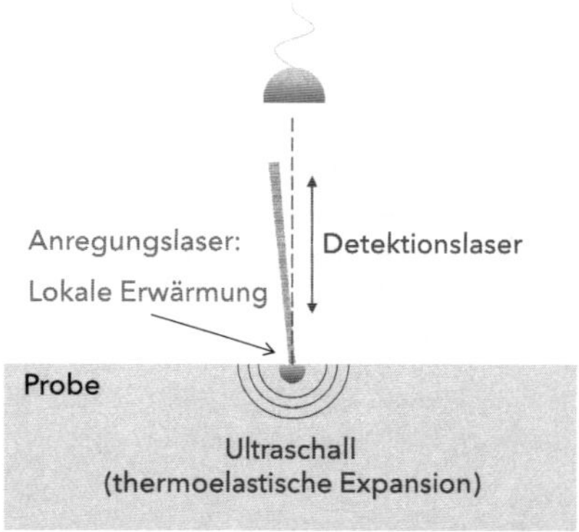

Anregung mit Laser, Detektion durch Erfassung von Oberflächenvibrationen mit optischem Interferometer

- ⊕ Hohe Bandbreite: mehrere 10 - 100 MHz
- ⊖ Anregung, vor allem aber auch Detektion stark von Oberflächeneigenschaften abhängig → teure, sperrige Prüfköpfe

Alternative: Laseranregung + Optisches Mikrofon

xarion laser acoustics 11

Inhalt

1. Kontaktfreie Ultraschallprüfung
2. **Optisches Mikrofon**
3. Messung von Oberflächen- und Plattenwellen mit dem Optischen Mikrofon
4. Ergebnisse: Oberflächenwellen in Natursteinproben
5. Ausblick: Dispersion geführter Wellen für zfP

xarion laser acoustics 12

Optisches Mikrofon: Funktionsprinzip

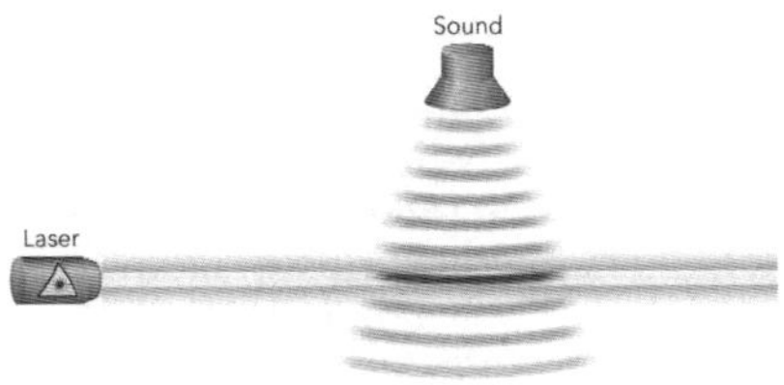

xarion laser acoustics

13

Optisches Mikrofon: Funktionsprinzip

Wellenlänge im Medium

$$\lambda = \frac{c}{n(p)}\frac{1}{f}$$

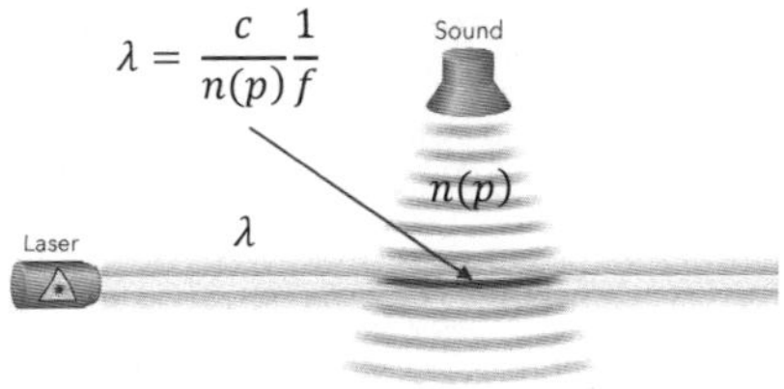

Detektion?

Interferometrisch!

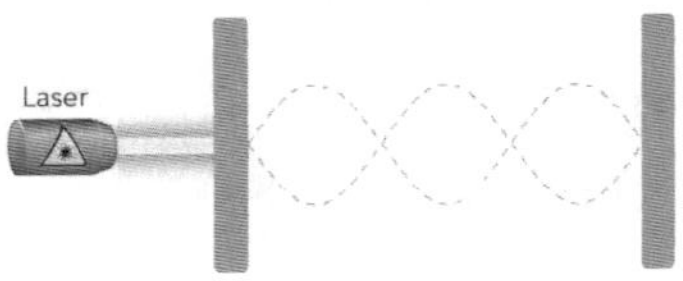

- Stehende Lichtwelle in Fabry-Pérot Interferometer mit starren Spiegeln
- Konstruktive Interferenz: Vielfaches (m) der halben Lichtwellenlänge (λ) ist gleich der Etalonlänge (L): $m * \lambda/2 = L$

xarion laser acoustics

14

Optisches Mikrofon: Zusammenfassung Funktionsprinzip

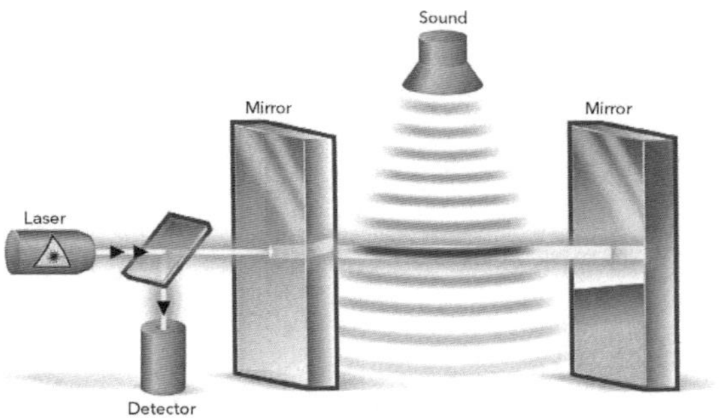

Funktionsprinzip im Überblick

- Schalldruck ändert optische Wellenlänge im Medium
- Interferenz in einem starren Etalon: Helligkeitsänderung proportional zur Schalldruckänderung
- Keine mechanische Bewegung oder Deformation

xarion laser acoustics 15

Optisches Mikrofon: Eigenschaften

- Luftultraschalldetektion von 10Hz to 1MHz
- Kompakter Sensorkopf (5mm Durchmesser), gekoppelt an optische Faser
- Große Kabellängen möglich (0.3 dB/km Abschwächung in Faser)
- Unempfindlich auf elektromagnetische Störfelder

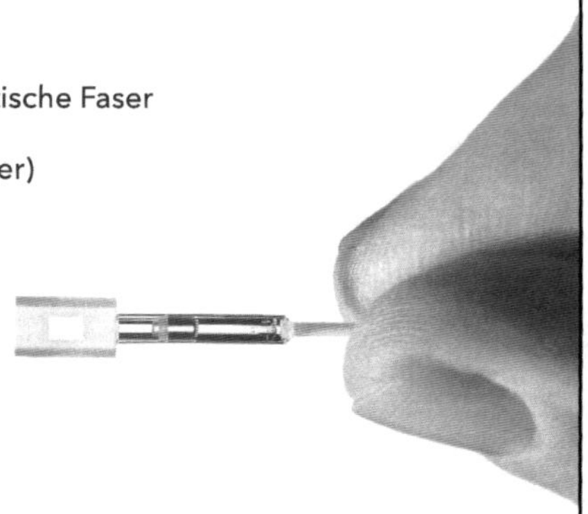

xarion laser acoustics 16

Inhalt

1. Kontaktfreie Ultraschallprüfung
2. Optisches Mikrofon
3. **Messung von Oberflächen- und Plattenwellen mit dem Optischen Mikrofon**
4. Ergebnisse: Oberflächenwellen in Natursteinproben
5. Ausblick: Dispersion geführter Wellen für zfP

xarion laser acoustics 17

Mess-Schema für zfP mit Platten- und Rayleighwellen

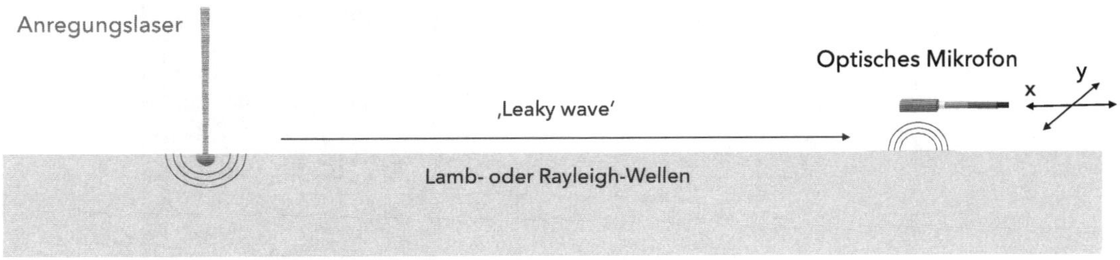

Costley R. D. Jr., Berthelot Y. H., 'Laser Generation of Rayleigh and Lamb Waves for Ultrasonic NDT.'
In: Review of Progress in Quantitative Nondestructive Evaluation, Springer Boston (1992)

xarion laser acoustics 18

Beispiel: Punkt-verschweißtes Stahlblech

Zeitsignal

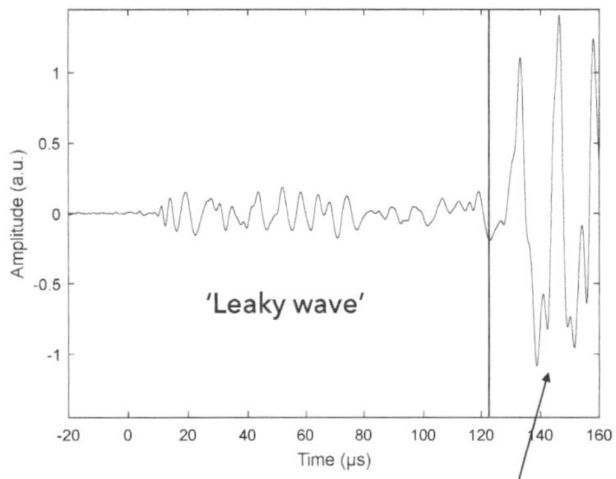

Direkter Luftultraschall von Absorptionszone

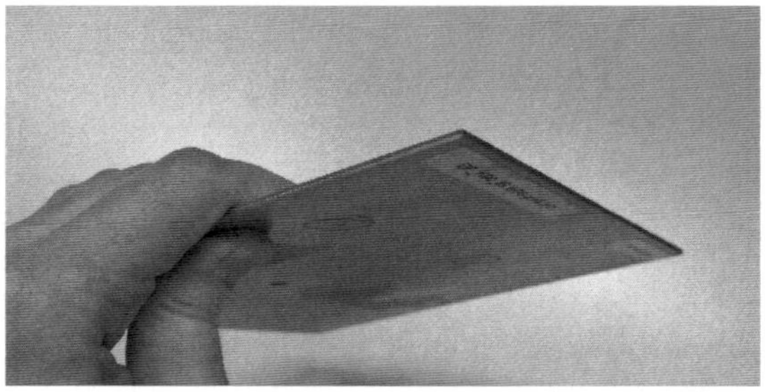

xarion laser acoustics

Beispiel: Punkt-verschweißtes Stahlblech

Zeitsignal

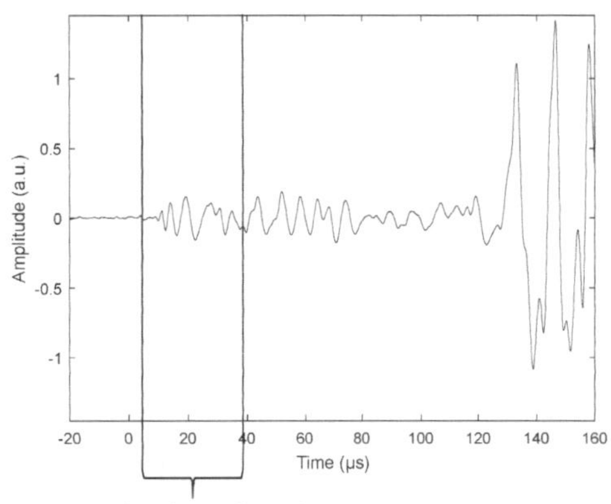

Zeitabschnitt für Film

Messung: Ausbreitung der Welle entlang Platte

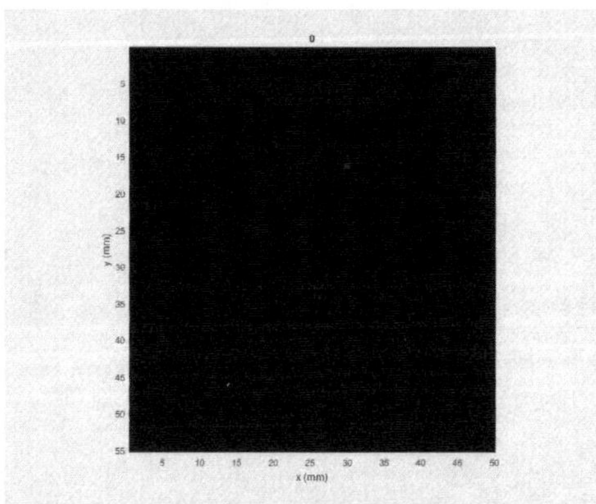

xarion laser acoustics

Beispiel: Punkt-verschweißtes Stahlblech

Zeitsignal

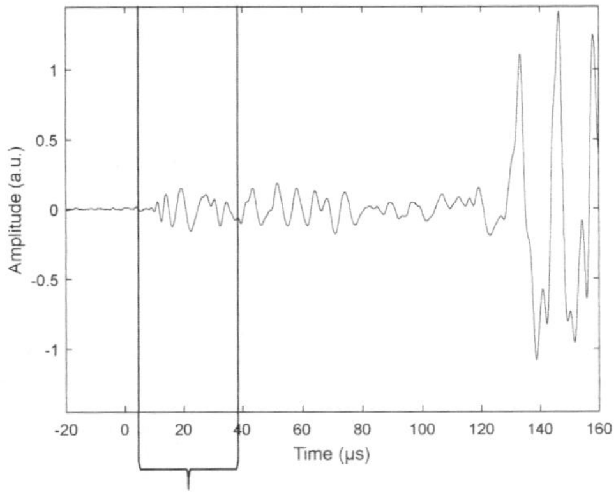

Zeitabschnitt für Film

Amplitude in 40 ns Zeitfenster

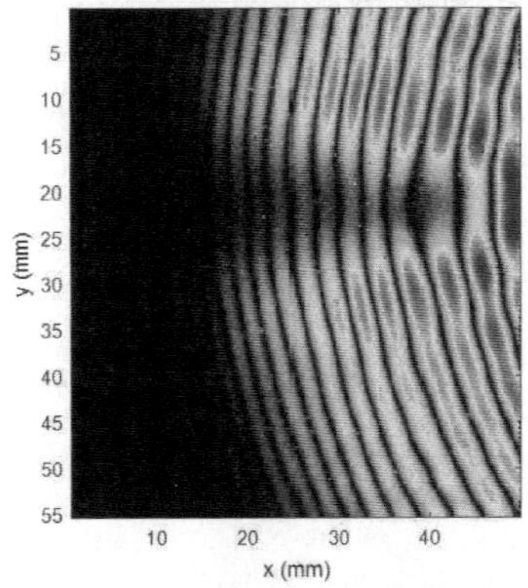

Beugung und Interferenz um Schweißpunkt; Auswertung für zfP

Inhalt

1. Kontaktfreie Ultraschallprüfung
2. Optisches Mikrofon
3. Messung von Oberflächen- und Plattenwellen mit dem Optischen Mikrofon
4. **Ergebnisse: Oberflächenwellen in Natursteinproben**
5. Ausblick: Dispersion geführter Wellen für zfP

Natursteinproben: Messaufbau

Anregung:
Fasergekoppelter, gepulster Laser

Detektor:
optisches Mikrofon (10 Hz - 1 MHz)

Probe:
Zylindrischer Sandstein
Oberseite hydrophobiert
Unterseite frisch geschnitten

xarion laser acoustics 23

Natursteinproben: typisches Zeitsignal und Spektrum

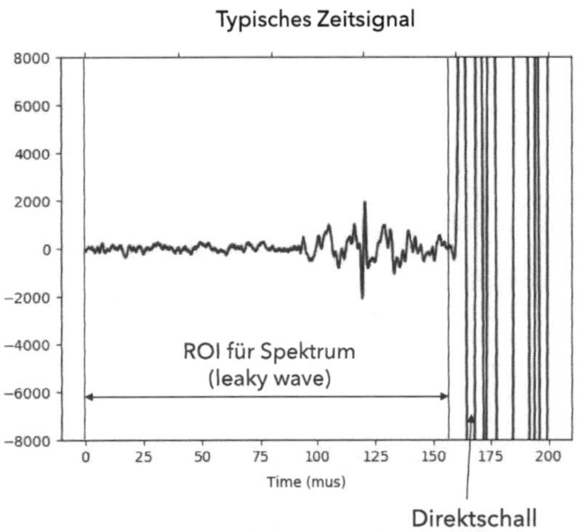

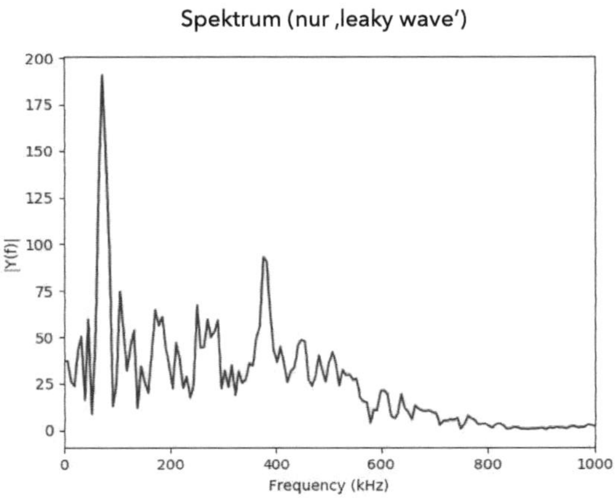

xarion laser acoustics 24

Auswertung: Beispiel Probe A9, oberflächenbehandelt

Schritt 1: B-Bild aus Zeitsignalen entlang dem Linienscan erstellen

Schritt 2: Ausschnitt ohne direkten Luftultraschall bzw. ohne Artefakte wählen (‚region of interest')

Schritt 3: Gruppengeschwindigkeit über die Laufzeit des Pulses ermitteln

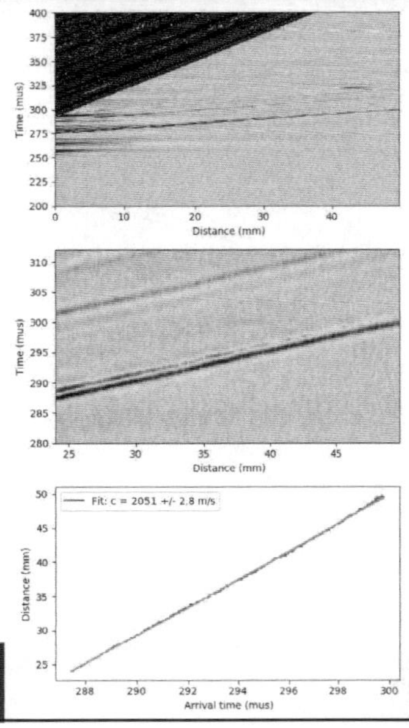

xarion
laser acoustics

Vergleich: Unbehandelte vs. behandelte Oberfläche

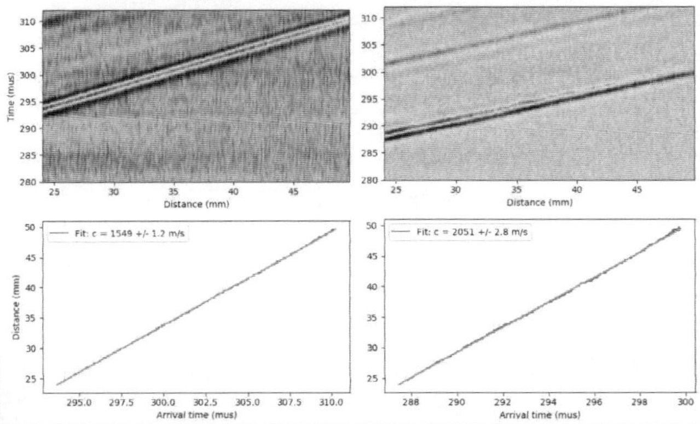

Unbehandelte Oberfläche:
Gruppengeschwindigkeit ca. 1550 m/s

Behandelte Oberfläche:
Gruppengeschwindigkeit ca. 2050 m/s

Gute Übereinstimmung mit Messungen der MPA Stuttgart

Behandelte Probe: Dispersion

Bandpassfilterung der Messung für verschiedene Frequenzfenster (FIR, Ordnung 512)

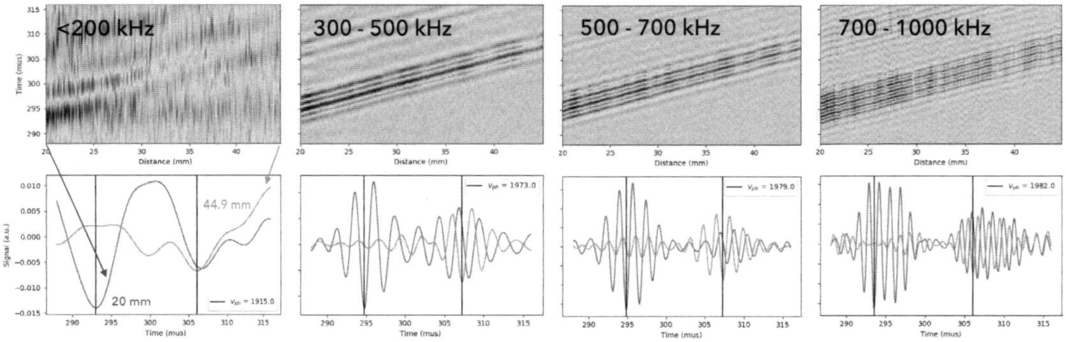

Ergebnis: Geringere Phasengeschwindigkeit für kleinere Frequenzen, analog zu MPA - Messungen

xarion laser acoustics 27

Behandelte Probe: Dispersion

Luftultraschallmessungen mit Piezowandlern an der MPA Stuttgart[1]:

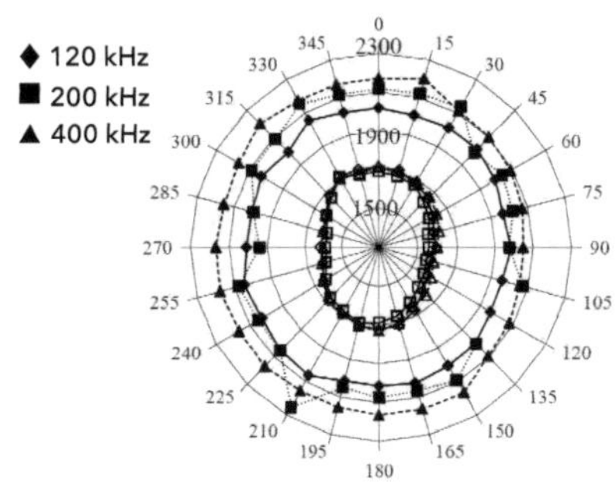

Messungen bei XARION

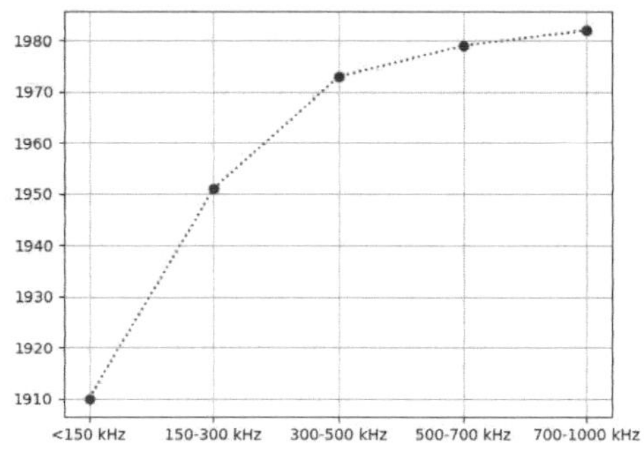

- Kontaktfreie Messung der Dispersion anhand einer Messung (ein Prüfkopf, kein Wechseln)
- Nächste Schritte: weitere Validierung, Überprüfung Anisotropie

[1] Fey, P., Döring, D., Busse, G., Frick, J. Grüner, F., Emerging Technologies in Non-Destructive Testing V. ISBN 978-0-415-62131-1, Taylor & Francis, London (2012)

Inhalt

1. Kontaktfreie Ultraschallprüfung
2. Optisches Mikrofon
3. Messung von Oberflächen- und Plattenwellen mit dem Optischen Mikrofon
4. Ergebnisse: Oberflächenwellen in Natursteinproben
5. **Ausblick: Dispersion geführter Wellen für zfP**

xarion laser acoustics 29

B-Bilder und Dispersionsrelation: Beispiel Aluminiumplatte

1 mm dünne Aluminium-Platte
Linienscan über knapp 13 mm

B-Bild:

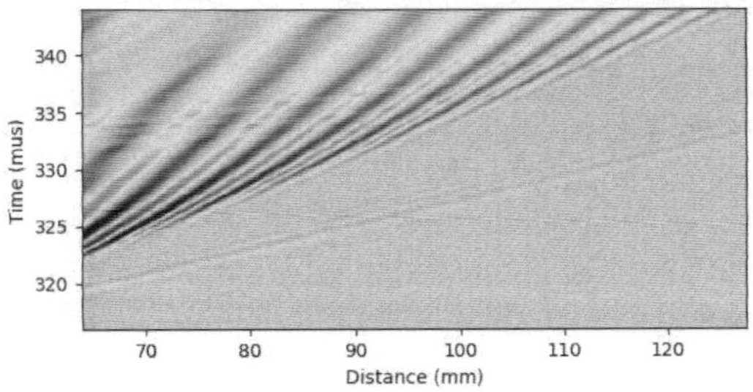

2d Fouriertransformation liefert gemessene Dispersionsrelation[3]:

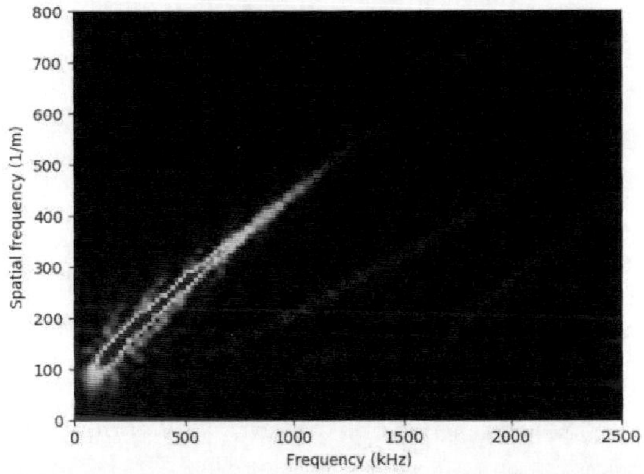

xarion laser acoustics 30

B-Bilder und Dispersionsrelation: Beispiel Aluminiumplatte

1 mm dünne Aluminium-Platte
Linienscan über knapp 13 mm

B-Bild:

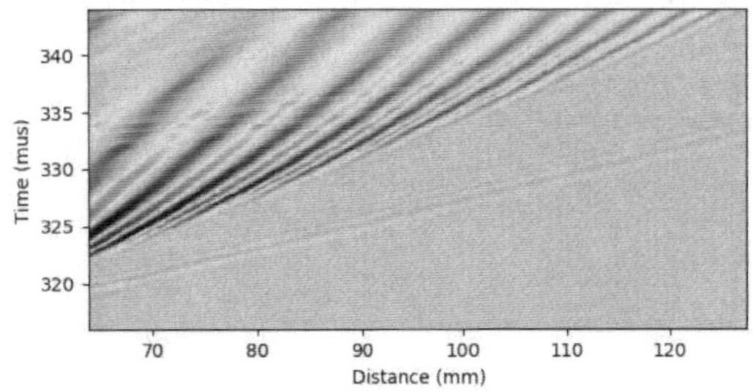

2d Fouriertransformation liefert gemessene Dispersionsrelation[3]:

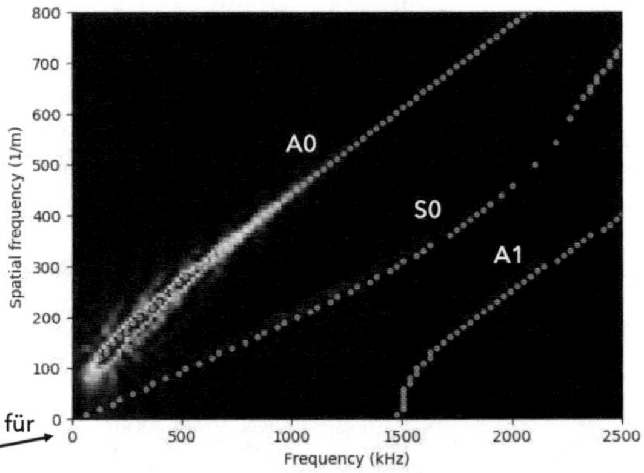

Graue Punkte: numerische Lösung der Lamb-Gleichungen für Aluminium und 1.05 mm Plattendicke

Zusammenfassung

- Kombination aus Ultraschall-Anregung via Laser und Detektion mit Optischem Mikrofon: Kontaktfreie, breitbandige Ultraschallmessung an unterschiedlichsten Oberflächen
- Gemessene Gruppengeschwindigkeit und Dispersion an behandelten sowie unbehandelten Sandsteinproben decken sich mit vorangehenden Ergebnissen der MPA Stuttgart
- 2d-FT von B-Bildern erlaubt die direkte Messung der Dispersionsrelation in dünnen Platten; unterschiedliche Moden werden beobachtet
- Vielzahl von denkbaren zfP Anwendungen

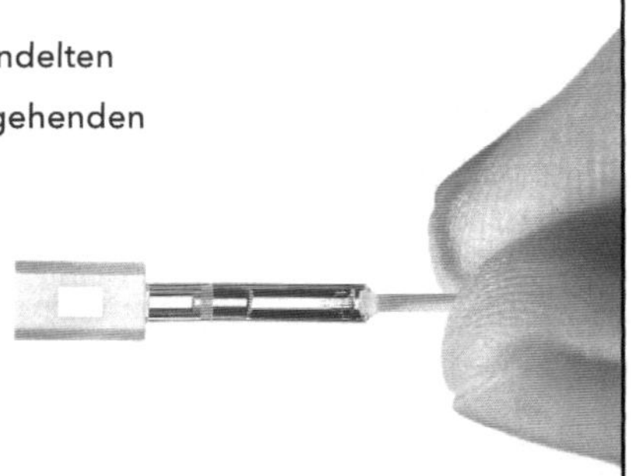

Ein Schallemissionssensor auf Basis eines Fabry-Pérot Interferometers-Möglichkeiten und Randbedingungen

Manuel RAITH [1], Sascha KIENITZ [2], Hannes EIGNER [1], Stefanie KREFT [2]
[1] Lehrstuhl für Zerstörungsfreie Prüfung, München
[2] fos4X GmbH, München
Kontakt E-Mail: manuel.raith@tum.de

Kurzfassung. Schallemissionssensoren basieren in der Regel auf dem piezoelektrischen Effekt. Sie benötigen daher eine geeignete Vorverstärkung und eine abgeschirmte Signalübertragung. Optische-Sensoren auf Basis eines Fabry-Pérot Interferometers können eine Alternative zu klassischen Sensoren darstellen. Diese Arbeit zeigt den Vergleich eines piezobasierter Sensors, einem Laser-Doppler Vibrometer (LDV) und einem Fabry-Pérot Sensor (FP-Sensor). Es wird ein Frequenzbereich von 20 bis 140 kHz untersucht. Die Sensoren werden Hinsichtlich ihres Signal-Rausch Verhältnisses betrachtet. Es konnte gezeigt werden, dass die Empfindlichkeit des FP-Sensors vergleichbar zu einem LDV und einem Piezosensor ist.

Einleitung und Stand der Technik

Schallemissionssensoren basieren in der Regel auf dem piezoelektrischen Effekt [1]. Dieser Sensortyp ist einer stetigen Weiterentwicklung unterworfen und hat in den letzten Jahren einen hohen Entwicklungsstand erreicht. Trotz aller Fortschritte, ist die Nutzung von Piezosensoren mit Einschränkungen verbunden. So können elektromagnetische Wechselfelder, wie sie bei Blitzentladungen oder Frequenzumrichtern entstehen als elektromagnetische Störung die Messung negativ beeinflussen. Auch Messungen in einer korrosiven Umgebung sind für Standardsensoren mit metallische Komponenten und metallischen die Anschlüssen problematisch [2], [3]. Die Anwendung nichtmetallischer Sensoren und Glasfasern für die Signalübertragung umgeht einige dieser Einschränkungen und bietet zudem den Vorteil einer äußerst geringen Signaldämpfung. Für Monomoden-Fasern kann eine Dämpfung von 1 dB/km angenommen werden. Wohingegen Koaxialkabel eine frequenzabhängige Dämpfung von etwa 1 dB je 100 m bei 10 MHz aufweisen. Prinzipiell lassen sich die bisher erforschten Designs für faseroptische (Ultra-) Schall-Sensoren in drei Kategorien einteilen: Mach-Zehnder/Sagnac-Interferometer, Faser-Bragg-Gitter und (extrinsische) Fabry-Pérot-Interferometer. Letztgenannte haben in den jüngsten Entwicklungen das größte Potential hinsichtlich der Sensitivität gezeigt [4].
Dieser Sensortyp kam in einigen (Labor-)Anwendungen bereits erfolgreich zum Einsatz. So konnte der Schädigungsprozess, welcher in großen Transformatoren durch Teilentladung ausgelöst wird, erfolgreich detektiert werden. Die Sensoren wurden dabei direkt in den

Transformator eingebracht und somit über das Transformatoröl angekoppelt. Sie mussten also nicht an der Oberfläche montiert werden [5].

Aktuelle Forschungen zielen darauf, FP-Sensoren sensitiver [6] und dabei gleichzeitig kostengünstig sowie robust zu gestalten [7] [8]. Insbesondere der Demodulation des Lichtspektrums und der Stabilisierung des Arbeitspunktes wird eine große Bedeutung beigemessen [9], [10], [11], [12].
In dieser Arbeit wird der Prototyp eines membran-basierten Fabry-Pérot Sensors (FP-Sensor) untersucht. Um die Übertragungseigenschaften des FP-Sensors zu erfassen, werden parallele Messungen mit einem LDV durchgeführt. Weiterhin wird ein Piezosensor zum Vergleich herangezogen.

Methoden

1.1 Anregung und Signalaufzeichnung

Um das Signal-Rausch-Verhältnis der jeweiligen Sensoren zu erfassen, wurde ein sinusförmiges Ultraschallsignal in eine 5 cm dicke PMMA (Polymethylmethacrylat) Platte eingekoppelt. Die Kantenlänge der quadratischen Platte beträgt 60 cm. Als Quelle dient ein Olympus Kompressionswellengeber, der mit medizinischem Ultraschallgel an die PMMA Platte angekoppelt und mit einem Scherentisch angedrückt wurde. Die Empfänger waren jeweils gegenüber der Quelle positioniert. Der Messaufbau ist in Abbildung 1 dargestellt.
Als Sensoren wurde neben dem optischen Sensor sowohl ein Laser-Doppler Vibrometer (LDV) als auch ein piezobasierter Empfänger verwendet. Der Piezoempfänger wurde ebenfalls mit medizinischem Ultraschallgel angekoppelt. Für die LDV-Messung wurde eine Reflektorfolie an der Messposition auf die PMMA-Platte geklebt, und der FP-Sensor wurde über eine dünne Wachsschicht angekoppelt.
Das LDV (Polytec OPV-5000) Signal wurde mit einem Geschwindigkeitsdecoder demoduliert. Die Auflösung betrug 10 mm/s/V bei einer Maximalfrequenz von 250 kHz.
Das Quellsignal wurde mit einen Funktionengenerator und einen geeigneten Piezo Treiber erzeugt. Zur Datenaufzeichnung wurde ein Digitaloszilloskop mit einer Abtastrate von 5 MHz verwendet. Die Amplitudenauflösung betrug 16 Bit bei einer Aufzeichnungslänge von 1 ms. Der Pretriggerbereich wurde zu 0,2 ms und der Posttriggerbereich dementsprechend zu 0,8 ms. Als sinusförmiges Angregungssignal wurde genutzt und die Frequenz wurde in 100 Hz Schritten von 20 kHz bis auf 140 kHz automatisiert gesteigert.

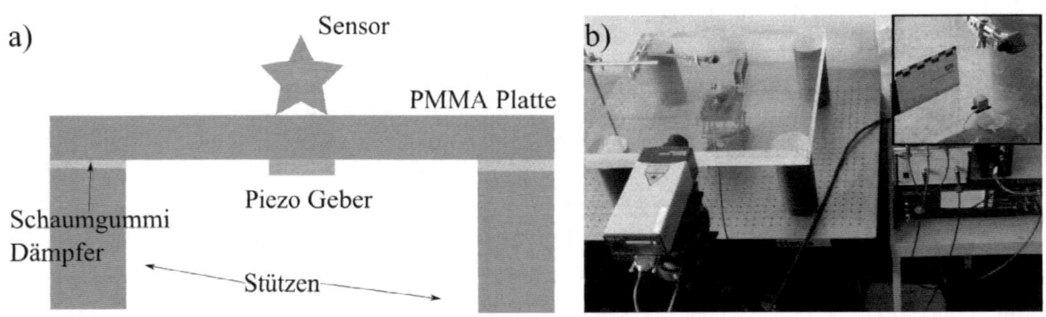

Abb. 1. a) Schematischer Messaufbau. **b)** Realer Aufbau mit Laservibrometer und FP-Sensor. Der Laserstrahl des Laservibrometers wird mit einem Umlenkspiegel auf die PMMA-Oberfläche gelenkt. Das Detail zeigt den FP-Sensor und den Laserreflex des LDV.

Sowohl der FP-Sensor als auch der Piezosensor werden außerhalb ihres Resonanzbereichs betrieben. Bei der LDV-Messung können durch die Reflektorfolie Resonanzen oberhalb von 3 MHz entstehen.

1.2 FP Sensor

Ein Fabry-Pérot Resonator besteht, wie in Abbildung 2a dargestellt, im Allgemeinen aus zwei planparallelen Spiegeln im Abstand L zueinander. Ein Spiegel ist halbdurchlässig ausgeführt und gegenüber liegt ein Vollspiegel. Durchläuft Licht den halbdurchlässigen Spiegel, reflektiert das Licht am Vollspiegel. Die reflektierte Lichtwelle bewegt sich dann im Resonator mit Länge L in Gegenrichtung zurück zum ersten Spiegel. Die elektromagnetischen Wellen überlagern sich in dem Resonator, so dass es zur Superposition aller Partialwellen kommt. Die Wellenlängen, welche die Resonatorbedingung aus Gleichung 1 erfüllen, werden in Transmissionsrichtung konstruktiv verstärkt, während alle anderen Wellenlängen abgeschwächt werden. In Reflexionsrichtung tritt der umgekehrte Fall auf. Die Resonatorbedingung ist von der Wellenlänge des Lichts λ und dem Abstand der Spiegel L abhängig. Eine Abweichung der Planparallelität wird über den Winkel Φ berücksichtigt; n ist der Brechungsindex des Resonatormediums und N ist die optische Ordnung. Die Führung des Licht erfolgt über einen Spiegel in die Kavität [13]. Das Licht wird über eine optische Faser und einen Umlenkspiegel in die Kavität ein- und wieder ausgekoppelt. Der Vollspiegel wird als Membran ausgebildet und mechanisch an das Messobjekt angekoppelt, sodass eintreffende elastische Wellen eine Auslenkung der Membran verursachen und somit die optische Weglänge des FP-Sensors verändern. Zur Ankopplung dient eine Stahlkugel mit einem Durchmesser von 1 mm, womit eine punktförmige Lasteinleitung auf die Membran erreicht wird. Der verwendete Sensor hat eine Resonanzfrequenz von 250 kHz.

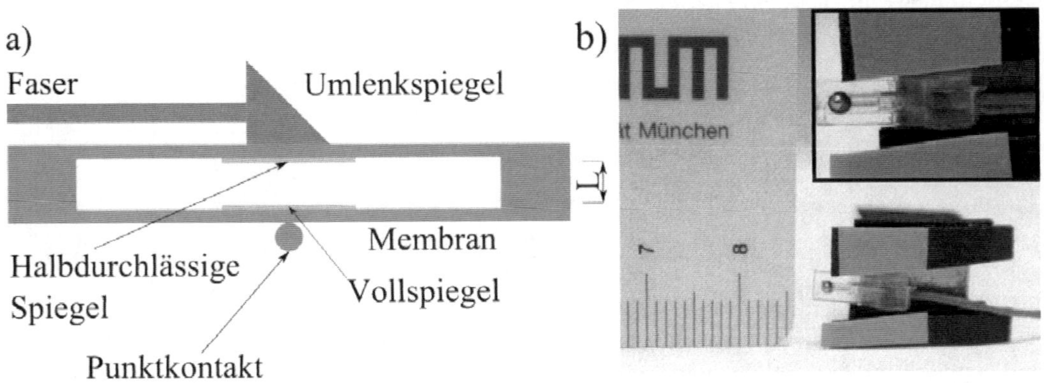

Abb. 2. a) Schematischer Aufbau des Fabry-Pérot Interferometers. **b)** FP-Sensor mit Maßstab (cm Skala) und Detailaufnahme Koppelelement und Sensor. Die Blauen Elemente dienen als Montagehilfe.

$$N \cdot \lambda = 2nL \cdot \cos\Phi \tag{1}$$

Um die Frequenzverschiebung des Lichts in ein elektrisches Signal zu wandeln gibt es unterschiedliche Demodulationstechniken [10] mit spezifischen Vor- und Nachteilen. Im hier verwendeten Aufbau wird die lineare Demodulation angewandt. Diese erlaubt eine hochfrequente Abtastung des Signals und eignete sich daher sehr gut zur Aufzeichnung von akustischen Wellen und Ultraschall. Zudem ist sie vergleichsweise einfach und günstig zu implementieren.

Für lineare Demodulation erzeugt eine schmalbandige Lichtquelle ein Lichtspektrum. Dieses gelangt durch eine optische Faser in den FP-Sensor, welcher als optischer Filter fungiert. Das reflektierte Licht gelangt dann vom Sensor aus durch die identische optische Faser in eine Auswerteoptik bzw. -elektronik. Dort wird das modulierte Lichtsignal an einem Kantenfilter gefiltert bzw. moduliert. Das daraus resultierende Intensitätsverhältnis an einer Filter- und Referenzphotodiode ist im Idealfall direkt proportional zur Resonatorlänge L.

Für die optimale Verwendung des Sensors, muss der Arbeitspunkt des Sensors so eingestellt werden, dass dieser zum optischen Kantenfilter des Messgerätes passt. Dies kann durch die Veränderung des Anpressdrucks des Sensors beeinflusst werden. Tabelle 1 gibt einen Überblick über verwendeten Sensoren und zugehörige Spezifikationen.

Tabelle 1. Verwendete Sensoren und Spezifikationen

Sensoren	**Nomineller Frequenzbereich**	**Ankopplung**	**Koppelfläche [in mm]**	**Resonanzfrequenz**
PZT	-	Med. Ultraschallgel	20 mm	500 kHz
FP	0-120 kHz	Wachs	Punktförmig	250 kHz
LDV	0-250 kHz	Reflektorfolie	40μm	-

2. Auswertung

Die Bestimmung des Signalrauschverhältnisses erfolgt im Zeitbereich. Die Rausch- und Signalleistung wird gemäß Gleichung 1 und 2 aus den aufgezeichneten Signalen berechnet. Für die Rauschleistung wird der Pretriggerbereich ausgewertet und die Signalleistung wird über den Posttriggerbereich berechnet. Aus dem Verhältnis der beiden Werte wird das Signalrauschverhältnis berechnet.

$$Signalleistung = \sqrt{\frac{1}{n}\sum_{i=1}^{n} x_i^2} \tag{2}$$

$$SNR = \frac{Signalleistung}{Rauschleistung} \tag{3}$$

In Abbildung 3 sind die Amplitude als Funktion von Laufzeit und Frequenz angegeben. Die Amplituden der Einzelspuren sind jeweils normiert und mit einer Amplitudenkorrektur angepasst, um die Spreizung der Farbskala zur reduzieren [14]. Die Frequenzbeschränkung des FP-Sensors zeigt sich in dem unscharfen Ersteinsatz und der abgeschwächten Mehrfachreflexionen.

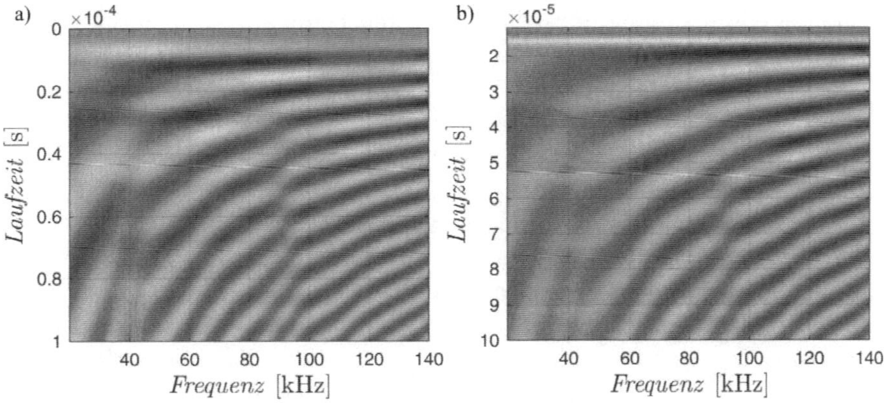

Abb. 3. a) zeigt das Wellenfeld, aufgenommen mit dem FP-Sensor. b) Wellenfeld, aufgenommen mit dem LDV, Mehrfachreflexionen und Ersteinsatz sind erkennbar.

3. Ergebnisse

Die Entwicklung des SNR Frequenzbereichs ist in Abbildung 4 dargestellt. Der Verlauf des SNR über der Frequenz zeigt ausgeprägte Minima bei 40 und 90 kHz. Die entsprechenden Bereiche in Abbildung 3a und 3b zeigen ebenfalls reduzierte Amplituden.
Der FP Sensor zeigt im Bereich von 20 bis 30 kHz eine ein im Vergleich erhöhtes Signal-Rausch Verhältnis. Offenbar zeigt der FP-Sensor in diesem Frequenzbereich eine Resonanz. Oberhalb von 30 kHz bis etwa 130 kHz zeigen die betrachteten Sensoren eine ausgeprägte Übereinstimmung im Signalrauschverhältnis.

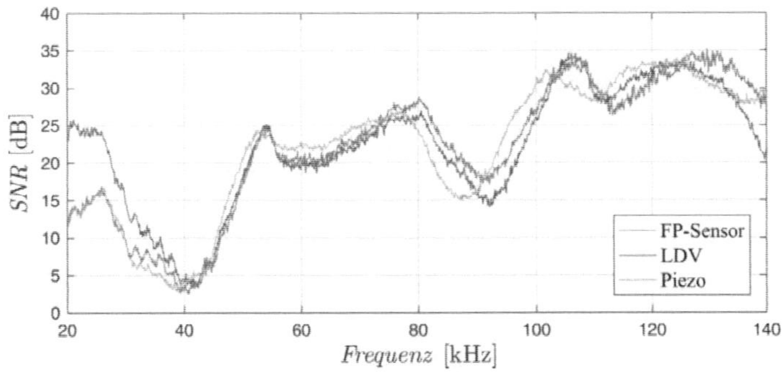

Abb. 4. Veränderung des SNR innerhalb des untersuchten Frequenzbereichs.

Zusammenfassung

Schallemissionssensoren, basierend auf einem Fabry Pérot Interferometer stellen aufgrund verschiedener Aspekte eine vielversprechende Alternative zu klassischen Piezobasierten Sensoren dar.

(1). Die Baugröße des Sensors ist im Wesentlichen bestimmt durch die Abmessungen der Membran sodass geringe Abmessungen erreicht werden können. Die Resonanzfrequenz kann durch die Stärke der Membran eingestellt werden. Die Koppelfläche kann wie in dem vorgestellten Sensor als Punkt angenähert werden. Damit kann eine hohe Ortsauflösung bei der Signalaufzeichnung erreicht werden.
(2). Durch den Verzicht auf elektrisch leitende Bauteile besteht eine geringe Empfindlichkeit gegenüber elektromagnetischen Störungen. Weiterhin können die

Sensoren ohne Einschränkungen in rauen Umgebungsbedingungen eingesetzt werden und sind vielversprechend in für eventuelle Anwendungen in explosionsgefährdeten Bereichen. Die Signalübertragung über Glasfaser erlaubt große Abstände zwischen Datenerfassungsystem und Sensor.

(3). Die durchgeführten Messungen zeigen einen übereinstimmenden Frequenzgang zwischen LDV und FP-Sensor im Bereich von 40 bis 130 kHz. Abweichungen bestehen vor allem im niedrigen Frequenzbereich von 20 bis 40 kHz. Eine Erklärung für diese Abweichung konnte bisher nicht gefunden werden. Insgesamt konnte gezeigt werden, dass dieser Sensor im betrachteten Frequenzbereich eine mit dem Piezosensor vergleichbare Empfindlichkeit zeigt.

4. Ausblick

In der Zukunft soll der Anpressdruck so eingestellt werden, dass sich der Arbeitspunkt des Sensors dauerhaft im optimalen Messbereich des Faseroptischen Verstärkers befindet um eine langwierige manuelle Bestimmung zu vermeiden. Diese könnte beispielsweise mit einem Federmechanismus realisiert werden. Zusätzliche Verbesserungen könnten durch eine automatische Regelung der Lichtleistung ermöglicht werden.

Referenzen

[1] M. Ohtsu, "Sensor and Instrument," in *Acoustic Emission Testing*, Berlin, Heidelberg: Springer Berlin Heidelberg, 2008, pp. 19–40.

[2] P. Wei *et al.*, "Novel Fiber-Optic Ring Acoustic Emission Sensor," *Sensors*, vol. 18, no. 2, p. 215, Jan. 2018.

[3] H. Asaue, T. Shiotani, T. Nishida, K. C. Chang, and H. Nakayama, "Innovative AE Measurement by Optical Fiber Sensing for FRP," Springer, Cham, 2017, pp. 219–227.

[4] J. G. V. Teixeira, I. T. Leite, S. Silva, and O. Frazão, "Advanced fiber-optic acoustic sensors," *Photonic Sensors*, vol. 4, no. 3, pp. 198–208, Sep. 2014.

[5] B. Yu, D. W. Kim, J. Deng, H. Xiao, and A. Wang, "Fiber Fabry-Perot sensors for detection of partial discharges in power transformers," *Appl. Opt.*, vol. 42, no. 16, p. 3241, Jun. 2003.

[6] O. Kilic, M. Digonnet, G. Kino, and O. Solgaard, "External fibre Fabry–Perot acoustic sensor based on a photonic-crystal mirror," *Meas. Sci. Technol.*, vol. 18, no. 10, pp. 3049–3054, Oct. 2007.

[7] H. Li *et al.*, "Low-Cost, High-Performance Fiber Optic Fabry–Perot Sensor for Ultrasonic Wave Detection," *Sensors*, vol. 19, no. 2, p. 406, Jan. 2019.

[8] M. Islam *et al.*, "Chronology of Fabry-Perot Interferometer Fiber-Optic Sensors and Their Applications: A Review," *Sensors*, vol. 14, no. 4, pp. 7451–7488, Apr. 2014.

[9] H. Liao *et al.*, "Phase Demodulation of Short-Cavity Fabry–Perot Interferometric Acoustic Sensors With Two Wavelengths," *IEEE Photonics J.*, vol. 9, no. 2, pp. 1–9, Apr. 2017.

[10] J. Jia, Y. Jiang, L. Zhang, H. Gao, S. Wang, and L. Jiang, "Dual-Wavelength DC Compensation Technique for the Demodulation of EFPI Fiber Sensors," *IEEE Photonics Technol. Lett.*, vol. 30, no. 15, pp. 1380–1383, Aug. 2018.

[11] Z. Yu and A. Wang, "Fast White Light Interferometry Demodulation Algorithm for Low-Finesse Fabry–Pérot Sensors," *IEEE Photonics Technol. Lett.*, vol. 27, no. 8, pp. 817–820, Apr. 2015.

[12] X. Mao, P. Zheng, S. Yuan, and X. Wang, "Stabilized Fiber-Optic Fabry–Perot Acoustic Sensor Based on Improved Wavelength Tuning Technique," *J. Light. Technol. Vol. 35, Issue 11, pp. 2311-2314*, vol. 35, no. 11, pp. 2311–2314, Jun. 2017.

[13] S. Kienitz, "Kennlinienoptimierung eines Fabry-Pérot Drucksensors," 2017.

[14] G. F. Margrave and M. P. Lamoureux, *Numerical Methods of Exploration Seismology: With Algorithms in MATLAB®*. Cambridge University Press, 2019.

Experimentelle Wellenfeldanalyse zum Dämpfungs- und Phasenverhalten piezoelektrisch angeregter Plattenstrukturen

Jens KATHOL [1], Claus-Peter FRITZEN [1]
[1] Universität Siegen, Siegen
Kontakt E-Mail:jens.kathol@uni-siegen.de

Kurzfassung. Detektions- und Lokalisationsalgorithmen auf der Basis des Laufzeitverhaltens von piezoelektrisch (aktiv) oder durch den Schaden selbst (passiv) angeregten Lamb-Wellen in Plattenstrukturen sind auf akkurate Kenntnisse über die Wellenausbreitung innerhalb der Platte sowie oft unerwünschten Vorgängen innerhalb der Messkette angewiesen. Zwischen der Generierung des elektrischen Signals, mit welchem der Aktor beaufschlagt wird, und der sich dadurch einstellenden Plattenschwingung tritt eine Veränderung des Signals in seiner Phasenlage und Amplitude auf. Diese Veränderung ist zum Teil dem inhomogenen Dehnungsfeld des piezoelektrischen Elements geschuldet. Ein weiterer Einflussfaktor stellt der Einschwingvorgang des lokalen Systems aus piezoelektrischem Element und der Platte dar. Durch diese Einflüsse lässt sich das Ausgangssignal nicht durch eine rückgewandte lineare Extrapolation der Plattenschwingung zum Mittelpunkt des Piezoelements mithilfe einer analytischen Lösung ermitteln. Ein ähnlicher Effekt tritt bei der Aufnahme der sich ausbreitenden Wellen im piezoelektrischen Sensor auf.

Diese Arbeit untersucht die Wellencharakteristik in Bezug auf das Dämpfungs- und Phasenverhalten sich ausbreitender Lamb-Wellen in Plattenstrukturen. Hierbei wird vorrangig Bezug auf Bereiche in lokaler Nähe zu den genutzten piezoelektrischen Elementen genommen, die eine Interaktion mit auftreffendem Körperschall hervorrufen. Zur Wellenfeldanalyse werden 3-dimensionale Daten eines Laser-Doppler-Vibrometers mit den Messungen herkömmlicher piezoelektrischer Messmethoden verglichen. Anschließend soll eine Analyse des Dämpfungsverhaltens bzw. des Energieverlusts innerhalb des kompletten Messstrangs durchgeführt werden. Eine Frequenzabhängigkeit der Dämpfung innerhalb der Platte, aber auch ein frequenzabhängiger Energieverlust bedingt durch den (inversen) piezoelektrischen Effekt ist dabei zu beachten. Des Weiteren ist eine Untersuchung des ebenfalls frequenzabhängigen Phasenverhaltens des Signals von seiner Generierung bis zur Messung am Sensor durchzuführen.

1. Einleitung

Die Überwachung von plattenförmigen Strukturen mithilfe aktiv angeregter Ultraschallwellen ist seit über einem Jahrzehnt Teil der Forschung und zum Teil schon in der Anwendung an realen Strukturen angekommen. Aktiv angeregt werden sogenannte Lamb-Wellen [LAM17], welche sich in unterschiedlichen Moden in der Struktur ausbreiten können. Unterschieden werden sie dabei in symmetrische S_i-Moden und antisymmetrische A_i-Moden, welche jeweils durch ihre charakteristischen Bewegungsformen zur Mittelebene der Platte definiert sind. Der Index $i = 0, 1, 2, \ldots$ beschreibt dabei die Ordnungszahl der Schwingspiele in Dickenrichtung der Platte. Die Schwingenergie kann dabei aktiv durch angesteuerte piezoelektrische Elemente (PWAS, piezoelectric wafer active sensor) [GIU08] oder auch durch thermische Anregung erfolgen. Für eine thermische Anregung bringt ein amplitudenmodulierter Laser die gewünschte Frequenz ein [SCR90], [PAR13]. Unter einer passiven Entstehung von Lamb-Wellen ist beispielsweise eine Schallausbreitung in plattenförmigen Strukturen bedingt durch Rissfortschritt oder sonstige schadens- und lastbedingte Bildung der Schwingenergie zu verstehen, welche allerdings in dieser Arbeit keine Berücksichtigung findet.

Vorteile der Laser-Methode gegenüber piezoelektrisch angeregten Wellen, sind gegeben durch eine kontaktlose, sowie sehr lokale Anregung der Schwingung. Vorteile auf der Seite der piezoelektrischen Elemente sind vor allem im Bereich der höheren eingebrachten Leistung und einem einfachen und günstigen Messaufbau zu finden. Ein großer Nachteil ist, neben der zusätzlich aufgebrachten Masse durch den PWAS an der Struktur, die durch die Geometrie des Aktors zwangsweise flächig angeregte Schwingung der Struktur. Wie schon von [GIU05] erwähnt, hat dabei die Geometrie des PWAS einen großen Einfluss auf die entstehende Amplitude der Schwingung der Struktur und somit auf die Qualität der einzelnen Messungen mit Bezug auf die Möglichkeit einer Schadensdetektion. Bedingt durch die räumlich endliche Ausdehnung des PWAS werden die unterschiedlichen Lamb-Wellen-Moden unterschiedlich stark angeregt. Sogenannte „Sweet Spots" für die Amplitudenmaximierung sind für jede Lamb-Wellen-Mode zu verzeichnen und können auf die PWAS-Geometrie zurückgeführt werden. Die maximal mögliche Schwingamplitude wird dabei erreicht, wenn die Länge des PWAS der halben Wellenlänge des entsprechenden Lamb-Wellen-Mode entspricht [GIU05].

2. Wellenanalyse an piezoelektrisch angeregten Plattenstrukturen

Zur Schadensdetektion an plattenförmigen Strukturen werden Lamb-Wellen genutzt, die mit möglichen Schäden in der Struktur interagieren. Zur Messung dieser Wellen werden aktive Elemente, sogenannte PWAS genutzt, welche als Sensor aber auch als Aktor in der Messkette fungieren können. Dabei wird in dieser Arbeit ein piezoelektrisches Element mit einer zeitvarianten Spannung beaufschlagt, was eine Ladungsverschiebung im Inneren des PWAS hervorruft. Genutzt wird ein Wellenburst, dessen Amplitude mit einem nachgeschalteten Verstärker verstärkt wurde. Bedingt durch diese Ladungsverschiebung stellt sich eine Verformung des Elements ein, was die Platte zum Schwingen bringt. Dieser Effekt wird inverser piezoelektrischer Effekt genannt und genutzt, wenn der PWAS als Aktor agiert. Zu einem genau umgekehrten Effekt, dem piezoelektrischen Effekt, kommt es, wenn der PWAS als Sensor eingesetzt wird. Die eintreffende Schallwelle in der Platte verformt das Element, was eine Ladungsverschiebung hervorruft, welche als abgegebene Spannung gemessen werden kann. Eine detailliertere Beschreibung dieses Effekts ist in

[MAR71], die Nutzung des Effekts in Bezug auf PWAS als Aktor und Sensor in [Giu08] zu finden.

Die Aussendung des Aktorsignals und die Messung der Antwort kann dabei mit einem oder mehreren PWAS durchgeführt werden, wobei in der untersuchten Anwendung Sensor und Aktor örtlich getrennt sind. Untersucht wurde eine 2 mm dicke Aluminiumplatte, welche mit kreisförmigen piezoelektrischen Elementen beklebt wurde.

Im Vergleich der unterschiedlichen Signale an Aktor und Sensor im Frequenz- und Zeitbereich fällt ein genereller Amplitudenunterschied zwischen den eingebrachten Signalen am Aktor (blau) und der Sensorantwort (rot) auf (Abb. 1). Ein weiterer zu beachtender Aspekt ist die augenscheinliche Frequenzabhängigkeit der Amplitudenabnahme im Frequenz- und Zeitbereich. Besitzt die Restamplitude der Schwingung bei 130 kHz noch ca. die Hälfte der Amplitude zu Beginn des Vorganges, ist es bei 30 kHz nur ca. ein Sechstel.

Eine generelle Differenz in der Höhe der Spektralen Dichte ist der Nutzung des Hann-Fensters geschuldet. Obwohl beide Signale am Aktor (blau) mit gleich großer Amplitude im Zeitbereich eingehen, ist durch Anregung eines breiteren Frequenzbandes bei 130 kHz eine geringere Energiedichte zu erwarten.

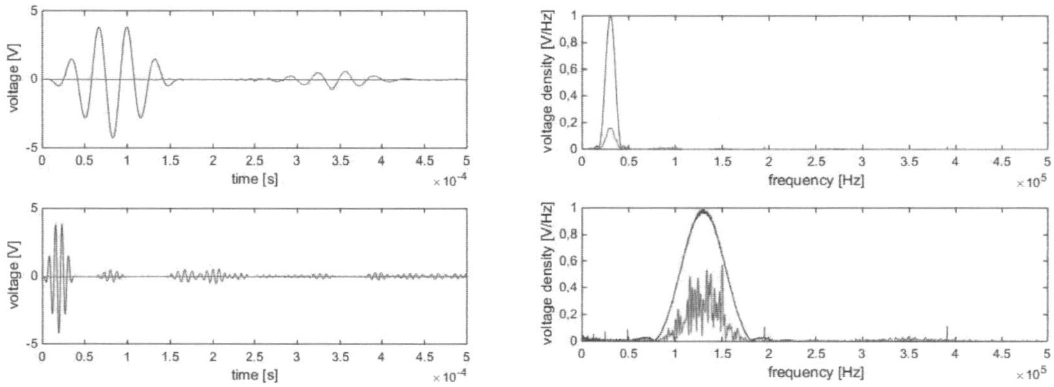

Abb. 1: Mit PWAS gemessene Signale, Aktor (blau) und Sensor (rot), bei unterschiedlichen Mittenfrequenzen, 30 kHz (oben), 130 kHz (unten), Zeitbereich (links), Frequenzbereich, normiert (rechts)

Dieses ist ebenfalls im Zeitsignal sichtbar, wobei das Amplitudenverhältnis zwischen Aktor und Sensor noch größer ausfällt und darauf schließen lässt, dass die Übertragungsfunktion zwischen Aktor und Sensor stark von der genutzten Mittenfrequenz abhängig ist. Trägt man alle maximalen Hüllkurvenamplituden der Sensorantworten der eingetroffenen Wellenbursts über der Frequenz auf (Abb. 2, oben links) und unterscheidet sie in ihrer Ausbreitungsmode (Abb. 2, oben rechts), zeigen sich Frequenzbereiche, in denen die Amplituden der eintreffenden Lamb-Wellen trotz gleich starker Anregung verstärkt hervortreten. Diese „Sweet Spots" sind laut [GIU05] charakteristisch für die beiden untersuchten Lamb-Wellen-Moden und treten bei unterschiedlichen Frequenzen auf. Das Maximum der A_0-Mode liegt demnach bei der Frequenz, dessen zugehörige Wellenlänge genau dem doppelten Durchmesser des PWAS entspricht. Mit den hier verwendeten Parametern der Platte und des PWAS sollte diese Frequenz bei 50 kHz liegen (siehe Abb. 2 unten rechts). Wie in Abb. 2 oben links allerdings zu sehen ist, liegt das Maximum der A_0-Mode nicht bei dem erwarteten Wert, sondern mit 80 kHz etwas höher.

Im weiteren Verlauf der Wellenausbreitung des Bursts in der Platte (Abb. 2) ist ersichtlich, dass die größten Amplituden, gemessen mit einem 3D-Laser-Doppler-Vibrometer im kompletten Messweg bei 90 kHz zu finden sind. Gründe für diese Verschiebung zum erwarteten „Sweet Spot“ und zu den gemessenen Signalen am Sensor sind im weiteren Verlauf der Arbeit dargestellt.

Eine Absenkung der Amplitude kann während der Messung an unterschiedlichen Stellen in der Messkette durch Dämpfung oder Umwandlungsverlusten auftreten. In dieser Arbeit werden drei Bereiche der Messkette (vgl. [SCH11]) unterschieden:

Aktor: Signalaussendung am Frequenzgenerator, Verstärkung, Ladungsverschiebung im Aktor und Einschwingvorgang des PWAS/Platte Systems zur Schallemission

Platte: Ausbreitung der Wellen in der Platte mit Dämpfung, Dispersion und Absorptionseffekte

Sensor: Einschwingvorgang des PWAS/Platte Systems zur Schalldetektion und Messung des Signals

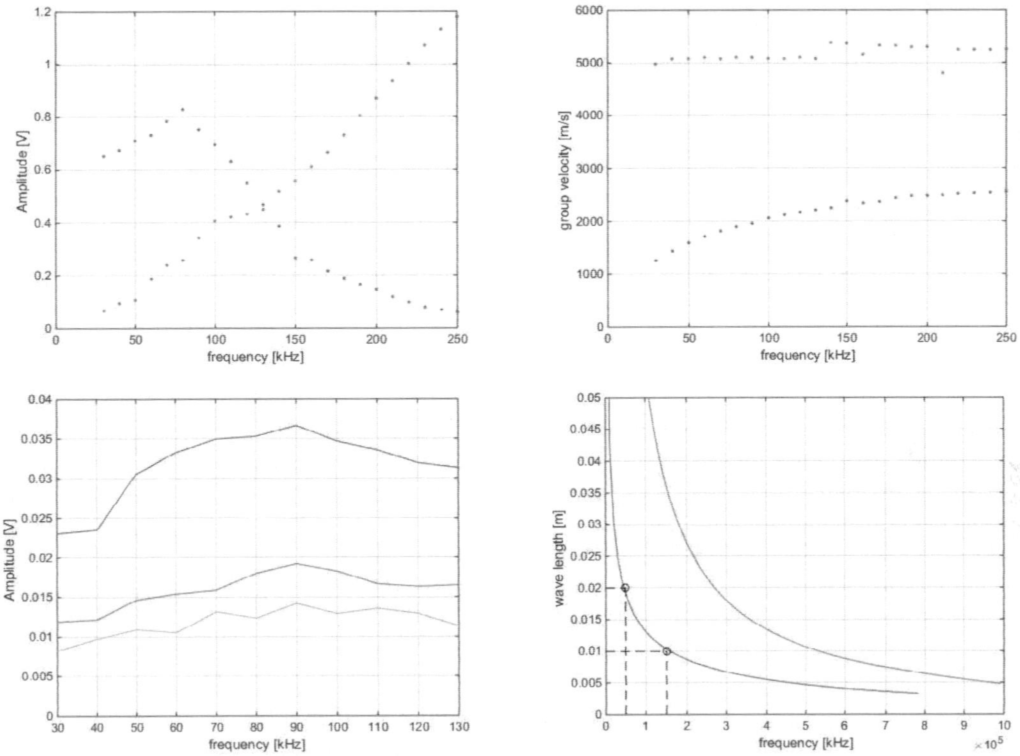

Abb. 2: Sensorantwort der unterschiedlichen Lamb-Wellen-Moden in Abhängigkeit der Frequenz oben links, Gruppengeschwindigkeit der eintreffenden Wellen zur Unterscheidung der Wellenmoden oben rechts , Amplitude der Hüllkurven der Laser-Doppler-Vibrometermessungen in unterschiedlichen Abständen zum Aktor, Wellenlänge der beiden Grundmoden bei unterschiedlichen Frequenzen unten rechts, A_0-Mode (blau) und der S_0-Mode (rot)

Um eine detailliertere Analyse der Absenkung der Amplitude während der Messung zu erreichen, wurde der vollständige Weg zwischen Aktor und Sensor mit einem 3D-Laser-Doppler-Vibrometer (Polytec PSV-400-3D) vermessen. Die Rasterung der Messpunkte lag bei 1,1 mm bei einer Messlänge von 380 mm. Zur Veranschaulichung der Dämpfung in der Platte (2. Bereich) wurde das Abstandsgesetz für die Abnahme der Schallschnelle in Festkörpern herangezogen. Die jeweilige Schallschnelle v kann dabei nach einer bekannten

Schallpfadlänge d mit der Schallschnelle an anderer bekannter Stelle v_0 verglichen werden. Dazu wird der Schallschnellenverlauf mit einer Exponentialfunktion nachgebildet, dessen Exponent ein konstanter Dämpfungsfaktor α ist.

$$v = v_0 d^{-\alpha}$$

Untersucht wurde ein Bereich, welcher nicht mehr unter dem Einfluss der PWAS stand (Abb. 3, rote Fläche). Ebenfalls sind Überlagerungen von Wellenmoden mit unterschiedlichen Ausbreitungsgeschwindigkeiten durch eine prinzipiell unendliche Platte vermieden worden.

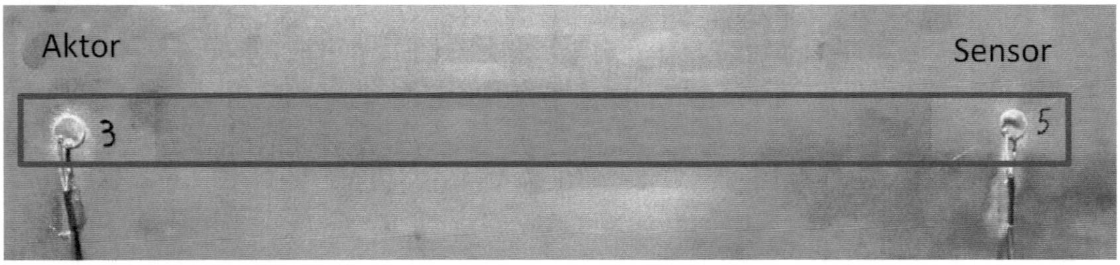

Abb. 3: Messaufbau mit Aktor und Sensor, der umrandete Bereich ist der Messbereich des 3D-LDV, die rote Fläche stellt den Bereich zur Messung der Plattendämpfung dar, PWAS-Mittelpunktabstand = 326,8 mm

Genutzt wurden hier die jeweiligen Maxima der Einhüllenden jedes Ortes bei jeder Mittenfrequenz, um die Rauscheinwirkung zu minimieren. Wird nun α über die jeweilige Mittenfrequenz aufgetragen (Abb. 4), zeigt sich eine leichte Frequenzabhängigkeit des Dämpfungsfaktors, sowohl der A_0-Mode (blau) als auch der S_0-Mode (rot), in Falle der A_0-Mode leicht fallend mit steigender Frequenz. Der Dämpfungsfaktor der S_0-Mode wurde in Bereichen geringerer Frequenzen nicht ausgewertet, da die geringen Anregungsamplituden zu rauschbehaftet waren und keine nutzbaren Ergebnisse zeigten. Beide Kurvenverläufe zeigen allerdings, dass die Frequenzabhängigkeit, im Gegensatz zur frequenzabhängigen Amplitudenänderung der am PWAS gemessenen Signale (Abb. 2), nur schwach ausgeprägt ist. Bedingt durch diesen Vergleich ist anzunehmen, dass ein Großteil der Amplitudendifferenz im Aktor und Sensor, sprich während des Einschwingvorganges beim Emittieren und Detektieren der Schallwelle, auftritt.

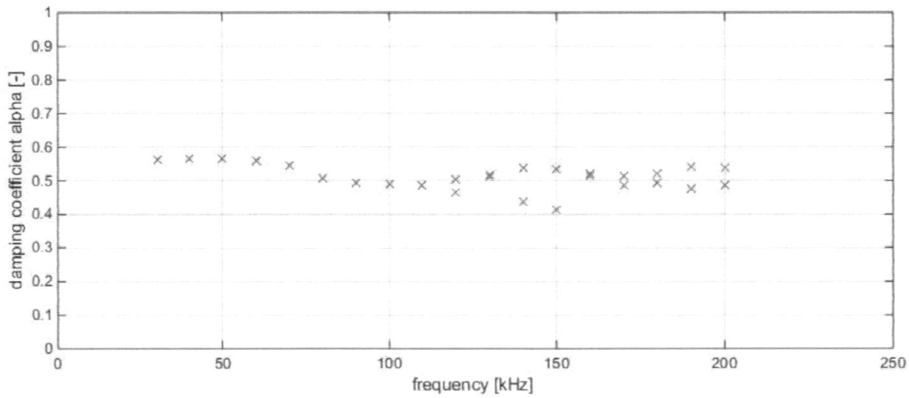

Abb. 4: Dämpfungsverhalten bei unterschiedlichen Mittenfrequenzen der A_0-Mode (blau) und der S_0-Mode (rot)

3. Untersuchung des Einschwingvorganges am PWAS

Wie im vorherigen Kapitel gezeigt, fällt der Dämpfung in der Platte in Bezug auf ihrer Frequenzabhängigkeit keine auffallende Beachtung zu. Da es allerdings, wie in Abb. 2 zu sehen ist, zu einer markanten Ausbildung der Amplitudenstärke bei bestimmten Frequenzbereichen kommt, werden in diesem Kapitel weitere Einflusskomponenten auf die Amplitude der Schwingung untersucht. An erster Stelle steht das Übertragungsverhalten der Kombination aus Piezoelement und Platte am Aktor sowie Sensor.

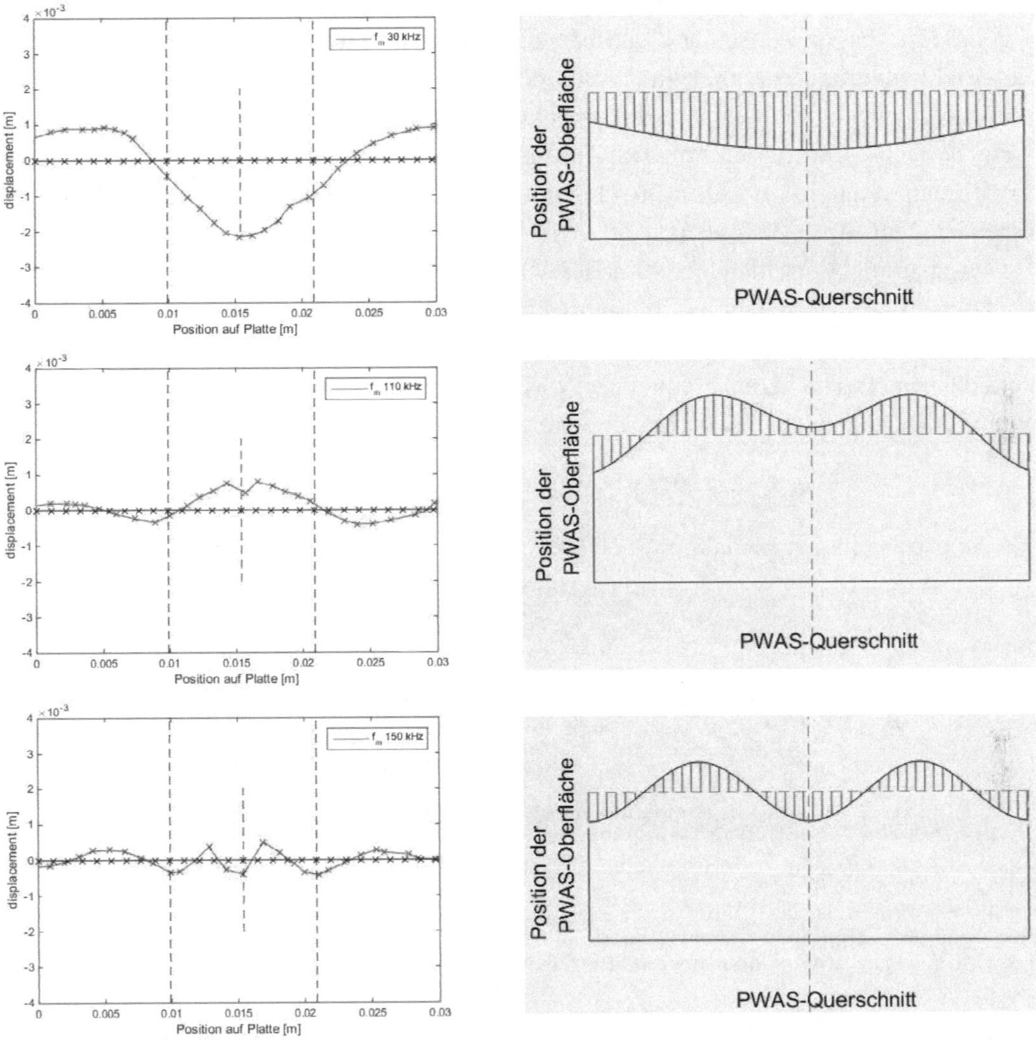

Abb. 5: Verformungsverhalten des PWAS-Aktors bei unterschiedlichen Frequenzen (30 kHz oben, 110 kHz Mitte, 150 kHz unten), Laser-Doppler-Vibrometer Messungen (links), Modell (rechts), schwarze Kreuze bzw. gestrichelte Linie bezeichnen die Ausgangsverformung, rote Linien rechts zeigen die Verschiebung der Modellpunkte während der Schwingung

Das piezoelektrische Element ist durch seine räumliche Ausdehnung als Bauteil mit finiter Geometrie zu sehen, was entsprechende Fragestellungen aufwirft. Die Anregung der Schwingung erfolgt nicht lokal an einem Punkt, sondern flächig, bzw. linienförmig, wenn die Struktur im Schnitt betrachtet wird (siehe Abb. 5). Dargestellt sind die Verschiebungen am PWAS und der näheren Umgebung, welche im Vergleich zur Geometrie des Piezoelements übertrieben dargestellt sind, um die Verformung anschaulich darzustellen. Zu sehen ist die maximale Verformung des Aktors bei einer Anregung von 30 kHz. Die unterschiedlichen Verschiebungen der einzelnen Messpunkte in x-Richtung (in-plane) und in z-Richtung (out-of-plane) sind dabei stark von seiner Position auf dem PWAS und der anregenden Frequenz abhängig. Beide Komponenten ergänzen sich jedoch in den Schwingformen des PWAS und können gemeinsam untersucht werden.

Auf der rechten von Seite von Abb. 5 ist die Verformung des PWAS bei unterschiedlichen Mittenfrequenzen als Modell abgebildet. Bei 30 kHz bildet das piezoelektrische Element kein volles Schwingspiel mit einem Offsetwert an den Rändern des Elements. Diesem Offset wird im Laufe der Untersuchung noch größeren Wert beigemessen, da er Aufschluss darüber gibt, inwiefern die PWAS-Geometrie mit der Plattenschwingung zusammenwirkt. Bei höheren Frequenzen, hier bspw. 150 kHz, ist ersichtlich, dass die Schwingung mit zwei kompletten Schwingspielen beschrieben werden kann, die sich symmetrisch um den Aktormittelpunkt ausbreiten. Werden Schwingungen mit Mittenfrequenzen zwischen 30 kHz und 150 kHz untersucht, ist eine Mischform der beiden Wellenformen zu finden.

Zeigt man die Verschiebungen im Bereich des PWAS und näherer Umgebung mit allen genutzten Mittenfrequenzen ergibt sich (Abb. 6). Die Schwingformen des PWAS zeigen bei Frequenzen unter 100 kHz eine ähnliche Form, nämlich die mit einem einzelnen Wellenbauch. Bei höheren Frequenzen wird diese erste Schwingform mit der in Abb. 5 (unten) gezeigten zweiten Schwingform und überlagert.

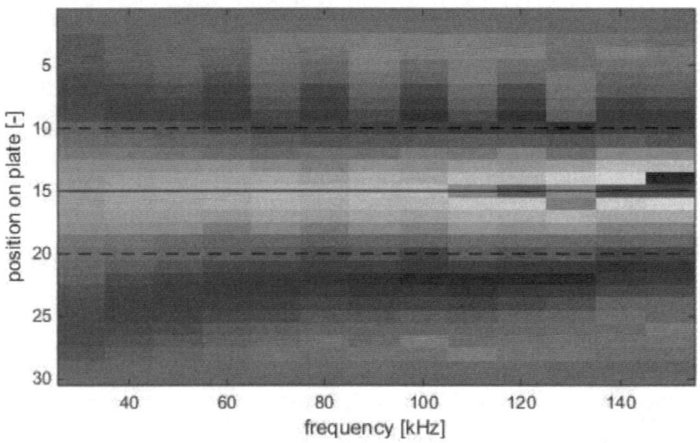

Abb. 6: Verformung des PWAS am jeweiligen Maximalpunkt des ausgesendeten Bursts am Aktor bei unterschiedlichen Frequenzen, schwarze gestrichelte Linien sind die Ränder des PWAS, schwarze durchgezogene Linie Mittelpunkt des PWAS, Messpunkte auf PWAS und in der näheren Umgebung

Der PWAS verhält sich demnach bei allen Frequenzen als eine in der Schnittebene zum PWAS-Mittelpunkt symmetrische Schallquelle (Abb. 7, links). Gut zu sehen ist, dass die Körpergrenzen des PWAS kein ganzes Schwingspiel abdecken. Dieser Effekt ist mit dem oben erwähnten Offset der Verschiebung am PWAS-Rand verbunden. Die Verschiebungen des unvollständigen Schwingspiels bewirken eine Verschiebung der Knotenpunkte der Schwingung, sowie eine Verschiebung der weiteren Wellenbäuche vom PWAS-Rand weiter in die Platte hinein. [GIU08] spricht dabei von einer effektiven Aktorlänge. Die Wellenlänge ist dementsprechend größer als durch die PWAS-Geometrie vorgegeben. Wird die Schwingform des PWAS-Platte-Systems mit einer Summe aus Sinus-Schwingungen nachmodelliert (Abb. 7, rechts), zeigen sich in dieser Summe dominante, wiederkehrende Wellenlängen (Abb. 7, rechts, grau). Diese besitzen wie erwartet bei einer Frequenz von 90 kHz eine Übereinstimmung mit der Wellenlänge der A_0-Mode der Plattenschwingung (blau). Diese Frequenz entspricht der Frequenz, welche die größte Amplitude innerhalb der Wellenausbreitung in der Platte besitzt, dem „Sweet Spot" der A_0-Mode.

Diese dominanten Wellenlängen harmonieren mit den charakteristischen Längen der oben erwähnten Schwingformen des PWAS, wobei die obere Kurve der ersten Schwingform und die untere Kurve der zweiten Schwingform entsprechen. Der Übergang der Schwingformen in Abb. 6 sowie auch der Schnittpunkt der Kurvenverläufe in Abb. 7 rechts (roter Kreis), findet im Bereich von 90-100 kHz statt. Das lässt darauf schließen, dass zur Anregung der Plattenschwingung immer auf die Schwingform mit der nächstliegenden kleineren Wellenlänge zur Plattenschwingung zurückgegriffen wird.

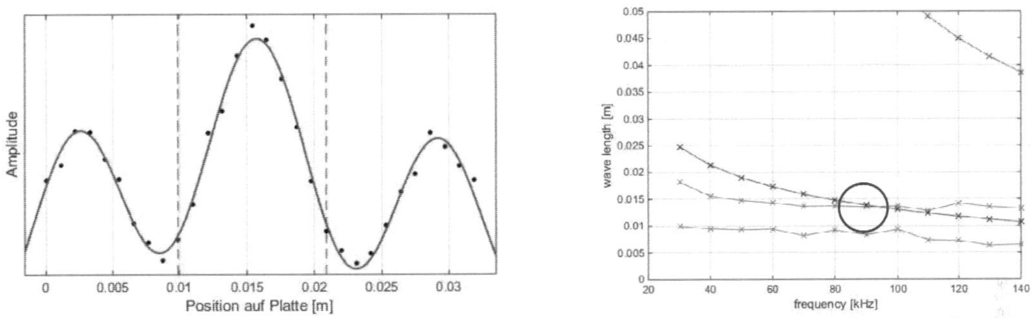

Abb. 7: Schwingform des PWAS bei 40 kHz (gemessene Punkte schwarz, Ausgleichsfunktion blau), Grenzen des PWAS rote Linien (links), Vergleich der Wellenlänge der Plattenschwingung und der anregenden Schwingung (rechts, Plattenwellenlänge blau (A0) rot (S0), ermittelte Anregungswellenlänge grau)

Vergleicht man die Messungen bei unterschiedlichen Frequenzen, zeigt sich eine immer stärkere Ausbildung der ersten Schwingform des PWAS(hier bei 90 kHz), bis eine Übereinstimmung der Wellenlängen vorliegt. Darüber hinaus wird die Schwingung dominierend mit der zweiten Schwingform ausgeführt (siehe Abb. 5). Auffällig ist die Übereinstimmung des Amplitudenmaximums der A_0-Mode bei 90 kHz (Abb. 2) und der maximal ausgebildeten ersten Schwingform des PWAS bei gleicher Frequenz. Daraus ist abzuleiten, dass diese Schwingformen die Anregung der A_0-Mode unterstützt und maximiert, solange die Wellenlänge der zu erregenden Mode kleiner ist, als die Wellenlänge der Plattenschwingung. Vor dem Grenzübergang befindet sich der Punkt maximaler Wellenanregung.

Bei höheren Frequenzen scheint diese Wellenform keinen Einfluss mehr auf die Anregung der A_0-Mode zu haben, wohingegen sich die Schwingform mit kürzerer Wellenlänge (zweite Form Abb. 5) stärker in den Fokus drängt. Mit den gegebenen Kurvenverläufen ist ein zweiter Schnittpunkt der Wellenlänge der A_0-Mode mit einer der modellierten Wellenlängen zu erwarten. Verbunden damit ist ein zweiter „Sweet Spot" Amplitude der A_0-Mode. Gleichzeitig ist bei höheren Frequenzen ebenfalls eine Überschneidung der Wellenlänge der S_0-Mode mit einer der Vergleichskurven zu erwarten, was die Ergebnisse aus Abb. 2 oben links wiederspiegeln, wobei das Maximum der S_0-Mode bei höheren Frequenzen zu suchen ist, als in dem untersuchten Frequenzbereich. Dieser Verlauf der S_0-Mode ist ebenfalls in [GIU08] dargestellt.

Zusammenfassend sei festgestellt, dass eine maximale Einbringung der Schwingenergie für die A_0- und S_0-Mode durch eine Übereinstimmung der Wellenlänge der Plattenschwingung und der dominanten Schwingform des PWAS ausschlaggebend ist.

Diese ist nicht alleine durch die Geometrie des PWAS zu bestimmen, da eine Interaktion mit der aufgeklebten Platte zu jeder Zeit stattfindet. Deshalb wird von einer effektiven Aktorlänge (hier Aktordurchmesser) gesprochen, welche für eine optimale Energieeinbringung ausgelegt werden kann. Der effektive Aktordurchmesser beträgt bei der genutzten Konfiguration 13,68 mm für die A_0-Mode. Zum Vergleich beträgt der reale Aktordurchmesser 10 mm. Laut [GIU08] haben Randeffekte des PWAS wie der Schubübertragung und Diffusionseffekte Einfluss auf den effektiven Aktordurchmesser.

4. Anregung außerhalb der „Sweet Spots“ mit geringerer Frequenz

Die Anregung der Platte in den „Sweet Spots“ wurde im vorherigen Kapitel beschrieben. Wird die Platte nun mit einer von der optimalen Frequenz verschiedenen Frequenz angeregt, wird keine maximale Amplitude der Plattenschwingung erreicht. Der zugrundeliegende Mechanismus wurde im vorigen Kapitel erklärt. Wie beschrieben findet eine Interaktion der Platte mit dem PWAS statt. Der PWAS wird mit einer definierten Spannung beaufschlagt und bringt mit seiner Verformung Schwingenergie in die Platte ein. Dieser Effekt wird beim Aktor und Sensor jeweils invers benutzt.

Stimmt die halbe Wellenlänge der Platte mit der effektiven Aktorlänge überein, stellt sich eine Art Verstärkung oder Resonanz ein, da beide Schwingungen eine gleiche Phasenlage besitzen und positiv interferieren. Wird die Platte jedoch mit einer Frequenz angeregt, welche sich unterhalb der „Sweet Spot“-Frequenz befindet, überlagern sich die anregende Schwingung und die Plattenschwingung ebenfalls, können dabei aber positive wie negative Interferenzen ausbilden. Wie in Abb. 8 oben links sichtbar, weicht die im PWAS-Mittelpunkt gemessene Burstform der Schwinggeschwindigkeit von der in den PWAS eingegebenen Form (Abb. 1, oben) ab. Dies ist durch die erwähnte Überlagerung zu erklären. Überführt man nun alle Zeitsignale im PWAS-Mittelpunkt in den Frequenzbereich, zeigt sich, dass zusätzlich zur gewählten Mittenfrequenz und ihren Nebenkeulen ein weiteres Frequenzband mit dem Dreifachen der Mittenfrequenz erscheint (Abb. 8 oben rechts). Dieses zweite Nebenband der Anregung ist bedingt durch die nicht übereinstimmende Wellenlänge der anregenden Schwingung und der Plattenschwingung, sodass eine Differenz in der lokalen Phasenlage entsteht.

Verglichen werden nun Schwinggeschwindigkeit im PWAS-Mittelpunkt über der Zeit und das vorgegebene Signal des Frequenzgenerators. Beide sind zum Vergleich normiert und in ihrer Phasendifferenz bereinigt. Zu Beginn eines Bursts zeigt die Kurve der normierten Schwinggeschwindigkeit (Abb. 8, oben rechts, blau) einen ähnlichen Verlauf wie die des eingebrachten Spannungssignals (rot), wenn auch mit geringerer Amplitude. Ab dem vierten Wellenpeak verlässt die Verformungskurve allerdings abrupt die vorgegebene Bahn der eingebrachten Spannung. Dies ist damit zu erklären, dass der PWAS von einer weiteren Kraft verformt bzw. beschleunigt wurde, die in diesem PWAS-Platte-System nur durch die harmonische Schwingung der Platte zu erbringen ist.

Bildet man die Differenz der beiden Signale zeigt sich, dass am Differenzsignal (Abb. 8, unten links) eine Überlagerung der Grundfrequenz und der dritte Harmonische der Grundfrequenz vorliegt. Im Frequenzbereich (Abb. 8, unten rechts) ist dies noch deutlicher zum Ausdruck gebracht, wobei noch weitere Anteile entsprechend höherer Harmonischer zu finden sind. Dieser Mechanismus ist verbunden mit der unterschiedlichen Wellenlänge der Plattenschwingung und der effektiven PWAS-Länge und damit für entsprechende Frequenzbänder unvermeidlich. Er tritt bei Anregung mit geringerer Frequenz als der „Sweet Spot"-Frequenz des PWAS-Platte-Systems auf. Oberhalb dieser Grenzfrequenz ist diese Nebenkeule nicht mehr aufzufinden oder geht im allgemeinen Messrauschen unter, was nahelegt, den gewählten Frequenzbereich der Mittenfrequenz oberhalb des „Sweet Spots" anzusiedeln, um unerwünschte Nebenbänder in der Anregung zu vermeiden.

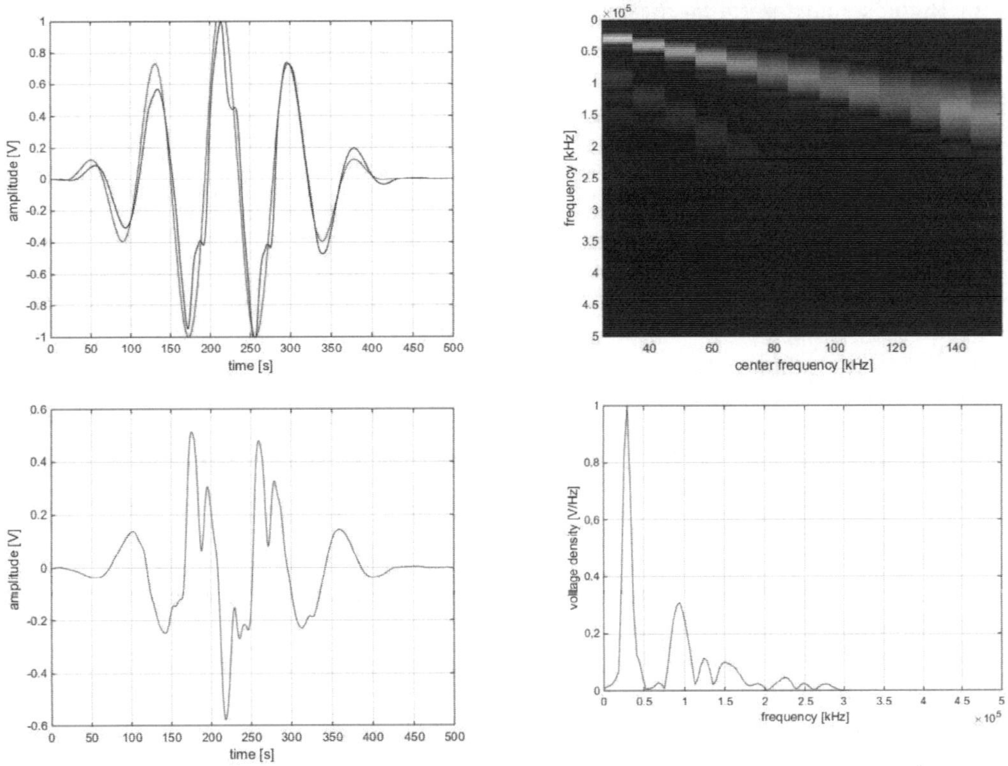

Abb. 8: Ungewollte Anregung einer Harmonischen des Grundsignals durch Differenzen in der Wellenlänge der Plattenschwingung und der effektiven PWAS-Länge, Abweichung der Schwinggeschwindigkeit von der Anregung (oben links), Entstehung eines Nebenfrequenzbandes (oben rechts) mit dreifacher Frequenz, Differenzsignal der Funktionen aus Abb. 7 oben links (unten links), Frequenzspektrum des Differenzsignals, normiert (unten rechts)

5. Zusammenfassung und Ausblick

In dieser Arbeit wurde das Schwingverhalten einer piezoelektrisch angeregten Plattenschwingung untersucht. Bestandteile waren dabei die Messungen der Spannungsverläufe an Aktor sowie Sensor, als auch eine Überwachung der Schwingungen in der Platte und auf den PWAS mithilfe eines 3D-Laser-Doppler-Vibrometers, um den Einfluss der Platte und der piezoelektrischen Elemente auf die Schwingamplituden zu untersuchen. Gezeigt wurde eine stark frequenzabhängige Ausbreitung der Welle zwischen Aktor und Sensor. Geringen Einfluss hatte dabei die Dämpfung innerhalb der Plattenstruktur, sodass der Fokus dieser Arbeit vor allem auf die Anregung der Schwingung am Aktor gelegt wurde. Hier wurde aufgezeigt, dass bedingt durch die charakteristische Baugröße des Aktors eine signifikante Frequenzabhängigkeit im Verhältnis der anregenden Amplitude am Frequenzgenerator und der gemessenen Plattenschwingung besteht. Dieses bewirkt eine Generierung sogenannter „Sweet Spots", in denen eine Anregung der Schwingung der Struktur einzelner Lamb-Wellen-Moden optimal stattfinden kann. Die

Schwingform des PWAS kann dabei in unterschiedliche Formen unterteilt werden, welche bei entsprechenden Frequenzen und damit Wellenlängen verstärkt oder vermindert zur Anregung genutzt werden. Diese Schwingformen kann die Anregung entsprechender Moden begünstigen. Zuletzt ist gezeigt worden, dass eine Anregung unterhalb der zum „Sweet Spot“ gehörenden Frequenz, eine Stimulation höherer Harmonischen zur Auswirkung hat. In Zukunft ist zu untersuchen, ob durch eine geschickte Wahl des Anregungssignals eine Anregung dieser Harmonischen unterbunden werden kann.

6. Quellen

[SCR90] Scruby, C.B.; Drain L.E.: Laser Ultrasonics Techniques and Applications, Hilger (1990)

[PAR13] Park, B; Sohn H.; Yuem C.-M.; Truong T.C.: Laser ultrasonic imaging and damage detection for a rotating structure, Structural Health Monitoring (2013)

[LAM17] Lamb, H.: On waves in an elastic plate, Proceedings of the Royal Society of London. Series A, Containing Papers of a Mathematical and Physical Character, Band 93, Nr.
648 (1917)

[GIU05] Giurgiutiu, V: Tuned Lamb Wave Excitation and Detection with Piezoelectric Wafer Active Sensors for Structural Health Monitoring, Journal of Intelligent Material Systems and Structures (2005)

[MAR71] Martin, R.M.: Piezoelectricity, Physical Review B (1972)

[SCH11] Schubert, K., Block, T.B.; Hermann A.S.: Untersuchung des Ausbreitungsverhaltens
von Lamb-Wellen in viskoelastischen Faserverbundwerkstoffen, DGZfP-Jahrestagung (2011)

[GIU08] Giurgiutiu, V: Structural Health Monitoring, Academic press (2008)

Referenzfehler – POD – Normung, zur industriellen Reife von SHM-Systemen basierend auf geführten Wellen

Inka MUELLER [1], Thomas VOGT [2]
[1] Ruhr-Universität Bochum, Bochum
[2] Guided Ultrasonics Ltd, Brentford, Großbritannien
Kontakt E-Mail: inka.mueller@rub.de

Kurzfassung. Um die Akzeptanz von SHM Methoden basierend auf geführten Wellen in der Industrie zu stärken, ist ein wichtiger Aspekt die normative Verankerung, für die das Merkblatt SHM01 des Fachausschusses Zustandsüberwachung aus 2015 einen ersten Schritt darstellt. Darüber hinaus zeigt sich, dass für die Normung eine in der Vorgehensweise einheitliche Maßnahme zur Bestimmung der Performanz dieser SHM-Systeme notwendig ist. Die Vielzahl der möglichen zu untersuchenden Werkstoffe und Fehlerarten ist hierbei jedoch angemessen zu berücksichtigen. Es erscheint angemessen, Referenzfehler zu definieren und zu charakterisieren, die insbesondere eine hohe Relevanz in der Anwendung haben. Hierzu wird eine Übersicht dargestellt, die mögliche Referenzfehler für verschiedene Anwendungen im Bereich Metallbau und Faserverbundstrukturen aufzeigt. Auf Basis dieser wird mittelfristig ein Vorgehen zur Bestimmung der Performanz angestrebt. Im Beitrag wird aufgezeigt, dass auch diesbezüglich die Vielzahl der Level, die mithilfe eines solchen SHM-Systems erreichbar sind, angemessen zu berücksichtigen ist. Für Anwendungen wie Hot-Spot-Monitoring lassen sich Verfahren der Performanzbestimmung, die bereits in der klassischen zerstörungsfreien Prüfung etabliert sind, anwenden. Bereits für die Überwachung einer Fläche ist von notwendigen Adaptionen aufgrund möglicher deutlich ausgeprägter Ortsabhängigkeit auszugehen. Es wird für Monitoringaufgaben zudem der starke Struktur- und Ortsbezug sowie der Einfluss von sich ändernden Betriebs- und Umgebungsbedingungen zu berücksichtigen sein. Schlussendlich ist auch eine Abkehr von traditionellen Schadensbildern vorstellbar, da für viele SHM Systeme nicht hauptsächlich die Schadensgröße in Form von Risslängen, Korrosionsflächen o.ä., sondern der Effekt auf die lasttragende Struktur von höchstem Interesse ist. Der Vortrag gibt hierzu einen Überblick und zeigt das geplante weitere Vorgehen auf.

Einführung

Die Verwendung geführter Wellen für SHM ist in den letzten Jahren intensiv wissenschaftlich untersucht worden. Eine Vielzahl von Systemen für spezifische Anwendungsfälle mit Datenerfassungssystemen, Datenauswertemethoden und Entscheidungskriterien bietet die Grundlage für eine erfolgreiche Transformation in die industrielle Anwendung. Bislang sind Anwendungsfälle und Anwendungsfelder jedoch begrenzt. Erfolgreich werden SHM-Methoden basierend auf geführten Wellen im Bereich des Pipeline-Monitorings eingesetzt, für viele Anwendungen geführter Wellen fehlt derzeit jedoch noch die Akzeptanz aufgrund fehlender Normung und fehlender Referenzanwendungen.

1. Stand der Technik

SHM Methoden basierend auf geführten Wellen nutzen die Interaktion geführter Wellen mit möglichen Schäden innerhalb von Strukturen, um Informationen über mögliche Schäden zu extrahieren. Wellen werden mit einem oder mehreren in der Regel permanent installierten Aktuatoren eingebracht und mit einem oder mehreren in der Regel permanent installierten Aufnehmern nach dem Durchlaufen der Struktur erfasst. Mithilfe geeigneter Datenanalyse werden Informationen über mögliche Schäden in verschiedenen Ausprägungen, von reiner Detektion über Lokalisation und Größen-, bzw. Typangabe bis hin zur Bestimmung der Restlebensdauer der Struktur ermöglicht.

Die Physik des Verfahrens ist seit geraumer Zeit bekannt. Im Vergleich zur klassischen Ultraschallprüfung, in der Longitudinal- und Transversalwellen genutzt werden, basiert das hier thematisierte SHM-Verfahren auf geführten Wellen, die beispielsweise in plattenförmigen Strukturen in asymmetrische Moden, symmetrische Moden – gemeinsam als Lambwellen bezeichnet – und SH-Wellenmoden unterteilt werden. Durch die Plattenoberflächen werden sie geführt und haben eine Reichweite von mehreren Metern auch in flächigen Strukturen. In der Regel werden nur die Grundwellenmoden angeregt, was durch eine entsprechende Wahl der Anregungsfrequenz gesteuert werden kann. Zur Beschreibung der Physik sei beispielsweise auf [1, 2, 3] verwiesen.

Ein SHM System besteht nach der Definition des Fachausschusses Zustandsüberwachung der DGZfP sowohl aus Überwachungsobjekt mit Messaufnehmern, Signalpassungseinheiten und Datenspeichern als auch aus dem Datenverarbeitungssystem und dem automatisierten Diagnosesystem, [4]. Für die industrielle Anwendung ist wichtig, diese Komponenten zu definieren und Nicht-Experten einen Überblick über die Grundsätze des Verfahrens zu ermöglichen. Für alle Komponenten gibt es Anforderungen für SHM mit geführten Wellen, die für eine normative Verankerung zu berücksichtigen sind und im Folgenden dargelegt werden. Für die normative Verankerung kann dabei in Teilen auf den Inhalten des Merkblatts „SHM 01 – Strukturprüfung mit geführten Wellen als Sonderform des Ultraschalls", [5], aufgebaut werden.

1.1 Datenerfassung

Sowohl zur Anregung als auch zum Aufnehmen der geführten Wellen werden in der Regel piezoelektrische Wandler eingesetzt. Wie auch in der klassischen Ultraschalltechnik bekannt, unterscheidet man zwischen Methoden, die denselben Wandler temporär als Aktuator und Sensor nutzen (Pulse-Echo) und Verfahren, in denen Aktuator und Sensor durch zwei unterschiedliche und in der Regel ortsverschiedene Wandler abgebildet werden (Pitch-Catch).

Die permanente Verbindung zwischen Wandler und Struktur kann beispielsweise für Faserverbundstrukturen durch eine Applikation der Wandler vor einem Autoklavprozess erfolgen. Insbesondere für nachträglich applizierte Systeme muss auf eine zuverlässige Verbindung geachtet werden, beispielsweise mithilfe von Zweikomponentenklebstoffen wie Hysol EA9394, je nach Anwendung sind auch gängige DMS-Klebstoffe wie HBM Z70 nutzbar. Um eine gute Signalerfassung und Anregung zu ermöglichen, sollte die Klebschicht zwischen Wandler und Struktur möglichst dünn sein. Beispielsweise mithilfe des elektromechanischen Impedanzspektrums kann die Qualität der Anbindung auch im Vergleich aller Wandler des Sensornetzwerkes überprüft werden, [6].
Um die Daten zu erfassen, benötigt man zusätzlich einen Transientenrekorder, für die Anregung wird ein Waveformgenerator benötigt. Die Anforderungen an diese Geräte sind stark von der Anwendung abhängig, in der Regel ist aber eine Abtastrate von mehreren MHz notwendig und vielfach ist ein Vorverstärken des Signals zielführend.

Für die normative Verankerung des Verfahrens ist die Beschreibung der messtechnischen Ausstattung des Systems von großer Bedeutung. Hier kann auf den Inhalten des Merkblatts SHM01 aufgebaut werden.

1.2 Datenauswertemethoden

Die Anzahl an möglichen Datenauswertemethoden ist in den letzten Jahren nahezu explodiert. Es existieren sehr spezialisierte Auswertealgorithmen, die besonders für bestimmte Anwendungsfälle ausgelegt sind. Das oben genannte Merkblatt gibt fünf Kategorien an, in die diese Algorithmen unterteilt werden können:

- Signalanalysemethoden basierend auf statistischer Datenverarbeitung, z.B. [7],
- Signalanalysemethoden basierend auf physikalischen Merkmalen, z.B. [8, 9],
- Zeit-Frequenz-Analysen, z.B. [3],
- Time Reversal Methoden, z.B. [2],
- Modell-basierte Methoden, z.B. [10],
- Methoden basierend auf Mustererkennung mit künstlicher Intelligenz, z.B. [11, 3].

Sollten keine Vergleichsdaten des geschädigten Zustandes vorliegen, so ist erst mithilfe modell-basierter Methoden ein Rückschluss auf das Schadensausmaß möglich. Der Aufwand ist im Vergleich beispielsweise zu statistischer Datenverarbeitung deutlich höher.

In vielen Fällen ist Teil der Datenauswertung auch die Visualisierung zur Lokalisation. Hierzu lässt sich der Großteil der Verfahren in drei Gruppen einteilen:

- Nutzung von Übertragungspfaden, z.B. [12, 13],
- Triangulationsverfahren, z.B. [9],
- Nutzung synthetischer Apertur zur Fokussierung (SAFT), z.B. [14, 15].

Für die normative Verankerung des Verfahrens sollten die verschiedenen Möglichkeiten der Datenauswertung und die damit einhergehenden Limitierungen bezüglich des Levels, beispielsweise, dass mit bestimmten Methoden keine Abschätzung der Fehlergröße möglich ist, dargestellt werden. Auch hier kann auf den Inhalten des Merkblatts SHM01 aufgebaut werden.

1.3 POD und ROC im NDT-Bereich

Zur Bestimmung der Performanz hat sich im Bereich der zerstörungsfreien Werkstoffprüfung mit klassischen Methoden des Ultraschalls die Berechnung der Probability of Detection (POD) Kurve etabliert, [16]. Hierfür gilt die Voraussetzung, dass ein linearer Zusammenhang zwischen Fehlergröße und Systemantwort angenommen werden kann bei unkorrelierten Systemantworten und einer Normalverteilung der Systemantworten um die Ausgleichsgerade und Homogenität der diese Normalverteilung beschreibenden Varianzen. **Abb. 1**a) zeigt das prinzipielle Vorgehen zur Bestimmung der POD-Kurve. Die POD für die Fehlergröße a ergibt sich aus dem Anteil der Verteilung der Prüfsystemantwort $\hat{a}$ bei dieser Fehlergröße a, der oberhalb des Grenzwertes $\hat{a}_{thr}$ liegt. Dieser wiederum bestimmt sich aus der Verteilung von $\hat{a}$ für den Fall das kein Schaden vorliegt. Hieraus lässt sich ein charakteristischer Wert $a_{90|95}$ bestimmen, der angibt, welche Fehlergröße a mit einer Wahrscheinlichkeit von 90% mit einer Konfidenz von 95% detektiert werden kann.

Insbesondere im letzten Jahrzehnt hat für die Bestimmung der POD im NDT-Bereich das Interesse, diese simulationsgestützt zu bestimmen, enorm zugenommen. Anbieter hierfür sind beispielsweise CIVA [17].

Für die Bewertung von Analysestrategien, wie es Datenauswertemethoden sind, hat sich die Berechnung der Receiver Operating Characteristic (ROC)-Kurve etabliert. Hier wird für verschiedene Grenzwerte bestimmt, die hoch die Rate korrekter Fehlerentdeckung ist und über der zugehörigen Rate fälschlicher Weise als geschädigt bezeichneter ungeschädigter Fälle (PFA – probability of false alarm) aufgetragen, **Abb. 1**b).

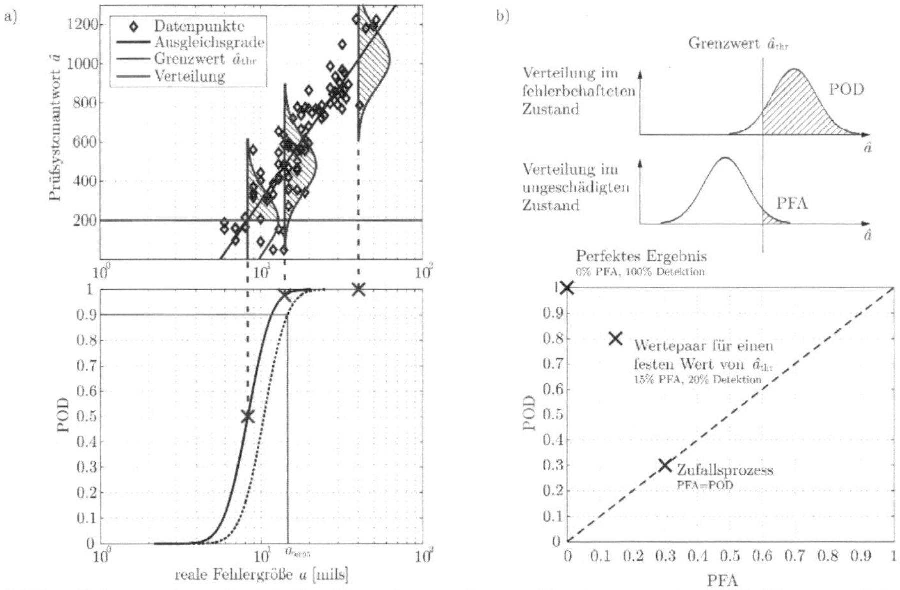

Abb. 1: a) Visualisierung der prinzipiellen Vorgehensweise zur Bestimmung der POD-Kurve und der Fehlergröße, die mit 90%iger Wahrscheinlichkeit bei einem Konfidenzintervall von 95% detektiert wird, Übersetzung aus [6], b) ROC Beispielkurve und Herkunft der Daten, z.B. frei nach [18]

Im Gegensatz zur POD-Kurve ist hier der Grenzwert variabel, während die Daten des geschädigten Zustands bestimmten Fehlergrößen zugeordnet sind. In vielen Fällen wird die ROC-Kurve für einen bestimmten erwarteten Schaden unter gegebenen Umständen bestimmt. Aus der ROC-Kurve kann aber nicht bestimmt werden, welche Fehlergröße mit einer definierten Wahrscheinlichkeit bei einem definierten Konfidenzintervall von dem zu untersuchenden SHM System gefunden wird. Dies diskutiert beispielsweise [18].

Für die normative Verankerung des Verfahrens sehen die Autoren hier großen Forschungsbedarf. Wenngleich die Vorgehensweise zur Bestimmung der POD im Bereich NDT bereits etabliert ist, so ist diese Vorgehensweise nur sehr bedingt für die hier diskutierten SHM-Anwendungen übertragbar. Zur Stärkung der industriellen Anwendung ist jedoch die Bestimmung der Performanz dieser SHM-Systeme unbedingt notwendig und erfordert strukturierte Vorgehensweisen hierzu.

1.4 Berücksichtigung von EOC

Da SHM-Systeme im Gegensatz zu vielen NDT-Verfahren nicht unter gut definierten konstanten Bedingungen angewendet werden, sondern für eine Vielzahl von unterschiedlichen Betriebs- und Umgebungsbedingungen (environmental and operational conditions – EOC) zu korrekten Monitoringergebnissen führen müssen, ist die Berücksichtigung dieser EOC für die Zuverlässigkeit der Systeme unerlässlich. Wellengeschwindigkeit, Dämpfungsgrade etc. variieren mit sich ändernden EOC und müssen als Einfluss betrachtet werden, da Signaländerungen aufgrund sich ändernder Umgebungsbedingungen häufig größer sind, als der Einfluss des Strukturschadens [19, 20, 18]. Auch dies muss im Rahmen einer normativen Verankerung geregelt werden, hat einen großen Einfluss auf die Bestimmung der Performanz und ist im Merkblatt lediglich angeschnitten.

Zur Berücksichtigung sich ändernder EOCs gibt es bereits einige Ansätze, die sich in zwei Gruppen unterteilen lassen. Möglich ist es einerseits, Baselinemessungen für verschiedene EOC-Kombinationen zu nutzen und z.T. unter Messung der EOC für jede Strukturüberprüfung mit einer passenden Baseline zu vergleichen. Hier ist auch vorstellbar, dem System einen selbstlernenden Charakter zu geben, in dem die Anzahl der Baselines erweitert wird, sobald ein bereits bekannter „Gutzustand" wieder erreicht wird. Alternativ ist es möglich, auf Basis der physikalischen Gesetzmäßigkeiten eine Anpassung der Baseline durch ein Strecken oder Stauchen zu erreichen. Dies ermöglicht eine Berücksichtigung sich ändernder EOCs ohne eine Vielzahl von Baselinemessungen. Die Kombination beider Grundsätze ist ebenfalls möglich und in der Anwendung zu finden.

Um die Erkennung von Schäden zu sichern, ist häufig eine Beschränkung der Änderungen von Umgebungsbedingungen notwendig, da bei großen Temperaturunterschieden trotz Temperaturkompensation der Einfluss der Temperatur größer sein kann, als der Einfluss des Schadens. Liu und Cawley schlagen hierzu vor, den Einfluss beispielsweise von Temperaturschwankungen zu testen und hieraus mithilfe der ROC-Kurve zu bestimmen, welche maximalen Temperaturschwankungen zulässig sind, um dennoch eine Fehlerentdeckungswahrscheinlichkeit von beispielsweise 90% bei einer PFA von 5% zu erreichen [18]. Bei der Arbeit mit multiplen Baseline-Messungen ist in ähnlicher Weise der Temperaturabstand zwischen den Baseline-Messungen anzupassen.

3. Existierende Normen

Für die normative Verankerung des Verfahrens ist es wesentlich, sich in bestehende Normengeflechte einzufügen. Die bislang gelungenen industriellen Anwendungen von SHM-Systemen basierend auf geführten Wellen nutzen eine Reihe von Normen, die das Verfahren noch nicht in Gänze abdecken, aber in Teilen anwendbar sind. Hierzu sind branchenspezifische und branchenübergreifende Normen und Merkblätter zu nennen.

Die Inspektion von Rohren mit geführten Wellen ist in Großbritannien in BS9690-1:2011 und -2:2011 genormt, ISO 18211:2016 greift dies für Oberflächenpipelines und Industrierohrleitungen auf, auch eine ASTM (ASTM E2775-11) existiert auf dem Gebiet der Rohrleitungen. Darüber hinaus ist es möglich, Verfahren individuell auf Basis PD CEN/TR 14748:2004 zu zertifizieren. Im Bereich der Luftfahrt beinhaltet die SAE International ARP6461 (Guidelines for implementation of structural health monitoring on fixed wing aircraft) auch SHM-Methoden basierend auf geführten Wellen, ist aber sehr allgemein gehalten, sollen doch auch viele weitere SHM-Methoden abgedeckt werden.

Branchenübergreifend wird durch DIN ISO 17359 die Zustandsüberwachung und -diagnostik von Maschinen genormt. Wenngleich der Fokus hier auf klassischen Condition Monitoring Systemen drehender Komponenten liegt und nicht in der Überwachung primär lasttragender Strukturen, so ist doch die bestehende Norm in vielerlei Hinsicht auch für die Anwendung von SHM-Methoden basierend auf geführten Wellen interessant. Mit dem bereits erwähnten Merkblatt SHM01 steht ein erstes branchenübergreifendes Dokument zur Verfügung, dass insbesondere die Grundlagen des Verfahrens abbildet und auch für Nicht-Experten zugänglich macht, jedoch keine konkreten Hinweise zu Maßnahmen zur Bestimmung der Performanz gibt.

4. Notwendige Forschung und Normung für SHM basierend auf geführten Wellen

Aus dem Überblick über Bestehendes zeigt sich, dass für ein vermehrtes Nutzen von SHM-Methoden basierend auf geführten Wellen ein einheitliches Vorgehen zur Bestimmung der Performanz fehlt. Die in anderen Bereichen etablierten Vorgehensweisen sind dabei nur zum Teil übertragbar. Die Fehlerempfindlichkeit der SHM-Systeme variiert selbst bei nominell identischen Strukturen. Hierfür sehen die Autoren hauptsächlich die folgenden Gründe:

- Fehlerposition und Position der Wandler relativ zum Fehler,
- Vielzahl an Fehlerarten,
- Sensorbedingte Abweichungen,
- Einfluss von Umgebungs- und Betriebsbedingungen,
- Abweichungen zwischen nominell identischen Strukturen.

Hieraus und aus der Tatsache, dass die Wandler fest mit der Struktur verbunden sind, resultiert, dass für ein solches SHM System keine rein experimentelle oder ein simulationsbasierte Bestimmung der Performanz möglich ist. Es ist daher unabdingbar, dass eine Lösung nur durch eine Kombination von Simulationen und experimentellen Ergebnissen möglich ist. Im Weiteren werden hierzu einzelne Aspekte fokussiert.

4.1 Ortsabhängigkeit für flächige Überwachung

Der Einfluss der Fehlerposition und der Position der Wandler relativ zum Schaden soll anhand eines einfachen Laborbeispiels deutlich gemacht werden. Eine Aluminiumplatte, die mit 4 Wandlern ausgestattet ist, wird mit einem künstlichen Fehler geschädigt. Der Fehler wird nacheinander an drei verschiedenen Positionen A, B, C eingebracht, **Abb. 2**a). Dieser Fehler, simuliert durch Magnete, liegt in drei verschiedenen Ausprägungen, L1-L3, deren Schweregrad zunimmt, vor. Es gibt also 9 Konfigurationen. Im Pitch-Catch-Modus werden nun alle Wanderkombinationen genutzt, um eine Detektion und Lokalisation mithilfe des SAFT-Algorithmus zu ermöglichen. Für die Auswertung wurde die frei verfügbare Toolbox SHMtools von LANL genutzt [21], eine beispielhafte Visualisierung ist in **Abb. 2**b) dargestellt. Sowohl der maximale Schadensindex als auch der Abstand zwischen dem Ort, an dem der maximale Schadensindex ermittelt wurde – also dem wahrscheinlichen Fehlerort – und dem realen Fehlerort, Δx, wurden für alle 9 Konfigurationen bestimmt.

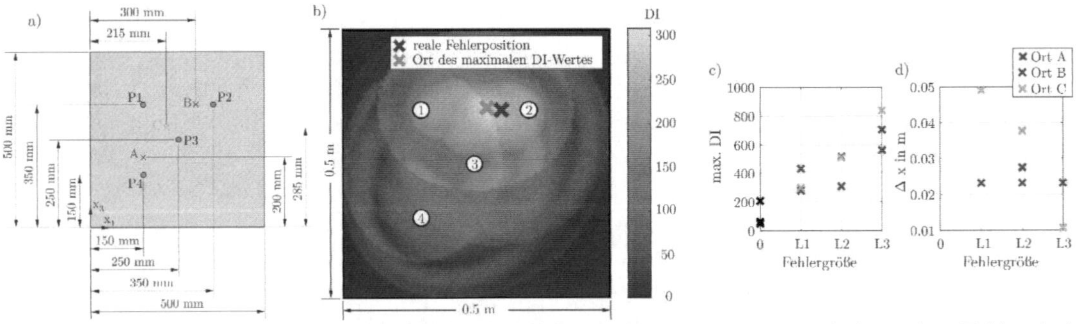

Abb. 2: a) Experimental Setup, b) beispielhafte Visualisierung des Auswertungsergebnisses eines Fehlers bei B, c) Anstieg des Schadensindikators DI mit zunehmender Fehlergröße, d) Reduktion von Δx mit zunehmender Fehlergröße

Die Ergebnisse zeigen, dass mit zunehmender Schädigung der Schadensindikator DI steigt und der Abstand zwischen vermuteter Fehlerposition und realer Fehlerposition abnimmt, **Abb. 2**c),d). In den Ergebnissen ist aber auch deutlich zu sehen, dass der Ort des Fehlers einen Einfluss hat, der nicht zu vernachlässigen ist. Auch die zwei auf den ersten Blick symmetrischen Fehlerorte A und B führen nicht zu gleichen Ergebnissen, beispielsweise verursacht durch die utnerschiedliche Orientierung des Umkontaktes der Wandler und der dadurch verursachten Unsymmetrie.

Ein zu entwickelndes Verfahren zur Performanzbestimmung muss diese Ortsabhängigkeit abbilden können. Ebenso sollte auch die Möglichkeit der multiplen Ausgabeparameter, hier nicht nur die Größe des Schadensindizes als Maß korrelierend mit der vorhandenen Fehlergröße, sondern auch die Genauigkeit der Lokalisation durch Δx, in einem zu entwickelnden Verfahren abgebildet werden können. Die Vielzahl der Parameter ist dabei nicht rein durch experimentelle Untersuchungen abzudecken und erfordert die Kombination mit effizienten numerischen Untersuchungen.

4.2 Referenzfehler

Um die Unterschiede zwischen Werkstoffklassen und Fehlerarten zu berücksichtigen, ist es aus Sicht der Autoren notwendig, werkstoffspezifisch und fehlerartspezifisch Referenzfehler zu definieren und zu charakterisieren, um mithilfe dieser eine Performanzbestimmung zu ermöglichen. Im Unterausschuss geführte Wellen des Fachausschusses Zustandsüberwachung der DGZfP wurde eine umfassende Sammlung erstellt und es haben sich insbesondere die in **Tab. 1** dargestellten Szenarien als relevant herausgestellt, für die hier Vorschläge zur experimentellen irreversiblen und numerischen Realisierung angegeben sind.

Tab. 1: mögliche Referenzfehler für unterschiedliche Fehlerarten und Werkstoffe

Materialklasse	Realer Schaden	Referenzfehlerrealisierung	Simulationsrealisierung
Faserverbund	Delamination	Einlegen von Teflonfolien während der Herstellung	Lokale stressfreie Randbedingungen zwischen Schichten
Faserverbund	Matrixrisse	Flüssiger Stickstoff	Lokale Steifigkeitsreduzierung
Faserverbund	Impactschaden	Reproduzierbarer Impact	Kombination stressfreier Randbedingungen und zusätzlicher Dämpfung
Metalle	Korrosion	Ausfräsungen	Deformation der Zellen
Metalle	Risse	Schwingversuche mit definiertem Rissanfang	Trennen der Zellen und Contact Acoustic Nonlinearity
Metalle	Defekte Schweißverbindungen	Einbringen von Schlitzen mit einem Winkelschleifer	Trennen der Zellen und Contact Acoustic Nonlinearity

Für eine normative Verankerung ist aus Sicht der Autoren notwendig, für typische Fehlerarten und Werkstoffe einheitliche Referenzfehler zu definieren und diese zur Performanzbestimmung heranzuziehen. Erste Untersuchungen zu reversiblen Referenzfehlern für Faserverbund und Impactschäden gibt [22]. Für die effektive Kombination numerischer und experimenteller Ergebnisse ist die Untersuchung der Übertragbarkeit eine zentrale Voraussetzung.

4.3 Simulation

Gebräuchlich für die Simulation sind derzeit Finite Differenzen Verfahren (FDM), Finite Volumen Verfahren (FVM) und Finite Elemente Verfahren (FEM) und semi-analytische hybride Ansätze (semi-analytic hybrid approach SAHA, semi-analytic FE SAFE) in Frequenzbereich. Während FDM, SAFE und SAHA in der Regel bezüglich der Komplexität der zu untersuchenden Geometrie limitiert sind, sind FEM-Ansätze diesbezüglich stark, aber sehr rechenintensiv insbesondere aufgrund der hohen zeitlichen und räumlichen notwendigen Diskretisierung. Beispiele für die erfolgreiche Umsetzung für die Simulation von SHM-Systemantworten finden sich beispielsweise in [23, 10, 24, 25].

Für eine normative Verankerung sind valide und effiziente Simulationsmethoden eine Grundvoraussetzung. Nur durch die Kombination experimenteller und numerischer Ergebnisse ist aus Sicht der Autoren eine Bestimmung der Performanz für ein spezifisches SHM-System basierend auf geführten Wellen möglich. Aus Sicht der Autoren ist insbesondere bezüglich der Abbildung von Fehlern und der Untersuchung der Vereinbarkeit numerischer und experimenteller Ergebnisse weitere Forschung notwendig, um eine zuverlässige Methode zur Bestimmung der Performanz basierend aus der Kombination von Experiment und Simulation zu entwickeln und normativ zu verankern.

4.4 Einfluss der Struktur

Für die Auslegung eines SHM-Systems ist in der Regel die nominelle ideale Struktur bekannt, die Applikation erfolgt an einer Struktur, die sich in Details von diesen Idealen unterscheidet. Auch die Komponenten des SHM-Systems selbst weisen beispielsweise in der Anbindung von Wandler zur Struktur Abweichungen zum nominellen Zustand auf. Überdies werden viele SHM-Systeme für die Überwachung von Einzelanfertigungen genutzt. Diese Abweichungen stellen Einflüsse für die Ergebnisse des SHM-Systems dar, die berücksichtigt werden müssen. Eine Erfassung aller dieser Faktoren ist jedoch in vielen Fällen mit einem hohen Aufwand verbunden oder gar unmöglich, eine Berücksichtigung in Simulationen ist praktisch unmöglich. Die Berücksichtigung der Bedingungen vor Ort ist daher nur auf Basis von experimentellen Untersuchungen möglich, deckt jedoch nur den ungeschädigten Fall ab und muss daher beispielsweise mit Simulationsergebnissen des geschädigten Zustands kombiniert werden. Eine Analyse der Signifikanz einzelner Kenngrößen in allgemeiner Weise ist durch Parameterstudien auch mithilfe der Simulation denkbar, die Übertragbarkeit ist jedoch für den Einzelfall zu prüfen.

Für eine normative Verankerung ist es daher unbedingt notwendig, durch Messungen an der realen Struktur im ungeschädigten Zustand Rückschlüsse ziehen zu können auf Unterschiede zwischen idealer und realer, durch die verschiedenen Faktoren veränderter Struktur, und diese für die Bestimmung der Performanz berücksichtigen zu können.

5. Zusammenfassung und Ausblick

Für die Anwendung von SHM-Methoden auf Basis geführter Wellen stellt die Normung notwendiger Verfahrensschritte und einer Vorgehensweise zur Bestimmung der Performanz eines solchen SHM Systems eine wichtige Aufgabe dar. Bestehende Normen und Merkblätter enthalten bereits hinreichend Informationen bezüglich des Messequipments und der Datenauswertung. An Beispieldaten, die mit etablierten Verfahren ausgewertet wurden, zeigt sich, dass eine starke Orts- und Strukturabhängigkeit gegeben ist. Auch der Einfluss von sich ändernden Umgebungs- und Betriebsbedingungen ist wesentlich. Alle diese Faktoren sind bei der Bestimmung der Performanz zu berücksichtigen, die aufgrund der Vielzahl der Einflussfaktoren nur durch eine Kombination von experimentellen und numerischen Untersuchungen erfolgreich und umfassend durchgeführt werden kann.

In der Anwendung von SHM-Methoden basierend auf geführten Wellen hat sich als Ziel des Verfahrens die Detektion von definierten Fehlern und Schadensbildern wie von Rissen, Delaminationen oder Korrosionsschäden etabliert. Um für diese Verfahren den Schritt in die industrielle Anwendung zu vereinfachen, ist eine Vorgehensweise zur Bestimmung der Performanz zu definieren. Die folgenden Schritte werden hierzu angestrebt:

- Die Definition und wissenschaftliche Etablierung von Referenzfehlern für verschiedene Fehlerarten und Werkstoffklassen,
- die Erarbeitung einer Methode, die die statistische Berücksichtigung von Ortsabhängigkeit, Strukturabhängigkeit und EOC-Abhängigkeit ermöglicht,
- die Realisierung eines Abstraktionslevels, das eine Berücksichtigung der Vielzahl der Werkstoffe und Fehlerarten in einer Norm ermöglicht und
- die Erarbeitung von levelspezifischen Lösungen um den verschiedenen Anforderungen an SHM-Systeme gerecht zu werden.

Darüber hinaus ist insbesondere für SHM-Systeme, die die Bestimmung der verbleibenden Nutzungsdauer anstreben, denkbar, über die etablierten Ziele, wie die Detektion eines Risses hinaus, gleich Rückschlüsse auf die Resttragfähigkeit zu ermöglichen. Eine vollständige Abkehr von traditionellen Schadensbildern ist aus Sicht der Autoren derzeit aber nicht in der Fläche zu erwarten, wenngleich Rückschlüsse auf die Resttragfähigkeit und verbleibenden Nutzungsdauer in vielen Anwendungen im Fokus der Untersuchungen stehen.

Referenzen

[1] H. Lamb, „On the Propagation of Temors over the Surface of an Elastic Solid,“ *Philosophical Transactions of the Royal Society A - Mathematical Physical And Engineering Sciences,* Bd. 203, pp. 1-42, 1904.

[2] V. Giurgiutiu, Structural Health Monitoring with Piezoelectric Wafer Active Sensors, 2 Hrsg, Elsevier Science, 2014.

[3] Z. Su und L. Ye, Identification of Damage Using Lamb Waves: From Fundamentals to Applications, Springer, 2009.

[4] Fachausschuss Zstandsüberwachung der DGZfP, *Was ist Zustandsüberwachung und SHM?,* 2014.

[5] Fachausschuss Zustandsüberwachung der DGZfP, *Merkblatt SHM 01 - Strukturprüfung mit geführten Wellen als Sonderform des Ultraschalls,* 2014.

[6] I. Mueller, "Inspection of piezoelectric transducers used for structural health monitoring systems," Dissertation,2016.

[7] M. A. Torres-Arredondo, I. Buethe, D. A. Tibaduiza, J. Rodellar and C.-P. Fritzen, "Damage detection and classification in pipework using acousto-ultrasonics and non-linear data-driven modelling," *Journal of Civil Structural Health Monitoring,* vol. 3, pp. 297-306, 2013.

[8] M. J. S. Lowe, D. N. Alleyne und P. Cawley, „Defect detection in pipes using guided waves,“ *Ultrasonics,* Bd. 36, pp. 147-154, 2 1998.

[9] J. Moll, „Strukturdiagnose mit Ultraschallwellen durch Verwendung von Piezoelektrischen Sensoren und Aktoren,“ Dissertation, Universität Siegen, 2011.

[10] W. Ostachowicz, P. Kudela, M. Krawczuk und A. Zak, Guided Waves in Structures for SHM - The Time-Domain Spectral Element Method, Wiley, 2012.

[11] M. A. Torres-Arredondo, „Acoustic Emission Testing and Acousto-Ultrasonics for Structural Health Monitoring,“ Dissertation, Universität Siegen, 2013.

[12] R. Loendersloot, I. Buethe, P. Michaelidos, M. Moix-Bonet und G. Lampeas, „Damage Identification in Composite Panel - Methodologies and Visualisation,“ in *Final Project Meeting and Conference, SARISTU,* 2015.

[13] A. J. Croxford, P. D. Wilcox, B. W. Drinkwater und G. Konstantinidis, „Strategies for guided-wave structural health monitoring,“ *Proceedings of the Royal Society A - Mathematical Physical And Engineering Sciences,* Bd. 463, pp. 2961-2981, 2007.

[14] L. Schubert, R. Schwerz, M. Leibowitz, U. Lieske und B. Frankenstein, „Guided Wave Based SHM Approach Using SAFT-Algorithm for Impact Detection in Composite Materials,“ in *8th International Workshop on Structural Health Monitoring*, 2011.

[15] T. Gaul, L. Schubert, B. Weihnacht and B. Frankenstein, "Localization of Defects in Pipes Using Guided Waves and Synthetic Aperture Focussing Technique (SAFT)," in *EWSHM - 7th European Workshop on Structural Health Monitoring*, Nantes, 2014.

[16] Department of Defense, *Department of Defense Handbook Nondestructive Evaluation System Reliability Assessment MIL-HDBK-1823,* 2009.

[17] B. Chapuis, G. Di Crisci, J. Hamilton, F. Jenson und L. Pomié, „Pipeline Girth Welds Inspection Using Automated Ultrasonic Testing (AUT) with Zonal Discrimination - Simulation of POD Curves Using CIVA Software,“ in *5th European-American Workshop on Reliability of NDE*, 2013.

[18] C. Liu, J. Dobson und P. Cawley, „Efficient generation of receiver operating characteristics for the evaluation of damage detection in practical structural health monitoring applications,“ *Proceedings of the Royal Society A: Mathematical, Physical and Engineering Science,* Bd. 473, p. 20160736, 3 2017.

[19] P. Cawley, F. Cegla und A. Galvagni, „Guided Waves for NDT and Permanently Installed Monitoring,“ in *Proceedings of the 18th World Conference on Nondestructive Testing*, 2012.

[20] M. A. Torres-Arredondo und C.-P. Fritzen, „Ultrasonic Guided Wave Dispersive Characteristics in Composite Structures Under Variable Temperature and Operational Conditions,“ in *6th European Workshop on Structural Health Monitoring*, Dresden, 2012.

[21] Los Alamos National Security, „SHMTools LA-CC-14-046,“ 2014,.

[22] M. Bach, A. Pouilly, B. Eckstein und M. Moix-Bonet, „Reference Damages for Verification of Probability of Detection with Guided Waves,“ in *Structural Health Monitoring 2017*, 2017.

[23] C. Willberg, „Development of a new isogeometric finite element and its application for Lamb wave based structural health monitoring,“ Dissertation, Universität Magdeburg, 2012.

[24] K. Tschöke und H. Gravenkamp, „On the numerical convergence and performance of different spatial discretization techniques for transient elastodynamic wave propagation problems,“ *Wave Motion,* Bd. 82, pp. 62-85, 11 2018.

[25] M. V. Golub und A. N. Shpak, „Semi-analytical hybrid approach for the simulation of layered waveguide with a partially debonded piezoelectric structure,“ *Applied Mathematical Modelling,* Bd. 65, pp. 234-255, 1 2019.

Anwendung der Schallemissionsanalyse bei zughafter Ermüdungsbeanspruchung eines scheibenförmigen Probekörpers aus Stahlbeton

Gerd MANTHEI [1], Manuel KOOB [1], Jens MINNERT [1]
[1] THM Technische Hochschule Mittelhessen, Gießen
Kontakt E-Mail: gerd.manthei@me.thm.de

Kurzfassung. In einem vom BMBF geförderten Forschungsprojekt wurden Schallemissions(SE)-Messungen während zughaften Ermüdungsbeanspruchungen an einem scheibenförmigen Probekörper aus Stahlbeton durchgeführt, um das Ermüdungsverhalten von eingelassenen Betondübel mit einer klothoidenförmigen Aussparung im Stahlbeton zu untersuchen. Dabei ging es hauptsächlich um die Verfolgung von Rissbildung und um die Lokalisierung der Risse. Die Ergebnisse der SE-Messungen zeigen, dass die SE-Aktivität von Beginn der dynamischen Belastung einsetzt. Die Ortungen sind wegen der begrenzten Ortungsgenauigkeit nicht auf Flächen auszumachen, sondern eher wolkenartig am linken und rechten Rand des Betondübels im Bereich der Aussparungen verteilt. Nach dem ersten Versuch konnten 9.132 SE-Ereignisse mit den Einsatzzeiten der Longitudinal- und Transversalwelle geortet werden. Die Lage der SE-Ereignisse lässt darauf schließen, das durch den Formschluss zwischen Beton und dem Betondübel im Bereich der Aussparungen Spannungskonzentrationen auftreten, in denen sich unter Ermüdungsbeanspruchungen vermehrt Mikrorisse ausbilden.

1 Einleitung

Heutzutage befassen sich viele Bautätigkeiten mit der Instandsetzung bestehender Bauwerke (z.B. Gebäude, Brücken, Pfeiler). Diese werden in Zukunft an Bedeutung gewinnen. Um über die Notwendigkeit von Art und Umfang einer Sanierungsmaßnahme entscheiden zu können, ist die Kenntnis über den Zustand des bestehenden Gebäudes unbedingt erforderlich. Die derzeitige Begutachtung von Stahlbetonkonstruktionen erstreckt sich im Allgemeinen auf die Sichtprüfung auf Beschädigungen der Strukturoberfläche ohne technische Hilfsmittel. Diese Art der Bewertung der Struktur ist notwendig, aber nicht immer ausreichend. Somit bleiben Schäden im Innern des Bauwerkes verborgen und können nur noch zu einem späteren Zeitpunkt nach der Sichtprüfung erkannt werden.

Die Verwendung zerstörungsfreier Prüfmethoden kann Informationen über Schädigungsprozesse innerhalb der Struktur liefern. Die Schallemissionsprüfung (SEP) ist eine zerstörungsfreie Prüfmethode, mit der Materialschäden, während der Entstehung erkannt werden. Aufgrund von Rissbildung an Bauwerken unter Last werden elastische Wellen freigesetzt (ähnlich wie bei Erdbeben) und von empfindlichen SE-Sensoren erfasst. Diese Sensoren sind in der Regel an der Oberfläche des Bauteils angekoppelt.

Mit der Untersuchung von Schallemission in Beton bzw. Stahlbeton wurde bereits sehr früh begonnen. Die Notwendigkeit, Brücken oder andere Bauten aus Stahlbeton auf ihren Schädigungsgrad hin zu untersuchen, stellt ein bedeutendes Anwendungspotential für zerstörungsfreie Prüfungen dar. Rüsch [1] untersuchte 1959 in ersten Versuchen an Beton-Druckprismen (100 mm × 150 mm) die Festigkeit, das Verformungsverhalten und die SE-Aktivität unter Kurzzeit- und Dauerstandsbelastung sowie unter zyklischer Belastung. Er stellte fest, dass der sogenannte Kaiser-Effekt bei Beton nicht gültig ist. Der Kaiser-Effekt besagt, dass das Auftreten von Schallemission eine Materialbeanspruchung erfordert, die höher sein muss als eine bereits früher einmal stattgefundene Materialbelastung [2]. Es folgten in den 60er- und 70er-Jahren viele weitere Untersuchungen bei denen die SEA zur Detektion von Rissbildung in Beton eingesetzt wurden. Eine gute Übersicht über Literatur aus dieser Zeit gibt die von Drouillard angefertigte spezielle Bibliographie aus dem Jahr 1986 [3]. Einen guten Überblick über Anwendungen der letzten Jahrzehnte gibt der Artikel von Manthei [4]. Weitere wichtige Arbeiten über Schallemission in Beton sind in [5–10] publiziert. Ausziehversuche an Betonbewehrungsstäben wurden in [11] mit SE-Analyse untersucht. Der Fokus dieser Studie lag auf dem Materialverhalten von Beton unter statischer Belastung bis zum Versagen. Weiter interessante Anwendungen im deutschsprachigen Raum sind in [12–15] zu finden.

Im Rahmen eines Forschungsvorhabens am Fachbereich Bauwesen der Technischen Hochschule Mittelhessen (THM) wird ein innovatives Hybridfachwerk mit geringem Materialeinsatz entwickelt [16,17]. Eingesetzt werden soll das Hybridfachwerk bei der Erstellung des Turms von Windkraftanlagen. Bei Windkraftanlagen wird der Turm hohen dynamischen Beanspruchungen durch Drehung des Rotors bei böigem Wind ausgesetzt. Bei einer nominellen Lebensdauer von 20 Jahren treten mehr als $2 \cdot 10^8$ Lastspiele auf, wodurch die Ermüdungsgrenze der eingesetzten Baustoffe erreicht werden kann. In diesem Vorhaben werden im Beton eingelassene Verankerungen von sogenannten Betondübeln bei dynamischer Zugbeanspruchung untersucht. Dabei werden in Versuchsserien Testkörper hinsichtlich Spannungen, Rissbildung, Grenztragkräfte und Ermüdungsverhalten untersucht. Kommt es zum Versagen der hochbeanspruchten Verankerung, so geht die Bildung von Mikrorissen der eigentlichen Schädigung im Innern der Struktur, z.B. im Übergangsbereich zwischen Beton und Bewehrungsstäben, voraus. Von daher war das Ziel der hier beschriebenen SE-Messungen, den Einsatz der Mikrorissbildung direkt zu messen und den Ort der SE-Ereignisse zu bestimmen. Anhand der Ortung der Risse wird das Voranschreiten der Schädigung untersucht. Änderungen der Schallgeschwindigkeit sollten in zusätzlichen Durchschallungen mit Ultraschallsignalen festgestellt werden; sie können ebenfalls auf Rissbildung hinweisen.

2 Versuchseinrichtung und Versuchsdurchführung

2.1 Beschreibung des Probekörpers

Abbildung 1 zeigt im linken Teilbild die Vorderansicht des Probekörpers mit der Lage des eingelassenen Betondübels und der vertikalen und horizontalen Bewehrungsstäben mit einem Durchmesser von 8 mm. Im rechten Teilbild ist die Seitenansicht des Probekörpers dargestellt. In den scheibenförmigen Probekörper (Probe VR4-2) aus Stahlbeton mit den Abmessungen 146 cm × 45 cm × 16 cm wurde ein 61 cm langer und 26 cm breiter Einbauteil aus handelsüblichem gewalzten Stahlblech mit einer Dicke von 20 mm aus S355JR etwa 20 cm in den Probekörper eingelassen. Der ganze Probekörper sitzt auf einer massiven

Stahlplatte zur Befestigung am unteren Stempel der Prüfmaschine, an die teilweise vertikale Bewährungsstäbe angeschweißt waren. Zur Einleitung der Zugkraft (schwarzer Pfeil) der Prüfmaschine ragte das Einbauteil etwa 41 cm aus dem Probekörper heraus. Im einbetonierten Teil des Stahlblechs sind Aussparungen verschiedener Formen (z. B. Klothoidenform) herausgeschnitten worden. Durch das Einbetonieren erhärtet der Beton in den Aussparungen und es bildet sich so eine formschlüssige Verankerung im Beton, der sogenannte Betondübel. Zur Erhöhung der Tragfähigkeit werden zusätzlich Bewehrungsstäbe durch die Aussparungen geführt.

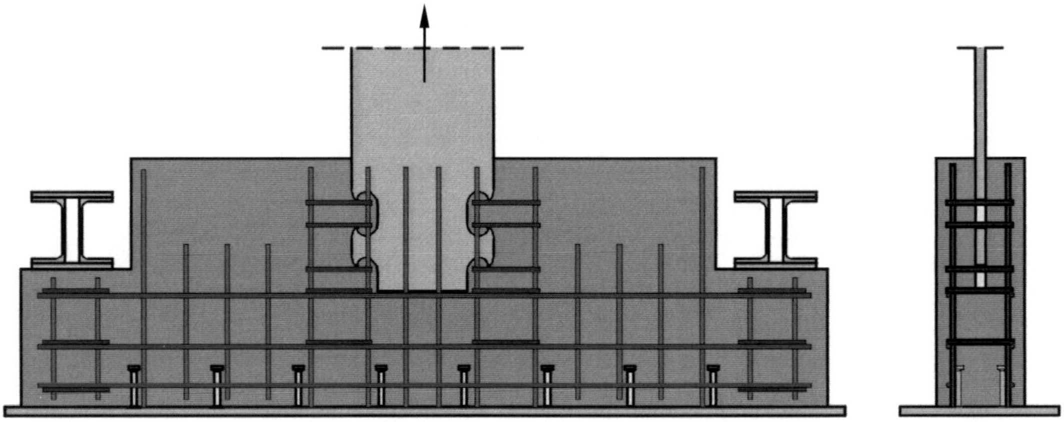

Abb. 1. Vorderansicht (links) und Seitenansicht (recht) des Probekörpers aus Stahlbeton mit der Lage des eingelassenen Betondübel (hellgrau) und der Lage der horizontalen und vertikalen Bewehrungsstäbe. Der Pfeil gibt die Richtung der Zugkraft an.

2.2 Beschreibung der Versuchseinrichtung zur SE-Messung

Zur dreidimensionalen Ortung der SE-Quellen wurden 16 SE-Sensoren an der Oberfläche des scheibenförmigen Probekörpers angebracht. Lediglich die Unterseite der Probe war nicht zugänglich, da sich hier die Stahlplatte zur Befestigung des Probekörpers am unteren Stempel der Prüfmaschine befand. Die Anordnung der SE-Sensoren ist in Abbildung 2 zu sehen. Jeweils sechs SE-Sensoren (rote Punkte) waren auf der Vorder- und Rückseite, zwei Sensoren an der Oberseite und jeweils ein Sensor an der linken und rechten Seite der Probe angebracht. Mit den noch zusätzlich angebrachten Ultraschallsendern (gelbe Punkte) konnten Durchschallungsmessungen längs (x-Richtung) und quer in y-Richtung an zwei bzw. drei Stellen des Prüfkörpers durchgeführt werden. Die Sensoren waren mit Blechen und Schrauben an dem Prüfkörper gehaltert. Als Koppelmittel zwischen Sensoren und Oberfläche des Prüfkörpers diente ein hochzähes Vakuumfett, um die akustische Leitfähigkeit zu verbessern. Bei den SE-Sensoren handelt es sich um speziell für Beton entwickelte breitbandige SE-Sensoren mit einer Messfrequenz bis ca. 200 kHz. Für die Messung an diesem Prüfkörper konnte ein 16-Kanalgerät zur kombinierten Anwendung von Schallemission und Durchschallung (Hersteller: Fa. GMuG) herangezogen werden, das die Signale sehr hochfrequent mit einer Abtastfrequenz von 10 MHz und einer Auflösung von 16 bit digitalisierte. Die Signale wurden um 40 dB (Faktor 100) vorverstärkt und anschließend bandpassgefiltert. Die untere und obere Eckfrequenz des Bandpasses war auf 20 bzw. 200 kHz eingestellt.

Die Durchschallungsmessungen wurden zu Beginn und während der Haltephasen nach jeweils 10.000 Zyklen bei angehaltener Prüfmaschine wiederholt, um die zur Ortung benutzenden Schallgeschwindigkeiten zu bestimmen. Hierzu dienten ein breitbandiges Stufensignal von 1 µs Länge und schmalbandige, geformte Sinussignale mit sieben Mittenfrequenzen zwischen 20 und 200 kHz. Zur Verbesserung der Signalgüte wurden bei jeder Messung bis zu 256 Stapelungen (d.h. Wiederholungen mit Aufsummation) durchgeführt. Da bei einer Stapelung die Signalamplitude proportional zu deren Anzahl zunimmt, die Amplitude inkohärenter Störsignale aber nur mit der Wurzel aus der Anzahl ansteigt, wird das Verhältnis zwischen Nutzsignal und Störuntergrund in unserem Fall auf das 16-fache angehoben.

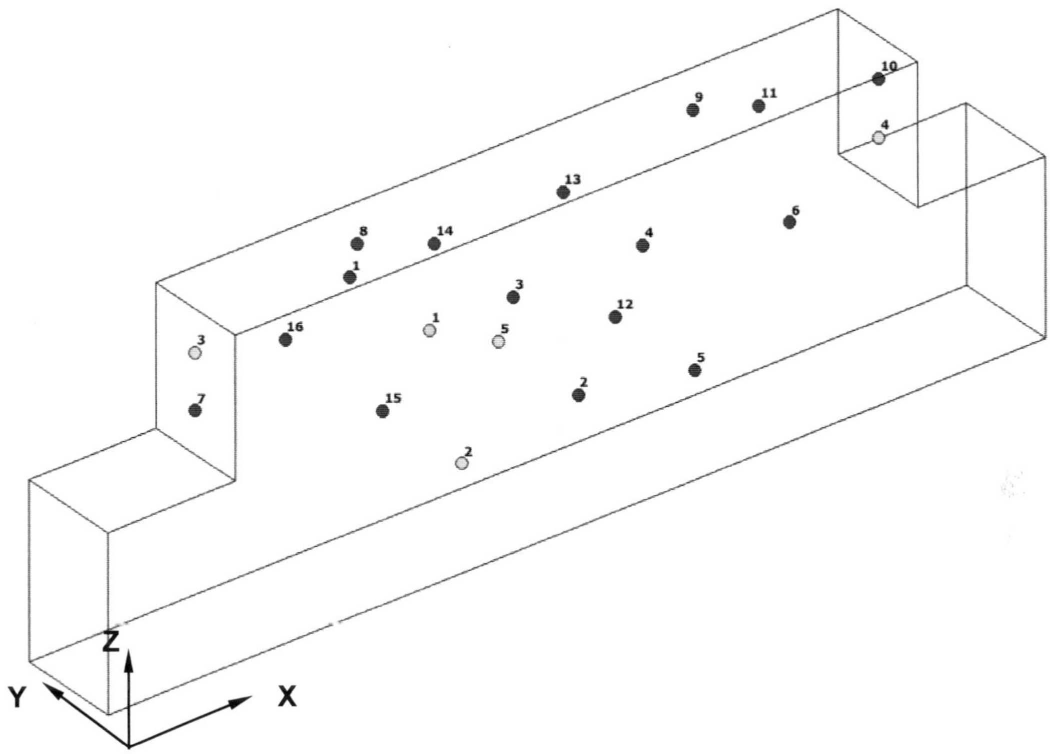

Abb. 2. Perspektivische Ansicht des plattenförmigen Probekörpers aus Stahlbeton mit der Lage der 16 SE-Sensoren (rote Punkte) und 5 Ultraschallsendern (gelbe Punkte). Der Ursprung des Koordinatensystems liegt in der linken unteren Ecke der Probe.

Bei dem Versuch wurde zusätzlich zu den übrigen Messsystemen, wie Dehnungsmessstreifen und induktive Wegaufnehmer, ein optisches Messsystem (LIMESS) installiert, welches mit Hilfe von Highspeed-Kameras Verformungen und Schädigungen optisch erfasste.

2.3 Versuchsdurchführung

Der Versuch wurde in mehreren Phasen vorgenommen. Nach dem Aufbringen einer statischen Vorlast von 80 kN erfolgte die dynamische Belastung des Probekörpers in einem kraftgeregelten Auszugversuchs. Abbildung 3 zeigt den zeitlichen Verlauf der Zugkraft (schwarze Kurve) und des vertikalen Wegs (rote Kurve) der Prüfmaschine. In der kleinen Abbildung oben links in Abbildung 3 ist der Verlauf der dynamischen Belastung mit einer Frequenz von 8 Hz dargestellt. Während eines Schwingspiels schwingt die Ausschlagskraft mit einer Amplitude von ± 36 kN um eine mittleren Zugkraft von 44 kN. Somit beträgt die obere und untere Zugkraft 80 kN bzw. 8 kN. Insgesamt wurden 10 Belastungszyklen mit jeweils 10.000 Schwingspielen durchgeführt. Nach einem Zyklus folgte eine Haltephase von einigen Minuten bei 8 kN. Während der Haltephasen wurden Durchschallungsmessungen durchgeführt. Nach 100.000 Schwingspielen wurde eine Resttragfähigkeit von ca. 161 kN bei einer geringen Belastungsgeschwindigkeit von 0,005 bis 0,025 mm/min gemessen.

Weiterhin ist zu erkennen, dass während der dynamischen Belastung der Weg der Prüfmaschine recht konstant bei ca. 1 mm bleibt. Erst am Ende des Versuchs, bei der Bestimmung der Resttragfähigkeit, steigt er sprungartig auf 30 mm an. Der Versuch dauerte insgesamt ca. 7 Stunden. Schallemission wurde bis zur vollständigen Entlastung der Probe gemessen.

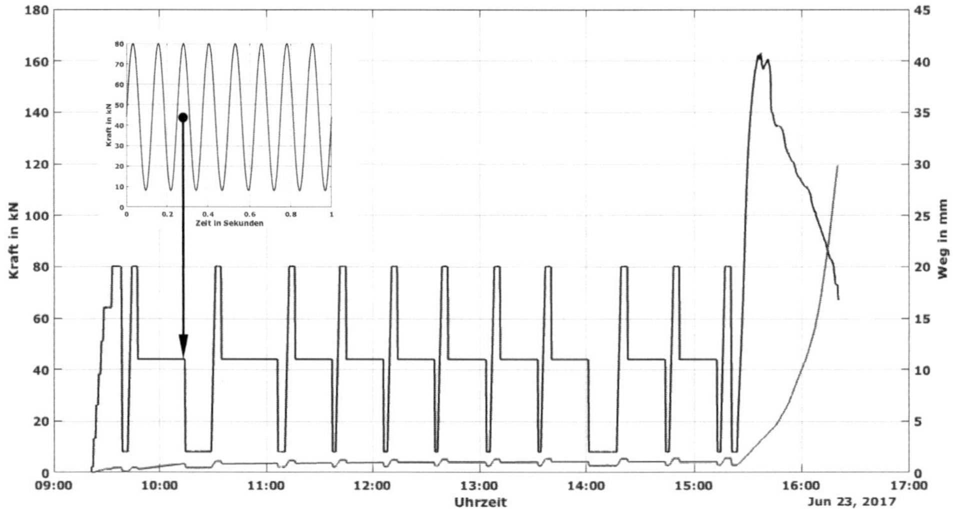

Abb. 3. Kraft (schwarze Kurve) und Weg (rote Kurve) gegenüber der Zeit. Oben links: Darstellung des zeitlichen Verlaufs der dynamischen Zugbelastung mit 8 Hz Schwingfrequenz bei einer mittleren Zugkraft von 44 kN.

3 Versuchsauswertung

Der Schwerpunkt der Auswertung lag in der dreidimensionalen Ortung der SE-Ereignisse zur Bestimmung der räumlichen Verteilung der Risse. Dazu wurde ein von der Fa. GMuG entwickeltes automatisches Ortungsprogramm verwendet. Das Verfahren nutzt dazu sicher erkannte Longitudinal(L)- und Transversal(T)welleneinsatzzeiten zur Lokalisation der SE-Ereignisse. Eine Ortung war gültig, wenn der berechnete Ortungsfehler unterhalb der Fehlergrenze von 5 cm lag und das Ereignis mit mehr als fünf L- und T-Welleneinsätzen zusammen geortet wurde. Der berechnete Ortungsfehler ist das Residuum, also der Mittelwert der Abweichungen zwischen gemessenen und theoretischen Einsätzen. Ereignisse, die diese Kriterien nicht erfüllten wurden verworfen. Systematische Untersuchungen zum Ortungsfehler zeigen, dass der wirkliche Ortungsfehler im Bereich von einigen Zentimetern liegt [].

Abbildung 4 stellt die an allen 16 Kanälen gemessenen Signale eines Ereignisses im Zeitausschnitt von ca. 1,6 ms dar. Am Ende der Signalspur ist das Maximum in Volt angegeben. Die automatisch bestimmten und zur Ortung herangezogenen Einsätze der L- und T-Welle sind oberhalb des Signalzuges durch einen vertikalen Strich markiert. Die nach der Ortung berechneten Ankunftszeiten der L- und T-Welle sind unterhalb des Signalzuges durch eine gestrichelte Linie markiert. Das gezeigte Ereignis wurde mit zehn L- und zwei T-Welleneinsatzzeiten zusammen geortet. Zur Ortung wurden die gemessene L-Wellengeschwindigkeit von 3,6 mm/µs und T-Wellengeschwindigkeit von 2,1 mm/µs verwendet. Das Ereignis liegt etwa in der Mitte der Vorderseite der Probe und hat die Koordinaten x = 61,1 cm, y = 2,8 cm und z = 24,6 cm. Der berechnete Ortungsfehler liegt bei 2,7 cm. Die gute Übereinstimmung zwischen den markierten und berechneten Einsatzzeiten lässt erwarten, dass auch der wirkliche Ortungsfehler bei diesem Ereignis im Bereich des berechneten Fehlers liegt.

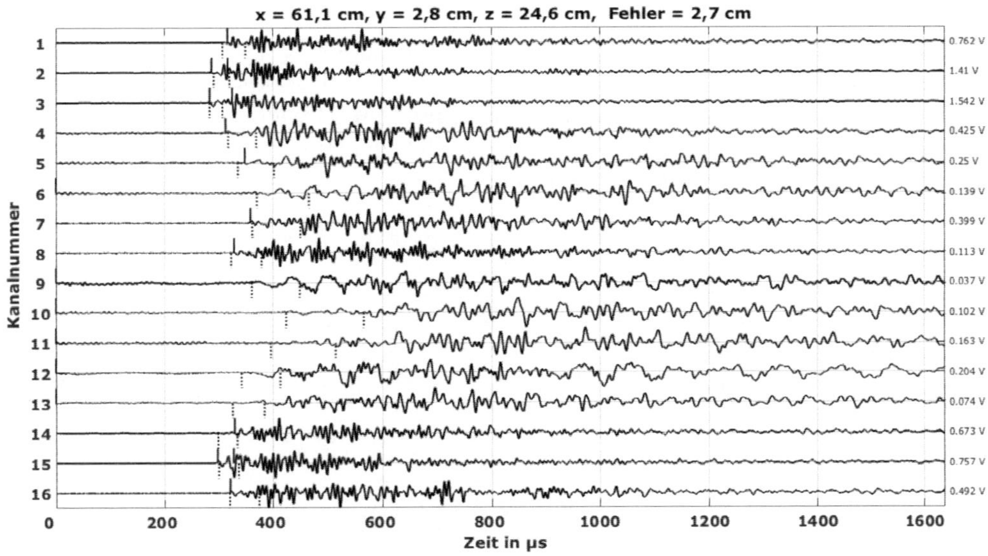

Abb. 4. Signale eines Ereignisses aus der Mitte der vorderen Oberfläche der Probe an allen 16 Kanälen. Das Ereignis wurde mit den zehn markierten L- und zwei T-Einsätzen zusammen geortet.

4 Ergebnisse der SE-Messungen

Der zeitliche Verlauf von kumulierter Zahl der georteten Ereignisse (rote Kurve) zusammen mit der Zugkraft der Prüfmaschine (schwarze Kurve) ist in Abbildung 5 gezeigt. Die Schallemissionsaktivität setzt unmittelbar mit der dynamischen Belastung ein und nimmt während des Versuchs zunächst stetig zu. Ab Versuchsmitte (ca. 12:30 Uhr) nimmt die Zahl der Ortungen leicht ab, was sicher darauf zurückzuführen ist, dass die Schädigung der Probe zugenommen hat und klaffende Risse die Schallausbreitung zu einigen Sensoren behindern. Jedoch ist ein leichter Anstieg der Ortungsrate am Ende des Versuchs bei der Bestimmung der Resttragfähigkeit zu erkennen. Aufgrund der Durchschallungsmessungen in den Haltephasen konnten keine SE-Messungen durchgeführt werden.

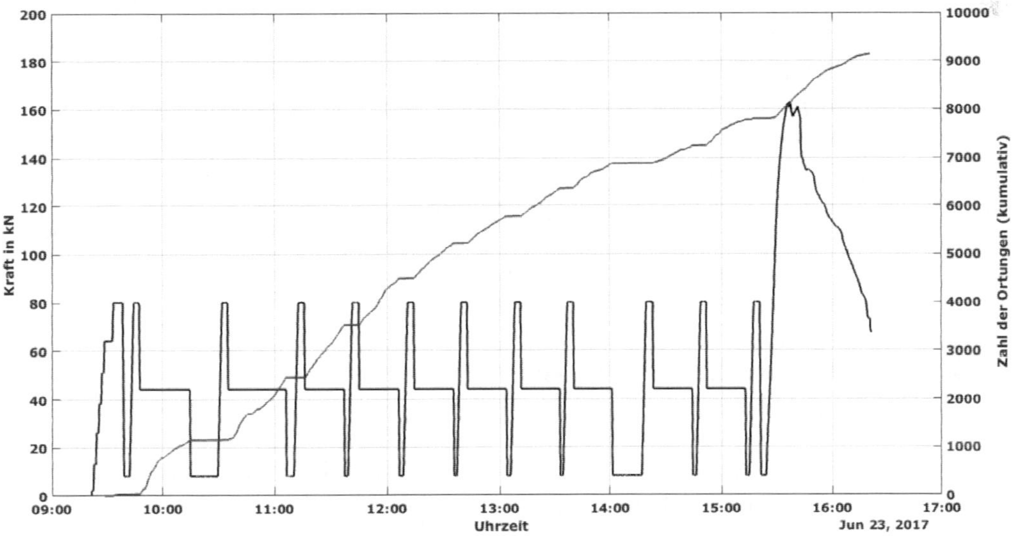

Abb. 5. Zeitlicher Verlauf von kumulierter Zahl der Ortungen (rote Kurve) und Zugkraft (schwarze Kurve) während des Versuchs an Probe VR4-2.

Abbildung 6 zeigt die Lage der Ereignisse in Projektion auf die drei Koordinatenebenen. Zu sehen ist jeweils mit der x-z-Ebene (oben links) die Vorderansicht, mit der x-y-Ebene (links unten) die Aufsicht von oben und die y-z-Ebene (rechts oben) die Seitensicht von links wieder. Die Lage der SE-Sensoren und Ultraschallsendern ist wieder durch rote bzw. gelbe Punkte mit Zahlen gekennzeichnet. Das Koordinatensystem ist so orientiert, dass die z-Achse vertikal verläuft. Der Ursprung des Koordinatensystems liegt in der unteren linken Ecke der Probe (vergleiche Abb. 2).

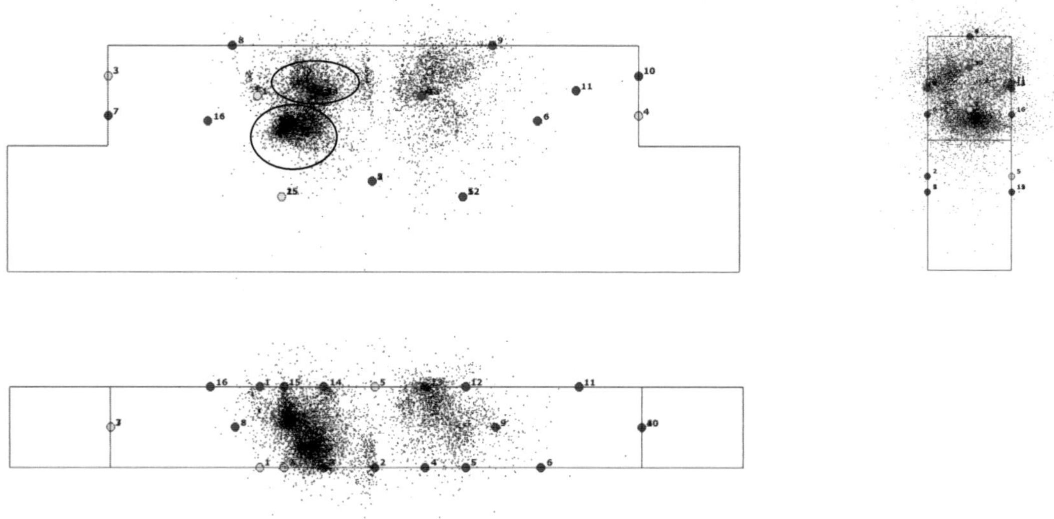

Abb. 6. Lage der georteten 9.132 Ereignisse, die bei dem Versuch an dem Probekörper aus Stahlbeton registriert wurden, in Projektion auf die drei Koordinatenebenen. Die Ortung wurde mit den L-und T-Welleneinsätzen zusammen durchgeführt. Die roten Punkte mit Zahlen geben die Lage der 16 SE-Sensoren an. Die Lage der Ultraschallsender ist durch gelbe Punkte markiert.

Insgesamt konnten über die gesamte Versuchsdauer von ca. 7 Stunden 9.132 Ereignisse gültig geortet werden. In Abbildung 6 treten diese Ortungen wolkenartig hauptsächlich im Randbereich des eingelassenen Betondübels auf. Auffällig ist, dass etwa drei Viertel (etwa 6.700) der Ereignisse am linken Rand in zwei Ortungsschwerpunkten (Ovale in Teilbild links oben) verteilt liegen. Die Vorderansicht (x-z-Ebene) aus Abbildung 6 ist in einer vergrößerten Darstellung in Abbildung 7 im Koordinatenausschnitt von x = 40 cm bis x = 100 cm zusammen mit der Kontur des Betondübels zu sehen. Aus dieser Abbildung ist zu entnehmen, dass die Ortungsschwerpunkte aus den Vergusstaschen der klothoidenförmigen Aussparungen des Betondübels stammen. Die Ortungen sind allerdings nicht auf Flächen auszumachen, sondern sind eher wolkenartig verteilt.

Abbildung 8 zeigt ein Foto des Probekörpers nach dem Versuch zusammen mit den Ortungen (grüne Punkte) in Projektion auf die Rückseite. Dadurch liegen jetzt die beiden auffälligen Ortungsschwerpunkte auf der rechten Seite des Probekörpers. Da die vielen Ereignisse die Rissstruktur verdecken, ist oben links in Abbildung 8 zur besseren Übersicht der Probekörper alleine verkleinert dargestellt.

Das verkleinerte Foto oben links zeigt im Bereich des Lasteintrages am Betondübel deutliche Ausbrüche des Betons, die weit über die Breite des Betondübels hinausgehen und ca. 15 cm in den Probekörper hineinragen. Diese Ausbrüche werden gut durch Ortungen belegt. Nach Aussage der Schallemission setzt sich jedoch die geschädigte Zone noch unterhalb der Ausbrüche, etwa bis zum unteren Ende des Betondübels, fort.

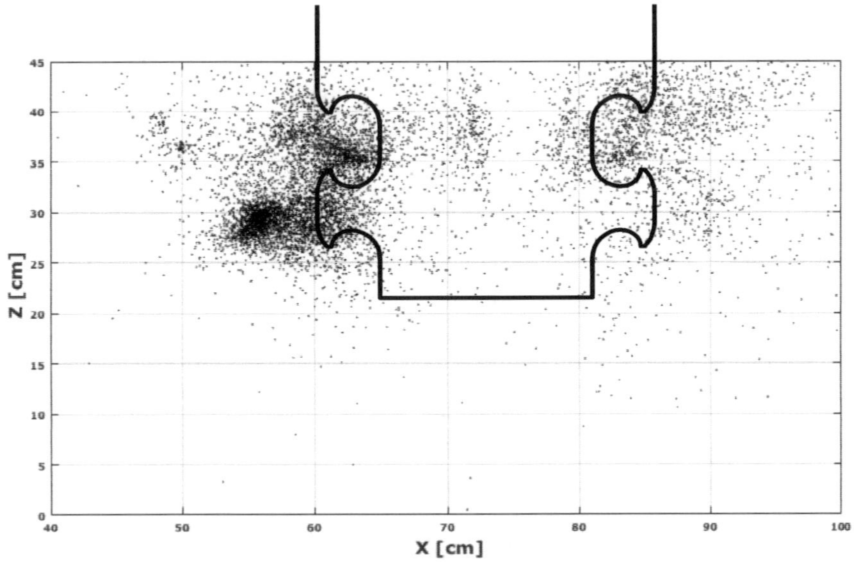

Abb. 7. Lage der georteten Ereignisse in einer vergrößerten Darstellung der Vorderseite im Bereich von x = 40 cm bis x = 100 cm zusammen mit der Kontur des einbetonierten Teils des Betondübels.

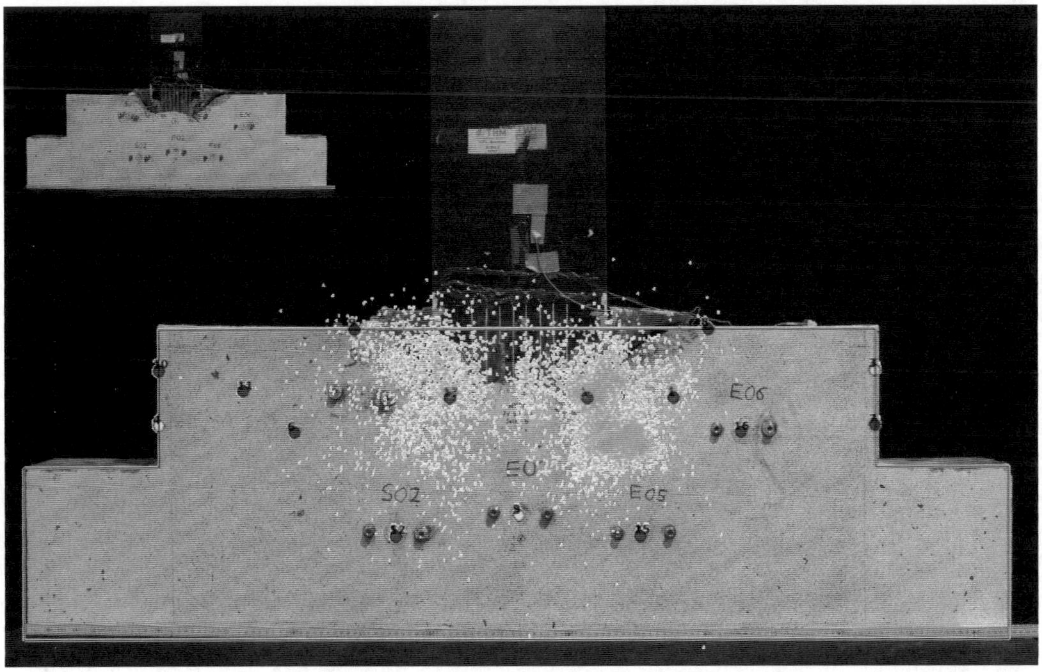

Abb. 8. Lage der georteten Ereignisse (grüne Punkte) in Projektion auf die Rückseite des Probekörpers zusammen mit dem Foto des Probekörpers nach dem Versuch (nochmals verkleinert oben links).

Zur weiteren Überprüfung der SE-Ergebnisse wurden die lokalisierten SE-Ereignisse mit dem Ergebnis einer nichtlinearen FE-Berechnung der Verankerung im Beton verglichen. Die verbleibende Zugfestigkeit des Betons nach der dynamischen Belastung ist in Abbildung 9 dargestellt. Die Zugfestigkeit wird in Projektion auf einen vertikalen Querschnitt in der Mitte der Betondübelverankerung in einer perspektivischen Ansicht dargestellt. In dieser Abbildung gibt die rote Farbe ungestörte Bereiche im Beton an. Wohingegen in den blauen Bereichen die Tragfähigkeit des Betons deutlich abnimmt. Das bedeutet, dass in diesen Zonen die Betonkonstruktion stark geschädigt ist und keine Zugkraft mehr übertragen werden kann. Im Vergleich zu den Ergebnissen der SE-Messungen trat der Hauptteil der SE-Ereignisse im hohen Schaden auf, wo die Tragfähigkeit sehr gering ist (blaue Bereiche in Abb. 9). Gemäß der Ortungsergebnisse setzt sich die geschädigte Zone unterhalb der Klothoidenaussparung etwa bis zum unteren Ende des Betondübels fort.

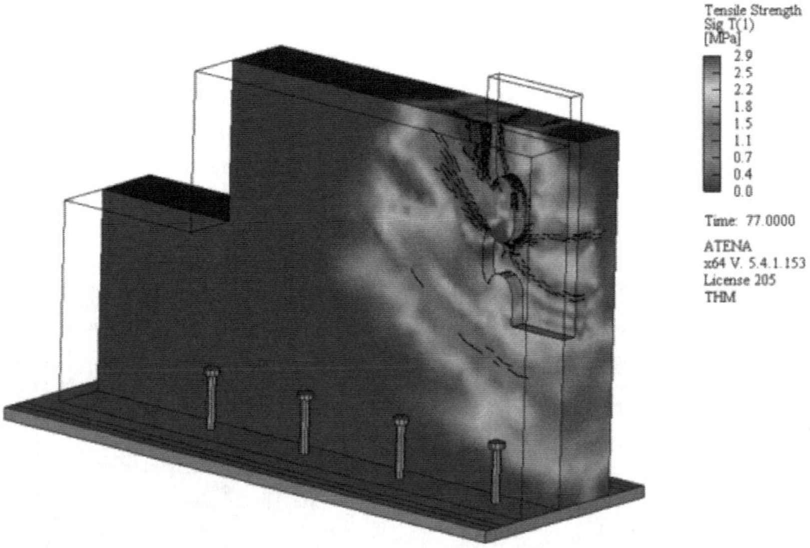

Abb. 9. Perspektivische Ansicht der nichtlinearen FE-Berechnung der Zugfestigkeit im vertikalen Querschnitt in der Mitte der Betondübelverankerung. Die rote Farbe markiert ungestörte Bereiche im Beton; während in den blauen Bereichen die Tragfähigkeit des Betons deutlich abnimmt.

5 Zusammenfassende Diskussion

Die hier beschriebenen SE-Messungen zeigen, dass Rissbildung bei dynamisch beanspruchten Probekörpern aus Stahlbeton verfolgt werden kann. Diese Rissbildung wird durch die Schallemission empfindlich angezeigt. Dabei ging es hauptsächlich um die Lokalisierung der Risse. Die Ergebnisse der SE-Messungen zeigen, dass die SE-Aktivität von Beginn an der dynamischen Belastung einsetzt. Die Ortungen sind wegen der begrenzten Ortungsgenauigkeit nicht auf Flächen auszumachen, sondern sind eher wolkenartig am linken und rechten Rand des Betondübels im Bereich der Aussparungen verteilt. Die Lage der SE-Ereignisse lässt darauf schließen, dass durch den Formschluss zwischen Beton und dem Betondübel im Bereich der Aussparungen Spannungskonzentrationen auftreten, in denen sich unter Ermüdungsbeanspruchungen vermehrt Mikrorisse ausbilden.

Danksagung

Die in diesem Beitrag vorgestellten Untersuchungen werden im Rahmen eines Forschungsprojekts an der Technischen Hochschule Mittelhessen in Zusammenarbeit mit dem Oberhessischen Spannbetonwerk GmbH (Nidda) entwickelt. Das Projekt (FKZ 13FH012IX4) wird im Rahmen des Programmes „Forschung an Fachhochschulen" des Bundesministeriums für Bildung und Forschung (BMBF) gefördert, denen an dieser Stelle herzlichst gedankt sei.

Referenzen

[1] Rüsch, H., Physikalische Fragen der Betonprüfung, Zement-Kalk-Gips, Vol. 12, No. 1, Bauverlag GmbH, Wiesbaden, 1959, S. 1–9.

[2] Kaiser, J., Untersuchungen über das Auftreten von Geräuschen bei Zugversuchen, Dissertation at the TU München, 1950, Germany

[3] Drouillard, T.F., AE Literature – Concrete, JAE, Vol. 5, No. 2, 1986, S. 103–109.

[4] Manthei, G., Anwendung der Schallemissionsanalyse im Bauwesen, in: Minnert, J. (Hrsg.), 13. Giessener Bauforum, Shaker Verlag Aachen, 2016, S. 19–38.

[5] Schechinger, B., Schallemissionsanalyse zur Überwachung der Schädigung von Stahlbeton, Dissertation at ETH Zurich, 2005, Switzerland.

[6] Shiotani, T., Luo, X., Haya. H., Damage Diagnosis of Railway Concrete Structures by Means of One-Dimensional AE Sources, Journal of Acoustic Emission, Vol. 24, 2006, S. 205–214

[7] Grosse, C., Ohtsu, M., Acoustic Emission Testing, Springer-Verlag Berlin Heidelberg, 2008.

[8] Manthei, G., Koob, M., Minnert, J., Acoustic Emission Measurements During a Tensile Fatigue in Reinforced Concrete, 33rd European Conference on Acoustic Emission Testing, 12.–14. September, Senlis, France, 2018.

[9] Walther, M., Koob, M., Manthei, G., Minnert, J., Application of Acoustic Emission Analysis for Evaluation of Static and Dynamic Experiments, 5th International fib Congress, 7.–11. Oktober 2018, Melbourne, Australien, ISBN: 978-1-877040-14-6.

[10] Manthei, G., Koob, M., Walther, M., Minnert, J., Moriya, H., Acoustic Emission Measurements During Three-Point Bending Fatigue Test on a Prestressed Reinforced Concrete Railroad Sleeper, Progress in Acoustic Emission XIX, Proc. Intern. Acoustic Emission Conference, Sapporo, Japan, 2018, S. 1–9.

[11] Finck, F., Untersuchung von Bruchprozessen in Beton mit Hilfe der Schallemissionsanalyse, Dissertation at the University of Stuttgart, 2005, Germany.

[12] Pirskawetz, S., Hüsken, G., Gründer, K.-P., Kadoke, D., Analyse der Schadensmechanismen biegebeanspruchter Stahlbetonbalken mittels zerstörungsfreier Prüftechniken, 21. Kolloquium Schallemission, Fulda, Berichtsband 159 der DGZfP, 2017.

[13] Pirskawetz, S., Kadoke, D., Gründer, K.-P., Unger, J.F., Überwachung von Stahlbetonbrücken – Ein Modellprojekt, 22. Kolloquium Schallemission, Karlsruhe, Vortrag 1, 2019.

[14] Walther, M., Manthei, G., Minnert, J., Anwendung der Schallemissionsanalyse zur Überwachung von Spannbetonschwellen unter statischer und dynamischer Belastung, 22. Kolloquium Schallemission, Karlsruhe, Vortrag 18, 2019.

[15] Thiele, M., Pirskawetz, S., Baeßler, M., Rogge, A., Untersuchung der Schädigungsevolution in Beton unter Ermüdungsbeanspruchung mit Hilfe der Schallemissionsanalyse, 18. Kolloquium Schallemission, Wetzlar, Berichtsband 131 der DGZfP, 2011.

[16] Koob, M., Wolff, D., Minnert, J., Innovative Hybrid-Tower for Onshore Wind Energy Plants, CPI - Concrete Plant International, Edition 1/2015, pp 152–156.

[17] Koob, M., Minnert, J., Untersuchungen einer Betondübelverankerung unter dynamischen Einwirkungen für den Einsatz bei Windenergieanlagen, Proceedings 21. DASt-Kolloquium, Kaiserslautern, Germany, 2018, pp 146–151.

Anwendung der Schallemissionsanalyse zur Überwachung von Spannbetonschwellen unter statischer und dynamischer Belastung

Marcel WALTHER [1], Gerd MANTHEI [1], Manuel KOOB [1], Jens MINNERT [1]
[1] Technische Hochschule Mittelhessen, Gießen
Kontakt E-Mail: marcel.walther@bau.thm.de

Kurzfassung. An der Technischen Hochschule Mittelhessen werden Schallemissions(SE)messungen an Versuchskörpern aus Spannbeton durchgeführt, um die Schädigung in den Betonbauteilen unter statischer und dynamischer Belastung zu untersuchen. Die SE-Messungen wurden während Dreipunkt-Biegeversuchen an vorgespannten Stahlbetonschwellen zur Verfolgung des Rissfortschritts durchgeführt. Dabei wurden die Spannbetonschwellen in einer ersten Phase statisch vorbelastet und in einer zweiten Phase bis zum Erreichen der Ermüdungsfestigkeit dynamisch belastet. Die Ergebnisse der Messungen zeigen einen unmittelbaren Einsatz der SE-Aktivität nach Beginn der dynamischen Belastung. Bereits bei niedrigen zyklischen Belastungen zeigen die Ortungen den Beginn der Schädigung des Probekörpers an. Eine Vielzahl der lokalisierten SE-Ereignisse identifizieren eine vertikale makroskopische Rissfläche in der Mitte der Spannbetonschwelle. Parallel zur Hauptrissebene stellten sich zwei weitere vertikale Seitenrissebenen ein, die sich in etwa im gleichen Abstand zur Hauptrissebene befinden. Die optische Beurteilung des Risszuwachses bei vorgespannten Betonbauteilen ist, aufgrund des überdrückten Betonquerschnitts, meistens erst zeitlich verzögert möglich. Daher bietet die Schallemissionsanalyse eine gute Möglichkeit die Belastungsversuche von vorgespannten Betonbauteilen hinsichtlich der inneren Rissbildung zu überwachen.

1 Einleitung

Die Basis des Gleisbaus in Deutschland sowie in anderen Ländern bilden Spannbetonschwellen auf einem verdichteten Schotteroberbau. Stahlbeton hat sich hierbei als Baustoff für den Schwellenbau in den letzten Jahrzehnten bewährt. Es kommt aber immer wieder vor, dass korrekt nach dem Stand der Technik hergestellte Bahnschwellen Schäden aufweisen, deren Ursachen nicht eindeutig sind. Mit den Anforderungen aus Geschwindigkeiten von bis zu 280 km/h und Achslasten von 25 t sind Bahnschwellen über ihre Lebensdauer großen dynamischen Belastungen ausgesetzt. Im Schienennetz der Deutschen Bahn sind derzeit ca. 80.000.000 Schwellen verbaut, davon sind ca. 2 % schadhaft. Rund 1,4 Mio. Schadschwellen fallen auf Betonschwellen zurück, die mit Spannstahl im direkten Verbund hergestellt wurden [1]. Ein Großteil dieser geschädigten Schwellen weist Längsrisse entlang des Spannstahls auf, die nicht auf Materialschäden zurückzuführen sind. Daher ist unklar, ob die bei diesen Schwellen eingehaltenen Regeln der Technik zum Verbundverhalten (u.a. die Vorgabe zur Einhaltung der Randabstände) für diese hochbelasteten Bauteile ausreichend sind.

Die Feststellung, Beurteilung sowie Instandsetzung von Rissen in Betonschwellen bis hin zum Einzelschwellenaustausch ist sehr aufwendig und kostenintensiv. Daher wird mit der Schallemissionsanalyse (SEA) die Ermüdungsrissbildung in Spannbetonschwellen untersucht, um einen besseren Einblick in das Schadverhalten zu erhalten.

In der vorliegenden Arbeit wird die Rissbildung einer vorgespannten Stahlbetonschwelle während eines statisch und dynamisch belasteten Dreipunkt-Biegeversuchs angelehnt an DIN EN 13230-4 [2] durch Schallemissionsmessungen aufgezeichnet und das Risswachstum ausgewertet. Schwierigkeiten bei der Anwendung von SE-Messungen an Stahlbetonbauteilen sind die Inhomogenität des Materials, die Dämpfung hoher Frequenzen und die Komplexität der Strukturen.

2 Experimentelle Untersuchungen

2.1 Beschreibung des Versuchskörpers

Bei dem durchgeführten Bauteilversuch handelt es sich um einen Dreipunkt-Biegeversuch einer 2,40 m langen Spannbeton-Weichenschwelle. Der rechteckige Querschnitt hat eine Höhe von 0,215 m und auf der Unterseite eine Breite von 0,30 m und verläuft nach oben hin leicht konisch. Die Schwelle ist durch 12 Spannstäbe Ø 8 im sofortigen Verbund vorgespannt, deren Verteilung über den Querschnitt ist in Abbildung 1 dargestellt.

Bei Spannbetonbauteilen wird der Bewehrungsstahl unter Verwendung von externen Widerlagern vorspannt, im Anschluss erfolgt der Betoniervorgang. Ist das Bauteil ausgehärtet, wird der Spannstahl entspannt und die aufgebrachte Zugspannung überträgt sich direkt über Verbundkräfte in den Beton. Durch das „Zusammendrücken" des Betonquerschnitts können schlankere Tragwerke konstruiert werden, ohne die zulässigen Grenzen der Verformung zu überschreiten.

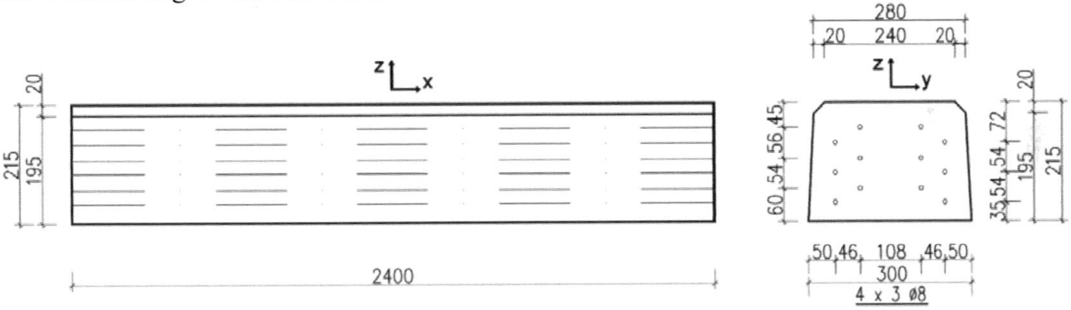

Abb. 1. Abmessungen der Spannbetonschwelle in mm

Der Dreipunkt-Biegeversuch der Spannbetonschwelle wurde in einer servo-hydraulischen Universalprüfmaschine (max. Prüfkraft: statisch ± 2 MN, dynamisch ± 1,6 MN) mit einem Auflagerabstand von 2,0 m und einem Lastrollenabstand von 1,0 m durchgeführt. Abb. 2 zeigt den Prüfstand mit den bereits installierten Schallemissionssensoren an der Technischen Hochschule Mittelhessen (THM) in Gießen.

Abb. 2. Spannbetonschwelle im Prüfstand an der THM

2.2 Experimenteller Aufbau für die Schallemissionsmessung

Im Rahmen eines vorangegangen Forschungsprojektes wurden breitbandige SE-Sensoren (Fa. GMuG, Typ MA-Bls 30-200) mit einer Messfrequenz von ca. 200 kHz zur Detektion von Mirkorissen im Beton entwickelt. Insgesamt 16 dieser SE-Sensoren wurden an der Betonschwelle befestigt. Darüber hinaus wurden zusätzlich vier Ultraschallsender angeschlossen, um Durchschallungsmessungen während des Versuchs durchzuführen. Abbildung 3 zeigt die perspektivischen Ansichten auf die Vorder- und Oberseite (a) sowie die Rück- und Oberseite (b) von der Betonschwelle mit Lage der SE-Sensoren (rote Punkte) und Ultraschallsendern (gelbe Punkte).

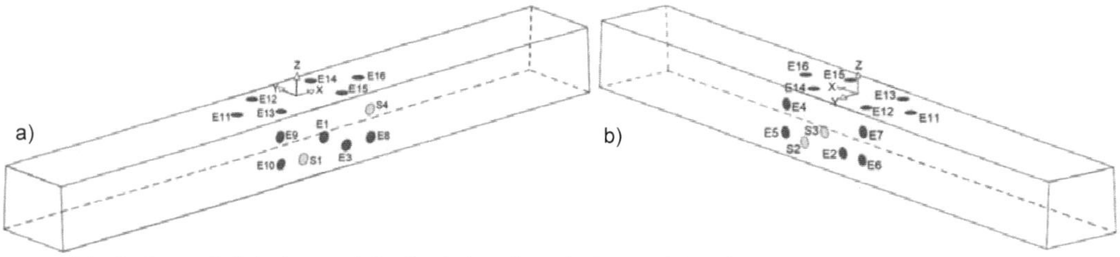

Abb. 3. Perspektivische Ansicht der Schwelle mit der Position der SE-Sensoren (rote Punkte) und Ultraschallsender (gelbe Punkte).

Die SE-Sensoren befinden sich im Bereich der Lasteinleitung, da hier die größten Verformungen und Risse zu erwarten sind. Die Sensoren wurden mit Blechen und Schrauben am Prüfling fixiert. Als Koppelmittel zwischen Sensoren und Betonoberfläche dient ein hochzähes Vakuumfett, um die akustische Leitfähigkeit zu verbessern.

Der Ursprung des Koordinatensystems liegt in der Mitte der Betonschwelle auf der Oberseite, direkt in der Belastungsebene. Vor Beginn des Belastungsversuchs wurden Durchschallungsmessungen und Testmessungen mit einem Bleistiftminenbruch durchgeführt. Die Durchschallungsmessungen wurden vor Beginn der Prüfung durchgeführt, um die Wellengeschwindigkeit für die SE-Ortung zu bestimmen. Während den Durchschallungsmessungen wurden acht Signale unterschiedlicher Form durch den Probekörper an die Empfänger übertragen. Diese Messungen wurden entlang eines linearen Profils (Länge 50 cm, an der Probenoberseite) in 1 cm Schritten durchgeführt [3].

Um die Ortungsgenauigkeit zu bestimmen, wurden künstliche SE-Quellen durch den Bruch einer Bleistiftmine (Hsu-Nielsen-Source, Ø 0,5 mm, HB) an sieben verschiedenen Stellen an der Oberfläche der Betonschwelle erzeugt [4]. Mit dieser Methode kann die

Quellortung auf ihre Genauigkeit getestet werden, da sowohl die Positionen des SE-Ereignisses als auch der Empfänger bekannt sind.

Für die Messung konnte ein 16-Kanalgerät zur kombinierten Anwendung von Schallemission und Durchschallung (Hersteller: Fa. GMuG) herangezogen werden. Für die passiven SE-Messungen wurden 16 Kanäle und für die aktiven Ultraschallmessungen 8 Kanäle verwendet. Das Messsystem digitalisiert die Signale in einer sehr hohen Frequenz mit einer Abtastfrequenz von 10 MHz und einer Amplitudenauflösung von 16 Bit. Die Signale werden um 40 dB (Faktor 100) vorverstärkt und anschließend bandpassgefiltert. Die untere und obere Grenzfrequenz des Bandpasses war auf 20 bzw. 200 kHz eingestellt.

2.3 Versuchsprogramm

Die kraftgeregelte Belastung der Schwelle wurde in zwei Phasen durchgeführt. In der ersten Phase wurde eine schrittweise, statische Belastung bis zu einer Last von 120 kN aufgebracht. Nach Entlastung der Schwelle wurde die dynamische Lastaufbringung gestartet. Abb. 4 zeigt das Belastungsregime durch die dynamische Last, dabei ist die obere und untere Druckkraft (schwarze Linien) und der obere und untere Prüfmaschinenweg (rote Linien) gegenüber der Anzahl der Lastzyklen aufgetragen.

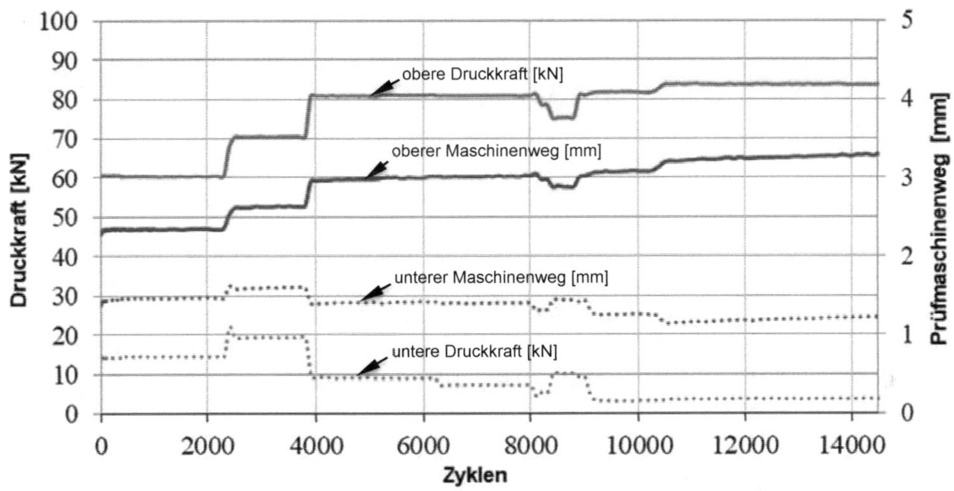

Abb. 4. Belastungsregime und Prüfmaschinenweg

Der dynamische Versuchsablauf wurde mit einer Unter- bzw. Oberlast von 15 bzw. 60 kN gestartet. Bei etwa 4.000 Zyklen wurden die Last auf 10 bzw. 80 kN geändert. Ab 8.000 Zyklen wurde die Schwelle mit einer Unterlast von 5 kN und Oberlast von 85 kN belastet. Während des Experiments wurde die Lastfrequenz von zunächst 1 Hz bis 4 Hz variiert. Bei höherer Lastfrequenz war die SE-Aktivität so intensiv, dass sich die Signale aufeinanderfolgender SE-Ereignisse überlappten. Der Versuch wurde bei ca. 14.800 Zyklen gestoppt.

3 Ergebnisse

3.1 Ergebnisse der Durchschallungsmessung

Um die Geschwindigkeit der Longitudinal(P)- und Transvers(S)-Wellen zu bestimmen, wurden Durchschallungsmessungen durchgeführt. Abbildung 5 zeigt beispielsweise das von den 51 Sendepositionen am Empfängersensor Nr. 1 empfangene Rampensignal. Zur Verbesserung der Signalgüte wurden 256 Stapelungen durchgeführt.

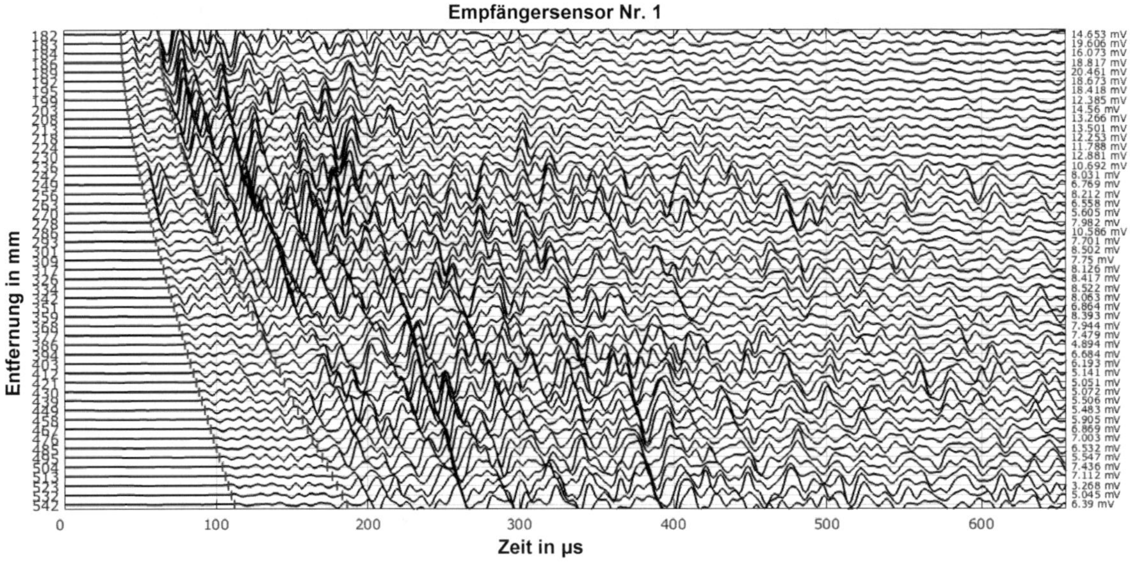

Abb. 5. Empfangene Signale des linearen Profils

Der Abstand zwischen Sender und Empfänger variierte von 182 mm bis 542 mm. In dieser Abbildung werden die Signale auf das Maximum jedes Signals normiert und anschließend um den Faktor 2 vergrößert, um die P- und S-Wellen-Einsätze besser zu erfassen. Der Normierungsfaktor wird in Millivolt am Ende jeder Messkurve angegeben. Die mittleren Geschwindigkeiten der P- und S-Welle werden aus den aufgenommenen Laufzeiten und den Abständen zwischen Signalquelle und Empfänger berechnet. Die gemessenen Geschwindigkeiten betragen 4,85 mm/µs für die P-Welle und 2,9 mm/µs für die S-Welle. Aus diesen Geschwindigkeiten werden die theoretischen Einsätze der P- und S-Welle berechnet und in Abbildung 5 durch rote vertikale Markierungen dargestellt.

3.2 Ergebnisse der SE-Messung

Während des dynamischen Experiments wurden etwa 103.000 Ereignisse aufgezeichnet. Die Ereignisortung wurde nach dem Versuch automatisch durchgeführt. Die verwendeten Parameter zur Bestimmung der Welleneinsatzzeiten und das automatische Ortungsverfahren sind in [5] beschrieben. Aus den Zeitresiduen der P- und S-Welleneinsatzzeiten wurde der theoretische Ortungsfehler mit 5 mm berechnet und als Abbruchkriterium festgelegt. Jedoch zeigen die Bleistiftminenbrüche, dass der wahre Ortungsfehler bei ca. 30 mm liegt, d.h. 6-mal größer als der berechnetet Ortungsfehler [5].

Abb. 6 zeigt 12.758 geortete SE-Ereignisse unter Verwendung von mindestens 6 P- und S-Welleneinsätzen, die auf drei Koordinatenebenen (Draufsicht und zwei Seitenansichten) projiziert werden. Die Kontur der Spannbetonschwelle wird durch schwarze Linien und die Positionen der SE-Sensoren durch blaue Punkte in jeder Projektion dargestellt. Die Darstellungen zeigen die wolkenförmige Verteilung der Ereignisse.

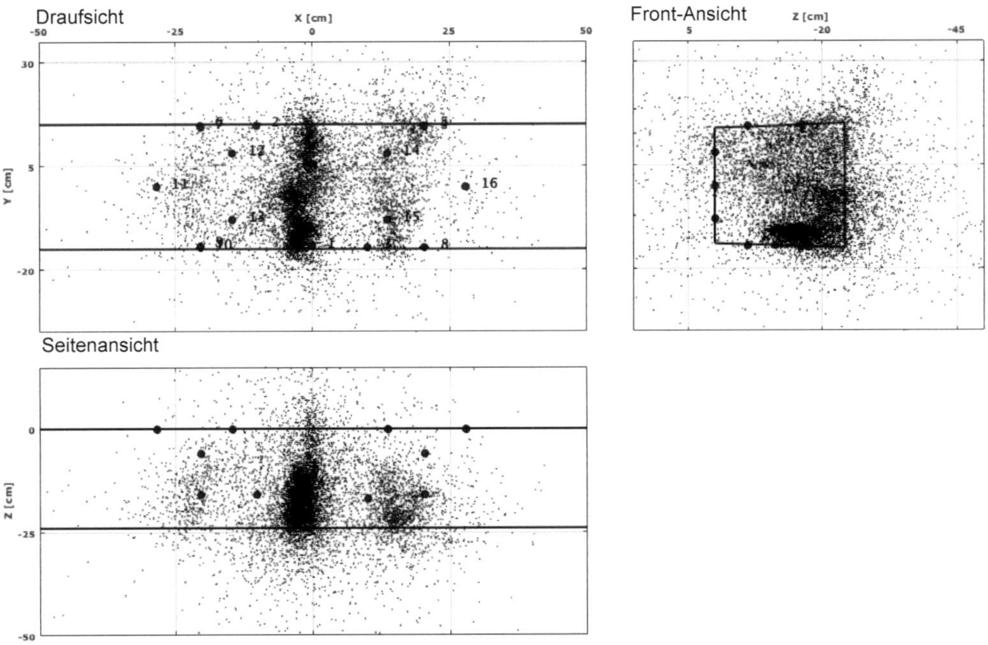

Abb. 6. Projektion der lokalisierten SE-Ereignisse (schwarze Punkte) in der Draufsicht (x-y-Ebene) und zwei Seitenansichten (x-z-Ebene und y-z-Ebene).

Die größte Anhäufung der SE-Ereignisse tritt direkt unter der Lasteinleitung auf. Die Schwelle erfährt in Feldmitte die größte Verformung und durch die Zugbeanspruchungen des Bauteils treten Biegerisse senkrecht zur Bauteilachse auf. Links und rechts der größten Ansammlung deuten schwache SE-Ereignisse auf zwei weitere Anhäufungen hin, die in etwa im gleichen Abstand parallel zur Haupt-SE-Aktivität auftreten.

Um Strukturen innerhalb der Wolkenverteilung zu erkennen, wird das Collapsing-Verfahren nach Jones und Steward [6] angewendet. Dieses Verfahren beschreibt, wie die Ortung eines SE-Ereignisses innerhalb seines Fehlerellipsoids bewegt werden kann. Der Ortungsfehler wird aus der Summe der Laufzeitresiduen, dies beschreibt die Differenz zwischen der gemessenen und berechneten Einsatzzeit, bestimmt.

Der Fehlerellipsoid gibt demnach die räumlichen Grenzen eines Vertrauensbereiches an, in dem das Ereignis mit einer gewissen Wahrscheinlichkeit liegt. Liegen zwei Ereignisse so nahe zusammen, dass sich ihre Fehlerellipsoide überlappen, so ist die einfachste Interpretation, dass beide Ereignisse aus derselben Quelle stammen, weil ihre Quellorte innerhalb des Ortungsfehlers nicht voneinander zu unterscheiden sind. Deshalb sind auch Verschiebungen der Quellorte innerhalb ihrer Fehlerellipsoide in gewissem Umfang gerechtfertigt. Darum wird beim Collapsing-Verfahren jedes Ereignis auf den Schwerpunkt benachbarter Ereignisse verschoben, soweit diese in dem Ellipsoid liegen [7,8].

Voraussetzung für die Anwendung ist, dass die Ortungsergebnisse keinen systematischen Fehler mehr enthalten. Die systematischen Fehler werden mit dem Joint Hypocenter Determination (JHD) Verfahren [9,10] eliminiert. Dieses Verfahren ermittelt in mehreren Ortungsdurchläufen sogenannte Stationskorrekturen aus den Laufzeitresiduen der P- und S-Welle. Die Ergebnisse des Collapsing sind auf die drei Koordinatenebenen in Abbildung 7 projiziert. Im Vergleich zu Abbildung 6 sind jetzt Strukturen erkennbar, die drei Rissebenen in der Schwelle darstellen. Auch eine Vielzahl der Ereignisse, die außerhalb der Probe aufgezeichnet wurden, befinden sich nun weitgehend innerhalb der Probe.

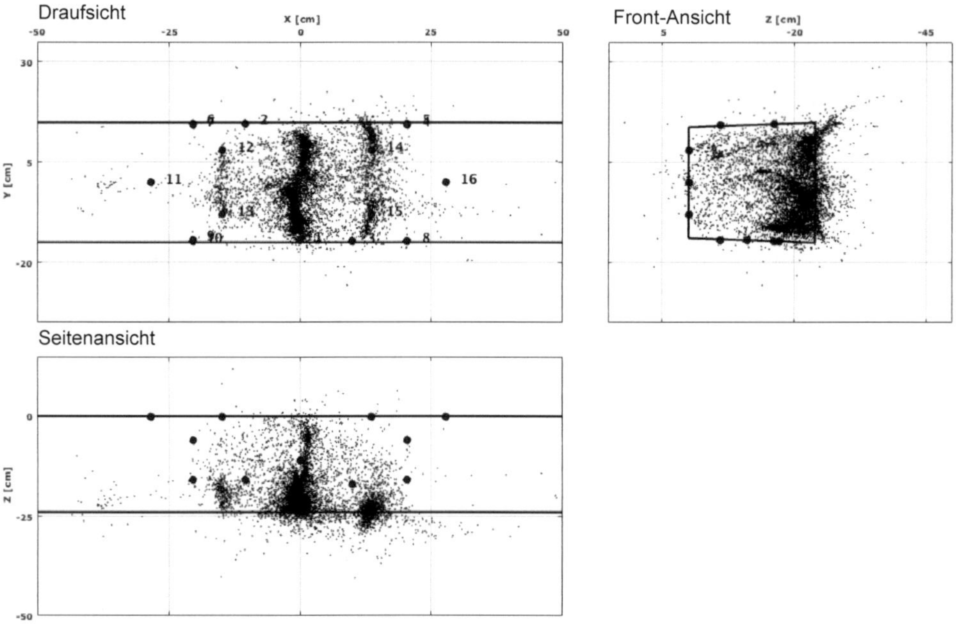

Abb. 7. Lage der SE-Ereignisse nach der Anwendung der Collapsing-Methode aus Abbildung 6

Abbildung 8 zeigt die lokalisierten SE-Ereignisse (Projektion auf die x-z- Ebene) in sechs aufeinanderfolgenden Phasen des Risswachstums bei gleicher Anzahl von jeweils ca. 2125 Ereignissen. Durch den Einsatz der SEA kann der Rissentstehungsprozess durch die Ortung von Mikrorissen beobachtet werden. Die Rissentstehungsphase ist in den Abbildungen 8a und 8b durch die konzentrierte Verteilung der SE-Ereignisse dargestellt. Durch die SE-Aktivität ist ein Wachstum des Hauptrisses von unten nach oben zu beobachten (siehe Abbildung 8c bis 8f). Die Schallemission zeigt, dass mit voranschreitendem Risse nicht nur die Rissspitze aktiv ist, sondern immer wieder SE-Ereignisse auf der gesamte Rissfläche auftreten.

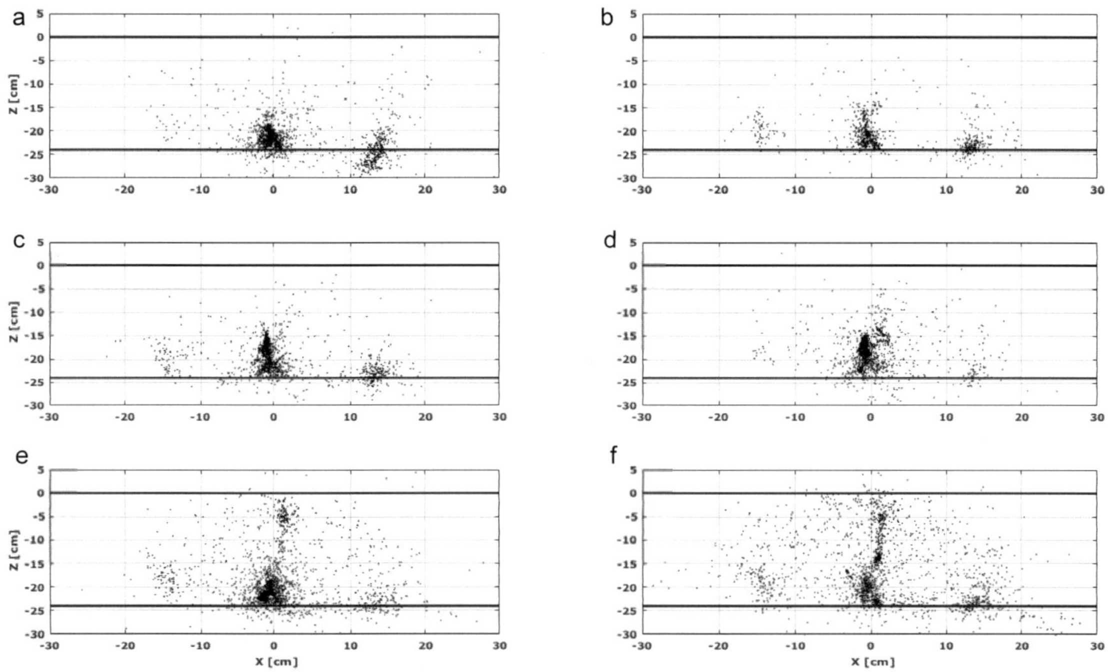

Abb. 8. Zeitlicher Verlauf der SE-Ereignisse, die den gesamten Rissentstehungsprozess in der Betonprobe darstellen

Zur Verifizierung der Ergebnisse aus der SEA wurden Berechnungen des Dreipunkt-Biegeversuchs mit dem Finite-Elemente-Programm ATENA durchgeführt. Durch die integrierten Materialmodelle kann ein realitätsnahes Verhalten des Modells abgebildet werden. ATENA kann die Gebrauchstauglichkeit und Tragfähigkeit der Konstruktion bestimmen und den erwartenden Versagensmechanismus zuverlässig berechnen [11,12]. Abbildung 9 zeigt die Biegespannung in einem späteren Stadium der Belastung, bevor das endgültige Versagen der Schwelle eintritt. Im Modell wurde von einer Betondruckfestigkeit von etwa 60 MPa ausgegangen. Die Überschreitung der Betonzugfestigkeit führt zu einem makroskopischen Risswachstum in Schwellenmitte, direkt unter der Lasteinleitung. Die Rissbildung entsteht in der Zugzone (auf der Unterseite der Schwelle) und wächst durch die zyklische Belastung in vertikaler Richtung. Die makroskopische Rissbildung wird von vielen kleinen Mikrorissen begleitet, die sich in Bereichen mit höheren Zugspannungen bilden (kurze schwarze Linien in Abbildung 9). Durch die innere Vorspannung werden diese Risse "überdrückt", so dass oberflächlich kaum aufgehende Risse sichtbar sind.

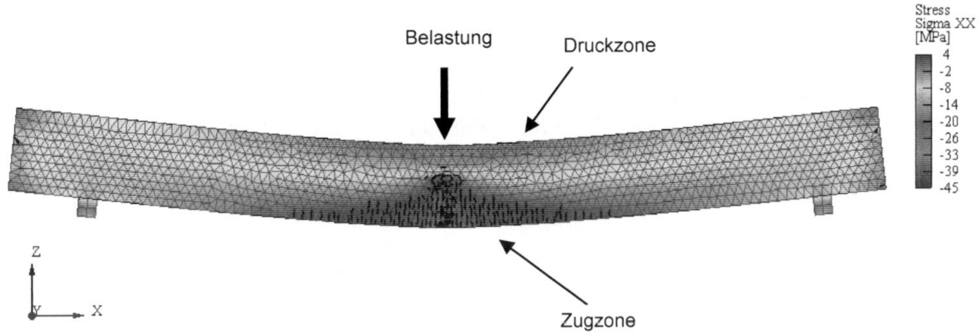

Abb. 9. Darstellung der Ergebnisse der nichtlinearen FE-Berechnung des Dreipunkt-Biegeversuchs einer Spannbetonprobe (überhöhte Darstellung)

4 Zusammenfassung und Ausblick

In den durchgeführten experimentellen Untersuchungen wurden die Rissbildung in Spannbetonschwellen während einer zyklischen Biegebeanspruchung mit Hilfe der Schallemissionsanalyse untersucht. Durch die zyklische Beanspruchung finden im Beton Ermüdungserscheinungen statt, die auf eine irreversible Verformung und auf einen Steifigkeitsverlust zurückzuführen sind. Insbesondere durch die Überschreitung des Verformungsvermögens des Zementsteins entstehen Mikrorisse, die eine Abnahme der Steifigkeit zur Folge haben. Die SEA ermöglicht die Beobachtung des Rissfortschritts in der Betonmatrix der vorgespannten Betonprobe im laufenden Versuch. Die SE-Aktivität beginnt unmittelbar nach Beginn der zyklischen Belastung. Die SE-Ereignisse wurden überwiegend in der Zugzone detektiert, da es hier zur Überschreitung der Betonzugfestigkeit kommt. Eine oberflächliche Rissbildung in diesem Bereich war erst zeitverzögert wahrzunehmen. Dies lässt sich auf die interene Vorspannung durch die Spannstäbe (hohe Zugfestigkeit von 1.500 MPa) zurückführen. Im Verlauf der Versuchsdurchführung zeigte sich eine sehr intensive SE-Aktivität durch das Wachstum der Biegerisse. Bei weiterer Belastung entstehen in der Zugzone weitere kleine Biegerisse, die zu zusätzlichen makroskopischen Rissen parallel zum ersten Hauptriss führen. Die Ergebnisse konnten mit Berechnungsergebnisse aus einer nichtlinearen FE-Berechnung verifiziert werden. Aufgrund der weiteren hochzyklischen Belastung versagte die Spannbetonschwelle letztendlich durch eine Überschreitung der Betondruckspannung.

Durch den Versuch konnten wertvolle Erfahrungen in der Prüfung von vorgespannten Bauteilen mit der SEA gesammelt werden. Unter Berücksichtigung der wahren Ortungsfehler muss das Verfahren und die gewählten Parameter weiterhin an die Betoneigenschaften angepasst werden. Der Versuch ist Basis für kontinuierliche In-Situ-SE-Messungen an Betonstrukturen analog zum Struktur Healths Monitoring in [13].

Danksagung

Diese Arbeit wurde mit Mitteln des Strategischen Forschungsfond der Technischen Hochschule Mittelhessen unterstützt. Die Autoren danken Hirokazu Moriya von der Graduate School of Engineering, Japan, für die Überarbeitung der Ergebnisse mit dem „Collapsing-Verfahren".

Referenzen

[1] Hentschel, V.: Fahrwegstrategie der DB Netz AG – Anlagenverfügbarkeit im Lebenszyklus, 3. Symposium Lebenszyklus System Betonschwelle 2017, Betonschwellenindustrie e.V., 2017.

[2] DIN EN 13230-4, Bahnanwendungen-Oberbau-Gleis und Weichenschwellen aus Beton – Teil 4: Spannbetonschwellen für Weichen und Kreuzungen, Beuth Verlag, Berlin, 2016.

[3] Hsu, N.N., Breckenridge, F.R.: Characterization and Calibration of Acoustic Emission Sensors, Materials Evaluation, Vol. 39, S. 60-68, 1981.

[4] Manthei, G.: Seismic Tomography on a Pillar in a Potash Mine, In: 4th International Symposium on Rockbursts and Seismicity in Mines, Krakau, Polen, S. 237-243, 1997.

[5] Manthei, G., Koob M., Walther, M., Minnert, J., Moriya, H.: Acoustic Emission Measurements During Three-Point Bending Fatigue Test on a Prestressed Reinforced Concrete Railroad Sleeper, Progress in Acoustic Emission XIX, Proc. International Acoustic Emission Conference, Sapporo, Japan, S. 1-9, 2018.

[6] Jones, R.H., Stewart. R.C.: A method for determining significant structures in a cloud of earthquakes, J. Geophys. Res. 102, S. 8245-8254, 1997.

[7] Manthei. G., Moriya, H., Jones, R.H., Niitsuma H., Eisenblätter, J.: Anwendung der Collapsing-Methode zur Erkennung von Strukturen in wolkenartig verteilten Ortungsanhäufungen in einer Steinsalzprobe, Mitteilungen der Deutschen Geophysikalischen Gesellschaft, Heft 1, S. 2-12, 2003.

[8] Manthei. G., Moriya, H., Jones, R.H., Niitsuma H., Eisenblätter, J.: Anwendung der Collapsing-Methode auf Schallemissionsereignisse in einer Steinsalzprobe während eines triaxialen Kompressionsversuchs, 14. Kolloquium Schallemission; Berlin, Berichtsband 82-CD der DGZfP, S. 27-39; 2003.

[9] Douglas, A.: Joint hypocenter determination, Nature, Vol. 215, S. 47-48, 1967.

[10] Frohlich. C.: An Efficient Method for Joint Hypocenter Determination for Large Groups of Earthquakes, Computers and Geosciences, 5, pp. 387-389, 1979.

[11] Červenka, V., Jendele, L., Červenka, J.: Dokumentation „ATENA Theory", Červenka Consulting, 2018.

[12] Manthei G., Koob, M., Minnert, J.: Anwendung der Schallemissionsanalyse bei zughafter Ermüdungsbeanspruchung eines plattenförmigen Probekörpers aus Stahlbeton, 22. Kolloquium Schallemission, Karlsruhe, Vortrag 17, 2019.

[13] Manthei, G., Plenkers, K.: Review on In Situ Acoustic Emission Monitoring in the Context of Structural Health Monitoring in Mines, Applied Sciences 8, 2018, doi:10.3390/app8091595

Modellierung der Beanspruchung von Hüftendoprothesen im Knochen. Grundlegende Versuche zur Rissbildung in Modellknochen bei Krafteinwirkung mittels Prothese.

Joerg SUBKE [1], Olaf NALIK [1], Martin PITZER [1], Joerg GOLLNICK [1]
[1] Technische Hochschule Mittelhessen, Gießen

Kontakt E-Mail: joerg.subke@lse.thm.de

Kurzfassung. Im Rahmen des Forschungsprojekts HENDOSEA sollen die experimentellen und theoretischen Grundlagen aufgebaut werden, um die Lockerung von Hüftprothesen mittels der Schallemission zu beurteilen.

Das Thema dieser Arbeit ist, die Belastung zwischen Prothese und Knochen mit der Finite-Element-Modellierung nachzubilden und die entstehenden Risssysteme unter den Aspekten Elastizitätsmoduln, Belastungsart und -richtungen zu bewerten.

Im Fokus stehen die 3-achsigen Spannungen des Knochens, die während der Bewegung der Körpermasse eines Menschen über eine Hüftendoprothese auf den Oberschenkelknochen entstehen.

Es wurde wie folgt vorgegangen:

Für den Aufbau der Modelle wurde eine Hüftendoprothese aus Titan 3-dimensional gescannt und mit Hilfe von CAD-Werkzeugen in ein FEM-Modell überführt. Der Knochen wurde als Hohlzylinder modelliert, dessen Geometrie aus anatomischen Daten angepasst wurde.

Als Materialdaten wurden der E-Modul von Titan nach der Materialkarte der FEM-Software Dynasim und die E-Moduln von Knochen aus der Literatur verwendet.

Homogene Materialmodelle wurden für die Modellbildung als Ausgangsbasis verwendet, um ein grundlegendes Verständnis bei den später geplanten komplexen Belastungsversuchen einsetzen zu können.

In den folgenden Untersuchungen wurde die Endoprothese mit einer konstanten Geschwindigkeit in den Knochen eingeführt. Der Belastungsvorgang wurde solange durchgeführt, bis sich ein Risssystem im Knochen ausbildet. Als Kriterium für die Rissbildung wurde eine maximale Dehnung des Knochenmaterials angenommen. Sobald die Dehnung eines FEM-Elements erreicht wird, wird das FEM-Element eliminiert und die Rissentwicklung beginnt. Dabei wurden in den einzelnen Untersuchungsläufen die Materialparameter systematisch variiert, und die Rissentwicklung in Abhängigkeit der Materialparameter untersucht.

Im nächsten Schritt werden die Ergebnisse aus FEM-Simulation mit den Ergebnissen der Experimente abgeglichen und die Modellparameter der Simulation angepasst.

0 Einführung

Die Analyse der Lockerung von Hüftendoprothesen in der klinischen Biomechanik ist aufgrund der zahlreichen Operationen ein wichtiges Forschungsgebiet. Durch die wachsende Lebenserwartung der Patienten und der begrenzten Anzahl von Revisionsoperationen ist die frühzeitige Diagnose der Lockerung der Hüftendoprothese und die zeitnahe Therapie entscheidend, um die Mobilität der Patienten bis ins hohe Alter zu erhalten. Die Entwicklung eines Verfahrens auf der Basis der Schallemissionsanalyse soll die Möglichkeit eröffnen, die therapeutischen Maßnahmen und notwendigen Operationen optimal zu planen. Dafür sind biomechanische Studien zur Belastungssituation im Knochen nach Implantation der Prothese als Ausgangssituation notwendig.

In bisherigen Studien wurden die Belastungen zwischen Knochen und Hüftendoprothese meistens mit Hilfe von Finite-Elemente-Modellen und/oder mit Hilfe von Lastexperimenten analysiert. Rohlmann et al (1983) [1] haben bei seinen Berechnungen eine perfekte Verbindung zwischen Knochen und Endoprothese vorausgesetzt, die Spannungen unter verschiedenen Lasten berechnet, aber eine Rissbildung nicht betrachtet.

Verdonschot und Huiskes (1996) [2] entwickelten ein numerisches Schadensmodell für zyklische Belastungen, um die Ermüdung auf der Basis von Mikrorissen zu analysieren. Sie setzten bei ihrem Modell den Zusammenhang zwischen der Spannung und der Anzahl der Ermüdungszyklen bis zum Bruch voraus. Die Vorgehensweise wurde von Stolk et al (2003) [3] verfeinert und für die Finite-Elemente-Modelle optimiert, mit der die Risslänge in Abhängigkeit der Belastungszyklen bei Knochenzement in einer vorklinischen Studie numerisch untersucht wurde.

McCormack und Prendergast (1996) [4] haben mit Hilfe der Finite-Elemente die Verbindung zwischen Endoprothese, Knochenzement und Knochen unter einer Torsionsbelastung untersucht. Sie haben die Positionen sowie die Winkel der Risse relativ zur Endoprothese dokumentiert und die Höhe der Spannungsintensität als Vektor dargestellt.

Cristofolini et al (2007) [5] haben zementierte und nicht-zementierte Hüftendoprothesen in künstlichen Knochen in einer in vitro Studie untersucht. Die Prothesen wurden zyklisch nach Alltagsaktivitäten belastet und die Mikrobewegungen an 4 verschiedenen Stellen des Kunstknochens gemessen. Nach den Belastungszyklen wurden die Risse mikroskopisch aufgenommen, die länger als 0.05mm waren.

Die meisten bekannten Modelle beschreiben nicht die bruchdynamischen Verhältnisse, die durch die 3-achsigen Belastungen des Knochens bei Implantation der Hüftendoprothese entstehen.

Ziel der Arbeit ist daher die Entwicklung von grundlegenden Modellen zur Berechnung der Ausgangssituation nach Einsetzen der Hüftendoprothese. Erkenntnisse zu dieser Ausgangssituation, die Aufschluss zur Dynamik der späteren Rissbildung geben können, sind ein wichtiger Ausgangspunkt für alle bruchdynamischen Experimente, speziell auch für den Einsatz der Schallemission.

1 Methode

1.1 Modellbildung

Zur Untersuchung der bruchdynamischen Verhältnisse des Knochens bei Einwirkung von Kräften während der Implantation einer Endoprothese wurden ausgehend von einer Hüftendoprothese (Zimmer, USA) und einem durchschnittlichen ausgewachsenen Oberschenkelknochen (Femur) einfache Modelle angenommen. Mit Hilfe dieser Modelle wird das Eindringen der Prothese in den Knochenschaft nachgestellt und die dabei entstehenden Belastungen am Knochen simuliert. Durch die Vorgabe einer maximalen Materialbelastung des Knochens können am Modell Risse induziert werden. Durch eine Variation der Parameter bei diesen Modellen wird die unterschiedliche Entwicklung der Risssysteme betrachtet.

Das Finite-Elemente-Modell wird mittels der Software Hypermesh (Altair®HyperMesh; https://altairhyperworks.com) erzeugt und besteht aus einem angenäherten Knochen in Form eines Zylinders mit 2.5mm Wanddicke und 15mm Außendurchmesser, sowie einer vereinfachten Prothese, die in Form eines Konus gegeben ist. Das FEM-Modell des Knochens besteht aus 45000-Hexaederelementen und 63000 Knoten mit einer Kantenlänge von 0.5mm. (Abb. 1). Als Material der Hüftendoprothese wurden die Eigenschaften von Titan ausgewählt.

Abb. 1. Vereinfachtes Rechenmodell; rechts: Schnittbild des Knochens zur Darstellung der kegelstumpfförmigen Endoprothese im Innenraum.

Bei unseren Untersuchungen wird das grundlegende Verhalten des Knochens untersucht, wobei die individuellen Schwankungen der Knochengeometrie nicht betrachtet werden. Die Materialeigenschaften des Femurs wurden aus der Literatur entnommen [6]. Durch den zellulären Aufbau des Knochens ergibt sich ein elastisches Verhalten, das sich längs des Knochens, radial zur Querschnittfläche des Knochens und tangential zur Querschnittfläche des Knochens unterscheidet (siehe Tab. 1).

Tabelle 1. Elastizitätsmoduln des Oberschenkelknochens nach Reilly & Burstein in [6]

Knochenrichtung	E-Modul
Länge	17 GPa
Radial	11 GPa
Tangential	11 GPa

1.2 Parametervariation und Versagenskriterien

Es wurden insgesamt 3 einfache Varianten des Knochens aufgebaut, die die gleiche Geometrie aufweisen, aber über unterschiedliche E-Moduln verfügen.

Tabelle 2. E-Modulvarianten des Knochenmodells

Varianten-Nr.	E_längs	E_radial	E_tangential
1	11 GPa	11 GPa	11 GPa
2	17 GPA	17 GPA	17 GPA
3	17 GPA	11 GPa	11 GPa

Das Verhalten des Knochens wird als linear-elastisch bis zum Bruch angesehen. Auf der Basis einer maximalen Dehnung von 4% werden zwei unterschiedliche Kriterien studiert, die zum lokalen Versagen des Knochens führen können:

a) vonMises Vergleichsdehnung (ε_{vM})

$$\varepsilon_{vM} = \sqrt{\left(\varepsilon_{xx}^2 + \varepsilon_{yy}^2 + \varepsilon_{zz}^2 - \left(\varepsilon_{xx} * \varepsilon_{yy} + \varepsilon_{yy} * \varepsilon_{zz} + \varepsilon_{zz} * \varepsilon_{xx}\right) + 3\left(\gamma_{xy}^2 + \gamma_{yz}^2 + \gamma_{zx}^2\right)\right)}$$

b) maximale Schubdehnung

$\gamma_{max} = \frac{(\varepsilon_I - \varepsilon_{III})}{2}$ mit den Hauptdehnungen $\varepsilon_I > \varepsilon_{II} > \varepsilon_{III}$

Wenn das Kriterium des Versagens erfüllt ist, wird das zugehörige Element gelöscht und es entstehen danach veränderte Lastpfade in der Struktur. Somit werden insgesamt 6 Varianten untersucht (siehe Tab. 3).

Tabelle 3. Varianten des Knochenmodells

Modell-Nr.	E_längs	E_radial	E_tangential	Versagenskrit.
1	11 GPa	11 GPa	11 GPa	a)
2	17 GPA	17 GPA	17 GPA	a)
3	17 GPA	11 GPa	11 GPa	a)
4	11 GPa	11 GPa	11 GPa	b)
5	17 GPA	17 GPA	17 GPA	b)
6	17 GPA	11 GPa	11 GPa	b)

1.3 Finite-Elemente-Simulation

Die FE-Simulationen erfolgen mit dem Programm LS-DYNA (Livermore Software Technology Corporation 2016, LS-DYNA®KEYWORD USERS'S MANUAL VOLUME 1 and II R9.0) dynamisch in einem Zeitraum von 8ms, wobei sich die Prothese mit einer Geschwindigkeit von 0.1m/s bewegt. Die Belastung der Knochenstruktur wird durch den Kontakt zwischen Prothese und Knochen erzeugt.

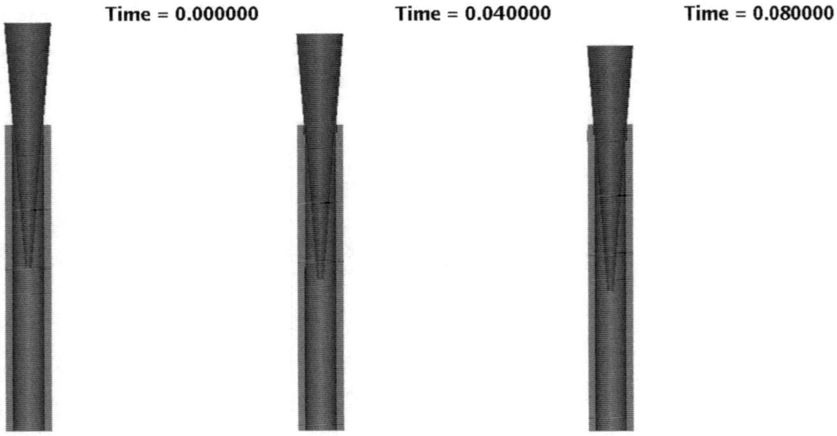

Abb. 2. Eindringen der Prothese in den Knochen mit einer Geschwindigkeit von 0.1ms; Zustand zu drei verschiedenen Zeitpunkten: 0ms, 4ms und 8ms.

2. Ergebnisse

Es wurden die 6 Modellvarianten berechnet. Für die Darstellung der Ergebnisse wurden die Modellvarianten 2 und 5 ausgewählt, um das bruchmechanische Verhalten für die Versagenskriterien a) und b) zu den Zeitpunkten 4ms und 8ms darzustellen.

Modell-Nr. (Versagenskrit. a)	t = 4ms	t = 8ms
1	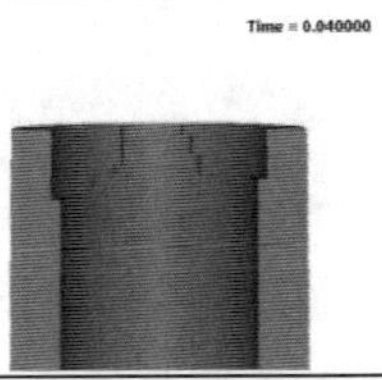	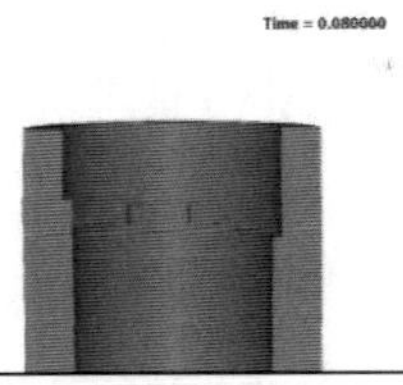
2	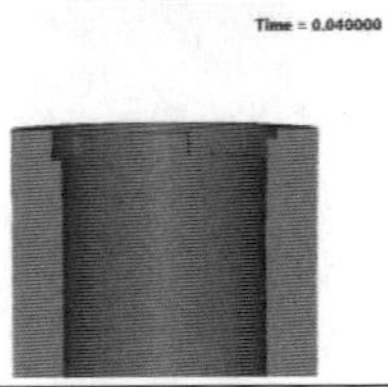	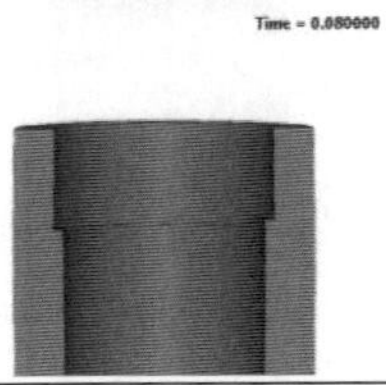
3	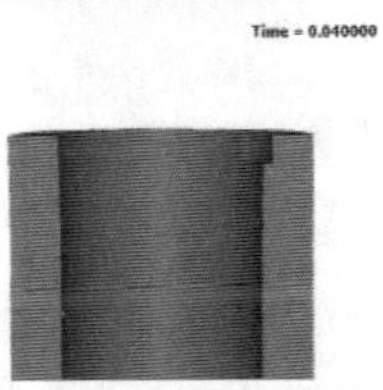	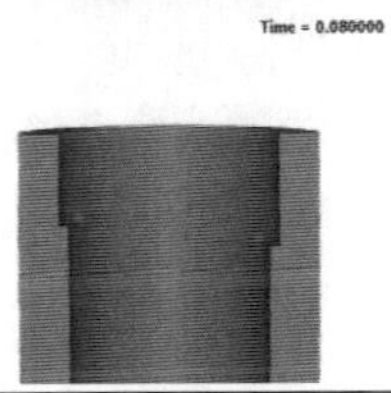

Abb. 3. Modelle 1 bis 3 aus Tabelle 3 – Deformationen (Detail) und versagende Knochenkontur für das Versagenskriterium a).

Modell-Nr. (Versagenskrit. b)	t = 4ms	t = 8ms
4	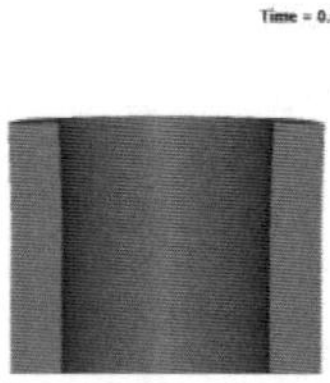	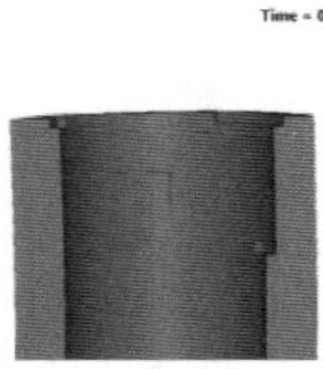
5		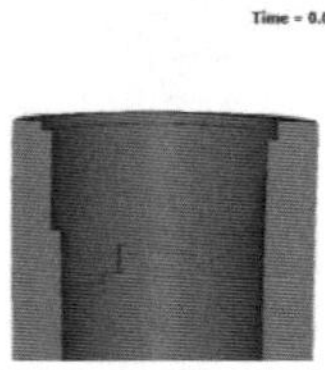
6	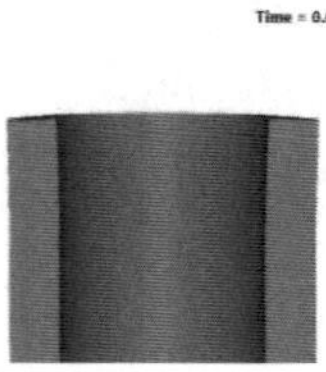	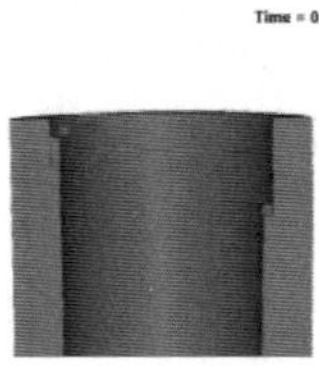

Abb. 4. Modelle 4 bis 6 aus Tabelle 3 – Deformationen (Detail) und versagende Knochenkontur für das Versagenskriterium b).

Abb. 5. Modell 1– Deformation (Detail) mit Dehnungsverteilung

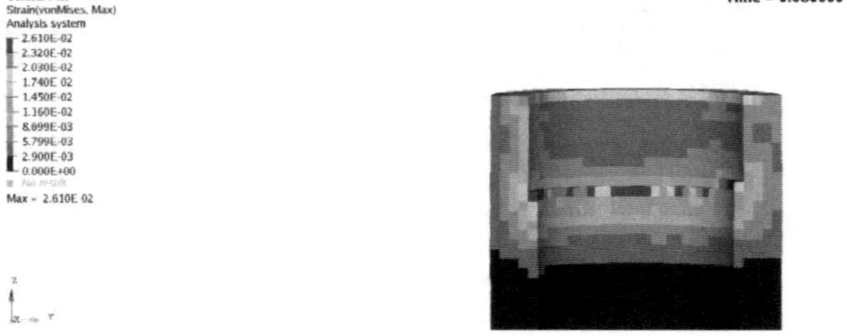

Abb. 6. Modell 2 – Deformation (Detail) mit Dehnungsverteilung

Abb. 7. Modell 3 Deformation (Detail) mit Dehnungsverteilung

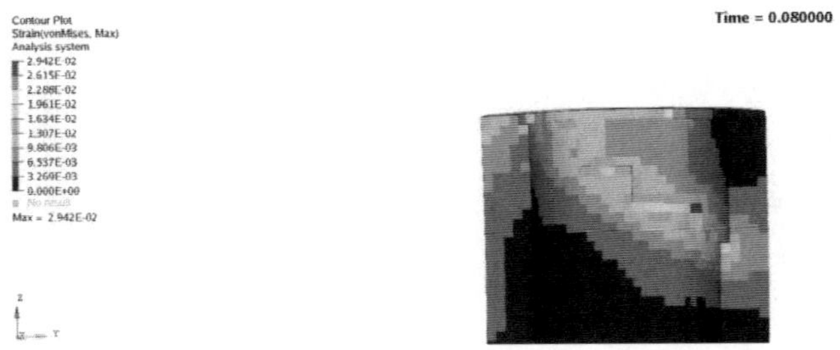

Abb. 8. Modell 4 – Deformation (Detail) mit Dehnungsverteilung

Abb. 9. Modell 5 – Deformation (Detail) mit Dehnungsverteilung

Abb. 10. Modell 6 – Deformation (Detail) mit Dehnungsverteilung

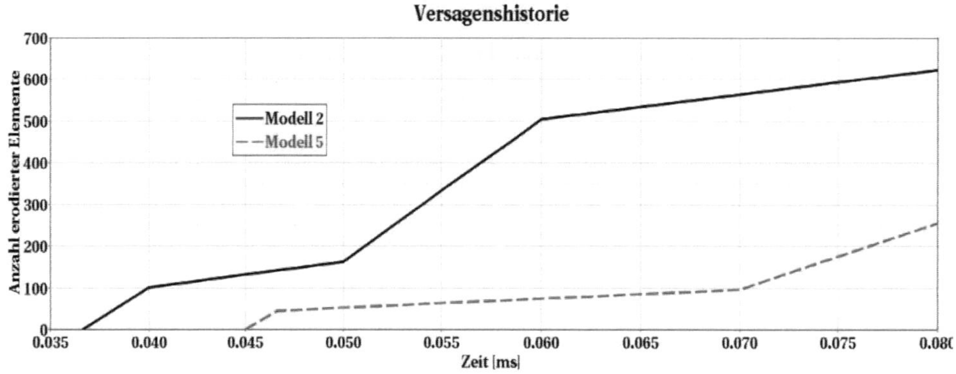

Abb. 11. Versagenshistorie auf Basis der Anzahl erodierter Elemente (exemplarisch für die Simulationsvarianten 2 und 5 dargestellt).

3. Diskussion

Als erste Annäherung an den komplexen Sachverhalt der Belastungsanalyse im Stadium der Implantation zeigt sich, dass das Versagenskriterium a) auf Basis der Vergleichsdehnung in der zeitlichen Abfolge früher zum Erstversagen führt. Bei Verwendung der maximalen Schubspannung stellt sich das Versagen später, d.h. bei größerer Strukturdeformation ein. Auch die Anzahl erodierter Elemente ist tendenziell geringer, wie Abbildung 11 zeigt. Es wird eine Elementlage in radialer Richtung gelöscht. Bei qualitativer Bewertung der Ergebnisse und der Annahme einer annähernd rotationssymmetrsichen Last sind die Modelle 2, 3 und mit Abstrichen 6 zu bevorzugen, da hier das Versagensbild tendenziell symmetrisch angeordnet ist.

4. Zusammenfassung und Ausblick

Ziel der Arbeit war der Aufbau von grundlegenden Modellen zur Simulation der bruchdynamischen Verhältnisse am Knochen zum Zeitpunkt der Implantation einer Hüftendoprothese. Dazu wurden beispielhaft einfache Modelle des Knochens und einer Endoprothese angenommen. Die Modellierung der komplexen zellulären Strukturen wurde über einfache Hohlzylindermodelle des Knochens unter variierendem E-Modul vorgenommen. Es wurde die Abhängigkeit der Rissentwicklung im Knochen vom E-Modul untersucht. Bezüglich der Schallemissionsanalyse wird die zeitliche Entwicklung der Risse mit Freisetzung von Schallereignissen verglichen. Die Impulssumme der Hits kann durch die Anzahl der zerstörten FEM-Elemente pro Zeiteinheit gleichgesetzt werden. Der Zusammenhang zwischen Hits und der Zerstörung von FEM-Elementen ist durch einen Faktor zu beschreiben, der über eine Kalibrierung zu ermitteln ist.

Referenzen

[1] Rohlmann A, Mössner U, Bergmann G. Finite-element-analysis and experimental investigation in a femur with hip endoprothesis. J. Biomech. Vol. 16, No 9, pp 727-742, 1983

[2] Verdonschot N and Huiskes R. A combination of continuum damage mechanics and the finite element method to analyse acrylic bone cement cracking around implants. In: Middleton J, Jones ML, Pande GN (Ed.). Computer Methods in Biomechanical & Biomedical Engineering. Gordon & Breach Publishers, 1996

[3] Stolk J, Verdonschot N, Mann KA, Huiskes R. Prevention of mesh-dependant damage growth in finite-element simulation of crack formation in acrylic bone cement. J. Biomech 36, 861-871, 2003

[4] McCormack BAO and Prendergast PJ. Interface failure in implants cemented with different bone cements – A fracture mechanics analysis. In: Middleton J, Jones ML, Pande GN (Ed.). Computer Methods in Biomechanical & Biomedical Engineering. Gordon & Breach Publishers, 1996

[5] Cristofolini L, Erani P, Savigni P, Grupp T, Thies O, Viceconti M. Increased long-term failure risk associated with excessively thin cement mantle in cemented hip arthrosplasty: A comparative in vitro study. Clin. Biomech 22, 410-421, 2007

[6] Frankel VH, Nordin M. Basic biomechanics of the skeletal systems. Philadelphia: Lea & Leibinger, 1980

Untersuchung der Zeitstatistik von Schallemissionsereignissen eines triaxialen Extensionsversuchs an einer zylindrischen Steinsalzprobe

Gerd MANTHEI
THM Technische Hochschule Mittelhessen, Gießen
Kontakt E-Mail: gerd.manthei@me.thm.de

Kurzfassung. Bei einem triaxialen Extensionsversuch an einer zylindrischen Steinsalzprobe sind zwei große Cluster von Schallemissionsereignissen aufgetreten, die senkrecht zur axialen Zugbelastung der Probe stehen. Diese Cluster können durch eine vernünftige Auswahl der primären Clusterparameter gefunden werden, die hauptsächlich von der räumlichen und zeitlichen Dichte der Ereignisse abhängen. Die Untersuchung der Zeitstatistik dieser Ereignisse zeigt eine statistische Gleichgewichtsverteilung, die ein eindeutiger Beweis für die Existenz eines Poisson-Prozesses ist. Das bedeutet, dass die Ereignisse unabhängig voneinander und zufällig auftreten.

1 Einleitung

Seit 30 Jahren berichtet der Autor über die Messung von Schallemission (SE) in Steinsalz. Einer der ersten internationalen Beiträge mit dem Titel "Monitoring of Microcrack Formation around Galleries in Salt Rock" wurde 1996 auf der sechsten Konferenz "Acoustic Emission/Microseismic Activity in Geologic Structures and Materials" an der Pennsylvania State University [1] publiziert. Der erste nationale Beitrag mit dem Titel "Überwachung von Rißbildung im Salzgestein mit dreidimensionaler Ortung von Quellen" wurde 1990 auf dem 8. Kolloquium Schallemission in Zittau gehalten [2]. Seitdem wurden zahlreiche Artikel über die Anwendung von SE in Salzgestein in nationale und internationale SE-Konferenzen publiziert. Einen guten Überblick über die Anwendung der SE-Analyse an Gestein gibt Kapitel 11 im Lehrbuch von Grosse & Ohtsu [3] und über in-situ SE-Anwendungen in Bergwerken der Übersichtsartikel von Manthei et al., 2018 [4].

Während dieser Zeit wurden neben der dreidimensionalen Ortung der SE-Quellen, die im Hinblick auf die Ortsgenauigkeit und schnelleren Ortungsalgorithmen stetig verbessert wurde, wurden auch weiterführende Auswertungen, wie die Momententensor-Methode, das Collapsing-Verfahren oder die Clusteranalyse erfolgreich auf SE-Ereignisse aus In-situ-Messungen und Laborversuchen entwickelt und erfolgreich angewendet. Die Frage nach der vom SE-Sensor gemessenen physikalischen Größe – Verschiebung, Geschwindigkeit oder Beschleunigung – wurde ebenfalls untersucht [5]. Basierend auf diesen Untersuchungen konnten absolute Werte für die Quellenparameter wie Rissgröße, die seismische Energie und das seismische Moment für SE-Ereignisse in Steinsalz berechnet werden [6,7]. Für ein tieferes Verständnis des Mikrorisses und der Rissdehnung in Steinsalz, insbesondere bei geringer Belastung, sowie für die Identifizierung von Heilungsprozessen wurden Labortests u.a. an der Bundesanstalt für Geowissenschaften und Rohstoffe (BGR) in Hannover, sowie an der Technischen Universität Clausthal-Zellerfeld durchgeführt.

Alle diese Studien zeigen, dass in verschiedenen Stadien der Belastung geometrisch begrenzte Ansammlungen von SE-Ereignissen beobachtet werden können. Solche Ansammlungen von lokalisierten SE-Ereignissen werden auch als Cluster bezeichnet. Mit anderen Worten, ein Cluster ist eine Reihe von SE-Ereignissen, die räumlich und zeitlich in Beziehung stehen. Die Gruppierung von Ereignissen kann auf die Bildung makroskopischer Rissflächen hinweisen, was einen Zustand nahe der Kritikalität bedeutet. So sind z.B. kritische flächenhaften Cluster Vorläufer makroskopischer Rissbildung. Die Bildung von planaren Clustern ist meistens mit dem Versagen an bereits bestehenden geschwächten Zonen oder der Bildung neuer Risse in hoch beanspruchten Zonen aufgrund von Spannungsumverteilung verbunden. Daher ist es wichtig, eine solche gebündelte SE-Aktivität zu identifizieren.

Die hier vorgestellte Arbeit geht noch einen Schritt weiter, um räumliche und zeitliche Clusterereignisse hinsichtlich ihres statistischen Erscheinungsbildes zu untersuchen. Die Aufgabe ist die Bestimmung und Korrelation von Zeitdifferenzverteilungen von Clusterereignissen, die während eines dreiachsigen Extensionsversuchs einer zylindrischen Steinsalzprobe aufgetreten sind, um zusätzliche Ergebnisse zu den kausalen SE-Prozessen zu erhalten.

2 Experimentelle Arbeiten

2.1 Versuchsaufbau und Durchführung des Experiments

Der Versuch der Extensionsbelastung einer zylindrischen Steinsalzprobe (Durchmesser 150 mm, Länge 300 mm) aus dem Forschungsbergwerks Asse wurde im Labor des Instituts für Entsorgungstechnik und Geomechanik der Technischen Universität Clausthal durchgeführt. Für den Test wurde ein dreiachsiges hydraulisches Ladesystem verwendet, das die Hydraulikzelle enthält, in der von einer Viton-Schlauch abgedeckte zylindrische Gesteinsproben einem hohen hydraulischen Druck von bis zu 75 MPa und einer zusätzlichen axialen Kraft von bis zu 2.500 kN ausgesetzt werden [8].

Während des Extensionsversuchs konnten die axiale Verschiebung und die axiale Kraft, der radiale Druck und die Volumenänderung (Dilatanz) der Probe gemessen und online auf dem Bildschirm des Computers angezeigt werden. Die digitalisierten Daten wurden alle fünf Sekunden auf der Festplatte gespeichert. Das Porenvolumen der Probe entspricht der Änderung des Ölvolumens in der Triaxialzelle, die mit einem doppeltwirkenden Messzylinder gemessen wurde. Zu Beginn des Tests wurde die Probe 16 Stunden über Nacht unter isotropen Stressbedingungen bei einem Druck von 5 MPa kompaktiert, um offene Risse an der Oberfläche der Probe zu schließen, die bei der Bearbeitung der Probe verursacht wurden. Nach der Verdichtungsphase, beginnend bei einem isotropen Druck von 5 MPa, wurde eine zunehmende Begrenzungslast derart aufgebracht, dass eine konstante axiale Verformungsgeschwindigkeit von $8{,}33 \cdot 10^{-6}$ sec^{-1} erzeugt wurde. Die maximalen und minimalen Hauptspannungen lagen in radialer bzw. axialer Richtung.

2.2 Durchführung der SE-Messungen

Die SE-Messungen wurden unter Verwendung eines Sensornetzwerkes von 12 breitbandigen SE-Sensoren durchgeführt, die auf die Oberfläche der Probe geklebt wurden. Zusätzlich wurden noch Durchschallungsmessungen während des Versuchs im Ultraschallbereich mit drei separaten Sendern in axialer Richtung und auf zwei Höhenniveaus in radialer Richtung durchgeführt. Das SE-Messsystem besteht aus drei vierkanaligen Transientenrekorderkarten in einem Personalcomputer. Diese Karten (Abtastrate 10 MHz, Auflösung 14 Bit, Speicherkapazität 512 kByte pro Kanal) wurden jedes Mal ausgelesen, wenn an mindestens zwei Kanälen die Triggerschwelle überschritten wurde.

Die digitalisierten Signale wurden auf der Festplatte des PCs gespeichert. Während des Versuchs (Dauer ca. 5 Stunden) wurden ca. 70.400 SE-Ereignisse aufgezeichnet. Der Ort der Ereignisse wurde nach dem Test offline festgelegt. Da die Signale einen überraschend guten Signal-Rausch-Abstand zeigten, war eine automatische Ortung möglich. Etwa 47% und 25% dieser Ereignisse waren mit mindestens 6 bzw. 10 konsistenten P- und S-Welleneinsatzzeiten lokalisierbar [8]. Wenn die Abstände von Sensoren zu Quellen groß genug waren, konnten die S-Welleneinsätze von der P-Wellen-Coda getrennt werden. In diesem Fall ist es möglich, den Beginn der S-Welle automatisch zu markieren. Ein Ereignis wurde verworfen, wenn der Ortungsfehler größer als 5 mm war.

Zur Verringerung der Laufzeitresiduen wurden systematische Ortsfehler, die mit der großen Verformung der Probe zusammenhängen, durch Anwendung eines geänderten Ortungsalgorithmus beseitigt. Bei diesem Ortungsalgorithmus wurde die axiale Verformung berücksichtigt, um die Position der SE-Sensoren in axialer und radialer Richtung jederzeit neu zu berechnen. Durch die Sensorkorrektur wurde der Ort der Quelle verbessert.

2.3 Ergebnisse der Quellortung- und Clusteranalyse

In Abbildung 1 sind 17.269 lokalisierte Ereignisse auf die drei Koordinatenebenen (Draufsicht und zwei seitliche Ansichten) projiziert, bei denen mindestens 10 Einsatzzeiten der P- und S-Welle zusammen zur Ortung herangezogen wurden.

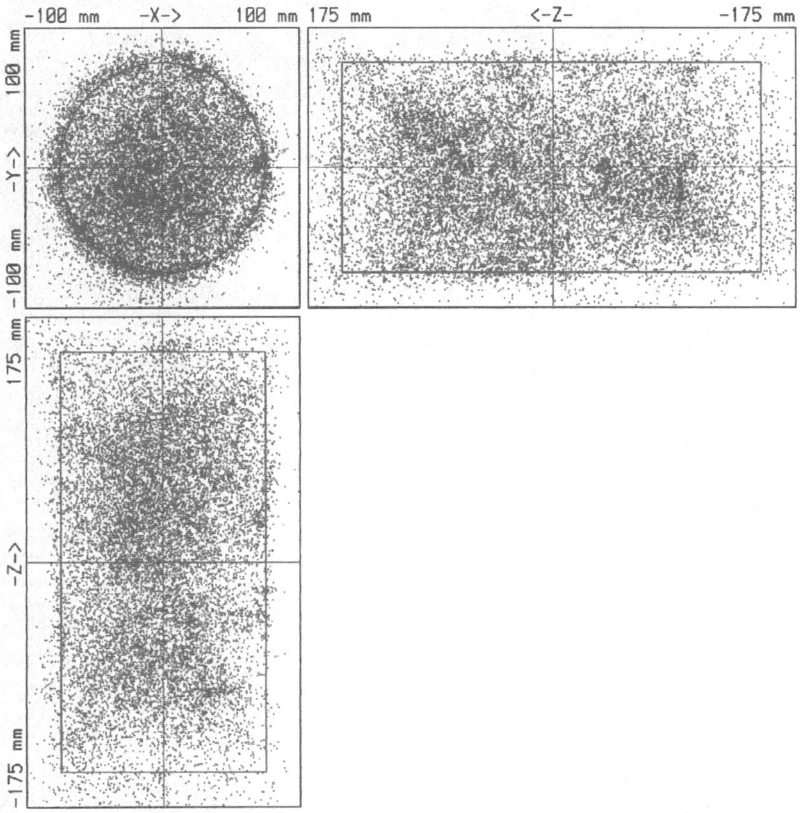

Abb. 1. Lokalisierte Ereignisse (rote Punkte) in Draufsicht und zwei seitliche Ansichten. Der Kreis und die Kästchen markieren die Anfangsform der zylindrischen Probe.

Aufgrund der starken Verformung der Probe befinden sich einige Ortungen außerhalb des Rechteckes, das die ursprüngliche Form der Gesteinsprobe darstellt. Die Abbildung zeigt, dass die Ereignisse vorzugsweise in Wolken über die gesamte Probe verteilt sind. Einige Anhäufungen von Ereignissen können jedoch erkannt werden.

Um Cluster von SE-Ereignissen zu finden, wurde die Clusteranalyse angewendet. Eine kurze Beschreibung der Methode wird in [3,8,9] ausführlich beschrieben. Diese Clustermethode verwendet die sogenannte fraktale Dimension D der Ereignisse, um lineare, planare oder räumliche Cluster zu finden. Die Analyse von Clustern hat das Ziel, flächenartige Cluster zu finden, da planare Cluster die gefährlichsten Strukturen im Vergleich zu linearen oder räumlichen sind. Ein Abfall der fraktalen Dimension von 3 auf 2 innerhalb eines bestimmten Zeitraums weist auf eine Konzentration und Fokussierung einer zunächst diffusen räumlichen Ereignisverteilung in einer Ebene hin, die den Kern einer Fraktur bildet.

Für die Clusteranalyse dieses Experiments wurden primäre Clusterparameter zwischen 0,5 und 2 Minuten Zeit und zwischen 4 und 12 mm Abstand verwendet. Die Cluster Analyse mit Primärparametern von 1 Minute und 10 mm ergibt 297 Primärcluster. Die meisten primären Cluster (280) umfassen weniger als 10 Ereignisse [8]. Am Ende sind in Abbildung 2 die zwei größten Cluster mit 142 (Cluster A) und 81 Ereignissen (Cluster B) in Projektion auf die drei Koordinatenebenen dargestellt. Die kleinen Kreuze markieren die Sensorpositionen.

Cluster A und B traten innerhalb von 5 bzw. 2,5 Minuten nach Versuchsbeginn auf. Die Clusteranalyse ergab, dass die fraktale Dimension beider Cluster den Wert 2 hat, was eine planare Struktur darstellt und ein Beleg für kritische SE-Aktivität ist. Die planare Ausdehnung der Cluster A und B beträgt ungefähr 50 mm × 50 mm bzw. 30 mm × 50 mm. Nach diesen Abmessungen kann geschätzt werden, dass die Größe eines einzelnen Ereignisses im Bereich von wenigen Millimetern bis zu einem Zentimeter liegt, was der Korngröße des Salzgesteins entspricht.

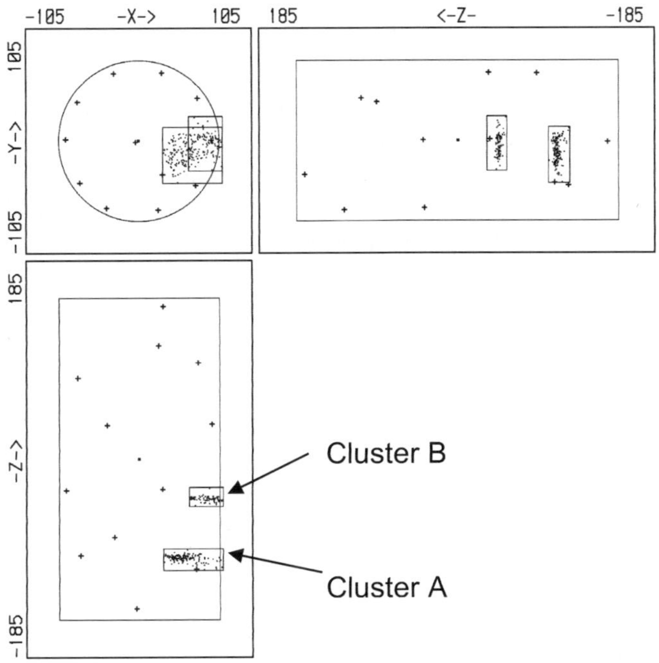

Abb. 2. Position der zwei größten Cluster mit 142 (Cluster A) und 81 Ereignissen (Cluster B) auf dieselbe Weise dargestellt wie in Abbildung 1. Kleine Kreuze markieren die Sensorpositionen.

3 Zeitstatistik von SE-Ereignissen

3.1 Einige Bemerkungen zur Zeitstatistik von SE-Ereignissen in Gestein

Bisher wurde die Zeitstatistik von SE-Ereignissen im Gestein nur sehr selten untersucht. Als einer der Ersten auf diesem Gebiet hat Mogi [10] jedoch bereits eine umfangreiche Publikation zum Thema Zeitstatistik von SE-Ereignissen vorgelegt, die an Granit- und Bimssteinproben beobachtet wurden, die in Biegeversuchen belastet wurden. Er bewertete die Zeitintervalle τ zwischen aufeinander folgenden AE-Ereignissen bei verschiedenen Belastungsniveaus. Für die Frequenz $n(\tau)$dieser Zeitintervalle hat er gefunden

$$n(\tau) \propto \exp\left(-\beta \cdot \tau\right), \tag{1}$$

wobei die Konstante βmit zunehmendem Spannungsniveau abnahm. Mogi folgerte daraus, dass die Ereignisse unabhängig und zufällig stattfanden (Poisson-Prozess).
Mogi kannte bereits Beispiele für induzierte Ereignisse aus der Nachbebenreihe von Erdbeben nach einem großen Hauptschock und aus Anhäufungen von Vulkanerdbeben. Nach dem Hauptschock bei t = 0 hat sich die Ereignisrate der Nachbeben entsprechend einer empirischen Beziehung mit der Zeit verringert

$$n(t) \propto t^{-p}, \tag{2}$$

das ist als Omoris Potenzgesetz bekannt. Hier ist p konstant und $n(t)$ bezeichnet die Häufigkeit von Nachbeben, die in einem Zeitintervall [t, t + dt] auftreten.

Scholz [11] zeigte, dass die SE-Rate nach dem ultimativen Bruch von Gesteinsproben aus Granit und San Marcos Gabbro dem Potenzgesetz von Omori gehorchte (Gleichung 2). In diesem Fall wurde ein SE-Ereignis durch ein vorheriges Ereignis ausgelöst (Polya-Prozess). Hirata analysierte SE-Signale, die auftraten, während eine uniaxial belasteten Basaltprobe auf einer konstanten hohen Belastung gehalten wurde (bei etwa 85% der Endbelastung). Einzelne Ereignisse wurden als Mainshock-Aftershock-Sequenzen behandelt. Er beobachtete in den meisten Fällen einen Übergang vom exponentiellen Gesetz (Gleichung 1) zum Potenzgesetz von Omori (Gleichung 2). Lockner [12] bewertete die Ergebnisse von Hirata erneut. Interessanterweise wurden beide Prozesse auch in Metallen beobachtet. Während die Signale in getempertem Kohlenstoffstahl eindeutige Belege für das Vorhandensein eines Poisson-Prozesses mit unabhängigen Ereignissen aufweisen, zeigen die Signale in Aluminiumlegierungen deutliche Cluster von voneinander abhängigen Ereignissen [13].

3.2 Zeitdifferenzverteilung

Die Häufigkeitsverteilung wird auf die zwei größten Cluster A und B des Extensionsversuchs untersucht. In den meisten praktischen Fällen sind die Bedingungen für die Poisson-Verteilung erfüllt. Diese Bedingungen sind:

- Ereignisse sind eher selten, sie passieren nicht so oft,
- n ist die Anzahl, wie oft ein Ereignis in einem Intervall auftritt und n diskrete Werte von 0, 1, 2,… annehmen kann,
- die Ereignisse treten unabhängig voneinander auf,
- die Rate, mit der Ereignisse auftreten, ist konstant und
- es können nicht zwei Ereignisse zum selben Zeitpunkt auftreten.

Wenn diese Bedingungen erfüllt sind, ist n eine Poisson-Zufallsvariable und die Verteilung von n ist eine Poisson-Verteilung. Im Folgenden wird die Verfügbarkeit der Poisson-Verteilung untersucht. Daher wird die experimentelle Häufigkeitsverteilung $h(n)$ der SE-

Ereignisse der Cluster A und B durch das m_n-te Auftreten von n Ereignissen innerhalb eines konstanten Zeitintervalls T_B bestimmt.

Abbildung 3 und 4 zeigen das Histogramm der Häufigkeitsverteilung von lokalisierten SE-Ereignissen des Clusters A (142 Ereignisse) und des Clusters B (81 Ereignisse) im Zeitintervall $T_B = 15\ s$. Die Histogramme zeigen die größte Häufigkeit für das Auftreten von $n = 9$ und $n = 3$ Ereignissen. Vergleich der experimentell gemessenen Verteilung

$$h(n) = n_G \cdot w(n), \qquad n = 0, 1, 2, \dots,$$

n_G ist die Gesamtzahl der Zeitintervalle T_B mit der normalisierten Poisson-Verteilung (schwarze Punkte)

$$w(n) = \frac{(\lambda \cdot T_B)^n}{n!} \cdot e^{-\lambda \cdot T_B}. \qquad n = 0, 1, 2, \dots,$$

Der Parameter λ wird aus den experimentellen Daten für Cluster A mit $\lambda = 10{,}1/T_B$ und für Cluster B mit $\lambda = 3{,}7/T_B$ berechnet. Der Vergleich des Histogramms mit der Poisson-Verteilung (Abb. 3 und 4) zeigt für beide Cluster eine gute Übereinstimmung, was darauf hinweist, dass die SE-Ereignisse unabhängig voneinander sind.

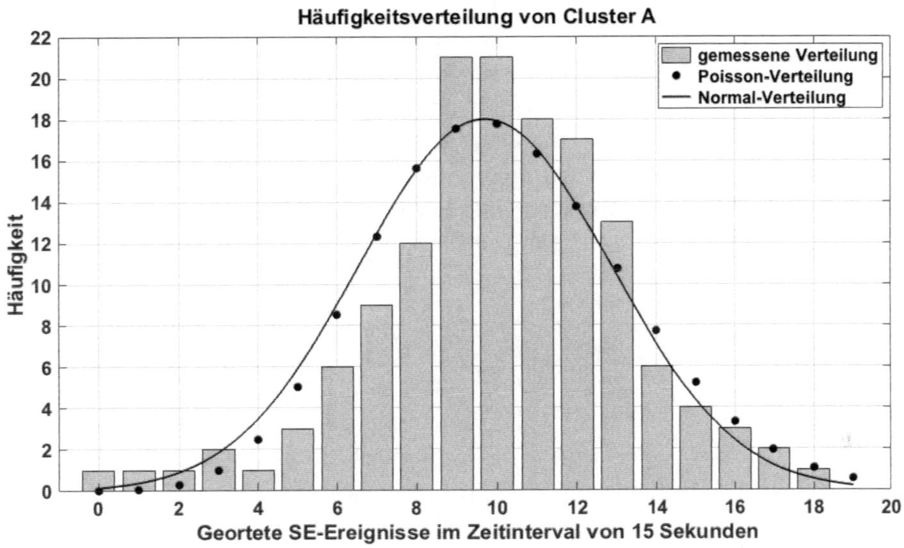

Abb. 3. Histogramm der Häufigkeitsverteilung von Cluster A im Beobachtungszeitintervall $T_B = 15\ s$.

Für die grafische Darstellung der Wahrscheinlichkeitsfunktion der diskreten Poisson-Verteilung sind nur Säulendiagramme sinnvoll (siehe Abbildungen 3 und 4). Das Anschließen der Werte an durchgehende Kurven ist aufgrund der diskreten Werte nicht möglich. Trotzdem gibt es einige Einschränkungen bei der praktischen Anwendung. Für große $\lambda \cdot T_B$ ist die Berechnung der Poisson-Verteilung ungenau und die Poisson-Verteilung konvergiert gegen einen Gaußverteilung [14].

Schwieriger ist die Anwendung statistischer Tests zur Überprüfung der sogenannten Reinheit der Verteilung. Zu diesem Zweck ist der Übergang zur stationären Gaußverteilung hilfreich. In unserem Fall ist es von Vorteil, das Zeitintervall T_B so groß zu wählen, dass $\lambda \cdot T_B \gg 1$ mit dem Parameter λ die mittlere Anzahl von Ereignissen pro Beobachtungsintervall ist. In diesem Fall kann die diskrete Poisson-Verteilung mit der kontinuierlichen Gaußverteilung geprüft werden. Die Wahrscheinlichkeitsdichte der Gaußverteilung beträgt

$$f(x|\mu, \sigma^2) = \frac{1}{\sigma\sqrt{2\pi}} \cdot e^{-\frac{(x-\mu)^2}{2\cdot\sigma^2}}. \qquad (3)$$

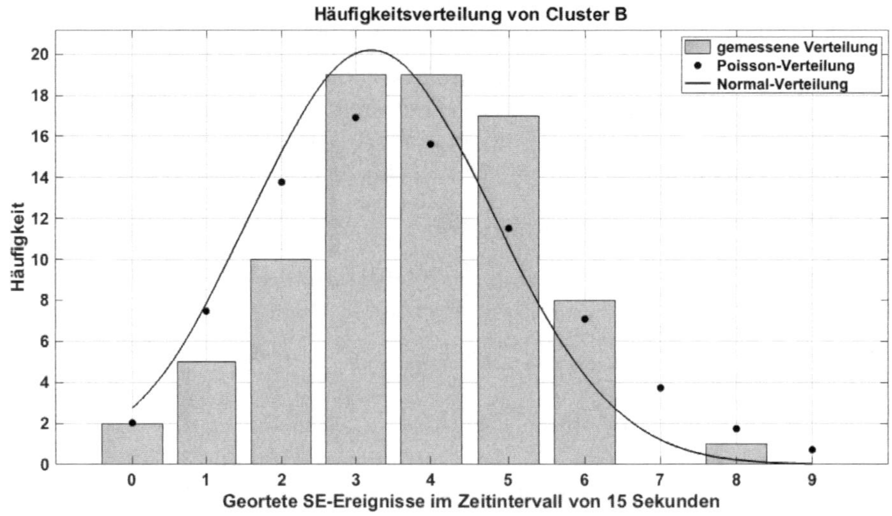

Abb. 4. Histogramm der Häufigkeitsverteilung von Cluster B im Beobachtungszeitintervall $T_B = 15\,s$.

Die beiden Parameter Median μ und Standardabweichung σ werden grafisch durch Auftragen der Häufigkeit in Prozent der Gesamtzahl der Ereignisse unter Verwendung eines speziellen Millimeterpapiers, das als Normalwahrscheinlichkeitspapier bezeichnet wird, bestimmt. In dieser Darstellung ergibt eine Gaußverteilung eine gerade Linie, die an die experimentellen Daten angepasst wird, wie in den Abbildungen 5 und 6 für Cluster A und B (gefüllte Punkte) dargestellt. In beiden Abbildungen sieht das resultierende Bild fast einer geraden Linie aus, d.h. die Daten sind etwa normalverteilt.

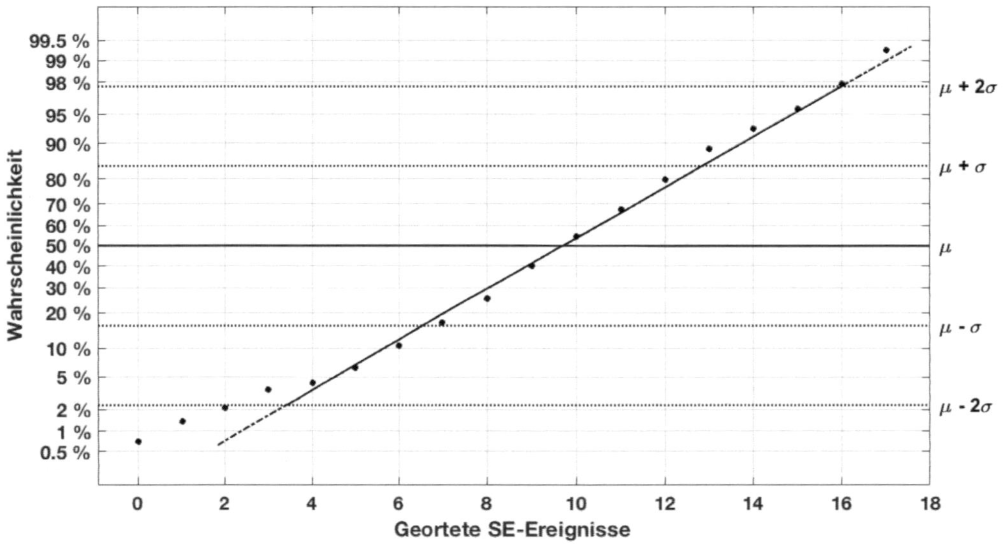

Abb. 5. Darstellung der experimentellen Ergebnisse im Wahrscheinlichkeitspapier zur Bestimmung des Medianwerts $\mu = 9{,}7$ bei einer Wahrscheinlichkeit von 50% (durchgezogene Linie) und der Standardabweichung $\sigma = \pm 3{,}15$ bei einer Wahrscheinlichkeit von 84,1% und 15,9 % (gestrichelte Linien) durch Summation der Häufigkeitsverteilung von Cluster A (gefüllte Punkte).

Mit der grafischen Bestimmung des Medianwerts μ und der Standardabweichung σ (Abb. 5 und 6) wird die normalisierte Gaußverteilung bestimmt. In Abbildung 5 ist der Medianwert $\mu = 9{,}7$ bei einer Wahrscheinlichkeit von 50% (durchgezogene Linie) und die Standardabweichung $\sigma = \pm 3{,}15$ bei einer Wahrscheinlichkeit von 84,1% bzw. 15,9% (gestrichelte Linien) für Cluster A. Abbildung 6 zeigt den Medianwert $\mu = 3{,}2$ und die Standardabweichung $\sigma = \pm 1{,}6$ für Cluster B. Der Verlauf der Gaußverteilung kann anhand des Medianwertes und der Standardabweichung berechnet und in das Histogramm in Abbildung 3 und 4 übertragen werden (durchgezogene Linie) unter Berücksichtigung der Gesamtzahl der Ereignisse. Hier zeigt die angepasste Gaußverteilung eine geringfügige Verbesserung der Beschreibung der experimentellen Daten im Vergleich zur berechneten Poisson-Verteilung.

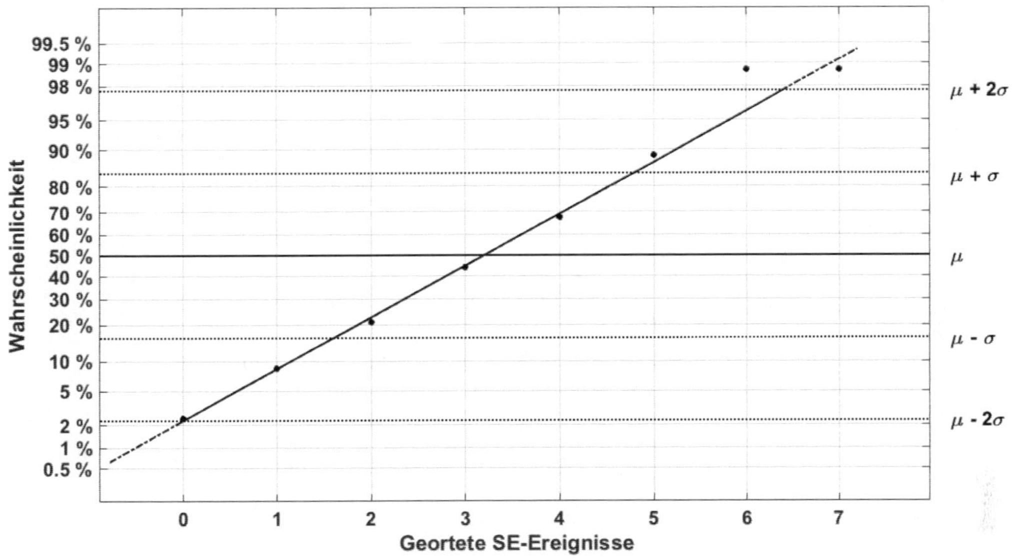

Abb. 6. Darstellung der experimentellen Ergebnisse im Wahrscheinlichkeitspapier zur Bestimmung des Medianwertes $\mu = 3{,}2$ bei einer Wahrscheinlichkeit von 50% (durchgezogene Linie) und der Standardabweichung $\sigma = \pm 1{,}6$ bei einer Wahrscheinlichkeit von 84,1% und 15,9 % (gestrichelte Linien) durch Summation der Häufigkeitsverteilung von Cluster B (gefüllte Punkte).

4 Zusammenfassende Diskussion

Die hier angewandte Clustermethode findet zwei große räumliche und zeitliche Cluster von AE, die während eines dreiachsigen Dehnungsversuchs einer Steinsalzprobe aufgenommen wurden. Die fraktalen Dimensionen beider Cluster sind 2. Dies ist ein Hinweis auf eine planare Struktur und ein Beleg für kritische AE-Aktivität. Tatsächlich war das endgültige Versagen ein plötzlicher Zugbruch der Probe genau an der Position, an der Cluster A auftrat.

Abbildung 7 zeigt auf der linken Seite die zylindrische Steinsalzprobe vor dem Experiment. Im rechten Teilbild ist die Taillenverformung aufgrund des enorm hohen Drucks und der damit verbundenen Dehnung der Probe um etwa 3 cm (entspricht 10%) deutlich sichtbar. Im unteren Drittel der belasteten Probe ist eine scharfe Linie (schwarzer Pfeil) quer zur Probenachse zu sehen. Diese Linie markiert die makroskopische Bruchfläche, an der die Probe versagt hat. Die sehr scharfe Bruchfläche ist horizontal ausgerichtet und verläuft über die gesamte zylindrische Probe. Der Ort und die Orientierung des Risses lässt vermuten, dass das Versagen der Probe durch einen plötzlichen Zugbruch an der genauen Stelle der Probe verursacht wurde, an der das größte Cluster mit 142 SE-Ereignissen auftrat. Interessanterweise wurden in einem Zeitintervall von etwa 4 Stunden zwischen dem Auftreten des Clusters und dem Versagen der Probe keine weiteren SE-Ereignisse aus dieser Clusterregion lokalisiert.

Die zeitlichen Unterschiede von AE-Ereignissen in Clustern zeigen eine statistische Gleichgewichtsverteilung, die ein eindeutiger Beweis für das Vorhandensein eines Poisson-Prozesses ist. Dies bedeutet, dass die Ereignisse unabhängig und zufällig stattgefunden haben. Das Auftreten einer Poisson-Verteilung von SE-Ereignissen in einer Steinsalzprobe kann durch Verringerung der inneren Spannungen interpretiert werden. Die Spannungsumverteilung, begleitet von einer stufenweisen Rissausbreitung, reicht nicht aus, um neue Risse auszulösen. Nur eine zunehmende Dehnungsbelastung führt zu neuer Rissausbreitung. Als Ergebnis dieser Untersuchung besitzt ein nachfolgender Riss kein "Gedächtnis" an seinen Vorläufer und kann als unabhängiges Ereignis interpretiert werden.

Abb. 7. Photographie der Steinsalzprobe vor (links) und nach dem Extensionsversuch (rechts). Der schwarze Pfeil in der rechten Teilabbildung markiert die makroskopische Bruchfläche an der die Probe versagte.

Referenzen

[1] Eisenblätter, J., Manthei, G., Meister, D.: Monitoring of Microcrack Formation around Galleries in Salt Rock. In: H.R. Jr. Hardy (ed), Proc. 6th Conf. on Acoustic Emission/Microseismic Activity in Geologic Structures and Materials, Trans Tech Publications, Clausthal-Zellerfeld, 1998, S. 227-243.

[2] Eisenblätter, J., Manthei, G., Meister, D.: Überwachung von Rißbildung im Salzgestein mit dreidimensionaler Ortung von Quellen, 8. Kolloquium Schallemission, Zittau, 1990, S. 17-24.

[3] Manthei, G., Eisenblätter, J.: Acoustic Emission in Study of Rock Stability. In: C.U. Grosse, M. Ohtsu (eds.), Acoustic Emission Testing, Springer, Berlin, Heidelberg, 2008, S. 239-310.

[4] Manthei, G., Plenkers, K.: Review on In Situ Acoustic Emission Monitoring in the Context of Structural Health Monitoring in Mines, Applied Sciences, 8, 1595, 2018, doi:10.3390/ app8091595.

[5] Manthei, G.: Charakterisierung von breitbandigen Schallemissionsaufnehmern, 17. Kolloquium Schallemission, Bad Schandau, Berichtsband 118 der DGZfP, 2009, S. 77-85.

[6] Manthei, G., Eisenblätter, J., Spies, T., Eilers, G.: Bestimmung von Quellenparametern mikroakustischer Ereignisse im Salzgestein, 12. Kolloquium Schallemission, Jena, Berichtsband 72 der DGZfP, 2000, S. 173-187.

[7] Manthei, G.: Characterization of Acoustic Emission Sources in a Rock Salt Specimen under Triaxial Compression, Bulletin of Seismological Society of America, Vol. 95, No 5, 2005, S. 1674-1700.

[8] Manthei, G., Eisenblätter, J.: Anwendung der Cluster-Analyse auf Schallemissionsereignisse aus Festigkeitsuntersuchungen von zylindrischen Gesteinsproben, 18. Kolloquium Schallemission, Wetzlar, Berichtsband 131-CD der DGZfP, 2011.

[9] Spies, T., Eisenblätter, J.: Micro- and Macrocracking at the Boundary of Rock Salt and Anhydrite, Proc. International Society for Rock Mechanics. In: G. Vouille, P. Berest. (eds.), A. A. Balkema, Rotterdam, 1999, S. 1071-1074.

[10] Mogi, K.: Study of the elastic shocks caused by the fracture of heterogeneous materials and its relation to earthquake phenomena, Bull Earthquake Res Inst, 40, 1962, S. 125-173.

[11] Scholz, C.H.: Microfractures, Aftershocks, and Seismicity, Bull Seis Soc Amer, 58, 1968, S. 1117-1130.

[12] Lockner, D.A.: The Role of Acoustic Emission in the Study of Rock. Int J Rock Mech Min Sci & Geomech 30, 1993, S. 883-899.

[13] Erlenkämper, S.: Time and Amplitude Statistics of Acoustic Emission Signals in Fracture Mechanic Experiments, Acoustic Emission, Conference in Bad Nauheim, Deutsche Gesellschaft für Metallkunde e.V., 1980, S. 165-188.

[14] Press, W.H., Teukolsky, S.A., Vetterling, W.T., Flannery, B.P.: Numerical Recipes, Cambridge University Press, 1994.

Monitoring von Stahlkonstruktionen mittels geführter Wellen

Udo PEIL [1], Klaus THIELE [1]
[1] Institut für Stahlbau, TU Braunschweig, Braunschweig
Kontakt E-Mail: udopeil@icloud.com, k.thiele@stahlbau.tu-braunschweig.de

Kurzfassung. Das Monitoring großflächiger Konstruktionen wird zweckmäßig mittels Beamforming durchgeführt. Im Beitrag werden die wesentlichen Einflüsse dargestellt und an theoretischen und experimentellen Beispielen ausführlich verdeutlicht. Die Ergebnisse zeigen eine hohe Sensitivität für Schäden, auch solche, die hinter Querrippen verborgen sind.

Einführung

Die Überwachung von Schäden in Stahlbauteilen ist oft nicht ohne weiteres möglich, da z.B. das Innere von Tanks und Silos oder gefährliche Umgebungen wie beispielsweise in Reaktoren gar nicht oder nur schwer zugänglich ist.

Mit der zur Schadensuntersuchung heute überwiegend eingesetzten Ultraschalltechnik können nur sehr kleine Bereiche untersucht werden. Durch Verschieben des Prüfkopfes können jedoch ggf. größere Bereich einer Konstruktion überprüft werden. Fahrbare Prüfköpfe werden beispielsweise zur Untersuchung von Rohren [5] oder Betonbrücken [6] eingesetzt. Bei komplexen Stahlkonstruktionen mit Querrippen oder Steifen ist dies jedoch nur eingeschränkt oder überhaupt nicht möglich.

Die Untersuchung größerer Bereich einer Konstruktion ist mit den durch die US-Prüfköpfe erzeugten Volumenwellen praktisch nicht möglich. Mit geführten Wellen lassen sich, im Fall von flächigen Strukturen aus Materialen mit geringer Dämpfung, beispielsweise Stahlblechen, auch größere Bereiche untersuchen. Oberflächenwellen - auch Rayleigh-Wellen genannt - breiten sich entlang der Materialoberfläche aus. Ist das Material relativ dünn, d.h. etwa gleich einmal die Wellenlänge des Signals, spricht man von Platten- oder Lamb-Wellen. Hier wird die Ausbreitung der Welle sowohl durch die Ober- als auch die Unterseite der Platte geführt. An beiden Oberflächen wird die Welle reflektiert und überlagert sich wieder mit der von der Gegenseite. In Abhängigkeit von Material, Frequenz und Plattendicke bilden sich entsprechende Wellenmoden aus. Die Amplituden der einzelnen Moden nehmen mit zunehmender Ausbreitung der Welle deutlich ab. Schäden im Material können durch eine Veränderung der Wellenausbreitung erkannt werden. Entweder durch Messung, der an einer Störstelle reflektierten Wellenanteile, oder durch eine Veränderung der Laufzeit die eine Wellen für die Strecke zwischen einem Aktuator und einem Sensor braucht [7,8,9,10]. Allerdings bedarf es bei beiden Vorgehensweisen eines Vergleichs mit einer Referenzmessung am nicht geschädigten, d.h. jungfräulichen Konstruktion.

1.1 Ziel der Untersuchungen

Ziel des Forschungsprojektes war die Weiterentwicklung von Verfahren zur Schadensdetektion mittels Lamb-Wellen. Nahziel war die Entwicklung von Verfahren, die eine permanente Installation von kostengünstigen, piezokeramischen Aktuatoren und Sensoren zur Schadensdetektion und ggf. Schadensentwicklung ermöglichen. Die von den Aktuatoren erzeugten Wellen werden von den Sensoren aufgenommen. Das Signal wird mit einer Referenzmessung des nicht geschädigten Bauteils verglichen. Änderungen im Differenzsignal weisen auf Veränderungen der Wellen und damit auf Schäden im Material hin. Aktuatoren und Sensoren können in ihrer Wirkung frei ausgetauscht werden.

Das Differenzsignal kann außerdem Aufschluss über die Entfernung des Schadens vom Sensor geben. Mittels sog. passivem beamforming werden die Signale zeit- oder wegversetzt für die einzelnen Richtungen und Entfernungen ausgewertet. Dieses entspricht dem Prinzip des Richtmikrophons. Im Gegensatz dazu werden beim aktiven beamforming zusätzlich die einzelnen Aktuatoren zeitversetzt angesprochen um eine Richtwirkung beim Senden des Signals zu erzielen [12,13].

Mit zunehmender Laufstrecke der Welle schwächt sich die Signalamplitude ab. Darüber hinaus bewegt sich durch die sog. Dispersion der Lambwelle die Rückseite der laufenden Welle langsamer als die Wellenfront, was die Auswertung erschwert. In Abhängigkeit von Frequenz, Material und Plattendicke lässt sich das Zerlaufen des Signals herausrechnen [12,13]. Für einen erfolgreichen, praktischen Einsatz ist es darüber hinaus nötig, Einflüsse aus Temperatur und Phasenversatz zu berücksichtigen [12].

1.2 Allgemeine Vorgehensweise und verwendete Hilfsmittel

Für die praktische Anwendung ist die Verwendung möglichst preisgünstiger Sensoren wichtig, um die Kosten auch einer größeren Überwachungsmaßnahme in Grenzen zu halten. Zu dem Zwecke wurden unterschiedliche Piezotypen getestet. Es ergab sich, dass die Verwendung von kreisförmigen Piezos mit einem Durchmesser von etwa 10 bis 30 mm und einer Dicke von ca. 0,5 mm am besten war. Die Scheiben wurden mit einem 2-Komponenten Epoxyharz verklebt. Der Klebstoff wurde zuvor durch Hinzufügen von Kupfer-Pulver (<100μm) elektrisch leitend gemacht. Das System wird also als permanente Lösung installiert. Die Erregung der Piezos wird durch einen Hybrid-Verstärker erzeugt. Hiermit kann sowohl die Ladung, als auch die die zweiseitige Wirkung über der Zeit sauber kontrolliert werden. Hiermit können die Aktuatoren trotz ihrer relativ geringen Kapazität bis zu einer Frequenz von etwa 200 Hz betrieben werden.

Eine Beladung der Piezos mit elektrischen Ladung erzeugt Verzerrungen des Piezos in Richtung ihrer Polarisation und orthogonal dazu. Vergleiche mit Finite-Element (FE)-Simulationen zeigten, dass im Modell die Piezos als starr gekoppelt angesehen werden können.

Die Einleitung der Piezo Deformationen in das Blech ruft durch die Reflektionen an beiden Oberflächen Lamb-Wellen hervor. Da sich die Wellen nur in 2 Dimensionen ausbreiten können, verlieren sie nur beschränkt (d.h. quadratisch mit dem Radius) Energie und können so weit in die Struktur hinein"schauen". Ein Nachteil der Lamb Wellen ist ihr dispersiver Charakter. Hierdurch wird die laufende Welle immer länger, das Ende läuft mit einer geringeren Geschwindigkeit als der Anfang. Diese Eigenschaft macht es schwierig, z.B. genaue Entfernungen zu bestimmen, da z.B. die am stärksten erregte Wellenmitte zurückfällt. Hierdurch treten Fehler bei der Zeit- und somit auch bei der Längenbestimmung auf.

Bild 1 zeigt die Dispersionskurven, wie sie sich nach den Rayleigh-Lamb-Gleichungen ergeben [5.6]. Dargestellt sind nur die untersten sog. zero-Moden, da alle Untersuchungen bisher unterhalb der cut-off-Frequenzen der höheren Lamb-Moden durchgeführt wurden.

Wenn die Anregung unsymmetrisch erfolgt, werden sowohl die symmetrischen, wie auch die antimetrischen Moden angeregt. Mit Hilfe von Methoden der Zeitreihenanalyse und Verfahren der Eliminierung der Dispersionseffekte [7,12], kann das Signal in beide Moden zerlegt werden. Die Dispersionseliminierung spielt dabei eine entscheidende Rolle. Die Eliminierung wird im sog. Wellenzahl-Raum vorgenommen, also nicht im bekannten Frequenzraum. Im Wellenzahlraum wird die Dispersion eliminiert. Das sich ergebende Signal wird dann in den Ausgangsraum zurücktransformiert. Bild 2 zeigt das Prinzip der Dispersionskorrektur.

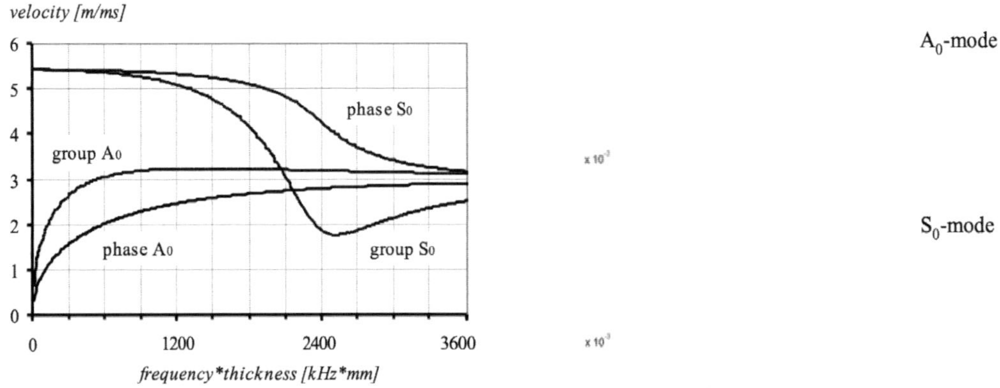

Bild 1: Dispersionskurven, Stahl 10mm, f=60 Hz

Nach der Transfomation erscheinen die Signale sozusagen als wieder auf ihre Ausgangsgröße reduziert im Zeitbereich. Der Abstand zwischen Aktuator und Sensor beträgt 2,5 m, als Erregungssignal wird ein Hanning gefenstertes sog. tone-burst-Signal verwendet. Im oberen Bild sieht man, wie das antimetrische A_0-Signal sich enorm verbreitert hat. Nach der Dispersions-Korrektur hat das antimetrische Signal wieder die Ausgangsform. Man erkennt, dass bei beiden Signalen exakt eine Länge von 2500mm bestimmt werden kann.

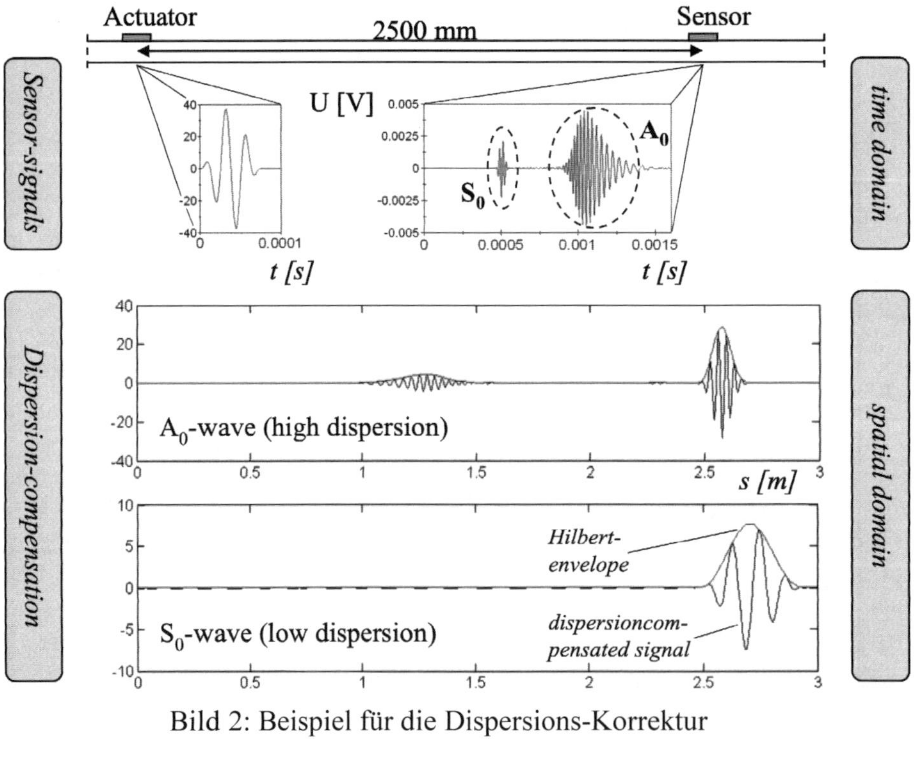

Bild 2: Beispiel für die Dispersions-Korrektur

1.2 Experimente zur Schadenserkennung und -lokalisierung

Es wurden eine größere Anzahl von Experimenten an Stahlblechen durchgeführt. Die Blechdicke betrug 6 mm, beide Ränder hatten eine Länge von 1500 mm. Verwendet wurden Piezoscheiben ∅25mm, d=0,5mm. Je Messpunkt wurden 5 piezos angebracht (piezo array), die wahlweise als Aktuator oder als Sensor arbeiten können (Bild 3). Als „Schaden" wurde eine auf die Oberfläche geklebte 9g Masse verwendet, sowie ein gebohrtes Loch mit ∅1,5mm. Bevor cin Schaden eingebracht wurde, wurde ein Nullmessung des ungeschädigten, d.h. jungfräulichen Systems vorgenommen. Dann wurde das Loch gebohrt, an diesem System wurde gemessen, es wurde das Metallstück angeklebt, es wurde wieder gemessen. Die Signale wurden durch ein IIR-Bandpassfilter digital gefiltert, um den Phasenshift zu eliminieren.

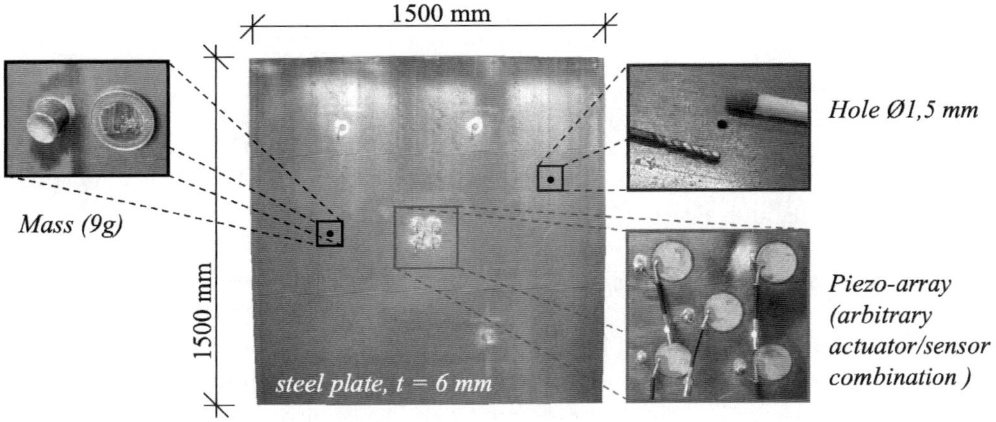

Bild 3: Untersuchte Stahlplatte mit t–6mm mit Piezo-Array und künstlichen Schäden.

1.3.1 Adaptive Phasenkorrektur

Um die jeweiligen Signale des Loches und der Zusatzmasse besser trennen zu können, wurden die Differenzsignale beider bestimmt. Dies hat den weiteren Vorteil, dass neben den Lochsignalen auch die nicht interessierenden Randreflektionen herausfallen. Dennoch treten immer und unvermeidbare kleine Zeitverschiebungen auf, die das Signal verfälschen (Bild 4a,b), so dass eine Schadensidentifikation nicht mit hinreichender Genauigkeit möglich ist.

Zur Beseitigung dieses Einflusses werden die Signale zunächst mit kleineren Intervallen neu gesampled. Mit den so verfeinerten Signalen wird eine Kreuzkorrelationsanalyse durchgeführt. Der time-shift ergibt sich aus dem Abstand des Maximums der Kreuzkorrelationsfunktion zur Ursprungsachse (Bild4c), hier $t^*=1{,}125*10^{-7}$ s. Das resampling Intervall ist mit $\Delta t=5{,}0*10^{-7}$ s etwa fünfmal größer, dieser Fehler würde sonst kaum entdeckt.

Abschließend wird das Signal in Bezug auf t* interpoliert und dann so weiterverwendet. Bild 4d zeigt den Effekt. Das gestrichelte Signal ist durch den time-shift stark verzerrt. Nach Korrektur entspricht es wieder der erwarteten Form. Die Amplitude ist auf reale Werte reduziert, der Verlauf der Phase ist praktisch kaum berührt. Durch diese Phasenkorrektur ist die Sensitivität des Verfahrens beträchtlich gestiegen.

1.3.2 Temperatureinfluss

Nullmessung und Schadensmessung können bei ganz unterschiedlichen Temperaturen stattfinden. Auf diesen wichtigen Einfluss kann in dieser Schrift aus Gründen des beschränkten Umfangs nicht weiter eingegangen werden. Es wurden Korrekturformeln für den Temperatureinfluss entwickelt, siehe dazu z.B. [12,13].

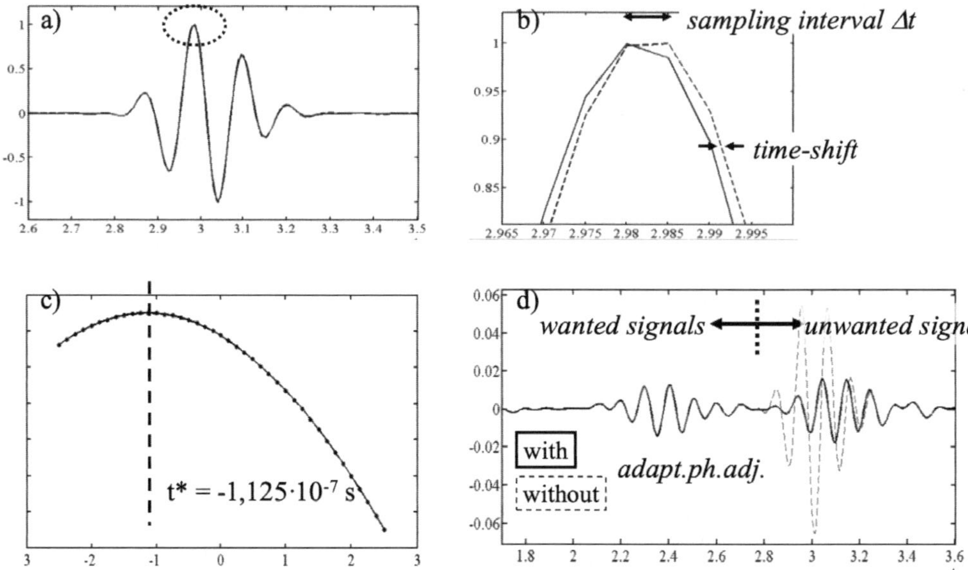

Bild 4: Beispiel der Adaptive Phasenkorrektur

1.3.2 Beamforming der Sensor-Signale

Aus der Funk-Sendetechnik ist das Prinzip des beamformings bekannt. Die Sendeenergie wird dabei nicht – wie üblich - in einer Kugelschale verteilt, sondern in einem gerichteten Balken (beam) konzentriert. Die Konzentration auf den beam wird durch geeignete Interferenz von mehreren Sendern erreicht (Bild 5). Die Interferenz wird dabei durch das phasenverschobene Ansteuern der Antennen des Antennenarrays erreicht. Die Antennen sind bei uns die Piezo-Sensoren.

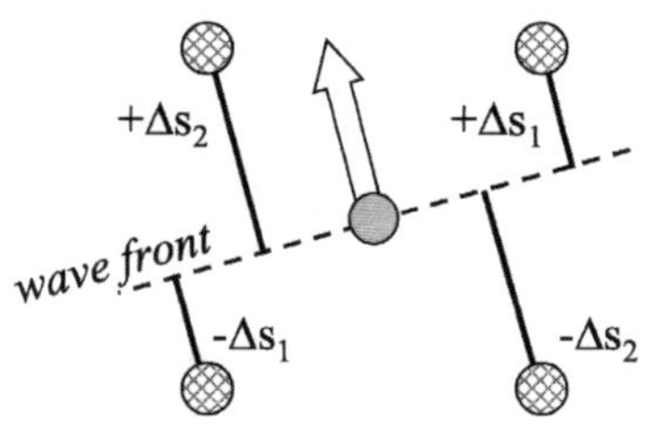

Bild 5: Phasengesteuertes Drehen des beams

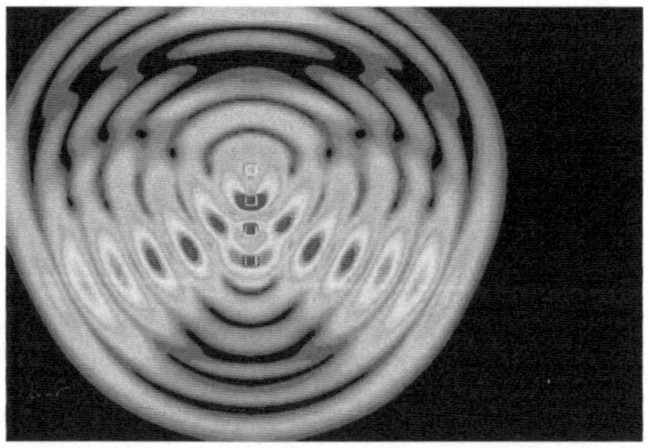

Bild 6: FE-Simulation des beamformings

In Bild 6 ist ein Zwischenergebnis des beamformings anhand einer FE-Simulation dargestellt. Man erkennt deutlich, wie sich von den 4 übereinander angeordneten Piezos zwei beams höherer Energie ausbilden. Bei einer Anordnung, wie in Bild 5 lässt sich der Beam durch entsprechende phasenverschobene Ansteuerung der Piezos in jede Richtung lenken. Man kann damit also, anschaulich gesprochen, das Blech, wie mit einer starken Taschenlampe aus"leuchten" und so leichter einen Schaden finden. Das Konzept des phasenverschobene „Ausleuchtens" in jede Richtung kann mit dem Effekt kombiniert werden, dass gezielt in eine definierte Richtung „gehorcht" wird. Anschaulich wirkte das erste wie ein Sprachrohr, das zweite wie ein Hörrohr. Wir haben zunächst ohne Richtwirkung gesendet, d.h. das Signal verteilt sich auf kreisförmigen Spuren rund um den sendenden Piezo. Die gemessenen, rücklaufenden Reflektionen wurden dann mit dem Prinzip des Richtmikrophons aufgenommen. Im Folgeschritt wurde dann auch das aktive beamforming eingesetzt.

1.3.3 Messungen und Ergebnisse

Die vorab beschriebene Prozedur des beamformings mit Dispersionskorrektur und adaptiver Anpassung des Phasenshiftes wurde an einer quadratische Stahlplatte getestet, vgl. Bild 6. Das Erregungssignal war wiederum das oben vorgestellte toneburst Signal mit einer zentralen Frequenz bis zu 150 Hz. Der Schaden wurde durch ein gebohrtes Loch mit ∅1,5 mm simuliert. Die Frequenz des S_0-Modes betrug 120 Hz.

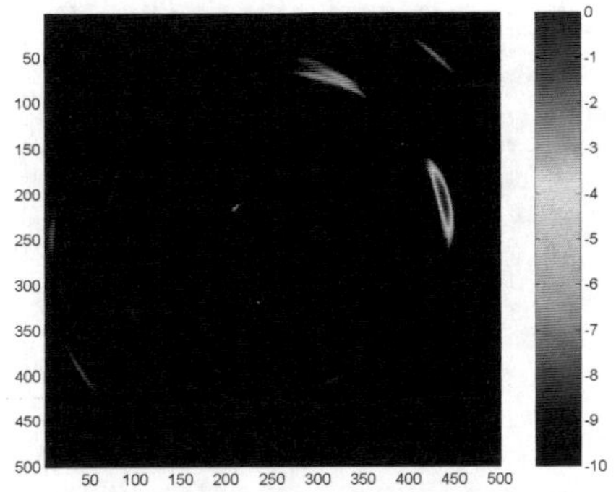

Bild 6: Lokalisation des Loches mit ∅1,5 mm

Der so geschädigte Zustand wurde als Ausgangszustand für die nächste Messung verwendet, d.h. die vorliegende Messung war dann die sog. Nullmessung, wegen der Subtraktion der Signale verschwindet bei der Folgemessung das Signal am gebohrten Loch. Der Folgeschaden wurde durch das Aufkleben des Metallteils simuliert. Bild 7 zeigt das Ergebnis, wiederum mit Dispersions-Kompensation und adaptiver Korrektur des Phasenshifts, jeweils am A_0- und am S_0-Mode. Es sind beispielhaft die Ergebnisse für zwei verwendete Frequenzen (70 Hz und 110 Hz) dargestellt. Das Bild 7d ergibt sich bei Superposition aller Teilbilder

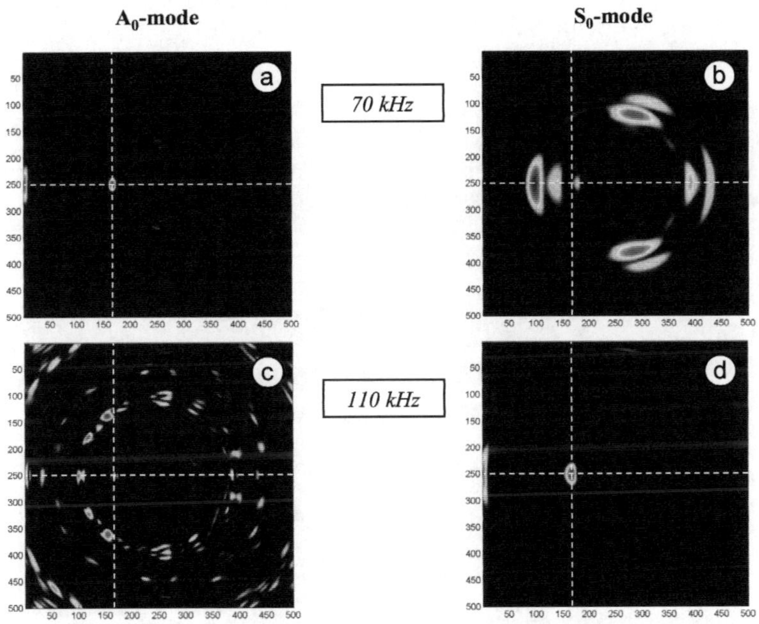

Bild 7: Lokalisation einer aufgeklebten Zusatzmasse

Ein wesentlicher Punkt ist die Festlegung der Piezo-Größe, da die Festlegung des Piezo-Durchmesser immer ein Kompromiss zwischen aufzubringender Schallenergie und der Wellenlänge der erregten Moden darstellt [12.13].

1.3.4 Schadenslokalisation bei Stahlkonstruktionen mit aufgeschweißten Querrippen

In Bild 8 wird die Wellenausbreitung bei Durchlaufen einer Querrippe visualisiert. An der Rippe teilt sich die Wellenenergie auf in einen Teil, der unter der Rippe durchläuft, einer der reflektiert wird und einer, der in die Rippe läuft. Wenn der Zustand mit Querrippe als Nullmessung genommen wird, fallen die Einflüsse bei der anschließenden Schadensermittlung nach Einbringung des Schadens 3 (hinter der Rippe) heraus.

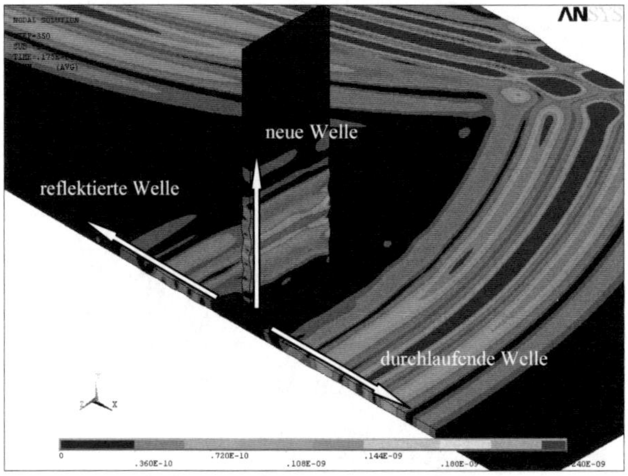

Bild 8: Aufteilung der Wellen

Die bisherigen Untersuchungen waren auf reine Stahlplatten ohne weitere konstruktive Störungen bezogen. Dies stellte allerdings in der Baupraxis eine starke Einschränkung dar, da große, flache Bleche i.d.R. immer mit Quer- und/oder Längssteifen versehen sind. Bei den experimentellen Untersuchungen wird aktives und passives beamforming eingesetzt, d.h. es wird ein gerichteter beam ausgesendet und mit einem gerichteten beam „gehört".
Zusätzlich wurden ein weiterer Schaden 3 (=Loch) hinter einer aufgeschweißten Querrippe eingebracht, vgl. dazu Bild 8.

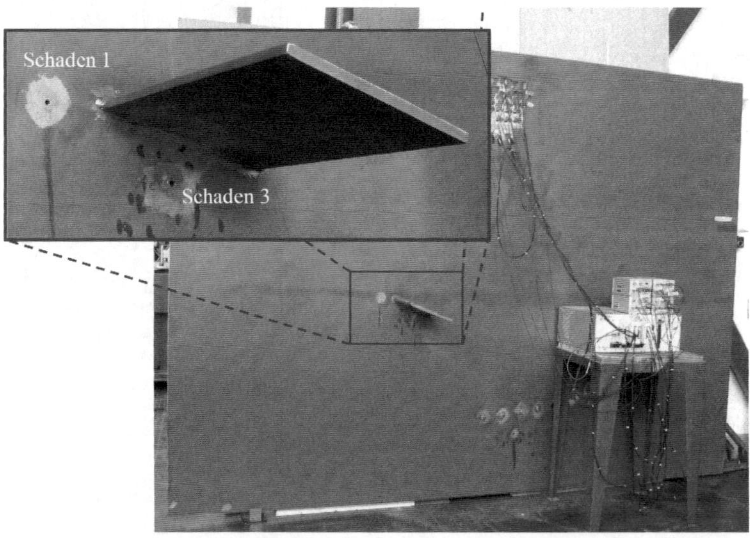

Bild 8: Versuchskörper mit Querrippe und zusätzlichem Loch (Schaden 3)

In Bild 9 ist das Ergebnis dargestellt. Man erkennt den Schaden 3 auch hinter der Rippe genau so deutlich, wie den daneben. Offenbar werden durch solche Querrippen die Reichweite der Schadenserkennung also kaum eingeschränkt.

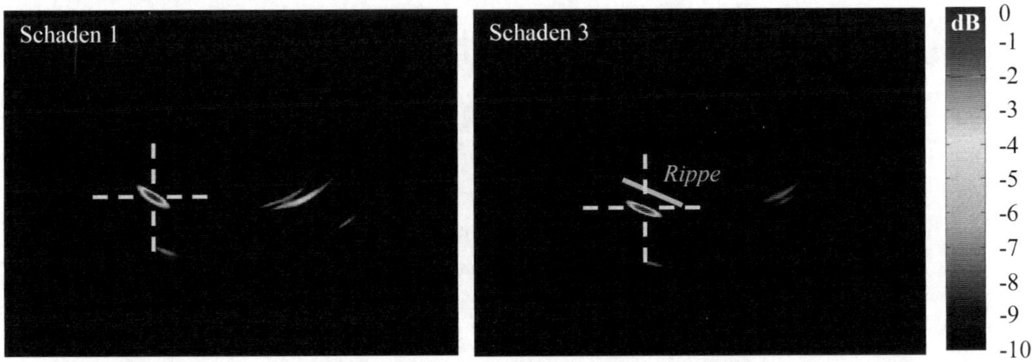

Bild 9: Vergleich der Schäden 1 und 3

2 *Zusammenfassung und Ausblick*

Die Ergebnisse zeigen, dass eine genaue Schadenslokalisation auch kleinerer Schäden (∅1,5 mm) mit Hilfe relativ billiger Piezo-Elemente möglich ist. Die Signalauswertung wurde dabei weitestgehend mit selbst geschriebenen Routinen vorgenommen. Die Interpretation des Ergebnisses ist anhand der dargestellten Bilder einfach möglich.

Weitere Arbeiten konzentrieren sich auf die Untersuchung weiterer Parameter, wie z.B.

- Blechdicke (bis t=100mm) : zufriedenstellend!
- Geometrie (andere Querrippenkonstellationen) zufriedenstellend!
- Schadensart (reale Ermüdungsrisse): noch nicht untersucht
- Anordnung der Piezos: noch nicht untersucht

Der letzte Punkt bezieht sich auf eine großflächige Anordnung von Piezos z.B. umlaufend in Randnähe.

Referenzen

1. PI Ceramic GmbH 2004: Piezokeramische Materialien und Bauelemente
2. CeramTec AG 2004. Piezoelektrische Bauteile (literature of the company)
3. J.McGregor, B.Nooteboom, N.Ivory, „The Application of Long Range Ultrasonics for the Inspection of Riser Pipes“, 16th World Conference on NDT, 2004, Montreal
4. Doerlemann, C., Muss, P., Schugt, M. & Uhlenbrock, R. 2004. Improved active vibration control using the linear properties of piezoelectric actuators. Actuator 2004, 9th International Conference on new Actuators, Bremen 14.-16. Juni 2004
5. Viktorov, I.A. 1967. Rayleigh and Lamb Waves. Plenum Press, New York 196
6. Achenbach, J.D. 1975. Wave propagation in elastic solids. Elsevier Science Publishers 1975
7. Wilcox, P.D. 2003. A Rapid Signal Processing Technique to Remove the Effect of Dispersion from Guided Wave Signals. IEEE Transactions on Ultrasonics, Ferroelectrics, and Frequency Control, Vol.50, April 2003
8. Oppenheim, A.V. & Schafer, R.W. 1999. Zeitdiskrete Signalverarbeitung. 3rd edition, R.Oldenbourg Verlag Muenchen Wien 1999
9. Ansys Inc. 2005: Ansys Release 10 Documentation
10. Christensen, J.J. & Hald, J.2004. Beamforming. Technical Review No.1 – 2004. Brüel&Kjær Sound & Vibration Measurement A/S, Nærum Denmark, 2004
11. Sundararaman, S., Adams, D.E., Rigas, E.J. 2003. Structural Damage Characterization through Beamforming with Phased Arrays. Proceedings of the 4th International Workshop on Structural Health Monitoring, Stanford USA, September 2003
12. Loppe, S.: Schadensdetektion in Stahlbauteilen mit Hilfe geführter Wellen. Dissertation TU Braunschweig, 2008.
13. Peil,U., S.Loppe: An approach for monitoring plane structures with low-cost transduces. Proceedings of the 6th International Workshop on Structural Health Monitoring, Stanford USA, September 2007.

Nutzung nichtlinearer Effekte bei der Risserkennung

Udo PEIL [1], Klaus THIELE [1]
[1] Institut für Stahlbau, TU Braunschweig, Braunschweig
Kontakt E-Mail: udopeil@icloud.com, k.thiele@stahlbau.tu-braunschweig.de

Kurzfassung. Die Nutzung der nichtlinearen Effekte beim Auftreten von Rissen erlaubt eine rasche und unkomplizierte Aussage darüber, ob eine Konstruktion geschädigt ist oder nicht. Dies sogar ohne vorherige Bezugs-Null-Messung!

Einführung

Die Ermittlung der Restlebensdauer von Bauwerken wird in Anbetracht des vorhandenen Bauwerksbestandes immer wichtiger. Hierzu sind im Sonderforschungsbereich 477 „Bauwerksüberwachung" wesentliche Beiträge geleistet worden [1,2].

Am Institut wurde in den letzten Jahren u.a. an einem Verfahren gearbeitet, das auf einer Verfolgung und Auswertung von Lamb-Wellen beruhte. In [2] wird in diesem Buch darüber berichtet. Die Interpretation und Durchführung von entsprechenden Experimenten zur Schadenserkennung werden allerdings bei komplexer Struktur komplizierter.

In diesem Zusammenhang bietet es sich an, die Vergrößerungseffekte, die sich aus einem nichtlinearen Verhalten ergeben, auszunutzen. So wie bei einem System nach der Theorie 2. Ordnung die Systemreaktionen in der Nähe der Knicklast deutlich überproportional anwachsen, wachsen auch die Systemreaktionen bei nichtlinearen Systemen generell an. Die vergrößerten Reaktionen erlauben eine leichtere messtechnische Erkennbarkeit und somit auch einen einfacheren Rückschluss auf das Vorliegen eines Schadens.

1. Nichtlinearitäten als Schadensfolge

1.1 Schäden mit nichtlinearen Antworten

Nichtlineare Antworten entstehen immer dann, wenn sich das System während der Belastung ändert (System mit veränderlicher Gliederung). Dies ist der Fall, wenn

a. **Ermüdungsrisse** sich bei Zug öffnen und bei Druck wieder schließen. Bei Zug wirkt die Fläche nicht mit, das System wird weicher, bei Druck oder geringem Zug ist das System steifer, da die Rissfläche (oder ein Teil davon) den Druck oder geringen Zug (wegen der Vorspannung) überträgt. Nur wenn der Riss sehr offen ist, wird er sich bei Druck nicht schließen, so dass bei Zug und Druck der gleiche Querschnitt vorliegt, das

Systemverhalten ist dann immer linear. Das System arbeitet mit der um die offene Rissfläche vorhandene Nettofläche.
Wenn zum Zwecke der experimentellen Nachprüfung ein Bauteil mit einem Riss versehen wird und dieser z.B. mit einer Säge o.ä. eingebracht wird, werden die Rissufer i.a. so weit auseinander stehen, dass es - bei systemüblicher Beanspruchung - keine Berührung der Rissufer bei Druck gibt. Auch dieses System wird ein rein lineares Verhalten in Bezug auf die Nettofläche zeigen.

b. Ebenso rufen **Löcher o.ä.** stets lineares Systemverhalten hervor, hier gilt das Gleiche, wie beim weit offenen Riss, das Systemverhalten ändert sich nicht bei Zug und bei Druck, für beide Beanspruchungen liegt das gleiche System vor, ergo keine Nichtlinearität.
c. **Dornartige Verbindungen** (Schrauben, Niete o.ä.) führen auf Grund des Lochspiels zu einer Bewegung. Immer wenn die Verbindungsmittel Lochleibungskontakt bekommen, ändert sich das Systemverhalten deutlich. Insofern ist es wichtig, solches Verhalten von Verbindungen ggf. vorher auszuschließen, wenn man auf der Suche nach Nichtlinearitäten infolge von Ermüdungsrisse o.ä. ist. Das diesbezüglich erwartete Ergebnis würde von den Nichtlinearitäten des Verbindungsverhaltens deutlich überdeckt werden.
d. Bei **geklebten Verbindungen** (CFK oder GFK) lösen sich ggf. - infolge Überbeanspruchung - die geklebten Lagen (Delamination). Rein optisch sind solche Schäden i.a. nur schwer zu finden, da die Delamination immer von einer Schicht verdeckt wird. Hier helfen nur Verfahren der zfP. Bei Delaminationen tritt bei Zug- oder Druckbeanspruchung unterschiedliches Verhalten auf (bei Druck könnte z.B. eine abgelöste Schicht ausknicken und so dem Querschnitt mit seiner Steifigkeit fehlen).
e. **Material-Nichtlinearitäten** auftreten. Diese können leicht während des Überlastungszyklus erkannt werden, da hierbei ausgeprägte Nichtlinearitäten und damit Steifigkeitsänderungen auftreten (Bild 1). Wenn das System, dann wieder in seinen üblichen Beanspruchungszustand im sog. Arbeitsbereich zurückfällt, wird das Erkennen schwer, da die Steifigkeit der Entlastungsgeraden - die bekanntlich parallel zur Erstbeanspruchungskurve verläuft - maßgeblich wird, d.h. der E-Modul ist dann konstant.
f. **Hysteresen** infolge der Material-Nichtlinearitäten auftreten. Bei einer Hysterese liegt der Entlastungspfad unterhalb des Belastungspfades. Da die Fläche unterhalb der Arbeitslinie gleich der im System gespeicherten Arbeit ist, ist deshalb Arbeit – bedingt durch die Erzeugung der inneren Schädigung – verloren gegangen (Bild 2),

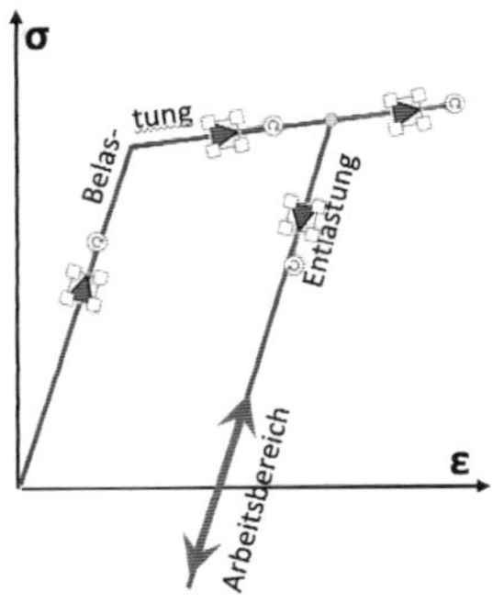

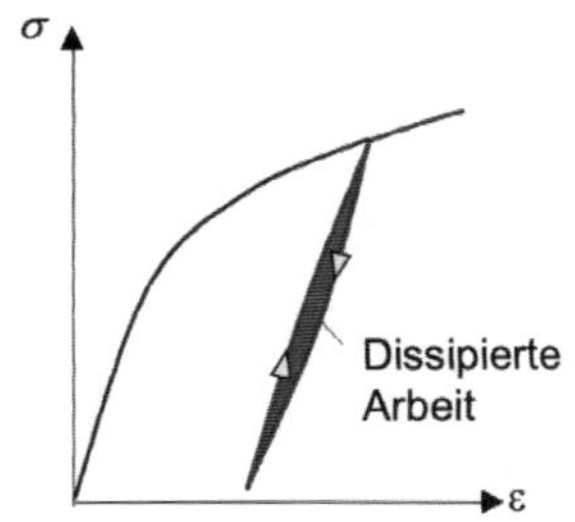

Bild 1: Plastisches Verhalten von Stahl Bild 2: Hysterese durch Schädigung

Bei größeren Schädigungen sind die Hysteresen deshalb auch deutlich größer. Die Hysteresengröße – beschrieben durch die Spannungsdifferenz zwischen oberem und unterem Umkehrpunkt – wird deshalb in der ganzen Ermüdungslehre als Maßstab für die Größe der Hysteresenfläche verwendet. Der Wechsel der Tangentensteifigkeit bei Ent- und Belastung führt ebenfalls zu nichtlinearem Verhalten, was theoretisch gemessen werden kann. Leider sind, zumindest bei geringen Schäden, die E-Modul-Unterschiede am

Umkehrpunkt sehr gering, so dass es problematisch sein dürfte, ein hysteretisches Verhalten aus integralen Systemantworten zu erkennen. Wir arbeiten noch daran.
Bei größeren Amplituden sind die Unterschiede größer, siehe Bild 3, so dass hier das Erkennen leichter ist.

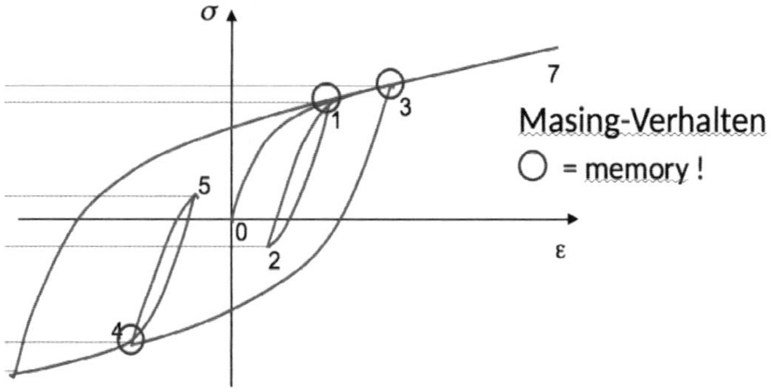

Bild 3: Geschachtelte Hysteresen bei wiederholter Belastung

g. Dämpfung: Die Größe der Hysteresenfläche wird vielfach auch als Maß der dynamischen Systemdämpfung verwendet. Bei unterschiedlichen Hysteresen finden also unterschiedliche Dämpfungen statt. Auch dies führt zu einem nichtlinearen Systemverhalten, weil die Systemparameter sich während der Beanspruchung ändern.

2 Modelle zur Erfassung der Nichtlinearität

2.1 Änderung der Frequenzantwort

Je nach Belastungstyp und Situation können unterschiedliche Verfahren genutzt werden, um die Nichtlinearität zu erkennen. Allen Verfahren liegt der Effekt zugrunde, dass sich Systeme, die sich während der Beanspruchung ändern, eine nichtlineare Antwort zeigen. In Bild 4 ist das Last-Verschiebungsdiagramm eines Systems mit einem Riss und Rissufern in Kontakt dargestellt. Man erkennt, dass im Druckbereich (F negativ) die Steifigkeit (gleich Tangens dF/dv der Last-Verschiebungskurve) einen konstanten Wert aufweist, die Rissufer liegen aufeinander und übertragen Druck. Wenn das System dann auf Zug beansprucht wird, öffnet sich der Riss und die verbleibende Nettofläche stellt nur eine reduzierte Steifigkeit zur Verfügung, die Steigung der Last-Verschiebungskurve - also die Steifigkeit – nimmt ab.

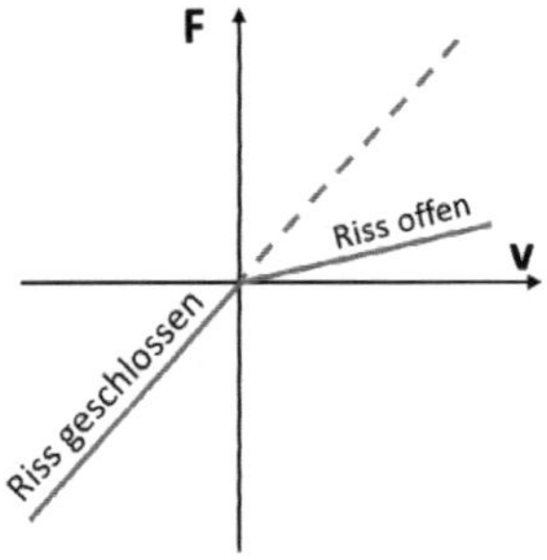

Bild 4: Lastverschiebungskurve eines Systems mit veränderlicher Gliederung

Der auftretende Ermüdungsriss im Kerbbereich der Probe lässt sich deutlich mit Hilfe des in [2] vorgestellten Verfahrens detektieren. Bild 5 zeigt das Ergebnis.

Dieser Steifigkeitswechsel lässt sich auch einfach im Frequenzbereich nachweisen. Es handelt sich um eine Frequenzmodulation. Verdeutlicht wird dies am Beispiel des Vibrato eines Geigers. Die am Griffbrett hin und her schwingende Greifhand führt durch das zugehörige Abrollen der Fingerkuppe, wenn die Hand nach vorn zum Corpus schwingt, wegen des geringen Abrollens zum Corpus zu einer geringen Verkürzung der Saite (mithin zu einem höheren Ton) beim Rückschwingen rollt die Fingerkuppe nach hinten, die Saite verlängert sich etwas, die Frequenz sinkt.

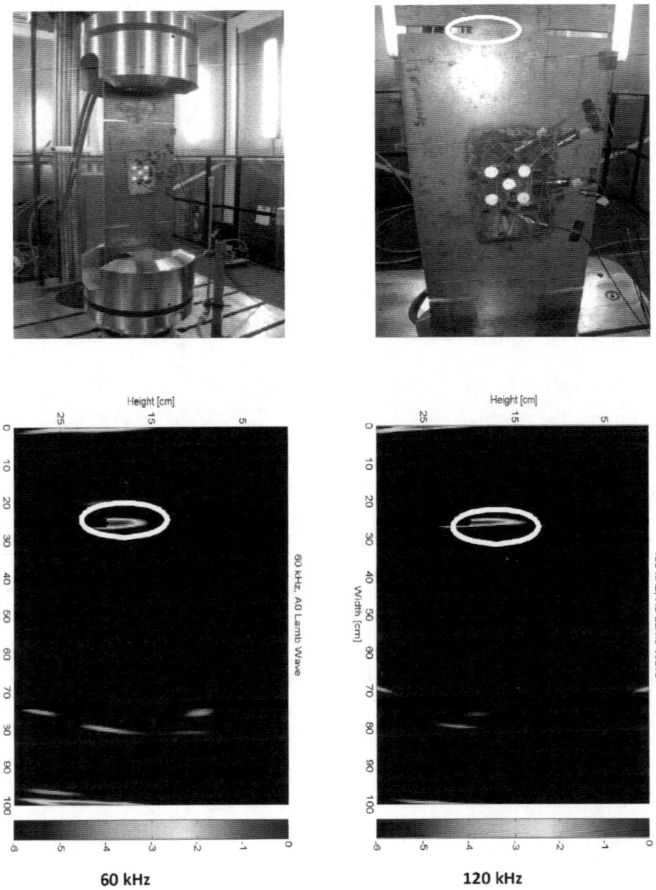

Bild 5: Detektierte Risse mit Hilfe des Piezoverfahrens

Das Vibrato verändert also die Frequenz der klingenden Saite, die Frequenz wird im Takte des Vibratos moduliert. Bild 6 zeigt das Verhalten im Zeitbereich:

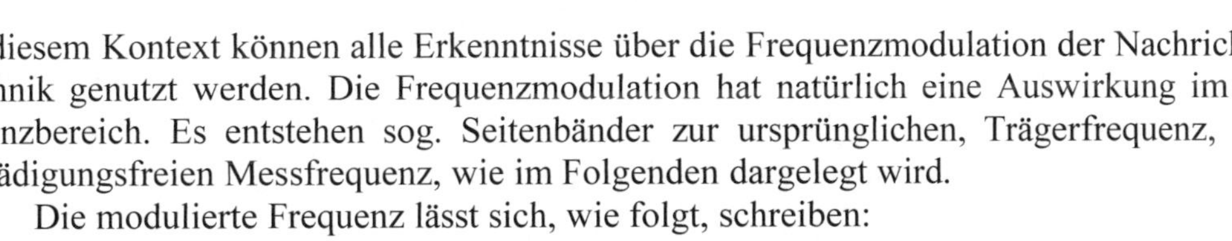

Bild 6: Frequenzmodulation durch Vibrato des Greiffingers,
bzw. durch Riss-Öffnen und -Schließen

In diesem Kontext können alle Erkenntnisse über die Frequenzmodulation der Nachrichtentechnik genutzt werden. Die Frequenzmodulation hat natürlich eine Auswirkung im Frequenzbereich. Es entstehen sog. Seitenbänder zur ursprünglichen, Trägerfrequenz, bzw. schädigungsfreien Messfrequenz, wie im Folgenden dargelegt wird.

Die modulierte Frequenz lässt sich, wie folgt, schreiben:

$$f(t) = f_T + \Delta F \cdot \cos(\omega_V \cdot t) \quad (1)$$

ΔF_V ist der Frequenzhub des Vibratos, d.h. die Vibrato-Amplitude. Ausgedrückt in ω:

$$\omega(t) = \omega_T + \Delta\Omega \cdot \cos(\omega_V \cdot t) \quad (2)$$

Damit ergibt sich der Verlauf der frequenzmodulierten Schwingung, wie folgt:

$$u_{\mathrm{FM}}(t) = \bar{u}_T \cdot \cos\left[\omega_T \cdot t + \frac{\Delta\Omega}{\omega_V} \cdot \sin(\omega_V \cdot t)\right] \quad (3)$$

Hierin ist $\frac{\Delta\Omega}{\omega_V} = \eta$ der sog. Modulationsindex. (4)

$\Delta\Omega$ ist darin der Frequenzhub $\Delta\Omega = \frac{1}{2} \cdot (\omega_{\max} - \omega_{\min})$. (5)

Gelegentlich wird auch der sog. Modulationsgrad verwendet. Er lautet: $\frac{\Delta\Omega}{\omega_T} = m$ (6)

Der Frequenzhub $\Delta\Omega$ bezogen auf die Vibratofrequenz ist der Modulationsindex η.

Damit wird $u_{\mathrm{FM}}(t) = \bar{u}_T \cdot \cos[\omega_T \cdot t + \eta \cdot \sin(\omega_V \cdot t)]$ (7)

Bekanntlich gilt: $\cos(\alpha + \beta) = \cos\alpha \cdot \cos\beta - \sin\alpha \cdot \sin\beta$ (8)

Es wird: $u_{\mathrm{FM}}(t) = \bar{u}_T \cdot [\cos(\omega_T t) \cdot \cos(\eta \cdot \sin(\omega_V t)) - \sin(\omega_T t) \cdot \sin(\eta \cdot \sin(\omega_V t))]$ (9)

Wenn η<<1 ist (geringe Vibrato-, hohe Trägerfrequenz) , ergibt sich

$$\cos(\eta \cdot \sin(\omega_V \cdot t) \approx 1 \text{ und } \sin(\eta \cdot \sin(\omega_V \cdot t)) \approx \eta \cdot \sin(\omega_V \cdot t) \quad (10)$$

Diese Annahme ist bei dem großen Unterschied zwischen Träger- und Vibratofrequenz i.a. gerechtfertigt.

Nach temporärem Einsetzen und Nutzung der Produktgleichung

$$\sin\alpha \cdot \sin\beta = \frac{1}{2} \cdot \cos(\alpha - \beta) - \frac{1}{2} \cdot \cos(\alpha + \beta) \quad (11)$$

ergibt sich Gl. 7 zu:

$$u_{\mathrm{FM}}(t) = \bar{u}_T \cdot \left[\cos(\omega_T \cdot t) + \eta \cdot \frac{1}{2} \cdot \cos(\omega_T + \omega_V) \cdot t - \eta \cdot \frac{1}{2} \cdot \cos(\omega_T - \omega_V) \cdot t\right] \quad (12)$$

Der erste Term in der Klammer ist die Trägerfrequenz dar (z.B. 500 Hz), die beiden nächsten Terme die Seitenbänder, die links und rechts im Abstand der Vibratofrequenz (z.B. 20 Hz) von der Trägerfrequenz liegen (Bild 7).

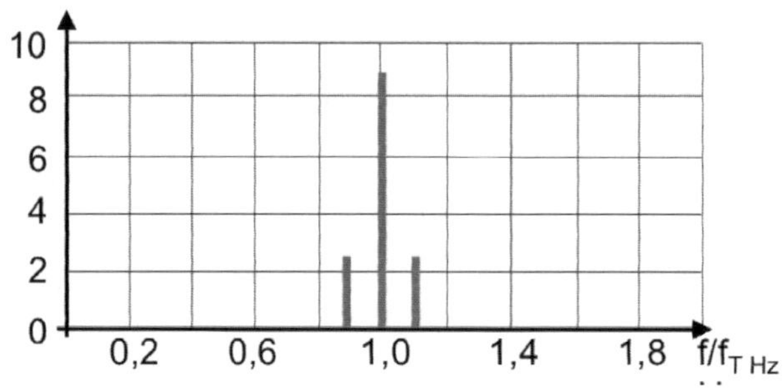

Bild 7: Seitenbänder beim Vibrato (nichtlineares Systemverhalten)

Wenn man bei den vorigen Ausdrücken, das Wort Vibrato durch Belastungsfrequenz und Trägerfrequenz durch Messfrequenz ersetzt, gelten die o.a. Beziehungen in gleicher Weise für das Testen eines gerissenen Bauteils.

Wenn die Annahme η=1 nicht mehr gegeben ist, wird die Lösung aufwändiger. Es treten dann mehr als 2 Seitenbänder auf. Theoretisch entstehen bei Frequenzmodulation eine unendliche Zahl von Seitenfrequenzen, die mit zunehmenden Abstand von der Träger-

(Mess-)frequenz je nach Frequenzhub schnell kleiner werden. Zur Feststellung eines nichtlinearen Systemverhaltens reicht es – nach erstem Anschein -, die ersten Seitenbänder als Kriterium zu nehmen. Je höher die Seitenbänder, desto größer der Schaden.

Neben den beim Schaden erscheinenden Seitenbändern werden naturgemäß auch die unteren Harmonischen verzerrt. Ein ungeschädigtes - also lineares System - unter harmonischer Belastung zeigt als Antwort im Frequenzbereich ebenfalls ein rein harmonisches Verhalten. Durch die Nichtlinearitäten wird das Antwortsignal jedoch verzerrt, es treten höhere Harmonische auf, die ebenfalls als Kriterium für einen vorliegenden Schaden herangezogen werden können.

Eine 400x50mmx8mm gekerbte Stahlprobe (Bild 8) wurde mit einem Piezoaktuator und einem Piezosensor versehen. Der Nennquerschnitt der Kerbe beträgt 10x8mm. Durch zyklische Zugbeanspruchung mit einer Oberlast von 35kN und einer Unterlast von 0 kN, wurden die Proben (Bild 8) bis zum Bruch ermüdet.

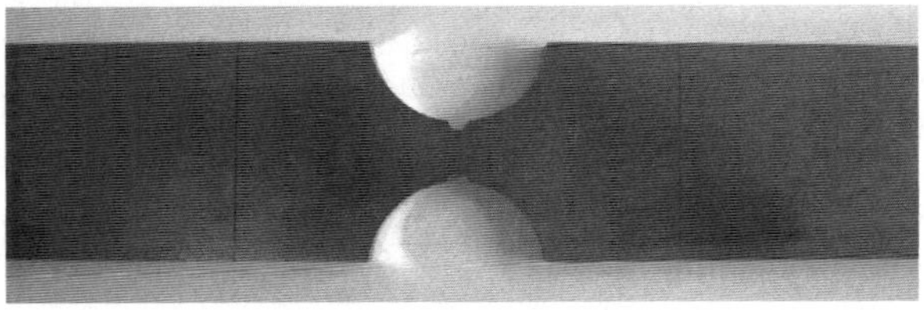

Bild 8: Probekörper

Hierdurch wurde ein Bruch erzeugt, der bei den folgenden Versuchen bei Zug klafft und bei Druck und bei geringem Zug - infolge der inneren Vorspannung - durch Kontakt der Rissufer zumindest teilweise mitwirkt, vgl 1.1 a. Nach je 1000 Testzyklen wurde die Prüfmaschine gestoppt und eine Messsequenz gestartet. Nachdem eine Schädigung aufgetreten ist, treten zusätzliche Harmonische auf, das anregungsseitige reine Sinussignal führt dadurch zu einem verzerrten Antwortsignal der Probe (Bild 9, rechts)

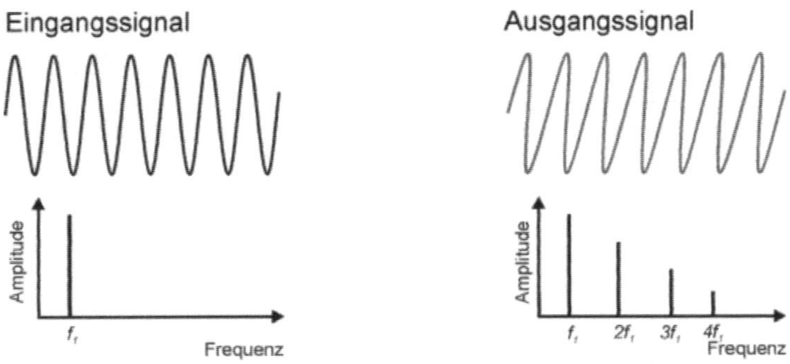

Bild 9: Verzerrung des Antwortsignals bei auftretenden Schäden

Hierbei lässt sich aus der Größe der auftretenden Ober"töne" auf die Größe der Nichtlinearität, also auf die Größe des Schadens rückschließen. Bild 10 zeigt das Vorgehen bei Ausnutzung des Auftretens von Seitenbändern. Hierzu wurde wiederum ein harmonisches Signal für die Belastung gewählt und zusätzlich ein Messsignal aufgebracht, um durch die Systemänderung (=Vibrato) die Seitenbänder hervorzurufen.

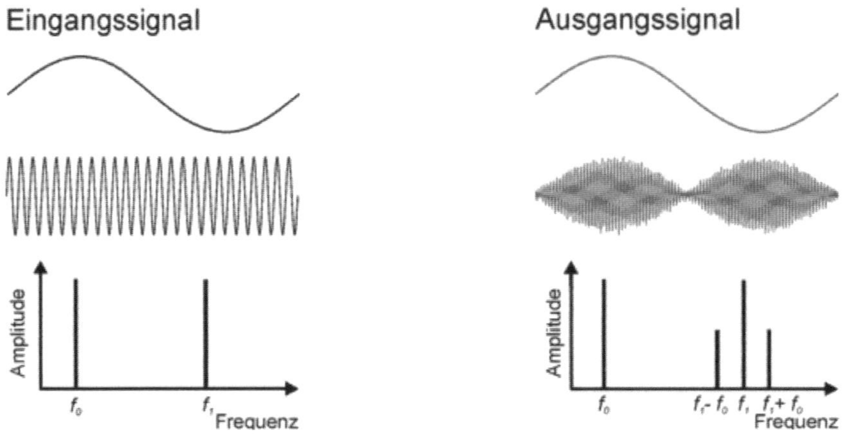

Bild 10: Auftreten von Seitenbändern um die Messfrequenz herum

2.2 Verwendung des Klirrfaktors

Das Auftreten zusätzlicher Harmonischer - die der Systemnichtlinearität geschuldet sind - in der Systemantwort um die Beanspruchungs- bzw. Tonfrequenz herum, ist ein Effekt der in der Audiotechnik gefürchtet ist. Dort nennt man die Klangverzerrung infolge zusätzlicher Harmonischer „Klirren", bewertet durch den sog. **Klirrfaktor**. Je größer der Klirrfaktor, desto größer die Nichtlinearitäten durch Schaltung, Bauelemente etc., desto größer die Klangverzerrung. Es bietet sich an, dieses Maß auch für die Bestimmung der Größe des Schadens zu nutzen. Der Klirrfaktor ist definiert durch:

$$k = \sqrt{\frac{U_2^2+U_3^2+U_4^2+\cdots}{U_1^2+U_2^2+U_{23}^2+U_4^2+\cdots}} \qquad (13)$$

Der Klirrfaktor gewichtet die Summe aller entstehenden Obertöne U_i mit $i>1$ an der Gesamtsumme aller Töne, d.h. Grundton plus alle Obertöne. Für die Werte U_i sind dabei die Effektivwerte einzusetzen. Bei harmonischen Signalen ist dies die Amplitude dividiert durch $\sqrt{2}$. U_1 ist die Frequenz des harmonischen Beanspruchungswechsels.

Der Faktor $\sqrt{2}$ kürzt sich oben und unten heraus, so dass die reinen Amplituden, entnommen aus der Länge des Linienspektrums verwendet werden können. Untersuchungen, die Größe des Klirrfaktors der Größe der Schäden zuzuordnen sind derzeit noch nicht abgeschlossen.

2.3 Änderung des chaotischen Verhaltens

Nichtlineare dynamische Systeme zeigen oft ein chaotisches Verhalten. In Bild 10 ist das Prinzip der Aufzeichnung des chaotischen Verhaltens mittels des Poincaré-Mappings dargestellt. In jedem Zeitschritt ergibt sich bei nichtlinearen Systemen eine andere Antwort, z.B. eine Verschiebung x,y (roter Punkt). Wenn diese Antwort auf die Bildebene projeziert wird (Pfeile), ergibt sich nach Durchlaufen aller Zeitschritte z.B. das in der Bildebene dargestellte Diagramm. Man erkennt, dass sich die Lösungspunkte auf einen Grenzzyklus hinbewegen. Dieser Grenzzyklus wird **strange attractor** genannt.

Es ist typisch für nichtlineare Systeme, dass diese strange attractors stark von den Anfangsbedingungen des Systems abhängen. Schon geringste Änderungen können beträchtliche Änderungen des chaotischen Verhaltens hervorrufen, festgehalten durch die Verschiebungen der strange attractors. Man kann die Verschiebung der strange attractors als Maß für die Schadensgröße verwenden.

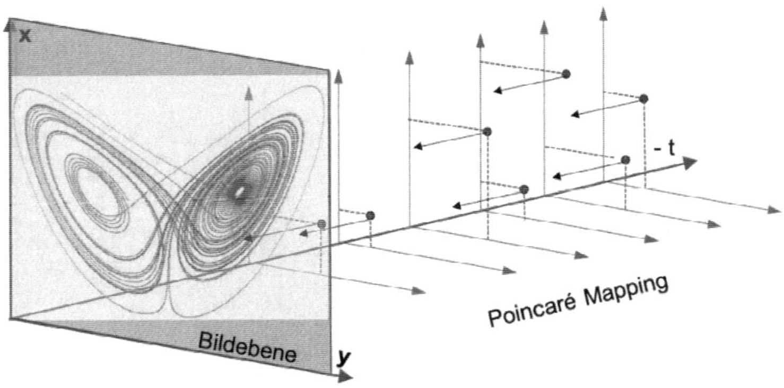

Bild 10: Darstellung des chaotischen Verhaltens mittels des Poincaré-Mappings

2.4 Messung der Dämpfung

Wie unter 1.1 g dargestellt, wird durch vorhandenes hysteretisches Verhalten die Dämpfung vergrößert. Es bietet sich also an, die Dämpfung als Maß für eine Schadensgröße zu verwenden. Hierbei ist es naturgemäß günstig, wenn auf eine Dämpfungsmessung des jungfräulichen Systems zurückgegriffen werden kann, wobei dann die Dämpfungsänderungen beobachtet werden. Der Bezug ist notwendig, weil die Dämpfung eines Systems von vielen Größen und Randbedingungen abhängt. Es gibt zwei übliche Verfahren zur Dämpfungsmessung:

a. Messung einer Ausschwingkurve und Bestimmung des logarithmischen Dekrementes aus der Amplitudenabnahme zweier Amplituden werte.
b. Messung der sog. Halbwertsbreite und Bestimmung der Dämpfung hieraus. Aus Raumgründen wird dazu auf [6,7| verwiesen.

3 Ausblick

Die Nutzung des Potentials, das die Ausnutzung nichtlinearer Effekte bietet, ist groß. Es gibt viele Methoden in der Mechanik und Zeitreihenanalyse, die dazu herangezogen werden können. Am Institut laufen diesbezügliche Untersuchungen, mit dem Ziel eine praxisfreundliche Methode zu erhalten.

Referenzen

[1] Peil,U., S. Loppe: Detektion und Lokalisierung von strukturellen Schäden mit Hilfe von geführten Wellen“, Stahlbau 5 (2006), Seiten 851-857.

[2] Peil,U., K. Thiele: Monitoring von Stahlkonstruktionen mittels geführter Wellen. Berichtsband der Tagung der DGzP in Karlsruhe, 2019.

[3] Krümmling,S.: Schallemissionsanalyse zum Nachweis der Materialermüdung von Baustahl. Dissertation, TU Braunschweig, 1998

[4] Donskoy, D.M., A. Zagrai, E. Chudnovsky, E. Golovin, V. Agarwala: Nonlinear Vibro-Acoustic Modulation Techniques for Life Prediction of aging Aircraft Components. Proceedings 3rd Europ.Workshop on Struct. Health Monitoring. Granada, 2006, pp.251-258.

[5] Peil,U.: Baudynamik. In: Stahlbau Handbuch 1, Teil A, Stahlbau Verlagsgesellschaft, Köln, 1993, Seite 379 – 451.

[6] Petersen, C._ Dynamik der Baukonstruktionen. Vieweg Verlagsgesellschaft mbH, Braunschweig, Wiesbaden.

Neue Generation von Sensoren mit integriertem AE-System

Horst KÜHNICKE [1]
[1] Kühnicke Embedded Real Time (KERT), Dresden

Kontakt E-Mail: kert@u-boehm.de

Kurzfassung 2017 haben wir auf dem 21. Kolloquium Schallemission in Fulda AE-Sensoren mit integriertem Schallemissionssystem vorgestellt. Hauptziele dieser Entwicklung sind das Miniaturisieren der Systeme, die Einbindung in bekannte Netzarchitekturen (WLAN oder Ethernet) und die Bedienung durch Browser, die auf einer breiten Palette von Computern (Desktop, Notebook, Smartphone) zur Verfügung stehen.

Das im Sensor integrierte AE-System erzeugt eine dynamische Internetseite, die ständig aktualisiert wird. Informationstechnisch stellt der Sensor einen Server dar. Die Messergebnisse stehen überall im Netz zur Verfügung und können mit einem beliebigen Webbrowser dargestellt werden. Auch die Einstellung des Messsystems erfolgt über eine Webseite. Es handelt sich um eine sogenannte Webanwendung. Dieses Konzept ermöglicht den Aufbau besonders preisgünstiger Schallemissionssysteme. Die Netzstruktur sorgt für hohe Flexibilität und ermöglicht komplexe Anwendungen, für die Schlagworte wie „Internet der Dinge" oder „Industrie 4.0" stehen.

Der diesjährige Beitrag stellt die zweite Generation dieser Sensoren vor. Wichtige Weiterentwicklungen sind das Halbieren der Stromaufnahme, die Verkleinerung des Sensorvolumens um bis zu einem Faktor 5. Eine Innenantenne bzw. neue Steckverbinder erhöhen die Robustheit der Sensoren. Hardware und Bewertungsalgorithmen wurden optimiert. Die WiFi-Variante ermöglicht mit einem einzelligen Lithium-Akkumulator (3000 mAh) Messzeiten zwischen 8 und 24 Stunden. Erstmals existieren auch Varianten, die eine Ortung erlauben.

Zur Datenreduktion wird die logarithmische Einhüllende gebildet. Das bedeutet, dass Vorzeichen und Frequenzinhalt des ursprünglichen Signals verloren gehen. Alle anderen Schallemissionsparameter können in einer Qualität bereitgestellt werden, wie dies bei modernen Schallemissionssystemen mit zentraler Signalverarbeitung üblich ist.

Bei der Variante AE-WiFi erfolgt die Datenübertragung über ein drahtloses Netzwerk nach IEEE 802.11b/g/n. Im Gegensatz dazu verfügt die Variante PoE über eine Kabelverbindung nach IEE 802.3af, die sowohl dem Datentransfer als auch der Stromversorgung dient.

Für die Varianten ohne Ortung werden Starter Kits angeboten, die den Sensor und, je nach Variante, die benötigten Akkumulatoren und ein Ladegerät bzw. die Ethernetkabel und einen PoE-Injector enthalten.

1. Einführung

2017 haben wir die erste Generation der Sensoren mit integriertem AE-System vorgestellt [1,2]. Inzwischen ist eine große Zahl von Weiterentwicklungen eingeflossen. Die Varianten mit einer submikrosekundengenauen Synchronisation erlauben jetzt auch eine Quellortung.

Für die Varianten ohne Ortung erfolgt nach wie vor die gesamte Signalverarbeitung, Parameterbildung und Aufbereitung der Ergebnisse im Sensor. Der Sensor erzeugt Webseiten, die er als Server im Netz zur Verfügung stellt. Mit Ortung senden die Sensoren die Messwerte an ein Mid Device, welches in diesem Fall die entsprechenden Webseiten generiert.

Dieses Prinzip der dynamischen Webanwendung ist für langsam ablaufende Prozesse, wie Temperaturmessungen, DSL-Router-Bedienung u.ä. bekannt. Die fortschreitende Umsetzung des HTML5-Standards mit seinen leistungsfähigen APIs erlaubt es, Webanwendungen auch für schnelle Echtzeitprobleme wie die Schallemissionsanalyse zu entwickeln.

Hauptvorteile sind:

- Das Schallemissionssystem kann durch jeden Rechner im Netz bedient werden.
- Es ist keine Installation spezieller Schallemissionssoftware auf dem Bedienrechner notwendig.
- Webanwendungen sind vollkommen unabhängig vom Betriebssystem (Windows, Linux, Android oder macOS).
- Der vom Nutzer bevorzugte Browsertyp (Chrome, Firefox, Opera, InternetExplorer oder Edge) kann eingesetzt werden.
- Die nach dem Client-Server-Modell aufgebauten Schallemissionssysteme sind preiswert.
- Die Einbindung des Sensors im Netz erlaubt vielseitige Strukturen.

2. Messprinzip

Wie schon in der Einleitung erwähnt, stellt im Client-Server Modell der Sensor den Server und der Webbrowser den Client dar. Abbildung 1 zeigt dies für eine einfache Netzkonfiguration, die nur den Sensor und ein Notebook enthält. Die Netzstruktur kann auch aus mehreren Sensoren oder Webbrowsern bestehen, die sich nicht alle im gleichen lokalen Netz befinden müssen.

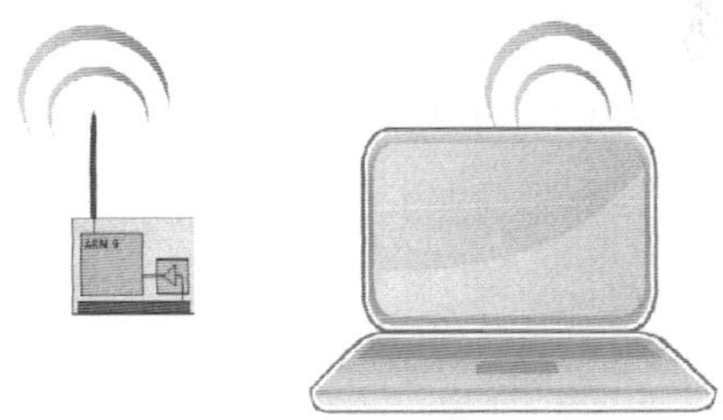

Abbildung 1: Client-Server-Modell

Bezüglich der Anbindung ans Netz gibt es zwei Varianten PoE und WiFi. PoE steht für Power over Ethernet. Über ein Standard-Ethernetkabel werden sowohl die Stromversorgung als auch der Datentransfer realisiert. Weitere Kabel sind nicht notwendig. Der zugehörige Standard ist IEE 802.3af [5]. Es können Patchkabel bis zu 60 m Länge eingesetzt werden. Bei normgerechter fester Installation sind Kabellängen bis zu 100 m möglich. Sensoren mit WiFi-Anschluss kommen ohne jedes Kabel aus. Die Stromversorgung erfolgt durch einen Lithium-Ionen-Akkumulator der Standardgröße 25500 und der Datenaustausch drahtlos über Funk nach IEEE 802.11b/g/n [6]. Die Akkumulatoren werden ausgetauscht und außerhalb des Sensors in einer Ladestation wieder aufgeladen. Eine Batterieladung reicht mindestens acht Stunden und bei kleinen Hitraten bis zu 24 Stunden.

3. Hardware

Die Sensoren enthalten das piezoelektrische Element, die Analogeinheit, die digitale Signalverarbeitung, die Webseiten-Generierung und die Sende-Empfangseinheit bzw. den Ethernettreiber. Abbildung 2 und 3 und zeigen ein vereinfachtes Schema der Elektronik für die Typen PoE und WiFi. Der Energieverbrauch der Funktionsgruppen ist angegeben. Der mit ANALOG gekennzeichnete Funktionsblock übernimmt die erste Datenreduktion durch Bildung der logarithmischen Einhüllenden. Der Funktionsblock PARAM bildet die bekannten AE-Parameter, wie Amplitude, Dauer, Anstiegszeit, Energie usw.. Als Parameter können auch die digitalisierten Werte der logarithmischen Einhüllenden verwendet werden. Der PARAM-Block ist nur aktiv, wenn der Schwellwert überschritten wird oder kontinuierliche Emissionen gemessen werden. Nicht aktive Blöcke tragen nicht nennenswert zum Gesamtenergieverbrauch bei.

Den höchsten Energieverbrauch mit 1,2 W hat der WiFi-Sendeblock (TX). Dieser Block ist jedoch nur aktiv, wenn tatsächlich Daten gesendet werden. Geringe Hitraten bedeuten auch einen geringen Energiebedarf. Da die Sendeleistung bei gutem Empfang automatisch verringert wird, haben auch die notwendige Reichweite und die Aktivitäten anderer Nutzer des 2,4-MHz-Bandes großen Einfluss auf den Energieverbrauch. Die PoE-Variante benötigt von vornherein wesentlich weniger Energie.

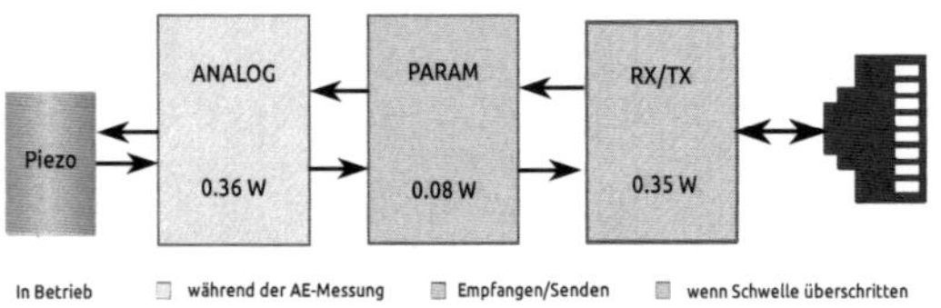

Abbildung 2: Schema PoE-Typ

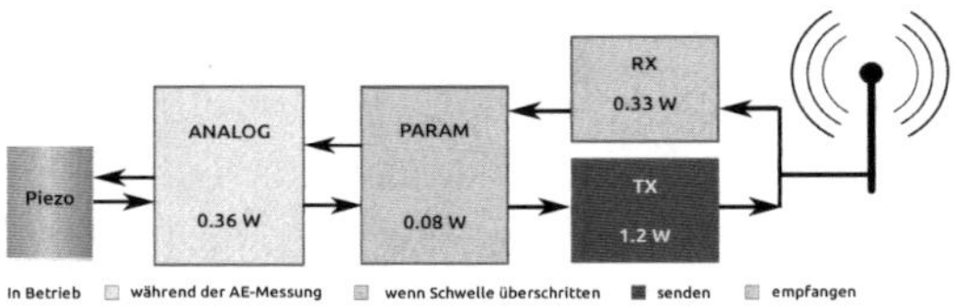

Abbildung 3: Schema WiFi-Typ

Die Leistungsfähigkeit der vorgestellten Ortungssysteme entspricht bis auf die zwei folgenden Ausnahmen der von modernen Systemen mit zentraler Signalverwaltung:

1. Das Vorzeichen des Ersteinsatzes (Momententensoranalyse) steht nicht zur Verfügung.
2. Frequenzinformationen (Modalanalyse) gehen verloren.

Ursache ist das eingesetzte Datenreduktionsverfahren logarithmische Einhüllende.

Die anschließende Tabelle enthält die wichtigsten technischen Daten der beiden Sensortypen.

	WiFi	**PoE**
Gesamt-Hitrate	1,5 10^3 bis 2 10^4 Hits/s	3 10^5 Hits/s
Dynamik	118 dB	118 dB
Mittenfrequenz	45, 140, 320 kHz	45, 140, 320 kHz
Autarke Energievers. 8-24 h	ja	mit Erweiterung möglich
Autarker Dauereinsatz	nein	mit Erweiterung möglich
Störsicherheit	meist ausreichend	ausgezeichnet
Energieverbrauch	< 1,64 W	< 0.88 W

4. Software

Die Firmware der Sensoren ist proprietär und kann nicht eingesehen werden. Die Scripte für den Webbrowser sind öffentlich und können vom Nutzer beliebig verändert werden. Eine sehr einfache Änderungen ist zum Beispiel das Einfügen eines Firmenlogos ins Messprotokoll. Etwas mehr Kenntnisse erfordert z.B. das Verändern der Achsen oder das Platzieren eines Plots auf dem Bildschirm. Auch die Bildung neuartiger Parameter oder Alarmkriterien kann programmiert werden. Für diese Aktionen sind gute Kenntnisse in HTML5 und den zugehörigen APIs notwendig.

Für die gebräuchlichen Anwendungen wird keine Programmierung benötigt, da die dynamischen Webseitenbeispiele mit ihren Einstellmöglichkeiten einen breiten Bereich von Anwendungen abdecken. Abbildung 4 zeigt ein solches Webseitenbeispiel.

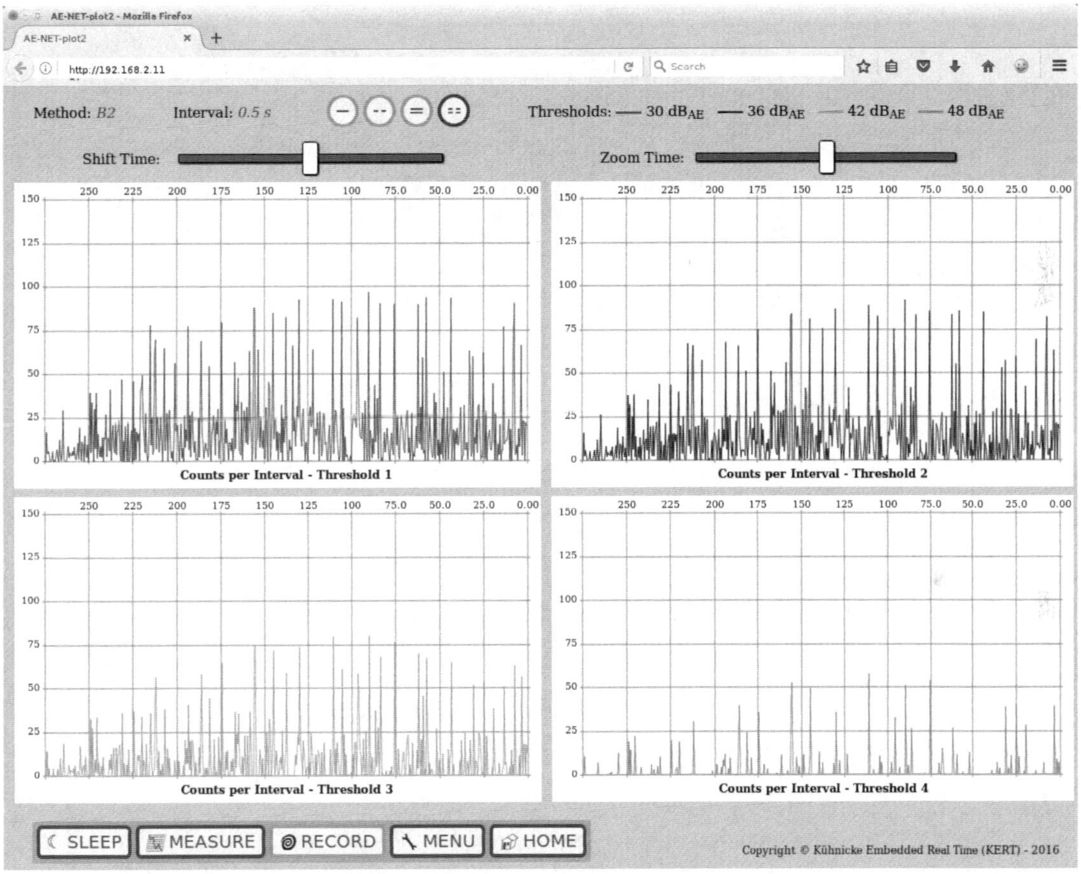

Abbildung 4: Webseitenbeispiel mit vier Plots

5. Änderung im Vergleich zur 1. Generation

Sensorabmessungen:

Die Abmessungen der Sensoren konnten erheblich verringert werden. Abbildung 5 zeigt maßstäblich PoE-Sensoren der 1. und 2. Generation. Im gezeigten Beispiel hat sich das Volumen um den Faktor 5 verkleinert.

Innenantenne:

In rauen Messeinsätzen bestand die Gefahr einer Beschädigung der Außenantenne des WiFi-Typs. Die neuen Sensoren sind mit Innenantennen versehen. Die Reichweite der Sensoren verkleinert sich dadurch nur unerheblich.

Ethernetstecker:

Der bisher eingesetzte Standardstecker RJ45 ist mechanisch nicht sehr robust und erlaubt nur wenige Steckzyklen. Er wurde durch industrielle Steckertypen ersetzt. IX Industrial nach IEC 61076-3-124 ist eine robuste miniaturisierte Alternative zu RJ45. Die Schutzklasse ist IP 20. Noch robuster sind die Varianten mit den größeren XLR-Steckern. Im gesteckten Zustand wird die Schutzklasse IP 54 erreicht.

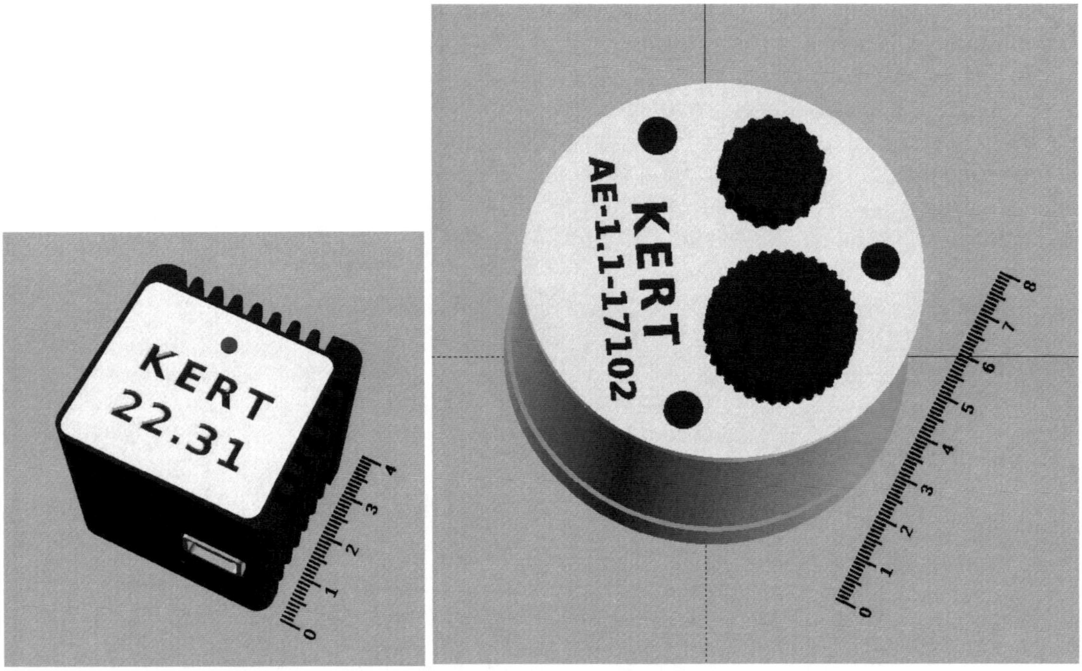

Abbildung 5 Größenvergleich PoE-Sensoren der 1. und 2. Generation

Datenreduktion:

Die große Zahl der Einstellungen zur Datenreduktion der 1. Generation ist auf eine einzige, die logarithmische Einhüllende reduziert worden. Diese neue Variante deckt nahezu alle alten Möglichkeiten ab. Vorteile sind die wesentlich einfachere Bedienung und das Erstellen von eigenen anwendungsspezifische Bewertungs- und Alarmkriterien.

Energieversorgung:

Der Energieverbrauch aller Sensortypen wurde mindestens halbiert. Die WiFi-Varianten arbeiten 8 bis 24 Stunden autark. Die PoE-Netze können mit Solarmodulen im Dauerbetrieb genutzt werden.

Ortung:

Ein spezielles Zeitsynchronisationsverfahren [3,4,7] wurde implementiert, welches die Messung der Zeitdifferenzen zwischen benachbarten Sensoren submikrosekundengenau ermöglicht.

Mittenfrequenzen:

Die Zahl der Mittenfrequenzen wurde auf drei erhöht (70, 140 und 290 kHz).

6. Typengalerie

Abbildung 6 gibt einen Überblick zu den Sensorvarianten ohne Ortung. Von links nach rechts werden ein PoE-Sensor mit IX-Stecker, ein PoE-Sensor mit XLR-Stecker und ein WiFi-Sensor gezeigt. Das Gleiche gilt für Abbildung 7 mit den Ortungssensoren [4]. Die PoE-Varianten mit Ortung sind etwas größer als die ohne Ortung, weil sie jeweils zwei Steckverbinder für die Bildung von Messketten aufweisen.

Abbildung 6 Sensoren ohne Ortung, links PoE mit IX-Stecker, Mitte PoE mit XLR-Stecker, rechts WiFi

Abbildung 7 Sensoren mit Ortung, links PoE mit IX-Stecker, Mitte PoE mit XLR-Stecker, rechts WiFi

7. Zusammenfassung

Die Sensoren mit integriertem Schallemissionssystem bieten als Einzelsensoren die Möglichkeit, in ein beliebiges betriebliches Netz integriert zu werden. Jedes Gerät, das Zugriff auf dieses Netz hat und einen Webbrowser besitzt, kann die Sensoren steuern und Messergebnisse anzeigen.

Eine weitere Möglichkeit besteht darin, mehrere Sensoren zu einem Sensornetzwerk zu vereinen. Diese Sensornetzwerke sind proprietär. Sie kommunizieren über ein sogenanntes Mid Device mit standardisierten Netzen. Die neue 2. Generation von Sensoren kann Ankunftszeiten für die Ortung submikrosekundengenau messen.

Die Datenübertragung erfolgt entweder drahtlos nach IEEE 802.11b/g/n oder über eine Kabelverbindung nach IEE 802.3af. Im letzteren Fall dient das Kabel sowohl dem Datentransfer als auch der Stromversorgung.

Die dezentrale Signalverarbeitung direkt im Sensor kann auch zur Reduzierung der notwendigen Kabellängen genutzt werden.

8. Referenzen

[1] H. Kühnicke (2017) "*AE-Sensor mit integriertem Schallemissionssystem*", Vortrag 19, 21. Kolloquium Schallemission Fulda, Vortrag 19

[2] H. Kühnicke (2018) "*ZfP 4.0 – Komplettes Schallemissionssystem im Sensorgehäuse*", DGZfP-Jahrestagung Leipzig, Poster 31

[3] A. J. Brunner, H. Kühnicke , M Oemus, L Schubert, H. Trattnig (2019) "*Drahtlose Übertragung von Schallemissionssignalen bei Strukturüberwachung: Anforderungen*", 22. Kolloquium Schallemission und 3. Anwenderseminar Zustandsüberwachung mit geführten Wellen Karlsruhe, Vortrag 14

[4] H. Kühnicke (2019) "*Ortungssysteme mit wesentlich weniger oder ganz ohne Sensorkabel*", 22. Kolloquium Schallemission und 3. Anwenderseminar Zustandsüberwachung mit geführten Wellen Karlsruhe, Vortrag 13

[5] https://standards.ieee.org/standard/802_3-2018.html

[6] https://standards.ieee.org/standard/802_11n-2009.html

[7] M. Roche „*Time Synchronization in Wireless Networks*“, www.cse.wustl.edu/~jain/cse574-06/ftp/time_sync/index.html

Untersuchungen zur rechnergestützten POD-Bestimmung für auf geführten Wellen basierende SHM-Verfahren

Kilian TSCHÖKE [1], Tobias GAUL [1], Lars SCHUBERT [1]
[1] Fraunhofer IKTS, Dresden

Kontakt E-Mail: kilian.tschoeke@ikts.fraunhofer.de

Kurzfassung

Structural Health Monitoring (kurz SHM) wird in vielen Industriesektoren als Ergänzung zur klassischen zerstörungsfreien Prüfung angesehen, die den Wartungsaufwand im Betrieb einer technischen Anlage oder eines Fahrzeugs senken kann. Eine große Zahl an SHM-Systemen basiert auf der Messung von Ultraschallwellen mit permanent installierten, piezoelektrischen Wandlern. Der Mangel an geeigneten Möglichkeiten, um die Leistungsfähigkeit der Systeme nachzuweisen, ist jedoch weiterhin ein Problem für die breite Anwendung von SHM-Systemen. In der zerstörungsfreien Prüfung bezieht sich die Bewertung der Leistungsfähigkeit in der Regel auf die Ermittlung der Fehlerauffindwahrscheinlichkeit (engl. Probability of Detection, kurz POD) eines Prüfverfahrens, die vorwiegend dem Berens-Modell folgt und hier normativ abgedeckt ist. Speziell für Verfahren im SHM-Bereich existieren jedoch kaum Ansätze zur Bewertung der Leistungsfähigkeit mithilfe von POD.

Eine rein experimentelle Ermittlung der POD im SHM-Bereich ist mit einem enormen Materialaufwand, und damit hohen Kosten, verbunden, da die Sensorik permanent auf einem Überwachungsobjekt installiert ist. Rechnergestützte Untersuchungen stellen eine Alternative dar. Hierfür ist zunächst die Modellierung der Ausbreitung elastodynamischer Wellen und deren Interaktion mit Schäden unabdingbar.

Der vorliegende Beitrag stellt anhand generischer Couponproben aus kohlefaserverstärktem Verbundwerkstoff die Modellierung der Wellenausbreitung und der Schadensinteraktion mittels des Diskretisierungsverfahrens EFIT vor. Ein Abgleich mit Laborversuchen wird präsentiert und validiert das Modellierungsverfahren. Anschließend wird unter Nutzung dieses Modells eine rechnergestützte POD-Bestimmung diskutiert.

Fraunhofer

IKTS

UNTERSUCHUNGEN ZUR RECHNERGESTÜTZTEN POD-BESTIMMUNG FÜR AUF GEFÜHRTEN WELLEN BASIERENDE SHM-VERFAHREN

Kilian Tschöke, Tobias Gaul, Lars Schubert

Fraunhofer-Institut für Keramische Technologien und Systeme IKTS

HERAUSFORDERUNG

Structural Health Monitoring (kurz SHM) wird in vielen Industriesektoren als Ergänzung zur klassischen zerstörungsfreien Prüfung angesehen, die den Wartungsaufwand im Betrieb einer technischen Anlage oder eines Fahrzeugs senken kann. Eine große Zahl an SHM-Systemen basiert auf der Messung von Ultraschallwellen mit permanent installierten, piezoelektrischen Wandlern. Der Mangel an geeigneten Möglichkeiten, um die Leistungsfähigkeit der Systeme nachzuweisen, ist jedoch weiterhin ein Problem für die breite Anwendung von SHM-Systemen. In der zerstörungsfreien Prüfung bezieht sich die Bewertung der Leistungsfähigkeit in der Regel auf die Ermittlung der Fehlerauffindwahrscheinlichkeit (engl. Probability of Detection, kurz POD) eines Prüfverfahrens, die vorwiegend dem Berens-Modell folgt und hier normativ abgedeckt ist. Speziell für Verfahren im SHM-Bereich existieren jedoch kaum Ansätze zur Bewertung der Leistungsfähigkeit mithilfe von POD.

Eine rein experimentelle Ermittlung der POD im SHM-Bereich ist mit einem enormen Materialaufwand, und damit hohen Kosten, verbunden, da die Sensorik permanent auf einem Überwachungsobjekt installiert ist. Rechnergestützte Untersuchungen stellen eine Alternative dar. Hierfür ist zunächst die Modellierung der Ausbreitung elastodynamischer Wellen und deren Interaktion mit Schäden unabdingbar.

Projekt »CarbonSafe«

Projektträger: VDI|VDE Innovation + Technik GmbH

Förderkennzeichen: 16ES0333

Laufzeit: 01.06.2015 - 31.05.2018

MODELLIERUNG UND VALIDIERUNG

Ziel des vom BMBF-geförderten Projekts »CarbonSafe« war die Entwicklung einer integrierten Strukturüberwachung für sicherheitsrelevante Automobilkomponenten aus kohlefaserverstärkten Kunststoffverbundwerkstoffen. Ein Teil der Arbeiten umfasste die Entwicklung und Validierung eines Simulationspakets, mit dessen Hilfe die Sensorsysteme optimiert und ausgelegt werden können. Die Softwareumgebung basiert auf der Elastodynamischen Finite-Integration-Technik (EFIT), die speziell für die Modellierung von Faserverbundbauteilen geeignet ist.

Anhand von laservibrometrischen Messungen an generischen Probekörpern wurde das Modell validiert. Als Untersuchungsobjekt dienten Platten mit den Maßen 700 x 700 x 1 mm³ mit einem [0/90/90/0] Lagenaufbau. Auf diesen Platten wurden insgesamt 5 piezoelektrische Wandler aufgebracht (vgl. Bild 4).

Bild 1 zeigt eine Darstellung der Wellenfelder (Betrag der Auslenkung) zum Zeitpunkt 40 µs nach Anregung an W1 mit einem RC5-Impuls und einer Mittenfrequenz von 200 kHz. Gegenübergestellt sind die Wellenfelder einer entsprechenden Simulation und die Visualisierung der Labormessdaten. Zwischen Labormessung und Simulation konnte eine hohe Übereinstimmung des gesamten Wellenfeldes und der Ausbreitungsgeschwindigkeiten der möglichen Wellenmoden festgestellt werden.

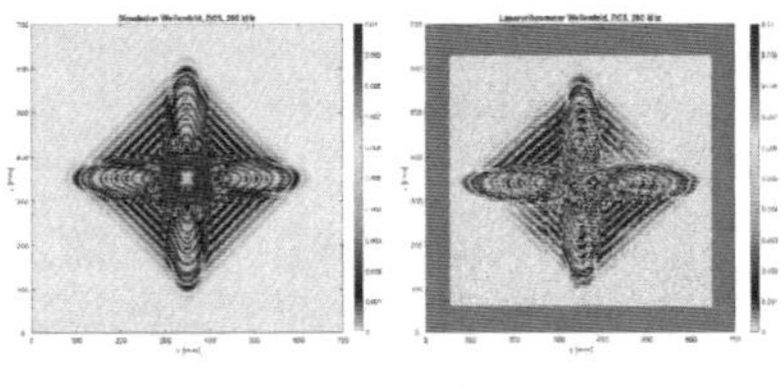

Bild 1: Vergleich der Wellenfelder des Betrags der Auslenkung zwischen Simulation (links) und 3D-Laservibrometer (rechts) nach 40 µs.

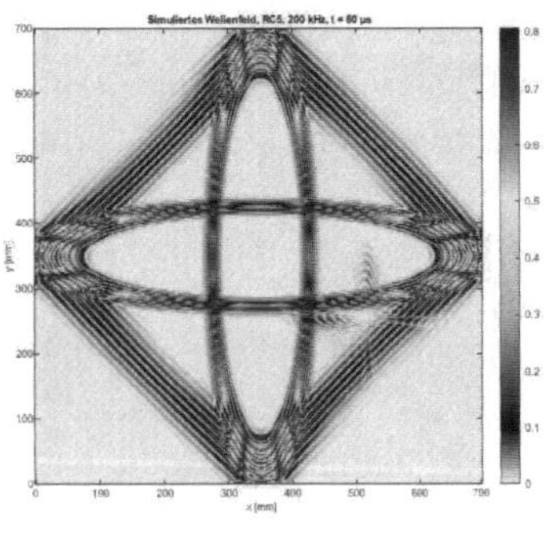

Bild 2: Wellenfeld einer Simulation nach 60 µs mit eingebrachter Schadstelle und zu erkennender Wechselwirkung der geführten Wellen mit dieser.

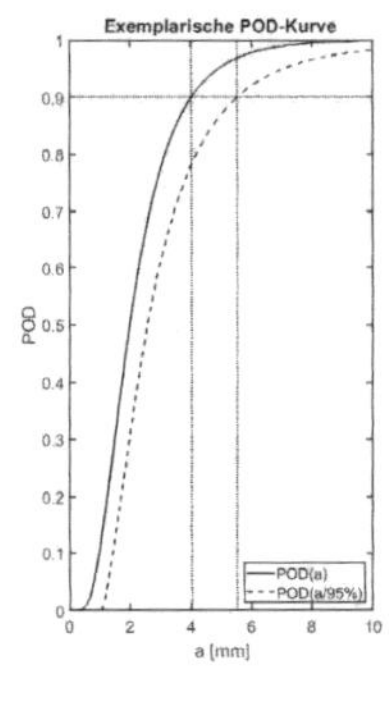

Bild 3: Exemplarische POD-Kurve für die Schadstelle bei 500 mm x 250 mm und die Aktor-Sensor-Kombination W1-W2.

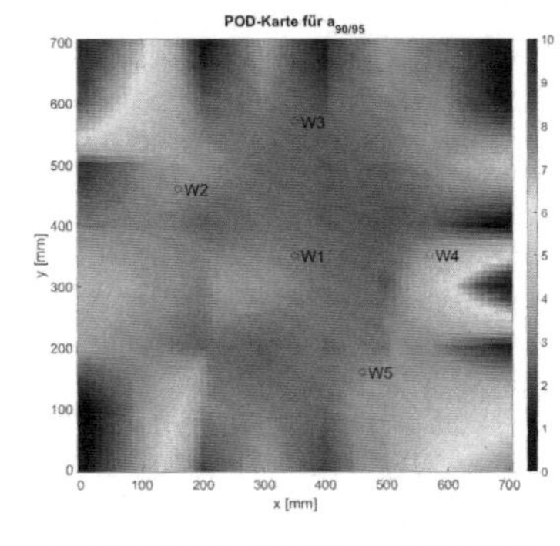

Bild 4: Erzeugte POD-Karte der $a_{90/95}$-Werte für das Untersuchungsobjekt.

RECHNERGESTÜTZTE POD-BESTIMMUNG

Berechnungen der POD eines zerstörungsfreien Prüfsystems basieren oft auf dem sog. Berens-Ansatz. Er beruht auf umfangreichen Studien im Luftfahrtbereich und basiert auf zwei Grundannahmen. Diese sind zum einen ein linearer Zusammenhang zwischen dem untersuchten Schadensmerkmal und einem Schadensindex und zum anderen, dass ein einwirkender Störfaktor normalverteilt ist.

Die rechnergestützte Bewertung der Zuverlässigkeit des SHM-Messverfahrens baut auf der Berens-Methode auf. Als Schäden können verschiedene Typen in Frage kommen. Im gezeigten Beispiel wird eine Schadstelle als lokale Verringerung der Steifigkeit eingebracht, was eine Degradation des Materials modelliert. Insgesamt wurden 36 Fehlstellen betrachtet, was die Fertigung von 36 Probekörpern ersetzt.

Für die eigentliche POD-Berechnung wird ein Fehler jeweils nur an einer Position auf dem untersuchten Bauteil eingebracht und anschließend wiederholt die Größe des Fehlers verändert. Als Schadensindex a fungiert der Durchmesser der Schadstelle in Millimeter.

Pro Fehlerposition und -größe fungiert jeweils einer der Wandler mehrmals als Aktor und alle anderen als Sensoren, d. h., das Messprinzip basiert auf der Acousto-Ultrasonic-Methode. Die Abstrahlcharakteristik wird basierend auf den Ergebnissen der laservibrometrischen Messungen an Probekörpern variiert. Durch diese Variation der Abstrahlcharakteristik wird Rauschen als Störfaktor eingebracht.

Bild 2 zeigt das Wellenfeld einer Simulation nach 60 µs. Als Aktor fungierte W1 mit einer RC5-Anregung mit 200 kHz Mittenfrequenz. Eine Schadstelle wurde bei 500 mm x 250 mm eingebracht. Deutlich zu erkennen ist das typische Wellenfeld innerhalb der Probekörper (vgl. Bild 1) sowie die Wechselwirkung der geführten Welle mit dieser Schadstelle.

Unter allen Aktor-Sensor-Kombinationen wird anschließend ein Schadensindex für alle zu dieser Fehlerposition durchgeführten Rechnungen ermittelt. Als Schadensindex $\hat{a}$ dient der quadratische Mittelwert der Differenzsignale zwischen einer Baseline und dem jeweiligen Schadensfall.

Für die Berechnung einer POD-Kurve nach Berens ist weiterhin die Wahl einer Entscheidungsgrenze notwendig. Diese Entscheidungsgrenze wird aus wiederholten Simulationen der Baseline mit o. g. Rauschen bestimmt. Unter allen Baseline-Rechnungen wird $\hat{a}$ berechnet und anschließend die Entscheidungsgrenze 6 dB über dem Maximum gewählt.

Eine exemplarisch ermittelte POD-Kurve für die Schadstelle bei 500 mm x 250 mm sowie die Aktor-Sensor-Kombination W1-W2 zeigt Bild 3. Für jede Schadensposition werden anschließend die a_{90}- bzw. $a_{90/95}$-Werte für alle Aktor-Sensor-Kombinationen nach Berens bestimmt und der optimale ausgewählt. Für die genannte Schadstelle ergibt sich a_{90} = 4,02 mm sowie $a_{90/95}$ = 5,51 mm.

Interpoliert man die für alle 36 Fehlstellen ermittelten $a_{90/95}$-Werte, so erhält man eine POD-Karte (vgl. Bild 4). Eine solche POD-Karte gibt eine visuelle Darstellung der Fehlerauffindwahrscheinlichkeit des betrachteten SHM-Systems.

www.ikts.fraunhofer.de

Kontakt: Kilian Tschöke | Fraunhofer-Institut für Keramische Technologien und Systeme IKTS | Intelligente Materialien und Systeme | Systeme für Zustandsüberwachung | Maria-Reiche-Straße 2, 01109 Dresden | Telefon +49 351 888 15-575 | kilian.tschoeke@ikts.fraunhofer.de

Schallemissionsprüfung an einem neuartigen Leichtbau-Drehgestellrahmen aus Kohlenstofffaserverbundwerkstoff während statischer und dynamischer Ermüdungstests

Eberhard SCHULZE [1], Alexander PIETZSCH [1], Lars SCHUBERT [1], Andreas ULBRICHT [2]
[1] Fraunhofer IKTS, Dresden
[2] CG Rail GmbH, Dresden

Kontakt E-Mail: eberhard.schulze@ikts.fraunhofer.de

Kurzfassung. Die Verwendung von kohlenstofffaserverstärkten Kunststoffen (CFK) für Strukturkomponenten gewinnt im modernen Fahrzeugbau aufgrund des enormen Leichtbaupotentials zunehmend an Bedeutung. Bei sicherheitsrelevanten CFK-Bauteilen steht dabei die Zuverlässigkeit an oberster Stelle. So können Missbrauchslasten und Alterungsprozesse während des Betriebs zu Vorschädigungen in CFK-Bauteilen führen, die in einer Verringerung der Lebensdauer resultieren. Derartige Vorschädigungen, wie etwa Zwischenfaserbrüche oder Faserbrüche, müssen daher frühzeitig mittels zerstörungsfreier Prüfverfahren (ZfP) detektiert werden, um ein katastrophales Versagen während des Betriebs auszuschließen. Der Beitrag zeigt das Einsatzpotenzial von Schallemissionsprüfungen (AT) zur Detektion von Strukturschäden in dickwandigen CFK-Komponenten eines neuartigen Drehgestellrahmens, der durch die CG Rail GmbH in Dresden entwickelt wurde.

Eine spezielle Eigenschaft von Faserkunststoffverbunden unter Ermüdung ist, dass Faserbrüche und Delaminationsprozesse sehr starke Schallemissionen (AE) erzeugen, weshalb die Schallemissionsprüfung bei Faserverbundbauteilen international auch besonders erfolgreich angewendet wird. Die Messergebnisse belegen, dass sich insbesondere Frequenzparameter der Burstsignale zur Abschätzung der Quellmechanismen von Schallemissionen bei Fatique-Belastung von Faserverbundbauteilen eignen. Niedrige Werte der gewichteten Vorzugsfrequenz sind für Reibvorgänge vorhandener Risse, Delamination, Rissbildung in der Matrix charakteristisch, hohe Werte für sich aktuell entwickelnde Strukturschäden durch Faserauszug (Pull-out), Ablösen Faser/ Matrix (Debonding) und Faserbruch.

Es wurden statische und dynamische Belastungstests durchgeführt und dabei zwei Messsysteme mit insgesamt 48 Schallemissionssensoren eingesetzt. Mit Schallemissionsanalyse wurden in 42 Einzelmessungen 13 Einzellastfälle statischer Bauteilermüdung begleitet. Während der dynamischen Ermüdungstests in einer zweiten Phase der Messstudie erfolgte AT über 14 Wochen bzw. insgesamt 12 Millionen Lastzyklen.

In den Ergebnissen der statischen Fatique-Tests dominieren erwartungsgemäß die spezifischen Lastfälle die Lage der Quellorte der akustischen Emissionen. Energie- und Frequenzparameter der Bursts im Verlauf der dynamischen Bauteil-ermüdung ermöglichen Aussagen zur örtlichen und zeitlichen Schadensentwicklung.

Aufbauend auf den parametrisierten Schallemissions-Ortungsplots kann sowohl eine Einordnung der Ergebnisse lokaler Dehnungsmessungen, hinsichtlich der Schadensentwicklung im Bauteil, als auch die spezifische Inspektion des Prüflings mit ZfP-Verfahren erfolgen.

1. Einführung

Die vormals im Fraunhofer-Institut für Zerstörungsfreie Prüfverfahren angesiedelte Arbeitsgruppe „Systeme für Zustandsüberwachung" des Fraunhofer-Instituts für Keramische Technologien und Systeme IKTS forscht seit mehr als 10 Jahren an der Ertüchtigung akustischer Verfahren für den Einsatz als Monitoring-Techniken bei der experimentellen Erprobung als auch im realen Betrieb von Strukturen [6-8]. In diesem Rahmen wurde insbesondere das Bruchverhalten von Faserverbundstrukturen unter dynamischer Beanspruchung untersucht. Eine derartige Beanspruchung tritt zumeist über die gesamte Betriebsdauer von Leichtbaustrukturen auf, wobei keine versagenskritischen Schädigungen auftreten dürfen. Zum Nachweis der Tragfähigkeit über die Lebensdauer werden in der Entwicklungsphase gewöhnlich dynamische Ermüdungstests an CFK-Strukturen durchgeführt, bei denen auftretende Schäden möglichst zerstörungsfrei detektiert und deren Wachstum beobachtet werden muss. Zur zerstörungsfreien Schadensdetektion bietet sich hier auf hervorragende Weise die Schallemissionsanalyse an, mit der Schäden identifiziert und präzise lokalisiert werden können. Aber auch im realen Betrieb von Strukturen eröffnen sich Anwendungsgebiete für dieses Verfahren, um noch unkritische Vorschädigungen in der Verbundstruktur frühzeitig zerstörungsfrei zu detektieren und zu reparieren. Damit kann ein katastrophales Versagen im Betrieb ausgeschlossen werden.

Im Jahr 2017 wurde das IKTS beauftragt, quasi-statische und dynamische Ermüdungstests an einem von der CG Rail GmbH entwickelten, neuartigen Leichtbau-Drehgestellrahmen aus kohlenstofffaserverstärktem Kunststoff (CFK) mit Schallemissionsanalyse zu begleiten. Die Bewertung von Schallemissionsmessungen erfolgt auf der Basis der Schallemissionsrate, der räumlichen Verteilung der akustischen Ereignisse und von Burstparametern wie beispielsweise von Energie und Frequenzinhalt der Burstsignale. Zur Signaldetektion kommen Schallemissionssensoren zum Einsatz, die Emissionen im für das Material spezifischen Frequenzbereich aufzeichnen. Ablösungen von CFK-Lamellen könnten bei Frequenzen bis zu 150 kHz detektierbar sein, Faser-Debonding oder Faserrisse emittieren höhere Frequenzen. Störende Effekte können herausgefiltert werden, wenn sie im niedrigen und für die Schadensentwicklung untypischen Frequenzbereich auftreten.

2. Anlage und Durchführung der Messungen

Die Abbildungen 1 und 2 zeigen die Positionen der insgesamt 48 Schallemissionssensoren auf dem Drehgestellrahmen. Die Abbildung 3 zeigt einen Ausschnitt der Sensorbefestigung.

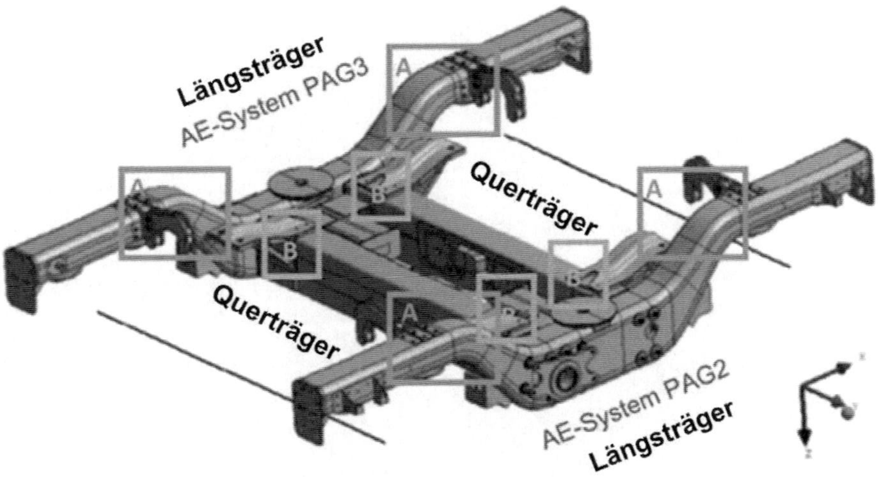

Abb. 1. Instrumentierung der Schallemissionsmesstechnik auf dem Drehgestellrahmen, zwei AE-Messsysteme PAG2 und PAG3 (PAG - Gerätbezeichnungen), in jeder Zone A auf den Längsträgern 8 AE-Sensoren, in jeder Zone B auf den Querträgern 4 AE Sensoren.

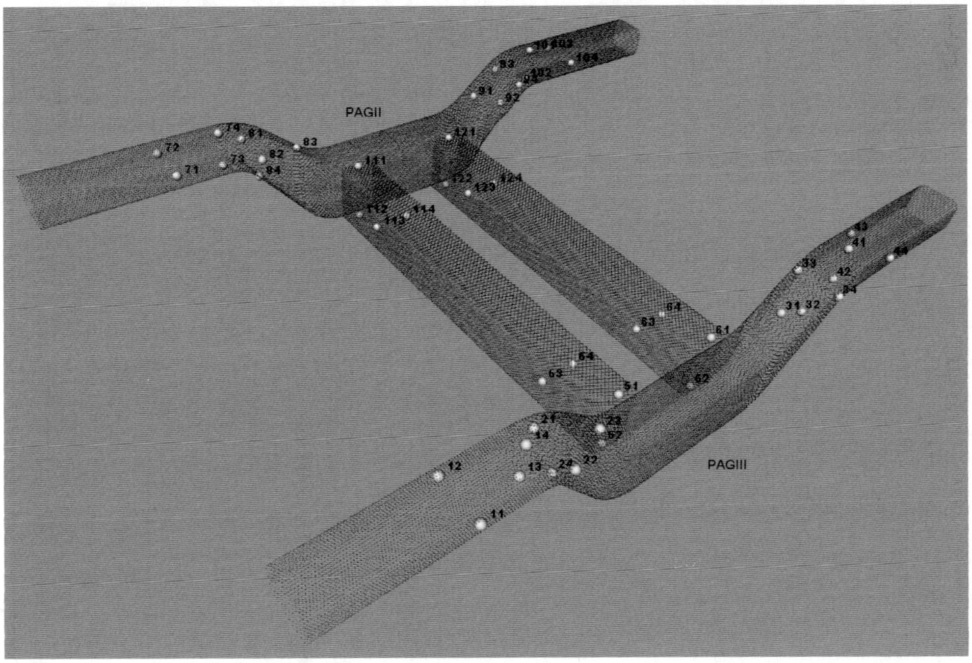

Abb. 2. Positionen der Schallemissionssensoren auf dem Drehgestellrahmen, zwei AE-Messsysteme PAG2 und PAG3 mit je 24 akustischen Sensoren.

Abb. 3. Sensorbefestigung mit Spannbändern, je 2 Sensoren wurden an gegenüberliegenden Seiten der Struktur mit Führungskappen (rot) fixiert, auf den senkrecht dazu liegenden Ebenen verläuft das Spannband durch Abstandskappen (rot), an den Radien der Struktur durch Schutzknie aus Gummi.

Die Messungen wurden mit der im IKTS entwickelten Messtechnik, bestehend aus dem Mehrkanal-Akustik-System MAS und den Schallemissionssensoren vom Typ KAR601S mit folgenden Parametern durchgeführt:

Bulk Sampling-Frequency	=	12.5 MHz
Channels/ MAS	=	4
Gain Choice	=	54 dB
Sensor capacity	=	150 pF
Samplerate	=	0.32E-06 s
Pretrigger	=	1024 Samples
Posttrigger	=	15360 Samples

Zwei Sensoren wurden jeweils gegenüber mit einem Spannband an die CFK-Struktur angedrückt. Die Ankopplung erfolgt beim Sensortyp KAR601S über eine vorgespannte Membran im Sensorfuß. Die dazu erforderliche Kraft beträgt 50 N. Es wurde Koppelgel eingesetzt.

Vor den statischen Ermüdungstests erfolgten an den Sensorpositionen Messungen zur Funktionstüchtigkeit und Ankopplungsgüte der Sensorik mit einer Hsu-Nielsen Quelle (Bleistiftminenbruch). Aus den Ergebnissen dieser Untersuchungen wurden die Geschwindigkeiten der unterschiedlichen Plattenwellenmoden bestimmt. Neben dem starken Einfluss der Dispersion der geführten Wellen, d.h. der Abhängigkeit der Ausbreitungsgeschwindigkeiten von der Frequenz der Wellenmoden, besteht in dem mehrlagig aufgebauten CFK-Verbundwerkstoff auch eine starke Winkelabhängigkeit der Schallgeschwindigkeit, d.h. ein Einfluss der Faserorientierung im Laufweg der akustischen Welle auf die Schallgeschwindigkeit. Für den schnelleren und höherfrequenteren symmetrischen Wellenmode wurden bei Testmessungen an CFK-Platten winkelabhängige

Variationen der Schallgeschwindigkeit von bis zu 100 % ermittelt. Zur präzisen Ortung von Ereignissen in dem CFK-Verbundwerkstoff wurden die hochfrequenten symmetrischen Wellenmoden durch einen dynamischen Bandfilter unterdrückt und mit dem niederfrequenten aber amplitudenstarken asymmetrischen Wellenmode A0 gearbeitet. Die zur Ortung genutzte mittlere Geschwindigkeit für diesen Mode beträgt 1500 m/s.

Für die planare Ortung wurden die Oberflächen beider CFK-Längsträger und beider CFK-Querträger des Drehgestellrahmens in je 4 Ortungsebenen abgewickelt, die sich in der Seite des Auftrennens des 3D-Modells unterscheiden. Abhängig von der Lage des Triggerkanals wurde diejenige der vier Ebenen für die planare Ortung gewählt, in der der triggernde Sensor möglichst zentral liegt. Abschließend wurden die planaren Ortungsergebnisse in den insgesamt 16 Ortungsebenen für beide Messsysteme in das 3D-Modell rücktransformiert.

3. Messergebnisse

Im Rahmen der quasistatischen Belastungstests wurden insgesamt 14 Lastfälle mit unterschiedlichen Lasteinleitungspunkten durch Schallemissionsmessungen mit beiden Messsystemen begleitet. Parallel zu den Schallemissionsdaten wurden ausgewählte Kraftsignale als analoge Messgrößen aufgezeichnet.

Das LOG-File des Ortungsprogrammes für den Messzyklus 1-1 (Lastfall2, 90% Last) mit dem Messsystem PAG2 gab beispielhaft folgende Statistik aus:

Located Hits (Events): 914 (76 % of recorded Hits)
Processing Error 1, Plane not found for Sensors: 0 (0 % of recorded Hits)
Processing Error 2, Pick-Time-Differences too high: 18 (2 % of recorded Hits)
Processing Error 3, AIC-Amplitude-Differences too low: 188 (16 % of recorded Hits)
Processing Error 4, Pick-Time-Differences too low (EMP): 10 (1 % of recorded Hits)
Processing Error 5, Localisation-Matrix singular: 28 (2 % of recorded Hits)
Processing Error 6, Distance Focus-Trigger too large: 31 (3 % of recorded Hits)
Processing Error 7, Time-Residue too large: 0 (0 % of recorded Hits)
Processing Error 8, AE-Focus outside of Structure: 6 (1 % of recorded Hits)

66 % aller Ortungen erfolgte mit mehr als drei Sensoren, dabei beträgt das maximale Zeitresiduum 25 µs, so dass mit einer guten Ortungsgenauigkeit von wenigen cm gerechnet werden kann. Die parametrisierten Ortungsplots bilden Mittelwerte der Schallemissionsparameter in den 5x5x5 mm^3 Raumzellen ab. Erwartungsgemäß dominieren die spezifischen Lastfälle die Lage der Quellorte der akustischen Emissionen.

Für ZfP wie die Schallemissionsanalyse bildet die zuverlässige Identifizierung der unterschiedlichen Versagensmoden (Faserbruch „FB", Zwischenfaserbruch „ZFB") mit ihren verschiedenen Ausprägungen in CFK-Werkstoffen gewöhnlich eine besondere Herausforderung (zu Versagensmoden von CFK-Werkstoffen siehe etwa [3], [4] und [5]). Zur Unterscheidung zwischen einer Delamination (interlaminarer „ZFB") und einem Faserbruch muss etwa der Schädigungsfortschritt direkt mit den Schallemissionsparametern korreliert werden. Dafür haben sich Messungen im Rahmen von Zug- und Biegeversuchen etabliert [2]. Bisherige Messungen an CFK-Werkstoffen belegen, dass sich insbesondere Frequenzparameter der Burstsignale zur Abschätzung der Quellmechanismen von Schallemissionen bei Fatique-Belastung von Faserverbundbauteilen eignen. Die beispielhaft in Abbildung 4 dargestellte gewichtete Vorzugsfrequenz (WPF) [2] zeigt niedrige Werte (< 100 kHz, blau) für Reibvorgänge vorhandener Risse, Delaminationen sowie Rissbildung in der Matrix und hohe Werte (> 160 kHz, gelb) für sich aktuell entwickelnde Strukturschäden durch Faserauszug (Pull-out), Ablösen Faser/ Matrix (Debonding), Faserbruch.

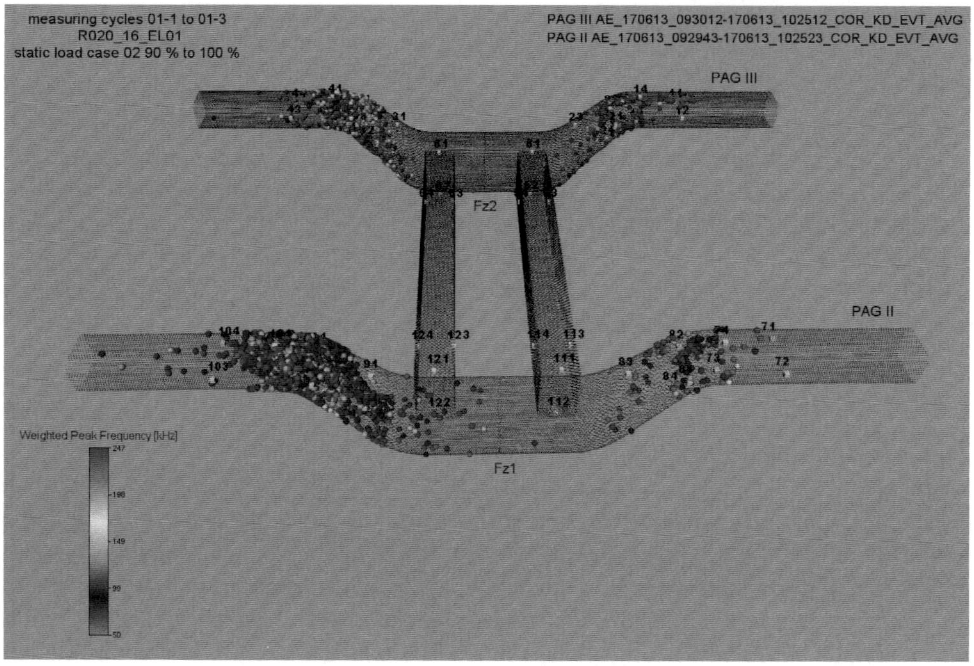

Abb. 4. Quasistatischer Belastungstest des Drehgestellrahmens, Lastfall 2 (Lasteinleitung Fz1), Einzelmessungen 1 bis 3 (90% bis 100 % Last), 3D-Schallemissions-Ortungsplot, farbkodiert: Gewichtete Vorzugsfrequenz (WPF) der Bursts.

Die sich an die quasistatischen Belastungstests des Drehgestellrahmens anschließende Phase der dynamischen Belastungstests nach DIN EN 13749:2011dauerte 14 Wochen und wurde in analoger Messkonfiguration vollständig mit Schallemissionsanalyse begleitet. Es wurden insgesamt 12 Millionen Lastzyklen mit einer Frequenz von ca. 1,5 Hz eingebracht, wobei nach der Norm lediglich 10 Millionen Lastzyklen zu absolvieren sind. Jeweils eine Million Lastzyklen wurden mit einem konstanten Lastregime durchgeführt, d.h. mit oder ohne Zusatzlasten, wie z.B. Bremskräfte simulierende Torsionslasten.

Wesentliche Herausforderungen bei der Anwendung der Schallemissionsanalyse bei dynamischer Strukturbelastung sind das starke Umgebungsrauschen und die ungünstigen akustischen Eigenschaften der CFK-Werkstoffe, insbesondere die hohe Dämpfung hochfrequenter Wellenmoden. Diesen Anforderungen begegnet das akustische Messsystem durch eine hohe Messwertdynamik, durch Speicherung und Bewertung der vollständigen Wellenformen sowie durch spezielle Auswertealgorithmen. Das prinzipielle Vorgehen bei der Auswertung und Angaben zum Messsystem wurden bereits ausführlich im Rahmen des 19. Kolloquiums Schallemission [1] vorgestellt.

Mit dem Messsystem PAGII/Fz1 wurden während der 12 Millionen Lastzyklen 6.121.257 Schallemissionen geortet und parametrisiert, mit dem System PAGIII/Fz2 5.195.775. Als Burstparameter stehen u.a. Maximalamplitude, Burstlänge, Anstiegszeit, Energie, Leistung, Vorzugsfrequenz sowie die gewichtete Vorzugsfrequenz für eine versuchszeit-, versuchslast- oder raumbezogene Auswertung zur Verfügung. 3D-Schallemissions-Ortungsplots gestatten die farbkodierte Darstellung von Mittelwerten oder Summen der Burstparameter in den 5x5x5 mm³ Raumzellen des Drehgestellrahmen-Modells. Zonen erhöhte Schallemissionsaktivität bilden sich neben den Darstellungen der Anzahl von Events besonders gut in den Ortungsplots mit der farbkodierten Summe der Energie in den Raumzellen ab. Die Abbildungen 5 und 6 beinhalten diese 3D-Ortungsplots für die finale Testperiode zwischen 11 und 12 Millionen Lastzyklen.

Die Abbildungen 7 und 8 zeigen die Mittelwerte der gewichteten Vorzugsfrequenz als Farbparameter der Ortungsplots für die finale Periode der dynamischen Bauteilbelastung. Hier gilt, wie bereits oben angeführt, das sich aus den Frequenzparametern auf dominante Quellmechanismen schließen lässt. Niedrige WPF-Werte (<100 kHz, blau) sind charakteristisch für Reibung vorhandener Risse/ Delaminationen, hohe WPF-Werte (>160 kHz, gelb) für sich aktuell entwickelnde Strukturschäden (Faserauszug, Ablösen Faser/ Matrix und Faserbruch). Nach 11 Millionen Lastzyklen sind nur noch wenige Zonen am Längsträger PAGIII/Fz2 mit hohen WPF-Werten zu erkennen. Das deutet darauf hin, dass nach 11 Millionen Lastwechseln sich kaum noch neue Vorschädigungen in der CFK-Struktur des Längsträgers PAGII/Fz1 entwickelt haben. Dies belegt die Robustheit des Designs.

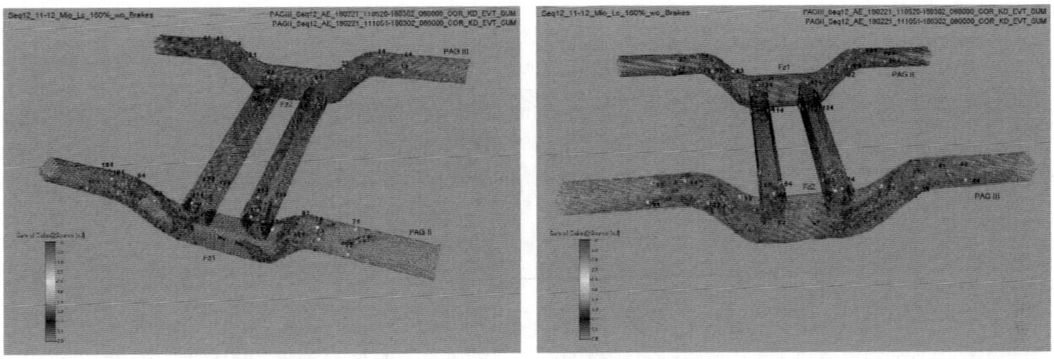

Abb. 5. Dynamischer Belastungstest des Drehgestellrahmens, 3D-Schallemissions-Ortungsplot, Testperiode zwischen 11 und 12 Millionen Lastzyklen, farbkodiert: Summe der Energie der Burstsignale in den 5x5x5 mm^3 Raumzellen in pJ, berechnet für den Quellort, links: Vorderansicht des Längsträgers PAGII/Fz1, rechts: Vorderansicht des Längsträgers PAGIII/Fz2.

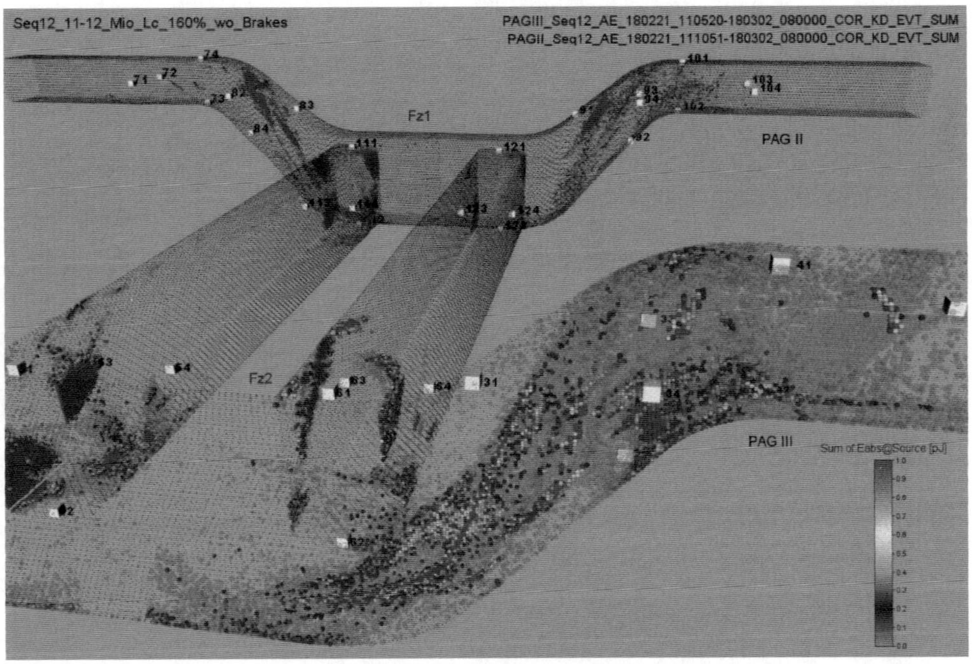

Abb. 6. Dynamischer Belastungstest des Drehgestellrahmens, 3D-Schallemissions-Ortungsplot, Testperiode zwischen 11 und 12 Millionen Lastzyklen, farbkodiert: Summe der Energie der Burstsignale in den 5x5x5 mm^3 Raumzellen in pJ, berechnet für den Quellort, Ausschnitt aus der Vorderansicht des Längsträgers PAGIII/Fz2.

Aufbauend auf den Ortungsplots kann eine spezifische Inspektion des Prüflings mit ZfP-Verfahren erfolgen. Der Schädigungsverlauf während des gesamten dynamischen Belastungsversuches kann alternativ durch Mittelwertbildung im Parameterraum (X-Koordinate des Längsträgers, Z1 Lastzyklus) visualisiert werden. Abbildung 9 zeigt dies beispielhaft für die Gewichtete Vorzugsfrequenz der Bursts. In dieser Darstellung wird die unterschiedliche Schadensentwicklung in den beiden Längsträgern deutlich. Bereits nach ca. 10 Millionen Lastzyklen sind am Längsträger PAGII/Fz1 nur noch vereinzelt hohe WPF-Werte zu erkennen, d.h. an diesem Längsträger dominieren bereits nach ca. 10 Millionen Lastzyklen Reibvorgänge vorhandener Risse und Delaminationen. Auch an diesem Längsträger zeigt sich das robuste Design dadurch, des es zur keiner signifikanten Entwicklung von neuen Strukturschäden durch Faserauszug, Ablösen Faser/ Matrix und Faserbrüche kam.

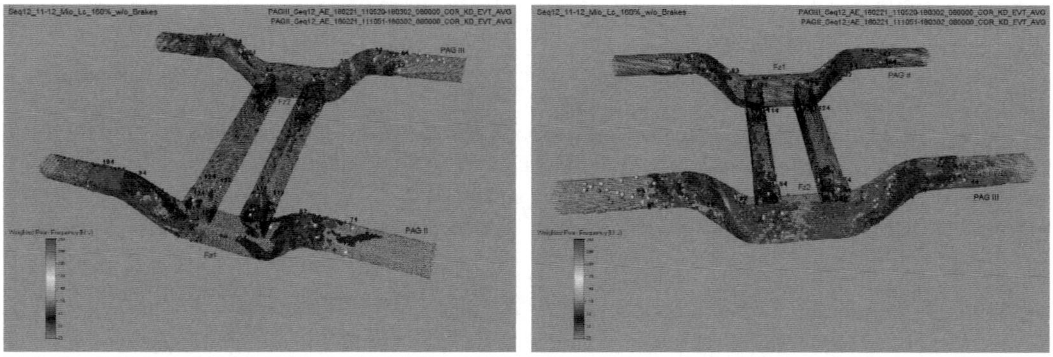

Abb. 7. Dynamischer Belastungstest des Drehgestellrahmens, 3D-Schallemissions-Ortungsplot, Testperiode zwischen 11 und 12 Millionen Lastzyklen, farbkodiert: Mittelwerte der Gewichteten Vorzugsfrequenz der Burstsignale in den 5x5x5 mm³ Raumzellen in kHz, links: Vorderansicht des Längsträgers PAGII/Fz1, rechts: Vorderansicht des Längsträgers PAGIII/Fz2.

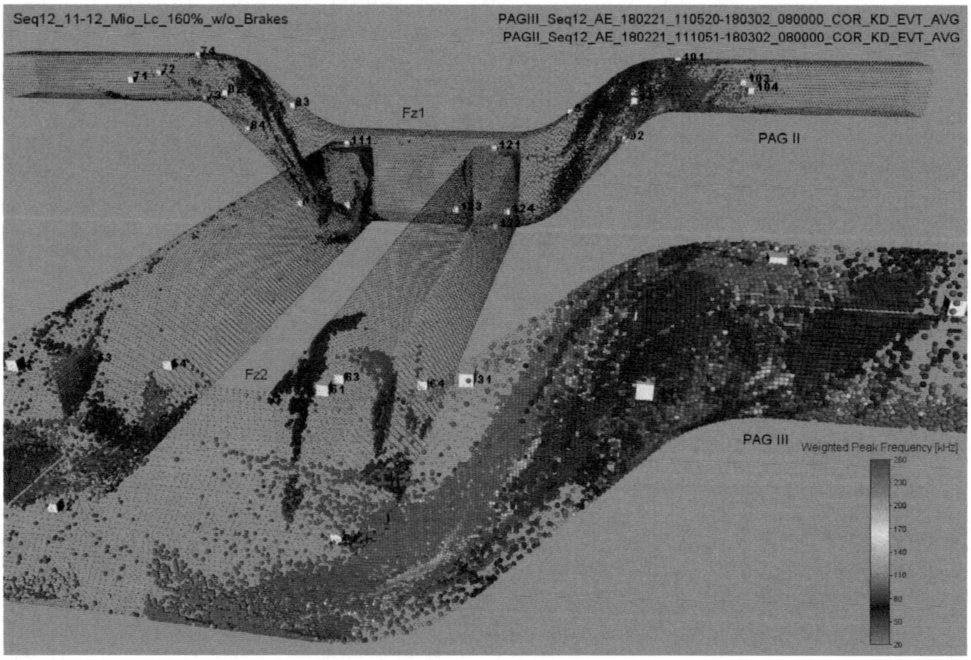

Abb. 8. Dynamischer Belastungstest des Drehgestellrahmens, 3D-Schallemissions-Ortungsplot, Testperiode zwischen 11 und 12 Millionen Lastzyklen, farbkodiert: Mittelwerte der Gewichteten Vorzugsfrequenz der Burstsignale in den 5x5x5 mm³ Raumzellen in kHz, Ausschnitt aus der Vorderansicht des Längsträgers PAGIII/Fz2.

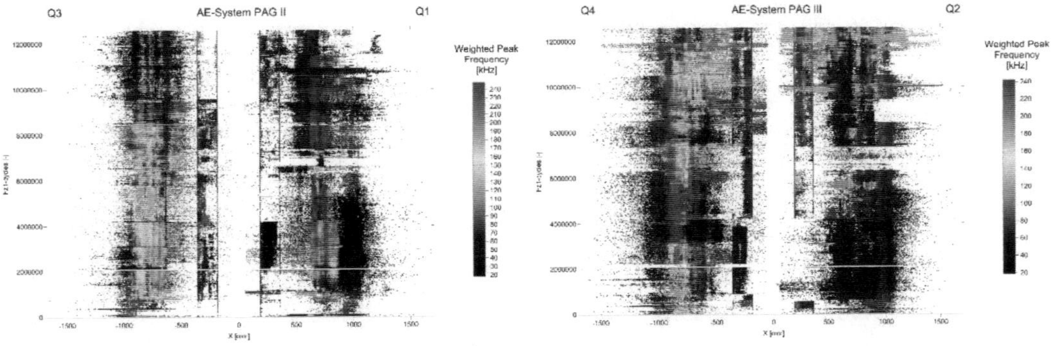

Abb. 9. Dynamischer Belastungstest des Drehgestellrahmens, Parametermittel für den gesamten dynamischen Belastungstest von ca. 12 Millionen Lastzyklen im Parameterraum (X-Koordinate des Längsträgers, Z1-Lastzyklus), farbcodiert: Gewichtete Vorzugsfrequenz der Bursts in kHz, links: Längsträger PAGII/Fz1, rechts: Längsträger PAGIII/Fz2 und jeweils der benachbarte Abschnitt der Querträger.

Referenzen

[1] Schulze, E.: Schallemissionsanalyse im Rahmen dynamischer Ermüdungstests von Faserverbundbauteilen, DGZfP, 19. Kolloquium Schallemission, Statusberichte zur Entwicklung und Anwendung der Schallemissionsanalyse, 12. – 13. September 2013, Augsburg

[2] Hönig, U., Holder, U., Pietzsch, A., Schulze, E., Frankenstein, B., Schubert, L.: Definition of requirements for reference experiments to determine and evaluate various damage mechanisms in fibre composites by acoustic emission, 19th World Conference on Non Destructive Testing, München, Paper, 2016

[3] Cuntze, R. et al.: Neue Bruchkriterien und Festigkeitsnachweise für unidirektionalen Faserkunststoffverbund unter mehrachsiger Beanspruchung – Modellbildung und Experimente. Fortschrittsberichte VDI, Reihe 5, Nr. 506, Düsseldorf: VDI Verlag, 1997

[4] Puck, A.: Festigkeitsanalyse von Faser-Matrix-Laminaten – Modelle für die Praxis. München, Wien: Carl Hanser Verlag, 1996

[5] Ulbricht, A.: Zur Gestaltung und Dimensionierung von zylindrischen Leichtbaustrukturen in Faserkunststoffverbund-Metall-Mischbauweise. Dissertation, Technische Universität Dresden, 2011

[6] Schulze, E.; Schubert, L.; Frankenstein, B.: Monitoring of a wind turbine rotor blade with acousto ultrasonics and acoustic emission techniques during a full scale fatigue test, 5th European Workshop of Structural Health Monitoring, Sorrento, Italy, 29.06.2010-02.07.2010

[7] Schubert, L. / Schulze, E. / Frankenstein, B: „Source Mechanisms of acoustic emissions as an indicator of injury during a full scale fatigue test of a wind turbine rotor blade", 8th International Conference on Structural Dynamics, EURODYN2011, Leuven, Belgium, 4-6 July 2011

[8] K. Tschöke, T. Gaul, F. von Dungern und L. Schubert, „Integrierte Strukturüberwachung sicherheitsrelevanter Fahrzeugkomponenten aus kohlefaserverstärkten Kunststoffverbundwerkstoffen," in Smarte Strukturen und Systeme, M. Wiedemann und T. Melz, Hrsg., Shaker Verlag, 2017, pp. 63-72.

AUTHOR INDEX